国家级一流本科课程教材

教育部高等学校
化工类专业教学指导委员会推荐教材

化学反应工程

丁一刚　刘生鹏　主编

化学工业出版社

·北京·

内 容 简 介

《化学反应工程》由武汉工程大学国家级教学团队组织编写，为国家级一流本科课程配套教材。本书系统阐述了化学反应工程基本原理及其应用，全书共分 9 章，包括绪论、均相反应动力学、间歇反应器及理想流动反应器、非理想流动及其反应器设计、气-固相催化反应器、气-液相反应器、聚合反应器以及生物与制药反应器，并介绍了典型的新型反应器的研究进展。本书注重内容的系统性、条理性和广泛性，为加强本科生对化学反应过程和反应器的开发、设计、优化与放大的理解，引入了部分工程案例。

本书可供高等院校化学工程与工艺及相关制药工程、生物工程等专业师生使用，也可供有关专业科研、技术人员参考。

图书在版编目（CIP）数据

化学反应工程 / 丁一刚，刘生鹏主编. —北京：
化学工业出版社，2023.3
教育部高等学校化工类专业教学指导委员会推荐教材
ISBN 978-7-122-42668-0

Ⅰ．①化… Ⅱ．①丁… ②刘… Ⅲ．①化学反应工程
-高等学校-教材 Ⅳ．①TQ03

中国版本图书馆 CIP 数据核字（2022）第 245176 号

责任编辑：徐雅妮 文字编辑：黄福芝
责任校对：刘曦阳 装帧设计：关 飞

出版发行：化学工业出版社（北京市东城区青年湖南街 13 号 邮政编码 100011）
印 装：三河市延风印装有限公司
787mm×1092mm 1/16 印张 17 字数 433 千字 2023 年 5 月北京第 1 版第 1 次印刷

购书咨询：010-64518888 售后服务：010-64518899
网 址：http://www.cip.com.cn
凡购买本书，如有缺损质量问题，本社销售中心负责调换。

定 价：55.00 元

前言

　　武汉工程大学化学反应工程课程是第一批国家级一流本科课程。本教材是武汉工程大学反应工程国家教学团队在 2010 年《化学反应工程》第一版和 2015 年第二版的基础上重新编写的。原《化学反应工程》教材是国家精品课程配套教材、教育部高等学校化工类专业教学指导委员会推荐教材，并获得 2012 年中国石油和化学工业优秀教材一等奖。

　　在多年的反应工程教学实践中，课程教学团队不断总结教学经验和教学效果，为使教材更加具有教学内容的系统性、条理性和广泛性，加强本科生对化学反应过程和反应器的开发、设计、优化和放大的理解，对原教材作了重新调整：一是纠正了原教材中存在的错误，二是对知识点进行了系统梳理和归纳，三是强化了反应器的开发与优化，四是更加注重章节条理清晰、通俗易懂，增加了部分工程案例，增强了本科生学习的适用性。

　　本教材共 9 章，其中第 1 章至第 4 章为基础部分，第 5 章至第 8 章分述气-固相催化反应器、气-液相反应器、聚合反应器以及生物与制药反应器，第 9 章主要介绍新型反应器的研究进展。第 1 章由丁一刚、刘生鹏编写，第 2 章由刘生鹏、吴晓宇编写，第 3 章由龙秉文、丁一刚编写，第 4 章由罗晓刚、杨昌炎编写，第 5 章由吴华东、金放、吴广文编写，第 6 章由杨嘉谟、孙国峰编写，第 7 章由陈金芳、罗晓刚编写，第 8 章由朱圣东、张珩、张秀兰、吴风收编写，第 9 章由杜治平编写。全书的整理、修改和统稿工作由课程教学团队集体完成。

　　本教材的编写得到化学工业出版社、湖北省教育厅、武汉工程大学及其他院校的大力支持，在此一并致以衷心的感谢。

　　限于编者的水平，书中难免存在疏漏或不妥之处，恳切希望读者批评指正。

编者
2022 年 10 月

目录

第4章　非理想流动及其反应器设计　/ 70

第 1 章

绪　论

化学工业是利用化学反应改变物质结构、成分、形态等，将原料加工成具有不同性质的化学产品，以化学方法占主要地位的过程工业，包括以化石能源等基础原材料为加工对象的基本化学工业和塑料、合成纤维、橡胶、药剂、染料、化肥、农药、精细化学品等，涉及生物、材料、能源、环保等领域。在对原料进行大规模加工的过程中，其生产过程主要可概括为三个组成部分：①原料的预处理；②进行化学反应；③反应产物的分离与提纯。原料的预处理和产物的分离这两步是化学反应的要求和结果。显然，化学反应及过程是化工生产过程的主要步骤，其核心是化学反应器（Chemical Reactor），它是化学反应工程学研究的主要内容。本章将主要介绍化学反应工程学的发展过程、研究内容与研究方法，化学反应器的工程分类和化学反应工程学在工业反应过程中的作用，以使读者对化学反应工程学的知识有较好的理解和掌握。

1.1　化学反应工程学的发展历史

自人类开始认识火和利用火，有了第一个化学发现以来，人类与化学便建立起了紧密的联系，人类不断利用化学知识来认识自然和改造自然，并应用化学反应来造福人类。例如，陶器的制作、金属的冶炼、炼丹、火药的使用和造纸等。17 世纪前的古代化学时期，人类的化学知识来自生产和生活实践，这时的化学具有实用和经验的特点，人类积累的化学知识是经验性的和零散的，没有形成完整的理论体系，更没有将其与工程问题结合起来加以认识。

直到第二次世界大战前，化工生产中的单元操作理论有了长足的进展，主要致力于对动量、热量及质量传递过程中具有共性的基本操作过程——单元操作的研究。人们对化学反应过程提出了氧化、氯化、磺化、硝化等单元操作过程，这种分类实质上是从化学的角度来认识化学反应过程的。如我国著名科学家、杰出化学家、侯氏制碱法的创始人、中国重化学工业的开拓者侯德榜先生，1921 年毅然回国，成功利用复分解反应生产出优质纯碱，并建立了合成氨、硝酸、硫酸、硫酸铵等生产操作，奠定了中国基本化学工业的基础。但一个真实的化学反应过程，总是既包括化学过程，也包括物理过程的。要完整地反映真实情况，必须把化学过程与物理过程结合起来加以研究。1937 年，德国科学家达姆科勒（Damköhler）在 *Der Chemie-Ingennieur* 第三卷中谈到了扩散、流动与传递对化学反应收率的影响问题，该书成为化学反应工程的先导。1947 年，苏联学者弗兰克-卡明涅茨基在所著的《化学动力学中的扩散和传递》一书中就流动、扩散和热现象对化学反应的影响作了重要的论述。同年，霍根（Hougen）与华森（Watson）将化学反应工程有关内容作为专门章节编入高等院校教科书中，引起了化工界的广泛重视，为化学反应工程学的建立奠定了理论基础。

20 世纪 50 年代后，原子能工业与石油化工的发展提出了生产规模大型化的要求，化学反应过程的开发与反应器放大设计成为石油化工发展的关键。正是在工业发展的推动下，化学工程师们开始对工业反应器中反应动力学特性和流体传递特性同时起作用时的反应机制进行深入研究。1957 年，在荷兰阿姆斯特丹举行的第一次欧洲反应工程会议上确认了"化学反应工程"（Chemical Reaction Engineering）这一学科名称，标志着化学反应工程成为化学工程的一个重要分支学科。会上提出的返混与停留时间分布、反应体系相内和相间的传质传热、反应器的稳定性、微观混合效应等观点标志着化学反应工程已形成了较为完整的学科体系。

电子计算机的出现及普遍应用，为在化学工程研究中采用数学模型方法提供了有力的手段。20 世纪 60 年代以来，工业反应器中化学反应及传递过程的数学描述方法不断得到改进，一些小试成果已可以直接通过模型化方法成功地进行工业放大。同时，全面、系统地论述反应工程学基本原理及应用的专著和教科书也相继问世，标志着化学反应工程学已逐步趋于成熟。

近年来，石油化学工业的迅速发展及各种工业催化反应的成功开发，以及高新技术的发展和应用（如微电子器件、光导纤维、新材料及生物技术的应用等），扩大了化学反应工程学的研究领域，使化学反应工程的研究领域向纵深发展，出现了催化反应工程、聚合反应工程、生化反应工程、制药反应工程等更加专业化的分支，标志着化学反应工程学科进入了新的发展阶段。

一般地，化学反应工程是指以工业反应过程为主要研究对象，研究化学反应过程的规律，以工业反应器的开发、设计、放大和反应过程的优化为主要目标的一门工程学科，它是化学工程的一个重要分支学科。

1.2　化学反应工程的研究内容和研究方法

1.2.1　研究内容

化学反应工程主要研究以工业规模进行的化学反应过程与设备，其研究内容包括两个方面，即化学反应过程和反应器的设计与分析。化学反应过程又包括反应动力学和传递过程，反应器的设计与分析主要包括各类反应器的设计及性能、放大、优化与控制等。

（1）化学反应过程

1）反应动力学

反应动力学（Reaction Kinetics）主要研究化学反应机理与反应速率（Reaction Rate），即反应快慢的问题。反应动力学是反应工程学的基础理论之一，为反应器的设计与分析提供依据和条件。反应动力学主要包括两个方面的内容，即本征动力学和宏观动力学。我们把定量表达化学反应速率与反应温度、浓度之间关系的数学式称为化学反应动力学方程式或反应速率方程式。描述化学反应本身规律的动力学方程式称为本征动力学方程式（Intrinstic Rate Equation），而考虑了物理过程如扩散因素影响的动力学方程式则称为宏观动力学方程式（Observed Rate Equation）。

不同反应体系的本征动力学关系式是不同的。到现在为止，还不能准确预测任意化学反应的本征反应速率。尽管如此，根据对化学动力学的研究所积累的知识，化学工程师已经可以有把握地利用可靠的经验数据结合经验数学关系式，以求得特定化学反应速率的本征速率方程式。

然而，对于化学工程师来说，更有实际意义的是能用于反应器设计的宏观动力学方程式。工业反应设备中总是同时存在物理与化学两种过程，虽然化学反应的速率与反应结果受本征动力学规律的影响，但是在工业反应器中由于有扩散过程的影响，因此宏观动力学的反应速率在不同的扩散过程影响下会受扩散过程的影响且与本征动力学的速率可能产生较大的差异。

2）传递过程

化学反应器中流体流动与混合的情况如何，温度与浓度在时间、空间上分布如何，都直接影响反应的进行，而最终离开反应器的物料组成由构成这一物料的诸质点在反应器中的停留时间和所经历的温度及浓度的变化所决定，因此反应器中的传递过程直接影响反应的结果。换句话说，反应器中的传递过程（Transfer Process）规律仅与反应设备和操作过程有关，而与反应器中进行的是什么反应没有直接关系，传递过程的存在并不改变化学反应规律，但改变了反应器内各处的温度、浓度和分布，从而影响到反应结果。反应器中的传递过程包括物料的返混、微观混合、宏观混合、反应相外传质和传热、反应相内传质和传热等多种形式，如反应器中由物料的不均匀混合和停留时间不同引起的传质过程，由化学反应的热效应产生的传热过程，由物料输送引起的动量传递过程以及由多相反应导致的扩散传质与传热过程等。

在工业反应器中既有化学反应过程，又有传递过程，它们相互影响、相互渗透，最终决定反应器的性能，即质量传递（Mass Transfer）、热量传递（Heat Transfer）、动量传递（Momentum Transfer）和化学反应，简称"三传一反"，共同决定了反应的结果。传递过程和化学反应过程是构成化学反应工程最基本的两个方面，也是反应器设计、放大和优化的重要理论基础。

（2）反应器的设计与分析

主要通过研究影响反应诸因素的变化规律，找出最佳操作条件和反应器的最佳型式，以便使反应过程优化，达到化学反应速率最佳、化学反应选择性最佳、能耗最低，以及安全生产和经济、环保效益最大。如根据不同的化学反应类型对不同型式的反应器及组合反应器进行性能评价；根据生产工艺要求、反应及物料的特性等因素，确定反应器的操作方式、结构类型、传递和流动方式，确定反应器的选型、结构参数、换热方式及操作条件等；根据不同型式的反应器进行反应指标、设备投资、操作费用等优化。

1.2.2　研究方法

化学工程中传统的研究方法是以相似论和量纲论为基础的经验归纳法，这种研究问题的方法已经不能满足现代工程研究的需要，因此近年来模型化的研究方法得到了广泛应用。

工业化学过程是一个既包括化学反应又包括物理传递的过程，且是二者相互影响的复杂过程。对于这种多变量的复杂系统，只有采用模型化方法才能有效地解决问题。化学反应工程中使用最多的是数学模型法，即首先根据反应系统本身的特点和变化规律，进行适当简化并归纳出能反映系统中各物理量之间相互联系的物理模型，再依据物理模型和相关的已知原理，写出描述物理模型的定量数学方程式，进而利用建立的数学模型分析和预测过程的特性规律和趋势。

对一个特定反应器内进行的特定的化学反应过程而言，在其反应动力学模型和反应器传递模型都已确定的条件下，将这些数学模型与物料衡算、热量衡算、动量衡算等方程联立求解，就可以预测反应结果和反应器操作性能。如反应器的数学模型通常包括下述数学关系式：反应动力学方程、物料衡算方程、热量衡算方程、动量衡算方程和参数计算方程等。

复杂体系的数学模型通常还需要初始条件和边界条件，可利用计算机对数学模型进行求解，从而对反应过程进行模拟。国内外主要的化工流程模拟软件如美国 SimSci-Esscor 公司的 PRO/Ⅱ，美国 AspenTech 公司的 Aspen Plus 等也内置了有关化学反应器的模块，在简化的模型前提下可方便地对有关反应器进行模拟、预测。

1.3 化学反应器的工程分类

反应器是化工生产过程的核心设备,被誉为化工厂的"心脏"。工业生产上使用的反应器型式多种多样,分类方法也有多种。可以按反应器的结构型式分类,也可以按操作方式分类;可以按反应器传热方式分类,也可以按其反应物相态分类。

1.3.1 反应器的结构类型

在工业上涉及化学反应过程的门类繁多,每一产品都有各自的反应过程及其反应设备。反应器的结构型式大致可分为管式反应器(Tubular Reactor)、釜式反应器(Tank Reactor)、固定床反应器(Fixed Bed Reactor)和流化床反应器(Fluidized Bed Reactor)等各种类型,每一类型之中又有不同的具体结构。表 1-1 和图 1-1 中列举了一般反应器的型式与特性,还有它们的优缺点和应用实例。选择并确定工业反应器的型式和操作方式,一方面要掌握工业反应过程的基本特征及其反应要求,充分应用反应工程的原理作为选择的依据,对该过程作出合理的反应器类型选择。另一方面,要熟悉和掌握各种反应器的类型及其基本特征,如它的基本流型、反应器内的混合状态、传热和传质的特征等基本传递特性。

表 1-1 反应器的结构类型与特点

反应器结构类型		示意图(图 1-1)	反应物相态	特点	举例
釜式反应器		(a)	液相,液-液相,液-固相,气-液相	温度、浓度容易控制,产品质量可调	苯的硝化、氯乙烯聚合、顺丁橡胶聚合、苯的氯化
管式反应器		(b)	气相,液相	返混小,所需反应器容积较小,比传热面积大,但对慢速反应,管要很长,压降大	石脑油裂解,管式法生产乙烯、聚乙烯,环氧乙烷水合生产乙二醇
塔式反应器	空塔或搅拌塔	(c)	液相,液-液相	结构简单,返混程度与高径比及搅拌有关,轴向温差大	苯乙烯的本体聚合,己内酰胺缩合,醋酸乙烯溶液聚合等
	鼓泡塔	(d)	气-液相,气-液-固相	气相返混小,但液相返混大,温度较易调节,气体压降大,流速有限制,有挡板可减少返混	苯的烷基化,乙烯基乙炔的合成,二甲苯氧化等
	填料塔	(e)	液相,气-液相	结构简单,返混小,压降小,有温差,填料装卸麻烦	化学吸收
	板式塔	(f)	气-液相	逆流接触,气-液返混均小,流速有限制,如需传热,常在板间另加传热面	苯连续磺化,异丙苯氧化
	喷雾塔	(g)	气-液相快速反应	结构简单,液体表面积大,停留时间受塔高限制,气流速度有限制	氯乙醇制丙烯腈,高级醇的连续硝化

续表

反应器结构类型	示意图 (图 1-1)	反应物相态	特点	举例
固定床反应器	(h) (i)	气-固(催化或非催化)相,液-固(催化剂)相	可连续操作,返混小,高转化率时催化剂用量少,催化剂不易磨损,传热控温不易,催化剂装卸麻烦;底物利用率高和固定化生物催化剂不易磨损	甲醇氧化制甲醛,合成氨,乙烯法制醋酸乙烯,细胞培养、酶的催化反应等
流化床反应器	(j)	气-固(催化或非催化)相,气-液-固(催化剂)相	固体返混小,固气比可变性大,粒子传送较易,床内温差大,调节困难;催化剂带出少,易分离,气液分布要求均匀,温度调节较困难	石油催化裂化,矿物的焙烧或冶炼,焦油加氢精制和加氢裂解,丁炔二醇加氢等
移动床反应器	(k)	气-固(催化或非催化)相	流体与固体(催化剂)颗粒呈逆流流动	催化剂的再生,煤的气化
滴流床反应器	(l)	气-液-固(催化剂)相	反应气体与液体呈并流(或逆流)经过催化剂床层,传热好,温度均匀,易控制	石油馏分加氢脱硫
浆态床反应器	(m)	气-液-固相	反应气体与液体、固相并流接触,传热好,温度均匀,易控制	半水煤气一步法浆态床合成二甲醚
撞击流反应器	(n)	气-液相,液-液(固)相	可强化传质、传热,微观混合效果好	气化、燃烧、干燥、催化反应以及吸收萃取等
气升式生化反应器	(o)	气-液相	可强化传质、传热和混合	细胞培养、酶的催化反应
液体喷射循环型生化反应器	(p)	气-液相	气液间接触面积大,混合均匀,传质、传热效果好	细胞培养、酶的催化反应
膜反应器	(q)	气-液相	小分子产物可以透过膜与底物分离,防止产物对酶的抑制作用	微生物细胞增殖、酶的催化反应

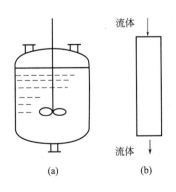
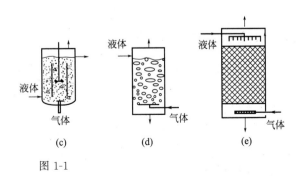

图 1-1

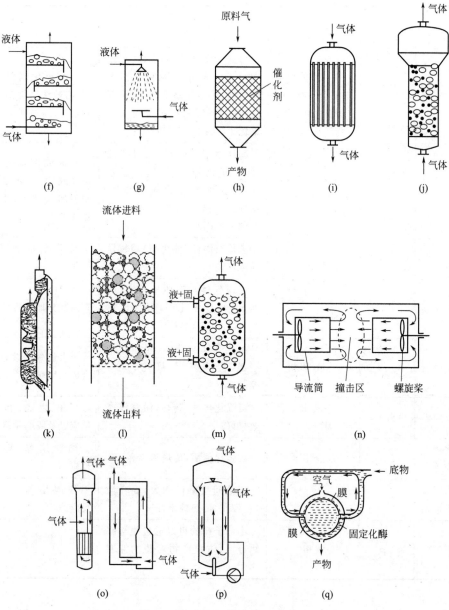

图 1-1　反应器的结构型式和特点

1.3.2　反应器中的相态类型

对于工业上的反应器也可按反应物的相态来分类（见表 1-2）。化学反应本身是反应过程的主体，而反应器则是实现这种反应的客观环境。反应本身的特性是第一位的，而反应动力学就是描述这种特性的，因此动力学是代表过程的本质性因素，而反应器的结构、型式和尺寸则是在物料的流动、混合、传热和传质等方面的条件上发挥其影响。反应如在不同相态条件下进行，将有不同的表现，因此反应器中上述这些传递特性也是影响反应结果的一个重要方面。反应器按相态来分类有均相反应器（Homogeneous Reactor）和非均相反应器（Heterogeneous Reactor）。

表 1-2　反应器中的相态类型与适应性

反应器的相态类型	适用的相态		适用的反应器结构类型
均相反应器	单相	气相	管式反应器
		液相	管式、釜式、塔式反应器
非均相反应器	二相	气-固	固定床反应器
			流化床反应器
			移动床反应器
		气-液	鼓泡塔
			鼓泡搅拌釜
		液-液相	釜式、塔式反应器
	三相	气-液-固	滴流床反应器
			浆态床反应器

1.3.3　化学反应器的操作方式

反应器的操作方式按其操作的连续性可以分为间歇操作、连续操作和半连续操作三种操作状态。按加料方式可以有一次加料、分批加料和分段加料等不同方式。

对大多数的制药、染料、精细化工产品和聚合反应过程，工业生产上广泛采用间歇操作方式。间歇操作是指将一批原料一次性投入反应器，经过一定时间的反应后，再一次性卸出反应后的物料的操作方式。间歇操作又称为分批式操作，采用间歇操作的反应器称为间歇反应器（Batch Reactor），一般都是釜式反应器。间歇操作的反应过程是一个非定态过程，反应器内物系的组成随时间而变，这是间歇操作过程的基本特征。间歇操作的反应器在反应过程中既没有物料的输入，也没有物料的输出，即不存在物料连续进出的流动过程。间歇操作应用于生产规模小、产品品种灵活多样的过程，可以发挥它简便、灵活的特点。但间歇操作时，每批生产周期需要加料、卸料、清洗和升温等辅助生产时间，劳动强度也较大，每批产品的质量不易稳定。

相反，多数大规模的生产过程都采用连续操作的方式。连续操作是指连续地将原料输入反应器，反应产物也连续地从反应器流出。采用连续操作的反应器称为连续反应器或流动反应器（Flow Reactor），连续操作的反应器多属于定态操作，通常反应器内任何位置的物系参数，如浓度及反应温度等均不随时间而改变，连续操作的反应器可为釜式反应器或管式反应器等。连续操作具有产品质量稳定、劳动生产率高、便于实现机械化和自动化等优点。

工业生产上还有一类介于以上两者之间的操作状态，即半连续操作。它通常是把一种或几种反应物一次投入反应器内，而另一些反应物则连续投入反应器或滴加以适应某些反应过程的特殊需要。半连续操作的反应器称为半连续反应器或半间歇反应器（Semi-batch Reactor），反应器内反应物系的组成必然随时间而改变。半连续操作具有连续操作和间歇操作的某些特征，如有连续流动的物料，这与连续操作相似，也有分批加入或卸出的物料，这与间歇操作相似。例如，工业上生产氯苯是以氯气连续通过一次性投入的苯中进行反应的。

选择不同加料方式的目的主要是控制反应过程的浓度和温度，以利于反应的进行。分批加料用了间歇或半连续过程，分段加料则用于连续过程。

另外，反应器按反应体系温度变化特征来分类可分为等温反应器（Isothermal Reactor）、绝热反应器（Adiabatic Reactor）和非绝热变温反应器（Non-Isothermaland Non-Adiabatic Reactor）。

1.4　化学反应工程在工业反应过程开发中的作用

任何一个工业反应过程的成功开发，通常是从实验室发现了某一个新的化学反应，或是合成了某种新的化学产品，或是发现一种新的催化剂，以及采用新的原料开发出一条新的工艺路线，这些都需解决开发过程中的反应工程问题。对某一化学反应体系，应进行技术开发所需的各项研究，并对化学反应过程进行工程分析，制定出最合理的技术方案和操作条件，从而完成反应器或反应系统的设计。在工业反应过程开发过程中化学反应工程可以改进和强化已有的化学反应过程和反应器，可以利用化学反应工程的原理开发新的反应技术和设备，并指导化学反应器的工程放大，实现化学反应过程的最优化，达到工业反应过程降低消耗、提高反应效率的目的。

在工业反应过程开发中，除了对反应器内进行传递过程的分析以外，反应过程的反应速率的确定，反应器所能达到的反应指标以及反应器开发过程的优化和放大等是工业反应过程开发所需掌握的前提。

1.4.1　反应速率在工程上的运用

在化学反应器开发过程中反应速率是一个重要的设计关系式，许多因素可以影响反应的快慢。对均相反应而言，反应的温度、压力或组成是重要的变量，对反应速率的影响也较明显。一般情况下，化学反应在均相体系下进行时，工程上可忽略扩散过程的影响，反应器的设计可用本征动力学来考虑。

对非均相体系，由于相态多于一种，因而问题相对复杂。反应过程中反应物或产物可以从一相移动到另一相，因此，质量传递的速率可能起着重要的作用。如气-液反应过程中反应物必须通过气-液界面两侧的气膜和液膜才能到达液相主体与另一液相中的反应物发生化学反应，因而传递过程的快慢会对化学反应本征动力学的速率起着限制的作用。另外，传热的速率也是影响反应速率的一个因素。如一个放热反应在气-固催化反应的多孔催化剂的微孔的内表面上发生，如果反应热不能被足够快地移走，将会导致催化剂颗粒内部温度严重不均匀分布，继而在催化剂颗粒内部不同点位上将会有不同的反应速率。对快速反应来说，热量传递和质量传递对反应速率的影响将是非常明显的，甚至成为整个化学反应过程快慢的决定性的因素。因此，热量传递和质量传递在决定非均相反应的速率过程中起着重要的作用。当化学反应在非均相体系下进行时，扩散过程的影响往往不能忽略，应考虑宏观动力学方程进行反应器的设计。

工程上为方便、直观起见，基于不同的设计参数关于反应速率有着不同的定义。主要有下列几种：

$$r_i = \pm \frac{1}{V} \times \frac{\mathrm{d}n_i}{\mathrm{d}t} \tag{1-1}$$

$$r'_i = \pm \frac{1}{W} \times \frac{\mathrm{d}n_i}{\mathrm{d}t} \tag{1-2}$$

$$r''_i = \pm \frac{1}{V_p} \times \frac{\mathrm{d}n_i}{\mathrm{d}t} \tag{1-3}$$

式中，下标 i 为反应物或产物；r_i、r'_i、r''_i 分别为基于反应物料的体积 V、颗粒的质量 W（如催化剂的质量）和颗粒的体积 V_p 为基准的反应速率；n_i 为反应物或产物的物质的量。在此，规定反应速率为正值，因此对反应物而言，由于反应物的量是减少的，$\mathrm{d}n_i$ 为负，所以式(1-1)～式(1-3)右边取"－"号。相反，对产物而言，式(1-1)～式(1-3)右边取"＋"号。

式(1-1)～式(1-3)各反应速率可以相互转换，关系式为：

$$V r_i = W r'_i = V_p r''_i \tag{1-4}$$

1.4.2　反应器的反应指标

（1）反应进度

反应物系中，反应物的消耗量和反应产物的生成量之间存在着定量关系，即所谓反应的化学计量关系。例如，化学反应：

$$\nu_A A + \nu_B B \longrightarrow \nu_P P + \nu_S S \tag{1-5}$$

式中，ν_A、ν_B、ν_P 及 ν_S 分别为反应组分 A、B、P、S 的化学计量系数，其中，ν_A、ν_B 取负值，ν_P、ν_S 取正值。

设开始时（即时间定为 0 时刻的初始态）反应物系中含有（用物质的量表示）n_{A0} 的 A、n_{B0} 的 B，n_{P0} 的 P 和 n_{S0} 的 S，经反应时间 t（或终态）后，物系中分别含有 n_A 的 A、n_B 的 B、n_P 的 P 和 n_S 的 S，因此以终态减去初态即为各组分的反应变化量，且有：

$$(n_A - n_{A0}) : (n_B - n_{B0}) : (n_P - n_{P0}) : (n_S - n_{S0}) = \nu_A : \nu_B : \nu_P : \nu_S$$

显然 $n_A - n_{A0} < 0$，$n_B - n_{B0} < 0$，说明反应物的量在反应过程中减少，而 $n_P - n_{P0} > 0$，$n_S - n_{S0} > 0$ 说明反应产物的量在反应过程中增加。上式也可写成：

$$\frac{n_A - n_{A0}}{\nu_A} = \frac{n_B - n_{B0}}{\nu_B} = \frac{n_P - n_{P0}}{\nu_P} = \frac{n_S - n_{S0}}{\nu_S} = \zeta \tag{1-6}$$

即任何反应组分的反应变化量与其化学计量系数之比恒为定值，将其定义为反应进度（Extent of Reaction），且总是正值。将上式推广到任一反应，可表示成：

$$n_i - n_{i0} = \nu_i \xi \tag{1-7}$$

式中，i 为任一组分。由此可见，应用反应进度便可描述一个化学反应的进行程度。已知 ξ 便能计算出各反应组分的反应变化量。按上式计算出的反应变化量，对反应物为负值，通常称之为消耗量；对反应产物则为正值，称之为生成量。

如果反应物系中同时进行 M 个反应，每个反应都有自己的反应进度并设为 ξ_j，则反应前后任一反应组分 i 的总变化量应等于其所参与的所有反应组分 i 反应变化量的代数和，即：

$$n_i - n_{i0} = \sum_{j=1}^{M} \nu_{ij} \xi_j \tag{1-8}$$

式中，ν_{ij} 为第 j 个反应中组分 i 的化学计量系数；M 为组分 i 所参与的化学反应个数。

需要注意的是，反应进度还有其他形式的定义，但本质却是一样的，都是反映同一客观事实，即化学反应进行的程度。

（2）转化率

通常，使用转化率来表示一个化学反应进行的程度。所谓转化率（Conversion）是指某一反应物转化的百分率或分率，其定义为：

$$X_i = \frac{某一反应物的转化量（\text{mol}）}{该反应物的起始量（\text{mol}）} = \frac{n_{i0} - n_i}{n_{i0}} \tag{1-9}$$

转化率是针对反应物而言的。对于多个反应物参与的反应，往往有一个反应物是工艺上最为关心的或价格较高的，而根据化学反应计量关系，该组分在反应物系中投入量是不过量的，所以选择这种反应物计算转化率更能表现出反应进行的程度，将这个组分称为关键组分或目标组分。关键组分的最大转化率可以达到100%，而其他过量组分的转化率总是小于1。原则上对任何反应物都可用计算其转化率来表示反应进行的程度，但是根据不同的反应组分计算的转化率的数值是不一样的。如果原料中各个反应组分配比符合化学反应计量关系，则各组分的转化率相同。

由于转化率计算式中的分母项是反应物的起始量，所以必须考虑反应的起始状态的选择问题。不同的操作方式有不同的起始状态选择，一般地，考虑如下三种情况：

① 间歇操作反应器，一般以反应开始时的状态为起始状态；

② 单个连续操作反应器，一般以反应器进口处原料的状态作为起始状态；

③ 数个反应器串联操作，以进入第一个反应器的原料组成作为起始状态。

只要知道了关键组分的转化率，其他反应组分的反应量可根据原料组成和化学计量关系算出。如针对关键组分 A，对单一的不可逆反应或可逆反应而言，可得到 n_i 与 X_A 的关系式：

$$n_i = n_{i0} - \frac{\nu_i}{\nu_A} n_{A0} X_A \tag{1-10}$$

转化率与反应进度的关系，可以通过将式(1-7) 和式(1-9) 合并而得：

$$X_i = -\frac{\nu_i \zeta}{n_{i0}} \tag{1-11}$$

某些化学反应由于受化学平衡或其他原因的影响，原料一次通过反应器的转化率比较低。为提高原料的利用率，往往将反应器出口物料进行分流，一部分反应物料再循环到反应器进口和新鲜物料汇合后再进入反应器进行反应。这样的反应器称为带有循环流的反应器，如图 1-2 所示。

图 1-2 带循环流的反应器示意图

此时所考虑的转化率有以下两种形式。

① 单程转化率。单程转化率（Single Conversion）是对反应器进、出口而言的，即以反应器进口 A 点和反应器出口 B 点物料所计算的转化率。一般没特指的话通常反应器的转化率是指单程转化率。

② 全程转化率。全程转化率（Overall Conversion）是对循环系统而言的，即以新鲜原料 C 点和系统出口 D 点物料所计算的转化率。全程转化率也称总转化率。

因为循环提高了反应物料的转化率，所以全程转化率大于单程转化率。

(3) 收率和选择性

转化率是对反应物而言的，而收率、选择性是针对产物而言的。在复合反应中往往需注意收率和选择性的概念问题。产物 P 的收率（Yield）定义为：

$$Y_P = \frac{生成目的产物 P 所消耗的关键组分（A）物质的量（mol）}{关键组分（A）的起始物质的量（mol）} = \mu_{PA} \frac{n_P - n_{P0}}{n_{A0}} \quad (1-12)$$

式中，$\mu_{PA} = \left| \dfrac{\nu_A}{\nu_P} \right|$。

收率和转化率之间的关系分为以下两种情况：

① 单一反应的收率在数值上与转化率相等；

② 同时进行多个反应的转化率大于收率。

工业上常有不以摩尔作为常用的计算单位，而是采用如克、千克等质量的计算单位，此时的收率称为质量收率。另外对于有物料循环的反应系统，收率也和转化率一样分为单程收率和全程收率（或总收率）。

在复合反应过程中，关键组分的消耗用于生成目的产物和非目的产物。选择性可以用来阐明关键组分在整个反应过程中转化成目的产物的份额，产物 P 的选择性（Selectivity）定义为：

$$S_P = \frac{生成目的产物 P 所消耗的关键组分（A）物质的量（mol）}{已转化的关键组分（A）物质的量（mol）} = \mu_{PA} \frac{n_P - n_{P0}}{n_{A0} - n_A} \quad (1-13)$$

由于复合反应中副反应的存在，转化了的反应物不可能全部变成目的产物，因此复合反应的选择性必然小于 1，而单一反应的选择性为 1。

上述选择性 S_P 通常称为总选择性或积分选择性，选择性没有单程和全程之分，仅对反应器而言。在反应过程中若反应组分随时间而变化，相应的选择性也会发生变化，某时刻的选择性则用瞬时选择性或微分选择性来描述，其定义为：

$$S_P' = \frac{生成目的产物 P 所消耗的关键组分（A）的速率}{反应消耗关键组分（A）的速率} = \mu_{PA} \frac{r_P}{r_A} = \mu_{PA} \frac{\mathrm{d}n_P}{-\mathrm{d}n_A} \quad (1-14)$$

此处，r_A、r_P 分别为反应物 A 和产物 P 的反应速率和生成速率，即单位时间单位体积转化的 A 的量或生成 P 的量。

将式（1-14）进行积分可以得到：

$$n_P - n_{P0} = -\left| \frac{\nu_P}{\nu_A} \right| \int_{n_{A0}}^{n_A} S_P' \mathrm{d}n_A \quad (1-15)$$

将式（1-15）代入式（1-13），可以得到积分选择性与微分选择性的关系为：

$$S_P = \frac{1}{n_A - n_{A0}} \int_{n_{A0}}^{n_A} S_P' \mathrm{d}n_A \quad (1-16)$$

结合式（1-9）、式（1-12）和式（1-13）三式可得转化率、收率和选择性三者的关系：

$$Y_P = S_P X_A \quad (1-17)$$

相应地，将式（1-9）、式（1-16）代入式（1-17）也可以得到：

$$Y_P = -\frac{1}{n_{A0}} \int_{n_{A0}}^{n_A} S_P' \mathrm{d}n_A \quad (1-18)$$

【例 1-1】 每 100kg 乙烷（纯度 100%）在裂解器中裂解，产生 45.8kg 乙烯，乙烷的单程转化率为 59%，裂解气经分离后，所得到的产物气体中含有 4.1kg 乙烷，其余未反应的乙烷返回裂解器。求乙烯的选择性、单程收率、总收率和乙烷的总转化率。

解 乙烷裂解制乙烯的主反应为：

$$C_2H_6 \longrightarrow C_2H_4 + H_2$$

以 B 点的混合气体为计算基准进行计算即得到单程转化率和单程收率，而以对 A 点的新鲜气体为计算基准进行计算得到全程转化率和全程收率。乙烷和乙烯分别记为 A 和 P。

现对 B 点进行计算，设 B 点进入裂解器的乙烷为 100kg。

由于乙烷的单程转化率为 59%，则在裂解器中反应掉的原料乙烷量为：
$$H = 100 \times 0.59 = 59\text{kg}$$

E 点乙烷的循环量：
$$Q = 100 - H - 4.1 = 100 - 59 - 4.1 = 36.9\text{kg}$$

A 点补充的新鲜乙烷量为：
$$F = 100 - Q = 100 - 36.9 = 63.1\text{kg}$$

乙烯的选择性为：
$$S_P = \mu_{PA} \frac{45.8/28}{H/30} \times 100\% = \frac{45.8/28}{59/30} \times 100\% = 83.17\%$$

式中，28 和 30 分别为乙烯和乙烷的分子量，且 $\mu_{PA} = 1$。

乙烯的单程收率：
$$Y_{P单} = \mu_{PA} \frac{45.8/28}{100/30} \times 100\% = \frac{45.8/28}{100/30} \times 100\% = 49.07\%$$

乙烯的总收率：
$$Y_{P总} = \mu_{PA} \frac{45.8/28}{F/30} \times 100\% = \frac{45.8/28}{63.1/30} \times 100\% = 77.77\%$$

乙烷的总转化率：
$$X_{A总} = \frac{F - 4.1}{F} \times 100\% = \frac{63.1 - 4.1}{63.1} \times 100\% = 93.5\%$$

1.4.3 反应器开发过程的优化和放大

(1) 反应器开发过程的优化

化学反应器开发过程的优化包括设计优化和操作优化。设计优化主要是根据给定的生产能力，确定反应器的型式、结构和尺寸，以及反应器操作的条件和操作方式等。操作优化是根据各种因素的变化和要求，对操作条件作出相应的调整，使处于该变化和要求下的反应器在最优条件下运转。但工业上反应过程往往未必是在最优的条件下操作。即使设计是优化的，在实施时往往有许多难以预料的因素及限制，实际操作未必是优化的。需综合考虑反应速率、转化率、选择性和收率、能量消耗等因素，运用化学反应工程理论对现行的工业反应过程进行分析，结合模拟研究，找出关键的影响因素，以期待获得较小的投资和较大的经济效益。

反应器优化的目的是使过程利益最大或总费用最小。通常需建立目标函数（Objective Function），目标函数也就是最关心的目标与相关因素的函数关系，是用设计变量来表示所追求的目标形式，目标函数是设计变量的函数，是一个标量。从工程意义讲，目标函数是系统的性能标准，建立目标函数的过程就是寻找设计变量与目标的关系的过程，通过目标函数的求解可确定最优条件下的变量值。

对反应器的优化而言，目标函数往往涉及产量问题和效率问题，产量问题是指单位时间、单位容积反应器产量最大，或转化为一定量产品反应时间最短。效率问题是指一定量的原料，获得最多的产品或最大收率。其变量包括温度、浓度和转化率等状态变量，流量、换热介质温度等操作变量，时间、空间等坐标变量。目标函数即是包含上述部分或全部变量的函数。目标函数往往有约束条件，如反应器所特有的及反应过程存在的特定变量及变量之间的关系式，分为等式约束条件和不等式约束条件，如过程方程式的等式约束条件，温度极限等的不等式约束条件。目标函数优化的方法就是根据目标函数和约束条件来求目标函数的极值。求极值的方法有多种，根据目标函数和约束条件的形式来确定，如微分法、线性和非线性规划法和最大原理法等。

（2）反应器的工程放大

早期，反应器的工程放大（Scale Up）是以逐级经验放大为基本方法。这反映了人们对反应开发过程认识的经验性，这种开发方法是依靠实验探索逐步来实现反应过程的放大。逐级经验放大方法的基本步骤是：通过小试确定反应器型式和优选工艺条件，再通过逐级中试考察反应器几何尺寸变化的影响，直至工业规模。显然逐级经验放大的方法完全依赖于实验所得的结果，从实验室装置一步一步地扩大规模向工业生产规模过渡。它的特点是既不对过程的机理深入考察，又不对过程进行化学过程和物理过程的分解与研究。其放大过程经常无法预测某些经济指标下降的趋势和程度，又无法提出对这种指标变化加以控制或改进的措施。显然，逐级经验放大方法是一种立足于经验的、费时费资金的方法，且因"放大效应"，即放大后的指标与小试指标之间会出现很难预测的差别，或者可以预测但却无法控制的差别，常常难以达到人们预期的技术经济指标。因此，长期以来阻碍着工业开发工作的进展和质量的提高。

20 世纪 50 年代末期，随着反应工程作为一门独立的工程学科的建立，化学反应工程对诸如本征反应动力学和宏观反应动力学，流动过程中的返混现象，微观混合和宏观混合等一系列重大理论问题进行了圆满的解释；对化学反应过程本身及与之有关的流体流动、传质、传热等过程的基础研究已经有了较为深入的总结。在此基础上，化学反应过程的开发逐渐形成并采用数学模型方法。当前，电子计算机技术及计算数学方法的研究成果加速了数学模型方法的发展。工业反应器开发采用数学模型法的放大过程如图 1-3 所示。

图 1-3　工业反应器开发采用数学模型法的放大过程示意图

采用数学模型法放大的基本步骤是：首先在小型试验中确定动力学模型，然后在冷模试验中确定所选的反应器的传递模型。根据建立的初步的数学模型，在计算机上进行反应器内反应过程的模拟研究，即在各种不同的工艺条件下对反应器的数学模型进行数值求解，预测反应结果。根据数学模型所作的预测来制定中试实验方案，然后再用实验结果修正和验证所建立的数学模型。重复验证后，最终优选工艺条件并设计反应器。利用数学模型的方法可以在计算机上对过程进行模拟研究，以代替做更多的实验。通过模拟计算，可进一步明确各因素的影响程度，并进行生产装置的设计。

化学反应器的放大方法还有部分解析法和相似放大法。部分解析法是将理论分析和实验探索相结合来进行化学反应过程的开发放大，是介于经验放大方法和数学模型放大方法之间的一种放大方法。相似放大法与经验法不同的是运用相似特征数的概念，对实验的变量作了归纳和简化，常用于对反应器内传递过程进行模拟。目前，化学反应过程的放大方法，都以化学反应工程的理论为指导，而不再采用单纯的经验性来放大。

习 题

1-1 在银催化剂上进行甲醇的氧化反应：

$$2CH_3OH + O_2 \longrightarrow 2HCHO + 2H_2O$$

$$2CH_3OH + 3O_2 \longrightarrow 2CO_2 + 4H_2O$$

进入反应器的原料气中，甲醇：空气：水蒸气＝2：4：1.3（摩尔比），反应后甲醇的转化率达72%，甲醇的收率为69.2%。试计算：（1）反应的选择性；（2）反应器出口气体的组成。

1-2 合成聚氯乙烯所用的单体氯乙烯，多是由乙炔和氯化氢以氯化汞为催化剂合成得到，反应为：

$$HCl + C_2H_2 \longrightarrow CH_2 = CHCl$$

由于乙炔价格高于氯化氢，通常在使用的原料混合气中氯化氢是过量的，设其过量10%。若反应器出口气体中氯乙烯含量为90%（摩尔分数），试分别计算乙炔的转化率和氯化氢的转化率。

1-3 在银催化剂上进行乙烯氧化反应以生产环氧乙烷（EO），反应式如下：

$$主反应 CH_2 = CH_2 + \frac{1}{2}O_2 \longrightarrow C_2H_4O$$

$$副反应 CH_2 = CH_2 + 3O_2 \longrightarrow 2CO_2 + 2H_2O$$

进入催化反应器的气体组成（摩尔分数）为 C_2H_4 15%、O_2 7%、CO_2 10%、Ar 12%，其余为 N_2。反应器出口气体组成（摩尔分数）为 C_2H_4 13.1%、O_2 4.8%。试计算乙烯的转化率、环氧乙烷收率和反应的选择性。

1-4 进入二氧化硫氧化反应器的气体组成（摩尔分数）为 SO_2 3.07%、SO_3 4.6%、O_2 8.44%、N_2 83.89%，离开反应器的气体中 SO_2 的含量为 1.5%（摩尔分数），试计算二氧化硫的转化率。

1-5 丁二烯是制造合成橡胶的重要原料。制取丁二烯的工业方法之一是将正丁烯和空气及水蒸气的混合气体在磷钼铋催化剂上进行氧化脱氢，其主要反应为：

$$H_2C = CH - CH_2 - CH_3 + \frac{1}{2}O_2 \longrightarrow H_2C = CH - CH = CH_2 + H_2O$$

此外还有许多副反应，如生成酮、醛及有机酸的反应。反应在温度为 350℃，压强为 0.2026MPa 下进行。根据分析，得到反应前后的物料组成（摩尔分数）如下：

组成	反应前/%	反应后/%	组成	反应前/%	反应后/%
正丁烷	0.63	0.61	氮	27.0	26.10
正丁烯	7.05	1.70	水蒸气	57.44	62.70
丁二烯	0.06	4.45	一氧化碳	—	1.20
异丁烷	0.50	0.48	二氧化碳	—	1.80
异丁烯	0.13	0	有机酸	—	0.20
正戊烷	0.02	0.02	酮、醛	—	0.10
氧	7.17	0.64			

根据表中的数据计算正丁烯的转化率、丁二烯的收率以及反应的选择性。

1-6 甲醛和乙炔在催化剂作用下生成丁炔二醇（$2HCHO + C_2H_2 \longrightarrow C_4H_6O_2$）。在滴流床反应器中进行，原料分离回收循环操作。某工厂生产中测得如下数据：进入反应器的甲醛浓度为10%（质量分数，下同），出反应器的甲醛含量为1.6%。丁炔二醇的初始含量为0，出反应器的丁炔二醇含量为7.65%。出反应器的甲醛经分离回收后循环进入反应器入口，假设分离回收中甲醛全部回收且无丁炔二醇。试计算此反应过程中甲醛的单程转化率、丁炔二醇的选择性、单程收率和总收率。

第 2 章

均相反应动力学

反应工程的主要研究对象是工业反应器，即如何使反应过程在工业上更加有效地付诸生产实际。反应动力学主要研究工业反应器中化学反应进行的机理和速率，是反应器分析、设计和操作控制的最基本要素。

均相反应（Homogeneous Reaction）是指反应物质都在均一相态中进行的化学反应，这一类反应在工业上得到广泛应用。均相反应既有气相均相反应，也有液相均相反应。对于均相反应过程，反应物通常可以达到分子尺度上的均一相态混合，其反应动力学排除了各种物理过程的影响。因此，均相反应动力学可以视为本征动力学。

有关气-固非均相反应的本征动力学（Intrinsic Kinetics）和宏观动力学（Macrokinetics）将在第 5 章加以讨论。

2.1 基本概念和定义

2.1.1 反应速率

反应速率（Reaction Rate）以在单位空间（体积）、单位时间内物料（反应物或产物）的物质的量的变化来表达。因此，以反应体系中任一组分 i 所表示的反应速率为：

$$r_i = \frac{反应物（或产物）物质的量（mol）减少（或增加）}{体积 \times 时间} = \pm \frac{1}{V} \times \frac{dn_i}{dt} \tag{2-1}$$

对于反应

$$\nu_A A + \nu_B B \longrightarrow \nu_P P \tag{2-2}$$

根据上述定义可分别以反应组分 A、B 及产物 P 的物质的量的变化表示如下：

$$r_A = -\frac{1}{V} \times \frac{dn_A}{dt}, \; r_B = -\frac{1}{V} \times \frac{dn_B}{dt}, \; r_P = \frac{1}{V} \times \frac{dn_P}{dt} \tag{2-3}$$

式中，V 为反应物系体积。显然，如果反应物的化学计量系数不同，按不同反应组分计算的反应速率数值上也应该是不相等的。

通常，将某一关键组分 A 的反应速率定义为该反应的反应速率，则为：

$$r_A = -\frac{1}{V} \times \frac{dn_A}{dt} \tag{2-4}$$

当反应过程中反应物系的体积为恒定或变化较小时，因为 $n_A = c_A V$，代入式(2-4) 得：

$$r_A = -\frac{dc_A}{dt} \tag{2-5}$$

2.1.2 反应动力学方程

反应速率方程（Reaction Rate Equation）也称反应动力学方程。根据实验研究知道，均相反应的速率取决于物料的浓度和温度，这种关系的定量表达式就是动力学方程。通常用于均相反应的速率方程有两类：双曲函数型和幂函数型。双曲函数型速率式通常是由所设定的反应机理推导而得到的。

对于不可逆反应

$$\nu_A A + \nu_B B \longrightarrow \nu_P P + \nu_S S$$

其幂函数型动力学方程一般都可用下式表达：

$$r = k c_A^{\alpha} c_B^{\beta} \tag{2-6}$$

对于可逆反应
$$\nu_A A + \nu_B B \Longleftrightarrow \nu_P P + \nu_S S$$

其幂函数型动力学方程式为：
$$r = \overrightarrow{k} c_A^{\alpha} c_B^{\beta} - \overleftarrow{k} c_P^{r} c_S^{s} \tag{2-7}$$

下面就式(2-6) 和式(2-7) 中的动力学参数 α、β、r、s、k、$\overrightarrow{k}$ 和 $\overleftarrow{k}$ 的物理意义加以讨论。

(1) 反应级数

反应级数 (Reaction Order)，是指动力学方程中浓度项的指数幂。式(2-6) 的反应速率方程中各浓度项的指数 α 和 β 分别是反应对各组分的反应级数，指数的代数和 $(\alpha+\beta)$ 称为总反应级数 n，即 $n = \alpha + \beta$。对于可逆反应的速率方程式(2-7) 中 $(\alpha+\beta)$ 的值称为正反应的总反应级数，而 $(r+s)$ 的值称为逆反应的总反应级数。

如果反应物分子在碰撞中一步直接转化为生成物分子，则该反应称为基元反应 (Elementary Reaction)。所以，只有对于基元反应，反应速率方程中各浓度或其相当变量项的指数才等于反应方程式中各相应组分的化学计量系数。对于基元反应的级数 α、β，即等于化学反应式的计量系数值，$\alpha = |\nu_A|$，$\beta = |\nu_B|$。而对非基元反应 (Nonelementary Reaction)，都应通过实验来确定。

一般情况下，级数在一定温度范围内保持不变，可以是分数，也可以是负数。反应动力学级数的大小反映了该物料浓度对反应速率影响的程度，级数愈高，则该物料浓度的变化对反应速率的影响愈显著。如果级数等于零，在动力学方程中该物料的浓度项就不出现，说明该物料浓度的变化对反应速率没有影响。如果反应级数为负数（即反常动力学），随着反应的进行，反应物的浓度降低或反应转化率提高，反应的速率反而增加。

(2) 反应速率常数 k

式(2-6) 中 k 称作反应速率常数 (Reaction Rate Constant)，而式(2-7) 中 $\overrightarrow{k}$ 称作正反应速率常数，$\overleftarrow{k}$ 称作逆反应速率常数。由式(2-6) 可知，当 c_A、c_B 等于 1 时，r 等于 k，说明 k 是当反应物浓度为 1 时的反应速率，它的量纲随反应级数而异。对一级反应，k 的量纲是 $[时间]^{-1}$；而对 n 级反应，k 的量纲是 $[时间]^{-1} \cdot [浓度]^{1-n}$。

对于气相反应，常用分压、浓度和摩尔分数来表示反应物系的组成，若相应的反应速率常数分别为 k_p、k_c 和 k_y，则它们之间存在下列的关系：

$$k_c = (RT)^{\alpha} k_p = (RT/p)^{\alpha} k_y \tag{2-8}$$

式中，p 为总压；α 为总反应级数。显然这一关系只适用于理想气体，且反应的速率方程为幂函数型。

反应速率常数的大小直接决定了反应速率的高低和反应进行的难易程度。温度是影响反应速率的主要因素之一，大多数反应的速率随着温度的升高而很快增加，但对不同的反应，反应速率增加的快慢是不一样的。k 即代表温度对反应速率的影响项，其随温度的变化规律符合 Arrhenius 关系式。

$$k = \Lambda e^{-E/(RT)} \tag{2-9}$$

式中，A 称为指前因子或频率因子，与速率常数 k 具有相同的量纲；E 是活化能，J·mol^{-1}；R 为气体常数，其值为 8.314J·mol^{-1}·K^{-1}。

2.1.3 反应动力学方程的建立

测定反应动力学数据的实验室反应器，既可以间歇操作，也可以连续操作。对于均液相反应，大多采用等温间歇操作，然后利用化学分析和物理化学的方法，得到不同反应时间的各组分的浓度数据，对这些数据进行适当的数学处理就得到动力学方程式。实验数据的处理方法有积分法与微分法。

（1）积分法

积分法是根据对一个反应的初步认识，先推测一个动力学方程的形式，经过积分和数学运算后，在某一特定坐标图上绘制，将得到表征该动力学方程的浓度（或浓度函数）-时间关系的直线，其中的一种可能的情形如图 2-1 所示。如果实验所得的数据也能较好地与上述假设吻合，则表明所推测的动力学方程是可取的，否则，应该另提出动力学方程再加以检验。

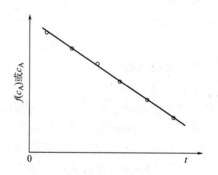

图 2-1　用积分法检验动力学方程的示意图

（2）微分法

微分法是直接利用动力学方程微分式进行标绘，将得到的实验数据与此动力学方程相拟合，一般程序如下。

① 先假定一个反应的机理，并列出动力学方程，其形式为：

$$r_A = -\frac{dc_A}{dt} = kf(c_A) \tag{2-10}$$

② 对实验所得的浓度-时间数据加以标绘，绘出光滑曲线，在相应浓度位置求取曲线的斜率，此斜率 dc_A/dt 代表在该组成下的反应速率，如图 2-2 所示。

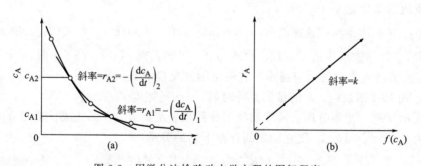

图 2-2　用微分法检验动力学方程的图解程序

③ 将步骤②所得到的各 dc_A/dt 对 $f(c_A)$ 作图，若得到的为一条通过原点的直线，说明所假定的机理与实验数据相符合，否则，需重新假定动力学方程并加以检验，此步骤如图 2-2(b) 所示。这个方法中的关键是步骤②的精确性，因为在标绘曲线时的微小误差，在估计斜率时都将带来较大的偏差，采用镜面法作图求取斜率可使误差减少些。所谓镜面法，就是在需要确定斜率的一点上用一平面镜与曲线相交，在镜面前观看，就可以看到曲线在镜中的映象。如果镜面正好与曲线的法线重合，则曲线与映象应该是连续的，否则就会看到转

折。所以，通过调节镜面位置至镜前曲线与镜中映象形成光滑连续的曲线时，即可作出法线，再作该法线的垂直线就是该点的切线，从而求得斜率。

2.2　等温恒容过程的反应动力学

2.2.1　单一反应的动力学方程

单一反应（Single Reaction）也称简单反应，它只用一个化学反应式和一个动力学方程式表达。

（1）不可逆反应

对于单一反应，以其关键组分 A 表示的反应速率为：

$$r_A = -\frac{dc_A}{dt} = -\frac{d(c_{A_0} - c_{A_0} X_A)}{dt} = c_{A_0} \frac{dX_A}{dt} \tag{2-11}$$

其中某一反应物 i 的浓度与关键组分 A 的转化率关系为：

$$c_i = c_{i_0} - \frac{\nu_i}{\nu_A} c_{A_0} X_A \tag{2-12}$$

通常情况，大多数单一不可逆反应（Irreversible Reaction）动力学方程可以通过解析积分求解。表 2-1 给出了当进料中不含产物时这类反应的解析结果。

表 2-1　等温恒容不可逆反应的动力学方程及积分表达式

反应	动力学方程式	动力学方程的积分式
零级，A $\longrightarrow$ P	$-\dfrac{dc_A}{dt} = k$	$kt = c_{A0} - c_A$
一级，A $\longrightarrow$ P	$-\dfrac{dc_A}{dt} = kc_A$	$kt = \ln\left(\dfrac{c_{A0}}{c_A}\right) = \ln\left(\dfrac{1}{1-X_A}\right)$
二级，2A $\longrightarrow$ P	$-\dfrac{dc_A}{dt} = kc_A^2$	$kt = \dfrac{1}{c_A} - \dfrac{1}{c_{A0}} = \dfrac{1}{c_{A0}}\left(\dfrac{X_A}{1-X_A}\right)$
二级，A + B $\longrightarrow$ P　$c_{A0} = c_{B0}$	$-\dfrac{dc_A}{dt} = kc_A c_B$	
二级，A + B $\longrightarrow$ P　$c_{A0} \neq c_{B0}$	$-\dfrac{dc_A}{dt} = kc_A c_B$	$kt = \dfrac{1}{c_{B0} - c_{A0}}\ln\dfrac{c_B c_{A0}}{c_A c_{B0}} = \dfrac{1}{c_{B0} - c_{A0}}\ln\left(\dfrac{1-X_B}{1-X_A}\right)$

【例 2-1】　在一等温间歇操作反应器中进行 A $\longrightarrow$ P 的二级反应，反应的速率常数 k 为 $0.2 L \cdot (kmol \cdot min)^{-1}$。若反应物 A 的初始浓度为 $0.02 kmol \cdot L^{-1}$，求反应物 A 转化率分别为 50%、60%、70%、80%、90% 时的反应时间。

解　对于二级不可逆反应，其反应速率方程为：

$$r_A = -\frac{dc_A}{dt} = kc_A^2 \tag{1}$$

将式（1）解析后得：

$$t = \frac{1}{kc_{A_0}}\left(\frac{X_A}{1-X_A}\right) \tag{2}$$

将相关数据带入式(2)后，即可得到不同转化率下的反应时间，如下：

转化率 X_A/%	50	60	70	80	90
反应时间 t/min	250	375	583	1000	2250

从上述计算结果可知，要求出口转化率越高，则反应时间越长。从生产能力考虑，对此类反应需作最优化设计。

(2) 可逆反应

可逆反应（Reversible Reaction）的最大反应程度受热力学限制，反应速率受正、逆反应的影响。在解析可逆反应的动力学方程时，一般可以利用正、逆反应速度常数与平衡常数的关系和物料衡算来简化积分式。下面以一个简单的例子说明。

一级可逆反应（First-Order Reversible Reaction）

$$A \mathop{\rightleftharpoons}^{\vec{k}}_{\overleftarrow{k}} R \tag{2-13}$$

动力学方程为

$$r_A = -\frac{dc_A}{dt} = \vec{k}c_A - \overleftarrow{k}c_R \tag{2-14}$$

若产物浓度 $c_{R0}=0$，则由物料衡算，

$$c_R = c_{A0} - c_A$$

于是，式(2-14)可改写为：

$$r_A = -\frac{dc_A}{dt} = \vec{k}c_A - \overleftarrow{k}(c_{A0}-c_A) \tag{2-15}$$

若令平衡常数 $K_c = \vec{k}/\overleftarrow{k}$，则有：

$$-\frac{dc_A}{dt} = \vec{k}\left[c_A - \frac{1}{K_c}(c_{A0}-c_A)\right] \tag{2-16}$$

整理得到：

$$-\frac{dc_A}{dt} = \vec{k}\left(1+\frac{1}{K_c}\right)c_A - \frac{\vec{k}}{K_c}c_{A0} \tag{2-17}$$

分离变量积分并化简：

$$\ln\left[\frac{c_{A0}}{c_A + \frac{1}{K_c}(c_A - c_{A0})}\right] = \vec{k}\left(1+\frac{1}{K_c}\right)t \tag{2-18}$$

当反应达到平衡时，反应物与产物浓度不再随时间而变化，反应的净速率为零，相应于此时的浓度称为平衡浓度，以 c_{Ae}、c_{Re} 表示，根据反应的计量关系及 $c_{R0}=0$，可得：

$$c_{Re} = c_{A0} - c_{Ae} \tag{2-19}$$

故有

$$-\frac{dc_A}{dt} = \vec{k}c_{Ae} - \overleftarrow{k}(c_{A0}-c_{Ae}) = 0 \tag{2-20}$$

即

$$\frac{\vec{k}}{\overleftarrow{k}} = K_c = \frac{c_{A0}-c_{Ae}}{c_{Ae}} \tag{2-21}$$

把此结果代入式(2-18)得：

$$\ln\frac{c_{A0}-c_{Ae}}{c_A-c_{Ae}} = \vec{k}\left(1+\frac{1}{K_c}\right)t \tag{2-22}$$

将实验测定的 c_A-t 数据，按 $\ln\dfrac{c_{A0}-c_{Ae}}{c_A-c_{Ae}}$ 对 t 作

图，可得一条直线，其斜率即为 $(\overrightarrow{k}+\overleftarrow{k})$，如

图 2-3 所示，求得 $(\overrightarrow{k}+\overleftarrow{k})$ 后再结合式(2-21)

便可分别求得 $\overrightarrow{k}$ 和 $\overleftarrow{k}$。

典型的可逆反应动力学方程解析结果在表 2-2 中给出。其中的积分式都是在假定产物初始浓度为 0 的条件下导出的。产物初始浓度不为 0 时可用相似的方法解析，只是结果稍为复杂。

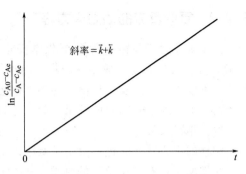

图 2-3　一级不可逆反应的 c-t 关系

表 2-2　等温恒容可逆反应动力学解析结果

反应	动力学方程式	动力学方程的积分式
一级 $A\underset{\overleftarrow{k}}{\overset{\overrightarrow{k}}{\rightleftharpoons}}P$	$-\dfrac{\mathrm{d}c_A}{\mathrm{d}t}=\overrightarrow{k}c_A-\overleftarrow{k}c_P=(\overrightarrow{k}+\overleftarrow{k})c_A-\overleftarrow{k}c_{A0}$	$(\overrightarrow{k}+\overleftarrow{k})t=\ln\dfrac{c_{A0}-c_{Ae}}{c_A-c_{Ae}}$
一、二级 $A\underset{\overleftarrow{k}}{\overset{\overrightarrow{k}}{\rightleftharpoons}}P+S$	$-\dfrac{\mathrm{d}c_A}{\mathrm{d}t}=\overrightarrow{k}c_A-\overleftarrow{k}c_Pc_S=\overrightarrow{k}\left[c_A-\dfrac{1}{K_c}(c_{A0}-c_A)^2\right]$	$\overrightarrow{k}t=\left(\dfrac{c_{A0}c_{Ae}}{c_{A0}+c_{Ae}}\right)\ln\dfrac{c_{A0}^2-c_{Ae}c_A}{c_{A0}(c_A-c_{Ae})}$
二、一级 $A+B\underset{\overleftarrow{k}}{\overset{\overrightarrow{k}}{\rightleftharpoons}}P$ $c_{A0}=c_{B0}$	$-\dfrac{\mathrm{d}c_A}{\mathrm{d}t}=\overrightarrow{k}c_Ac_B-\overleftarrow{k}c_P=\overrightarrow{k}\left[c_A^2-\dfrac{1}{K_c}(c_{A0}-c_A)\right]$	$\overrightarrow{k}t=\dfrac{c_{A0}-c_{Ae}}{c_{Ae}(2c_{A0}-c_{Ae})}$ $\times\ln\dfrac{c_{A0}c_{Ae}(c_{A0}-c_{Ae})+c_A(c_{A0}-c_{Ae})^2}{(c_A-c_{Ae})c_{A0}^2}$
二级 $A+B\underset{\overleftarrow{k}}{\overset{\overrightarrow{k}}{\rightleftharpoons}}P+S$ $c_{A0}=c_{B0}$	$-\dfrac{\mathrm{d}c_A}{\mathrm{d}t}=\overrightarrow{k}c_Ac_B-\overleftarrow{k}c_Pc_S=k\left[c_A^2-\dfrac{1}{K_c}(c_{A0}-c_A)^2\right]$	$\overrightarrow{k}t=\dfrac{\sqrt{K_c}}{2c_{A0}}\ln\left[\dfrac{X_{Ae}-(2X_{Ae}-1)X_A}{X_{Ae}-X_A}\right]$
二级 $2A\underset{\overleftarrow{k}}{\overset{\overrightarrow{k}}{\rightleftharpoons}}2P$	$-\dfrac{\mathrm{d}c_A}{\mathrm{d}t}=\overrightarrow{k}c_A^2-\overleftarrow{k}c_P^2=k\left[c_A^2-\dfrac{1}{K_c}(c_{A0}-c_A)^2\right]$	$\overrightarrow{k}t=\sqrt{\dfrac{K_c}{2c_{A0}}}\ln\left[\dfrac{X_{Ae}-(2X_{Ae}-1)X_A}{X_{Ae}-X_A}\right]$
二级 $2A\underset{\overleftarrow{k}}{\overset{\overrightarrow{k}}{\rightleftharpoons}}P+S$	$-\dfrac{\mathrm{d}c_A}{\mathrm{d}t}=\overrightarrow{k}c_A^2-\overleftarrow{k}c_Pc_S=\overrightarrow{k}\left[c_A^2-\dfrac{1}{4K_c}(c_{A0}-c_A)^2\right]$	$\overrightarrow{k}t=\dfrac{\sqrt{K_c}}{c_{A0}}\ln\left[\dfrac{X_{Ae}-(2X_{Ae}-1)X_A}{X_{Ae}-X_A}\right]$
二级 $A+B\underset{\overleftarrow{k}}{\overset{\overrightarrow{k}}{\rightleftharpoons}}2P$	$-\dfrac{\mathrm{d}c_A}{\mathrm{d}t}=\overrightarrow{k}c_Ac_B-\overleftarrow{k}c_P^2=\overrightarrow{k}\left[c_A^2-\dfrac{4}{K_c}(c_{A0}-c_A)^2\right]$	$\overrightarrow{k}t=\dfrac{\sqrt{K_c}}{4c_{A0}}\ln\left[\dfrac{X_{Ae}-(2X_{Ae}-1)X_A}{X_{Ae}-X_A}\right]$

2.2.2 复合反应的动力学方程

许多工业过程往往包含多个化学反应，这类反应一般称为复合反应（Multiple Reaction）。复合反应必定生成多种产物，而在一般情况下目的产物只是其中的一种或少数几种。因此，不仅需要考虑反应程度，还要考虑反应选择性，合理地控制反应条件，以利于生成目的产物。下面通过较简单的例子，阐明复合反应动力学分析的基本原理和方法。

(1) 平行反应

同样的反应物同时进行两个及两个以上的反应，称为平行反应（Parallel Reaction）。显然，这类反应具有"竞争"的性质。下列甲烷蒸气转化是工业过程中进行这类反应的一个例子。

$$CH_4 + H_2O \rightleftharpoons CO + 3H_2$$
$$CH_4 + 2H_2O \rightleftharpoons CO_2 + 4H_2$$

为简单起见，考察下面两个一级平行反应，

$$A \underset{k_2}{\overset{k_1}{\rightrightarrows}} \begin{array}{c} R \\ S \end{array}$$

$$(2\text{-}23)$$

其中 R 是目的产物。反应动力学方程为：

$$r_A = -\frac{dc_A}{dt} = k_1 c_A + k_2 c_A = (k_1 + k_2) c_A \tag{2-24}$$

$$r_R = \frac{dc_R}{dt} = k_1 c_A \tag{2-25}$$

$$r_S = \frac{dc_S}{dt} = k_2 c_A \tag{2-26}$$

式(2-24)积分结果为：

$$\ln \frac{c_A}{c_{A0}} = -(k_1 + k_2)t \tag{2-27}$$

或

$$c_A = c_{A0} e^{-(k_1 + k_2)t} \tag{2-28}$$

为了求解 c_R 和 c_S，以式(2-25)除以式(2-26)，得：

$$\frac{r_R}{r_S} = \frac{dc_R}{dc_S} = \frac{k_1}{k_2} \tag{2-29}$$

积分式(2-29)得到：

$$\frac{c_R - c_{R0}}{c_S - c_{S0}} = \frac{k_1}{k_2} \tag{2-30}$$

另一方面，由物料衡算：

$$(c_R - c_{R0}) + (c_S - c_{S0}) = c_{A0} - c_A \tag{2-31}$$

式(2-30)与式(2-31)联立求解：

$$c_R = c_{R0} + \frac{k_1}{k_1 + k_2}(c_{A0} - c_A) \tag{2-32}$$

$$c_S = c_{S0} + \frac{k_2}{k_1 + k_2}(c_{A0} - c_A) \tag{2-33}$$

由式(2-28)、式(2-32)和式(2-33)可作出各组分浓度-时间曲线，如图2-4所示。

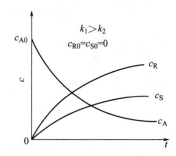

图 2-4 一级平行反应各组分 c-t 曲线

根据选择性的定义式(1-13)，生成目的产物 R 的选择性可表示为：

$$S_R = \left| \frac{\nu_A}{\nu_R} \right| \frac{c_R - c_{R0}}{c_{A0} - c_A} = \frac{k_1}{k_1 + k_2} \tag{2-34}$$

同时，生成目的产物 R 的瞬时选择性 (Instantaneous Selectivity)，即微分选择性为：

$$S'_R = \left| \frac{\nu_A}{\nu_R} \right| \frac{r_R}{r_A} = \left| \frac{\nu_A}{\nu_R} \right| \frac{dc_R/dt}{-dc_A/dt} = \left| \frac{\nu_A}{\nu_R} \right| \frac{k_1 c_A}{k_1 c_A + k_2 c_A} = \frac{k_1}{k_1 + k_2} \tag{2-35}$$

即该反应总的选择性与瞬时选择性相等，且不随时间变化。这意味着不论反应多长时间，只要温度不变，得到目的产物和副产物的比例相同。但除了一级反应不可逆的平行反应外，其他情况下，$S_R \neq S'_R$。

目的产物的收率可写为：

$$Y_R = S_R X_A = \frac{k_1}{k_1 + k_2} X_A \tag{2-36}$$

为了考察反应温度的影响，用 Arrhenius 关系式来表示反应速率常数，则反应的选择性为：

$$S_R = S'_R = \frac{A_1 \exp[-E_1/(RT)]}{A_1 \exp[-E_1/(RT)] + A_2 \exp[-E_2/(RT)]}$$
$$= \frac{1}{1 + (A_2/A_1) \exp[(E_1 - E_2)/(RT)]} \tag{2-37}$$

不难看出，为了达到较高的选择性，$\exp[(E_1 - E_2)/(RT)]$ 项应尽可能小。因此，当 $E_1 > E_2$ 时，应尽可能采用高的反应温度；当 $E_1 < E_2$ 时，低温有利于提高反应选择性。

为了提高反应装置的生产能力，既要高的选择性，还需较高的转化率。对于 $E_1 > E_2$ 的情况，高温对提高选择性和转化率都是有利的。当 $E_1 < E_2$ 时，低温虽有利于提高选择性，但由于反应速率变慢，在有限的反应时间内达到的转化率较低。对于这种情况，合理的方案是：最初采用低温，使大部分 A 反应生成 R；当 A 的浓度降低到一定程度后，采用高温操作以提高反应速率，达到较高的转化率。这样做实质上是在反应后期以较小的选择性损失换取较大的转化率收益。

(2) 连串反应

连串反应 (Series Reaction) 是指某一反应的产物又进一步反应生成其他产物的反应，如工业合成甲醇的反应：

$$2CO + 4H_2 \Longleftrightarrow 2CH_3OH \Longleftrightarrow CH_3OCH_3 + H_2O$$

考察最简单的一级连串反应：

$$A \xrightarrow{k_1} R \xrightarrow{k_2} S \tag{2-38}$$

动力学方程为：

$$r_A = -\frac{dc_A}{dt} = k_1 c_A \tag{2-39}$$

$$r_R = \frac{dc_R}{dt} = k_1 c_A - k_2 c_R \tag{2-40}$$

$$r_S = \frac{dc_S}{dt} = k_2 c_R \tag{2-41}$$

式(2-39) 积分结果为：

$$c_A = c_{A0} e^{-k_1 t} \tag{2-42}$$

将此结果代入式(2-40) 并整理得：

$$\frac{dc_R}{dt} + k_2 c_R = k_1 c_{A0} e^{-k_1 t} \tag{2-43}$$

这是一阶非齐次线性方程。若产物初始浓度均为 0，即 $c_{R0} = c_{S0} = 0$，方程的解为：

$$c_R = \frac{k_1}{k_1 - k_2} c_{A0} (e^{-k_2 t} - e^{-k_1 t}) \tag{2-44}$$

利用物料衡算关系 $c_{A0} - c_A = c_R + c_S$，可求得：

$$c_S = c_{A0} \left[1 + \frac{k_2 e^{-k_1 t} - k_1 e^{-k_2 t}}{k_1 - k_2} \right] \tag{2-45}$$

由式(2-42)、式(2-44) 和式(2-45) 可作出各组分浓度分布曲线，如图 2-5 所示。

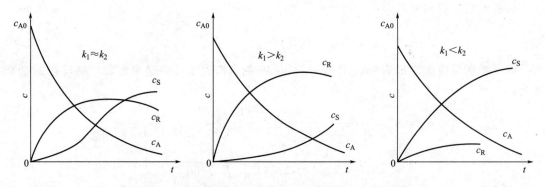

图 2-5　一级连串反应 $A \longrightarrow R \longrightarrow S$ 的各组分 $c\text{-}t$ 曲线

由图 2-5 可以看出，在 $k_1 \approx k_2$，$k_1 > k_2$ 和 $k_1 < k_2$ 三种情况下，中间产物浓度 c_R 曲线上都有最大值。如果 R 是目的产物，就存在反应时间优化的问题。可将式(2-44) 对时间 t 求导，并令导数值 $(dc_R/dt) = 0$，求得 c_R 最大点的位置，即最优反应时间。

$$t_{opt} = \frac{\ln(k_2/k_1)}{k_2 - k_1} \tag{2-46}$$

将此最优反应时间代入式(2-44) 即可求得 c_R 的最大值为：

$$(c_R)_{max} = c_{A0} \left(\frac{k_1}{k_2} \right)^{k_2/(k_2 - k_1)} \tag{2-47}$$

反应生成 R 的积分和瞬时选择性可由上述导出的结果求得：

$$S_R = \frac{k_1}{k_1 - k_2} \times \frac{e^{-k_2 t} - e^{-k_1 t}}{1 - e^{-k_1 t}} \tag{2-48}$$

$$S_R' = \frac{k_1}{k_1 - k_2} \left[1 - \frac{k_2}{k_1} e^{(k_1 - k_2)t} \right] \tag{2-49}$$

可见该连串反应总的选择性与瞬时选择性不相等，且都随时间变化。用上述选择性表达式详细分析温度的影响比较困难。为此，定义相对瞬时选择性 S_{RS}' 为生成 R 和 S 的速度之比：

$$S_{RS}' = \frac{dc_R}{dc_S} = \frac{k_1 c_A - k_2 c_R}{k_2 c_R} = \frac{k_1}{k_2} \times \frac{c_A}{c_R} - 1 \tag{2-50}$$

显然，S_{RS}' 值越大，越有利于提高目的产物 R 的收率。S_{RS}' 表达式中有两个可变因子：速度常数比 k_1/k_2 和浓度比 c_A/c_R。前者不随时间变化，后者随时间延续而减小。不难看出，不论在任何时刻，提高 k_1/k_2 总是有利的。该比值可用 Arrhenius 关系表示为：

$$\frac{k_1}{k_2} = \frac{A_1 \exp[-E_1/(RT)]}{A_2 \exp[-E_2/(RT)]} = \frac{A_1}{A_2} \exp\left(\frac{E_2 - E_1}{RT}\right) \tag{2-51}$$

根据式(2-51)，综合选择性和转化率的考虑，可以得到下列定性结论：

① 当 $E_1 > E_2$，高温有利于提高反应生成 R 的选择性，同时也可在有限时间内达到较高的转化率，从而可以达到较高的收率。

② $E_1 < E_2$，低温有利于提高选择性，但会导致转化率较低，从而 R 的收率不高。为了提高收率，可在反应前期采用高温，后期降低温度。在反应前期，浓度比 c_A/c_R 很大，即使在高温下 k_1/k_2 较小，选择性也不会低；而总反应速率提高有利于生成较多的 R。反应后期 c_A/c_R 大大降低，宜采用低温使 k_1/k_2 增大，以保证选择性不至于过低，防止大量 R 转化为 S。

(3) 平行-连串反应

$$\text{A} \overset{k_1}{\underset{k_3}{\rightleftarrows}} \begin{matrix} \text{R} \overset{k_2}{\rightarrow} \text{S} \\ \text{B} \end{matrix}$$

考察下列一般化反应 $\tag{2-52}$

动力学方程为：

$$r_A = -\frac{dc_A}{dt} = (k_1 + k_3) c_A \tag{2-53}$$

$$r_R = \frac{dc_R}{dt} = k_1 c_A - k_2 c_R \tag{2-54}$$

$$r_S = \frac{dc_S}{dt} = k_2 c_R \tag{2-55}$$

$$r_B = \frac{dc_B}{dt} = k_3 c_A \tag{2-56}$$

假定目的产物是 R，若产物、副产物初始浓度为 $c_{R0} = c_{S0} = c_{B0} = 0$，上述动力学方程可依次积分求解，得到各组分浓度的解析表达式：

$$c_A = c_{A0} e^{-(k_1 + k_3)t} \tag{2-57}$$

$$c_R = \frac{k_1}{k_1 + k_3 - k_2} c_{A0} \left[e^{-k_2 t} - e^{-(k_1 + k_3)t} \right] \tag{2-58}$$

$$c_S = \frac{k_1}{k_1 + k_3} c_{A0} \left\{ 1 + \frac{1}{k_1 + k_3 - k_2} \left[k_2 e^{-(k_1 + k_3)t} + (k_1 + k_3) e^{-k_2 t} \right] \right\} \tag{2-59}$$

$$c_B = \frac{k_3}{k_1 + k_3} c_{A0} \left[1 - e^{-(k_1 + k_3)t} \right] \tag{2-60}$$

该体系同样存在一个目的产物收率最高的最优反应时间，它可通过 c_R 对 t 求导并使时间导数为 0 求得。

$$t_{opt} = \frac{1}{k_1 + k_3 - k_2} \ln \frac{k_1 + k_3}{k_2} \tag{2-61}$$

将式(2-61)代入式(2-58)，得到目的产物最大浓度为：

$$(c_R)_{max} = \frac{k_1}{k_2} c_{A0} \left(\frac{k_1 + k_3}{k_2} \right)^{-(k_1 + k_3)/(k_1 + k_3 - k_2)} \tag{2-62}$$

生成 R 的选择性和瞬时选择性可根据定义式求得为：

$$S_R = \left| \frac{\nu_A}{\nu_R} \right| \frac{c_R}{c_{A0} - c_A} = \frac{k_1}{k_1 + k_3 - k_2} \times \frac{e^{-k_2 t} - e^{-(k_1 + k_3)t}}{1 - e^{-(k_1 + k_3)t}} \tag{2-63}$$

$$S_R' = \left| \frac{\nu_A}{\nu_R} \right| \frac{dc_R}{-dc_A} = \frac{k_1}{k_1 + k_3 - k_2} \left[1 - \frac{k_2}{k_1 + k_3} e^{(k_1 + k_3 - k_2)t} \right] \tag{2-64}$$

显然，$S_R \neq S_R'$，且它们都随时间变化。

为了定性地了解有利的反应温度条件，同样可以利用相对瞬时选择性。由于有三种反应产物，而目的产物只有 R 一种。又由于，$|\nu_A| = |\nu_R| = |\nu_S| = |\nu_B| = 1$，总的相对瞬时选择性 $S_{R(SB)}'$ 定义为：

$$S_{R(SB)}' = \frac{dc_R}{dc_S + dc_B} = \frac{k_1 c_A - k_2 c_R}{k_3 c_A + k_2 c_R} \tag{2-65}$$

在反应初期，$c_A \gg c_R$，式(2-65)中 $k_2 c_R$ 项可忽略不计。从而：

$$S_{R(SB)}' \approx \frac{k_1}{k_3} \tag{2-66}$$

有利的温度条件显然应使平行反应速率常数比（k_1/k_3）尽可能大。随着反应进行，c_A 减小，c_R 增大。然而有实际意义的时间范围必须保证 $k_1 c_A > k_2 c_R$，否则不可能有新的 R 生成，甚至 R 量还可能减少（当 $k_1 c_A < k_2 c_R$ 时）。在此范围内：

① 若 $k_3 c_A$ 与 $k_2 c_R$ 相比可以忽略，则有：$S_{R(SB)}' \approx \frac{k_1}{k_2} \times \frac{c_A}{c_R} - 1$。

有利的温度条件应使连串反应速率常数比 k_1/k_2 尽可能大。

② 若平行反应速率 $k_3 c_A$ 仍不可忽略，则应用时使 k_1/k_2 和 k_1/k_3 都尽可能大。但温度对这两个比值的影响可能有矛盾。遇到这样的情况时，需要根据具体的动力学参数进行进一步分析。

以上讨论的复合反应体系都是比较简单的例子。实际反应体系可能更为复杂，包含更多的反应。动力学方程常常不可能解析求解，需要用数值方法，并借助计算机。但分析方法的基本原理是普遍适用的。

2.3 等温变容过程的反应动力学

工业生产上的液-液均相反应，若反应过程中物料的密度变化不大，一般均可以作为恒容过程处理。但对于气相反应，当系统压力基本不变而反应前后物料的物质的量（mol）发生变化时，由此引起的混合物体积变化不可以忽略，从而不能作为恒容过程处理。为此，必须寻找反应前后物系数量变化的规律性，下面讨论膨胀因子和膨胀率这两种方法。

2.3.1 膨胀因子

膨胀因子（Expansion Factor）是对反应体系某一组分而言的。组分 i 的膨胀因子 δ_i 定义为：反应消耗（或生成）1mol 的组分 i 所引起的反应物系总物质的量的变化。例如，对于气相反应：

$$\nu_A A + \nu_B B \longrightarrow \nu_R R + \nu_S S \tag{2-67}$$

该反应任一组分 i 的膨胀因子 δ_i 为：

$$\delta_i = \frac{(\nu_R + \nu_S) + (\nu_A + \nu_B)}{|\nu_i|} \tag{2-68}$$

若以反应物 A 定义的膨胀因子，则有：

$$\delta_A = \frac{(\nu_R + \nu_S) + (\nu_A + \nu_B)}{|\nu_A|} \tag{2-69}$$

由物料衡算可以得出反应混合物总物质的量与膨胀因子和关键组分 A 的转化率之间的关系为：

$$n_t = n_{t0} + \delta_A n_{A0} X_A \tag{2-70}$$

因此，对于任一反应而言，关键组分 A 的膨胀因子 δ_A 的通式表达为：

$$\delta_A = \frac{\sum \nu_{产物} + \sum \nu_{反应物}}{|\nu_A|} \tag{2-71}$$

（1）等温恒压过程

对于式(2-67)的气相反应，组分 A 的分压 p_A 与其摩尔分数 y_A、转化率 X_A 有如下的关系式：

$$p_A = \frac{n_A}{n_t} p = y_A p \tag{2-72}$$

$$y_A = \frac{n_A}{n_t} = \frac{n_{A0}(1 - X_A)}{n_{t0} + \delta_A n_{A0} X_A} = \frac{y_{A0}(1 - X_A)}{1 + \delta_A y_{A0} X_A} \tag{2-73}$$

$$p_A = \frac{p_{A0}(1 - X_A)}{1 + \delta_A y_{A0} X_A} \tag{2-74}$$

根据该反应的化学计量系数关系，组分 B 的分压 p_B 和摩尔分数 y_B 与关键组分 A 的转化率 X_A 有如下的关系式：

$$y_B = \frac{n_B}{n_t} = \frac{n_{B0} - \dfrac{\nu_B}{\nu_A} n_A}{n_{t0} + \delta_A n_{A0} X_A} = \frac{y_{B0} - \dfrac{\nu_B}{\nu_A} y_{A0} X_A}{1 + \delta_A y_{A0} X_A} \tag{2-75}$$

$$p_B = \frac{p_{B0} - \dfrac{\nu_B}{\nu_A} p_{A0} X_A}{1 + \delta_A y_{A0} X_A} \tag{2-76}$$

对于等温恒压过程，有：

$$V = \frac{RT}{p} n_t = V_0 (1 + \delta_A y_{A0} X_A) \tag{2-77}$$

则：

$$c_A = \frac{n_A}{V} = \frac{n_{A0}(1 - X_A)}{V_0(1 + \delta_A y_{A0} X_A)} = \frac{c_{A0}(1 - X_A)}{1 + \delta_A y_{A0} X_A} \tag{2-78}$$

$$c_B = \frac{n_B}{V} = \frac{n_{B0} - \dfrac{\nu_B}{\nu_A} n_{A0} X_A}{V_0(1 + \delta_A y_{A0} X_A)} = \frac{c_{B0} - \dfrac{\nu_B}{\nu_A} c_{A0} X_A}{1 + \delta_A y_{A0} X_A} \tag{2-79}$$

若动力学方程为 $r_A = k c_A^\alpha c_B^\beta$，则可得变容情况下反应速率与转化率的关系式：

$$r_A = k \frac{c_{A0}^\alpha (1 - X_A)^\alpha \left(c_{B0} - \dfrac{\nu_B}{\nu_A} c_{A0} X_A\right)^\beta}{(1 + \delta_A y_{A0} X_A)^{\alpha+\beta}} \tag{2-80}$$

同时，变容情况下 r_A 的定义式也要变为转化率和膨胀因子的函数：

$$r_A = -\frac{1}{V} \times \frac{dn_A}{dt} = \frac{d[n_{A0}(1 - X_A)]}{V_0(1 + \delta_A y_{A0} X_A) dt} = \frac{c_{A0}}{1 + \delta_A y_{A0} X_A} \times \frac{dX_A}{dt} \tag{2-81}$$

与恒容情况相比，也是多了一个体积校正因子（膨胀因子）。

以上是以浓度表示反应物系的变换方法，概括起来为如下的换算公式：

$$c_i = \frac{c_{i0} - \dfrac{\nu_i}{\nu_A} c_{A0} X_A}{1 + \delta_A y_{A0} X_A} \tag{2-82}$$

此式对恒容或变容、反应物或产物都适用。同理，用分压或摩尔分数表示反应气体组成时，也可以推导出其与转化率的关系式：

$$p_i = \frac{p_{i0} - \dfrac{\nu_i}{\nu_A} p_{A0} X_A}{1 + \delta_A y_{A0} X_A} \tag{2-83}$$

$$y_i = \frac{y_{i0} - \dfrac{\nu_i}{\nu_A} y_{A0} X_A}{1 + \delta_A y_{A0} X_A} \tag{2-84}$$

上面诸式中若 $\delta_A = 0$，即与恒容过程相同。等温恒压变容过程的动力学方程的积分式亦可同样导出，如表 2-3 所示。

表 2-3 等温恒压变容过程的动力学方程（用 δ_A 表示）

反应	动力学方程	动力学方程的积分式	反应	动力学方程	动力学方程的积分式
零级	$r_A = k$	$kt = \dfrac{c_{A0}}{\delta_A y_{A0}} \ln(1 + \delta_A y_{A0} X_A)$	二级	$r_A = k c_A^2$	$c_{A0} kt = \dfrac{(1 + \delta_A y_{A0}) X_A}{1 - X_A} + \delta_A y_{A0} \ln(1 - X_A)$
一级	$r_A = k c_A$	$kt = -\ln(1 - X_A)$	n 级	$r_A = k c_A^n$	$c_{A0}^{n-1} kt = \displaystyle\int_0^{X_A} \frac{(1 + \delta_A y_{A0} X_A)^{n-1}}{(1 - X_A)^n} dX_A$

（2）等温变压

应该注意，以上变容过程的计算只适用于等温恒压过程的气相反应。工业反应器中除了伴随着温度的变化外，有时还伴随着压力的变化。对于等温变压或变温变压过程的气相反应，可以引入理想气体 p-V-T 关系解析式。变温变压时，前面的式（2-82）至式（2-84）需做如下变换。

$$c_i = \frac{c_{i0} - \dfrac{\nu_i}{\nu_A} c_{A0} X_A}{1 + \delta_A y_{A0} X_A} \times \frac{p}{p_0} \times \frac{T_0}{T} \tag{2-85}$$

$$p_i = \frac{p_{i0} - \dfrac{\nu_i}{\nu_A} p_{A0} X_A}{1 + \delta_A y_{A0} X_A} \times \frac{p}{p_0} \times \frac{T_0}{T} \tag{2-86}$$

$$y_i = \frac{y_{i0} - \dfrac{\nu_i}{\nu_A} y_{A0} X_A}{1 + \delta_A y_{A0} X_A} \times \frac{p}{p_0} \times \frac{T_0}{T} \tag{2-87}$$

2.3.2　膨胀率

表征变容程度的另一参数称膨胀率（Expansion Ratio）ε，它仅适用于物系体积随转化率变化呈线性关系的情况，即：

$$V = V_0 (1 + \varepsilon_A X_A) \tag{2-88}$$

此处 ε_A 即为以组分 A 为基准的膨胀率，它的物理意义为当反应物 A 全部转化后系统体积的变化分率。

$$\varepsilon_A = \frac{V_{X_A=1} - V_{X_A=0}}{V_{X_A=0}} \tag{2-89}$$

今以等温气相反应 A ——→2P 为例说明 ε_A 的计算。设反应开始时只有反应物 A，而当 A 全部转化后，即反应掉 1mol 的 A 能生成 2mol 的 P，故：

$$\varepsilon_A = \frac{2-1}{1} = 1$$

若开始时的反应物除 A 以外还有 50% 的惰性物质，初始反应混合物的体积为 2，完全转化后，生成产物的混合物体积为 3，因为在恒压情况下不发生反应的惰性物质其体积也不发生变化，故此时：

$$\varepsilon_A = \frac{3-2}{2} = 0.5$$

此例说明以膨胀率表征变容程度时，不仅要考虑反应的计量关系，而且还要考虑系统内是否含有惰性物料。而以膨胀因子 δ 表达时，与惰性物料是否存在无关。膨胀率与膨胀因子虽然不同，但两者都表达体积变化的参数，它们之间的关系为：

$$\delta_A = \left(\frac{n_{t0}}{n_{A0}} \right) \varepsilon_A \quad 或 \quad \varepsilon_A = y_{A0} \delta_A \tag{2-90}$$

膨胀率法适用的前提是符合式(2-88)，对于不符合这一线性关系的系统，其应用是近似的。和膨胀因子一样，考虑膨胀率后，反应速率 r_A 与 X_A 的关系为：

$$r_A = -\frac{1}{V} \times \frac{\mathrm{d}n_A}{\mathrm{d}t} = \frac{1}{V_0(1 + \varepsilon_A X_A)} \times \frac{n_{A0} \mathrm{d}(1 - X_A)}{\mathrm{d}t} \tag{2-91}$$

即：

$$r_A = \frac{c_{A0}}{1 + \varepsilon_A X_A} \times \frac{\mathrm{d}X_A}{\mathrm{d}t} \tag{2-92}$$

当 $\varepsilon_A = 0$ 时，即为等温恒容过程，其动力学方程的建立与恒温情况相同。如采用微分法，只要用 $\dfrac{c_{A0}}{1 + c_A X_A} \times \dfrac{\mathrm{d}X_A}{\mathrm{d}t}$ 取代恒容过程的 $\dfrac{\mathrm{d}c_A}{\mathrm{d}t}$，就可将实验数据按恒容过程的同样方法进行数据处理。如采用积分法处理，可将式(2-92) 积分：

$$t = c_{A0} \int_0^{X_A} \frac{\mathrm{d}X_A}{(1 + \varepsilon_A X_A) r_A} \tag{2-93}$$

式(2-93)表达了转化率与时间的关系。一些简单反应的积分结果列于表 2-4，有些无法通过解析求解的可用图解积分求解。

表 2-4 等温变容过程的速率方程及其积分式（膨胀率用 ε_A 表示）

反应	动力学方程	动力学方程的积分式	反应	动力学方程	动力学方程的积分式
零级	$r_A = k$	$kt = \left(\dfrac{c_{A0}}{\varepsilon_A}\right)\ln(1+\varepsilon_A X_A)$	二级	$r_A = kc_A^2$	$c_{A0}kt = \dfrac{(1+\varepsilon_A)X_A}{1-X_A} + \varepsilon_A\ln(1-X_A)$
一级	$r_A = kc_A$	$kt = -\ln(1-X_A)$	n 级	$r_A = kc_A^n$	$c_{A0}^{n-1}kt = \displaystyle\int_0^{X_A} \dfrac{(1+\varepsilon_A X_A)^{n-1}}{(1-X_A)^n}dX_A$

【例 2-2】 已知在镍催化剂上进行苯的气相加氢反应

$$C_6H_6 + 3H_2 \longrightarrow C_6H_{12}$$
$$\text{(B)} \quad \text{(H)} \quad\quad \text{(C)}$$

反应动力学方程为：
$$r_B = \frac{kp_B p_H^{0.5}}{1+Kp_B} \tag{1}$$

式中，p_B、p_H 分别为苯和氢的分压；k 和 K 为常数。

若反应气体的起始组成中不含环己烷，苯及氢的摩尔分数分别为 y_{B0} 和 y_{H0}。反应系统的总压为 p，试将式(1)变换为苯的转化率 X_B 的函数。

解 此反应为总物质的量减少的反应，

$$\delta_A = \frac{\nu_C + \nu_B + \nu_H}{|\nu_B|} = \frac{1-1-3}{1} = -3$$

由式(2-73)得：
$$y_B = \frac{y_{B0} - y_{B0}X_B}{1-3y_{B0}X_B}$$

及
$$y_H = \frac{y_{B0} - 3y_{B0}X_B}{1-3y_{B0}X_B}$$

又因为 $p_H = py_H$，$p_B = py_B$，故结合上两式并代入式(1)，化简后即得 r_B 与转化率 X_B 的关系式：

$$r_B = \frac{k\left(p\dfrac{y_{B0}-y_{B0}X_B}{1-3y_{B0}X_B}\right)\left(p\dfrac{y_{B0}-3y_{B0}X_B}{1-3y_{B0}X_B}\right)^{0.5}}{1+Kp\dfrac{y_{B0}-y_{B0}X_B}{1-3y_{B0}X_B}}$$

$$= \frac{kp^{1.5}y_{B0}(1-X_B)(y_{H0}-3y_{B0}X_B)^{0.5}}{(1-3y_{B0}X_B)^{1.5}+Kpy_{B0}(1-X_B)(1-3y_{B0}X_B)^{0.5}}$$

【例 2-3】 某二级气相反应 $2A \longrightarrow 2R+S$ 在 200 kPa、600℃下等温恒压进行，原料含量 A 为 80%（摩尔分数），惰性气体 20%，反应 10 min 后其体积增加了 20%，求此时的转化率及该反应在此温度下的速率常数。

解 以初始反应体积 1L 作为计算基准，根据已知条件，反应初期和转化率为 100% 时的体积 V_0 和 V 计算如下。

$$2A \longrightarrow 2R + S \qquad 惰性气体$$

反应初期（$X_A = 0$）各组分体积　　$80\% \times 1L$　　0　　0　　$20\% \times 1L$

转化率为 100% 时各组分体积　　　0　　$80\% \times 1L$　　$\dfrac{1}{2} \times 80\% \times 1L$　$20\% \times 1L$

根据膨胀率 ε_A 的定义，

$$\varepsilon_A = \frac{V_{X_A=1} - V_{X_A=0}}{V_{X_A=0}} = \frac{\left[(80\% \times 1 + \frac{1}{2} \times 80\% \times 1) + 20\% \times 1\right] - (80\% \times 1 + 20\% \times 1)}{80\% \times 1 + 20\% \times 1} = 0.4$$

设反应初期体积为 V_0，则反应后其体积为：

$$V = V_0(1 + \varepsilon_A X_A) = V_0(1 + 0.4 X_A)$$

由给定条件可知，当反应 10min 后 $V = (1 + 20\%)V_0$，故有：

$$\frac{V}{V_0} = 1 + \varepsilon_A X_A = 1.2$$

将有关数据代入上式解得：$X_A = 50\%$。

对于二级不可逆反应，反应速率方程可表示为：

$$r_A = \frac{c_{A0}}{1 + \varepsilon_A X_A} \times \frac{\mathrm{d}X_A}{\mathrm{d}t} = kc_A^2$$

将 $c_A = \dfrac{c_{A0}(1 - X_A)}{1 + \varepsilon_A X_A}$ 代入上式得：

$$\frac{c_{A0}}{1 + \varepsilon_A X_A} \times \frac{\mathrm{d}X_A}{\mathrm{d}t} = kc_{A0}^2 \frac{(1 - X_A)^2}{(1 + \varepsilon_A X_A)^2}$$

积分得：

$$c_{A0}kt = \frac{(1 + \varepsilon_A)X_A}{1 - X_A} + \varepsilon_A \ln(1 - X_A) \tag{1}$$

因为 $c_{A0} = \dfrac{n_{A0}}{V_0} = \dfrac{p_{A0}}{RT}$，代入已知条件计算如下：

$$c_{A0} = \frac{p_{A0}}{RT} = \frac{p y_{A0}}{RT} = \frac{200 \times 1000 \times 80\%}{8.314 \times (600 + 273.15)} = 22.04 \, \mathrm{mol \cdot m^{-3}} = 0.02204 \, \mathrm{mol \cdot L^{-1}}$$

将 c_{A0}、X_A 和 t 代入式（1），解得 $k = 0.51 \, \mathrm{L \cdot (mol \cdot min)^{-1}}$。

2.4　温度对反应速率的影响

化学反应的速率不仅与反应物的浓度有关，而且与其反应温度密切相关。操作温度的选择对于反应过程的经济可行性至关重要。因此，需要进一步地分析与探讨温度对反应速率的影响，以便确定合适的操作温度。

2.4.1　温度对不可逆反应的影响

对于不可逆反应，反应速率可以表达如下：

$$r_A = kf(X_A) \tag{2-94}$$

温度对反应速率的影响体现在反应速率常数 k，根据 Arrhenius 关系式（2-9），对其两边取对数得：

$$\ln k = \ln A - E/(RT) \tag{2-95}$$

由式（2-95）可见，反应速率常数 k 与其反应温度 T 及活化能 E 有关。反应速率常数 k 随温度升高而增加，表明在反应体系浓度不变情况下温度越高反应速率越大。

活化能 E 是影响反应速率常数 k 的一个极其重要的参数，它的大小不仅是反应难易程度的一种衡量，也是反应速率对温度敏感性的一种标志。活化能越大，则该反应对温度越敏感。对于给定的反应，反应速率与温度的关系在低温时比高温更加敏感。

2.4.2 温度对可逆反应的影响

（1）温度对化学平衡的影响

影响化学平衡的因素较多，如改变温度、压强及添加惰性气体等，都有可能使已经到达平衡的反应系统发生移动，达到新的平衡。压强的改变或惰性气体的加入一般不会改变平衡常数的数值，只影响平衡的组成；但温度的变化会引起平衡常数的改变。

温度对化学平衡的影响可以用下面的范特霍夫公式的微分式来表示：

$$\frac{\mathrm{d}\ln K_P}{\mathrm{d}T} = \frac{\Delta H_r}{RT^2} \tag{2-96}$$

对于吸热反应，其反应热 $\Delta H_r > 0$，平衡常数 K 随温度升高而增大，平衡转化率也会相应增大。对于放热反应，$\Delta H_r < 0$，平衡常数 K 随温度升高而减小，平衡转化率也会降低。

（2）反应热与活化能的关系

为了表述反应热与活化能的关系，将 Arrhenius 方程两边取对数可得：

$$\ln k = \ln A - E/(RT) \tag{2-95}$$

当指前因子 A 随温度的变化可以忽略时，式（2-95）对温度求导可得：

$$\frac{\mathrm{d}\ln k}{\mathrm{d}T} = \frac{E}{RT^2} \tag{2-97}$$

如果可逆反应的正逆反应速率常数均符合 Arrhenius 方程，则有：

$$\frac{\mathrm{d}\ln \vec{k}}{\mathrm{d}T} = \frac{\vec{E}}{RT^2} \quad 及 \quad \frac{\mathrm{d}\ln \overleftarrow{k}}{\mathrm{d}T} = \frac{\overleftarrow{E}}{RT^2} \tag{2-98}$$

式中，$\vec{E}$ 和 $\overleftarrow{E}$ 分别为正逆反应的活化能。

对于可逆反应，平衡常数与其速率常数关系为：

$$K_P = \frac{\vec{k}}{\overleftarrow{k}} \tag{2-99}$$

两边取对数得：

$$\ln K_P = \ln \vec{k} - \ln \overleftarrow{k} \tag{2-100}$$

对温度求导则有：

$$\frac{\mathrm{d}\ln K_P}{\mathrm{d}T} = \frac{\mathrm{d}\ln \vec{k}}{\mathrm{d}T} - \frac{\mathrm{d}\ln \overleftarrow{k}}{\mathrm{d}T} \tag{2-101}$$

将式（2-96）和式（2-98）代入式（2-101），化简后有：

$$\Delta H_r = \vec{E} - \overleftarrow{E} \tag{2-102}$$

这就是反应热与正逆反应活化能的关系式，对于吸热反应，$\Delta H_r > 0$，即 $\vec{E} > \overleftarrow{E}$；若为放热反应则 $\Delta H_r < 0$，即 $\vec{E} < \overleftarrow{E}$。

（3）温度对可逆吸热反应、可逆放热反应的影响

为了方便讨论温度对可逆反应速率的影响，可将反应的速率方程写成如下形式：

$$r = \overrightarrow{k} f(X_A) - \overleftarrow{k} g(X_A) \tag{2-103}$$

对于一定起始原料组成，当组分 A 的转化率为 X_A 时，其余组分的浓度均可变为 X_A 的函数。式（2-103）中的 $f（X_A）$ 即是正反应速率方程中的浓度函数变为转化率函数的结果，$g（X_A）$ 则为逆反应的浓度函数以转化率 X_A 的表达式。将式（2-103）对 T 求导可得：

$$\left(\frac{\partial r}{\partial T}\right)_{X_A} = f(X_A) \frac{d\overrightarrow{k}}{dT} - g(X_A) \frac{d\overleftarrow{k}}{dt} \tag{2-104}$$

若正、逆反应速率常数与温度的关系符合 Arrhenius 方程，式（2-98）可以变化为：

$$\frac{d\overrightarrow{k}}{dT} = \frac{\overrightarrow{k}\overrightarrow{E}}{RT^2} \quad 及 \quad \frac{d\overleftarrow{k}}{dT} = \frac{\overleftarrow{k}\overleftarrow{E}}{RT^2} \tag{2-105}$$

将式（2-105）代入式（2-104）得：

$$\left(\frac{\partial r}{\partial T}\right)_{X_A} = \frac{\overrightarrow{E}}{RT^2}\overrightarrow{k} f(X_A) - \frac{\overleftarrow{E}}{RT^2}\overleftarrow{k} g(X_A) \tag{2-106}$$

1）可逆吸热反应

对于任一反应，通常 $r \geqslant 0$，根据式（2-103）可知，$\overrightarrow{k} f（X_A）\geqslant \overleftarrow{k} g（X_A）$。

对于可逆吸热反应（Reversible Endothermic Reaction），$\overrightarrow{E} > \overleftarrow{E}$，从而由式（2-106）可知：

$$\frac{\overrightarrow{E}}{RT^2}\overrightarrow{k} f(X_A) > \frac{\overleftarrow{E}}{RT^2}\overleftarrow{k} g(X_A)$$

即

$$\left(\frac{\partial r}{\partial T}\right)_{X_A} > 0$$

表明可逆吸热反应的速率总是随着温度的升高而增加。

图 2-6 为可逆吸热反应的反应速率与温度及转化率的关系图。图中的曲线为等速率线，即曲线上所有点的反应速率相等。$r=0$ 的曲线叫作平衡曲线，相应的转化率称为平衡转化率，是反应所能达到的极限。由于可逆吸热反应的平衡常数随温度的升高而增大，故平衡转化率也随温度升高而增加。处于平衡曲线下方的其他曲线为非零的等速率线，其反应速率大小的次序是：

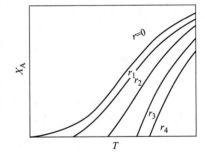

图 2-6　可逆吸热反应的反应速率与温度及转化率的关系

$$r_4 > r_3 > r_2 > r_1$$

由图 2-6 可知，如果反应温度一定，则反应速率随转化率的增加而下降；若转化率一定，则反应速率随温度升高而增加。

上述分析说明，对于可逆吸热反应，提高反应温度总是有利的。当然，在实际生产中，允许采用的高温水平要受到设备材质、传热以及可能引起副反应或产品变性等因素的限制。

2）可逆放热反应

对于可逆放热反应（Reversible Exothermic Reaction），由于 $\overrightarrow{E} < \overleftarrow{E}$，但 $\overrightarrow{k} f(X_A) > \overleftarrow{k} g(X_A)$，故由式（2-106）知，

$$\left(\frac{\partial r}{\partial T}\right)_{X_A} \begin{array}{c} > \\ = \\ < \end{array} 0$$

即可逆放热反应的速率随温度的升高既可能增加，也可能降低，其关系如图 2-7 所示。图中曲线是在一定转化率下作出的，也叫等转化率曲线。从图中可以看出，当温度较低时，反应

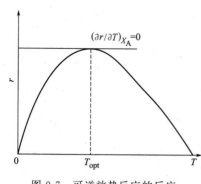

图 2-7　可逆放热反应的反应
速率与温度的关系

速率随温度的升高而加快，到达某一极大值后，随温度的继续升高，反应速率反而下降。

这种现象可以解释为：当温度较低时，反应过程远离平衡，动力学影响是主要矛盾，其斜率表现为 $\left(\dfrac{\partial r}{\partial T}\right)_{X_A} > 0$。但在高温时，由于平衡常数下降，平衡影响对反应速率的影响明显起来，随温度的继续升高，平衡影响将成为主要矛盾，其斜率表现为 $\left(\dfrac{\partial r}{\partial T}\right)_{X_A} < 0$。曲线由上升到下降的转变点为反应速率的极大值点，其斜率为零，即 $\left(\dfrac{\partial r}{\partial T}\right)_{X_A} = 0$。对应于反应速率极大值点的温度叫作最佳温度 T_{opt}。

为了找到最佳反应温度，可用一般求极值方法，令（2-106）右边为零，得：

$$\overrightarrow{E}\overrightarrow{k}f(X_A) - \overleftarrow{E}\overleftarrow{k}g(X_A) = 0$$

或

$$\frac{\overrightarrow{E}\overrightarrow{A}\exp[-\overrightarrow{E}/(RT_{opt})]}{\overleftarrow{E}\overleftarrow{A}\exp[-\overleftarrow{E}/(RT_{opt})]} = \frac{g(x_A)}{f(x_A)} \tag{2-107}$$

式中，$\overrightarrow{A}$ 及 $\overleftarrow{A}$ 分别为正、逆反应速率常数的指前因子。

当反应达到平衡时，$r=0$，由式（2-103）可知：

$$\frac{g(X_A)}{f(X_A)} = \frac{\overrightarrow{k}}{\overleftarrow{k}} = \frac{\overrightarrow{A}\exp[-\overrightarrow{E}/(RT_e)]}{\overleftarrow{A}\exp[-\overleftarrow{E}/(RT_e)]} \tag{2-108}$$

将上式化简后两边取对数，整理后得最佳温度：

$$T_{opt} = \frac{T_e}{1 + \dfrac{RT_e}{\overleftarrow{E} - \overrightarrow{E}}\ln\dfrac{\overleftarrow{E}}{\overrightarrow{E}}} \tag{2-109}$$

从式(2-109)中看不出转化率与最佳温度有什么关系，但平衡温度 T_e 却是转化率的函数，故最佳温度 T_{opt} 是转化率的隐函数。因此，对应于任一转化率 X_A，则必然有与其对应的平衡温度 T_e 和最佳温度 T_{opt}。

可逆放热反应的速率与温度及转化率的关系如图 2-8 所示，通常叫作 T-X_A 图。图中 $r=0$ 的曲线为平衡曲线（T_e 线），为反应的极限。其他曲线为等反应速率线，反应速率大小的次序如下：$r_4 > r_3 > r_2 > r_1$。

从图 2-8 中可以看出，对应于每一条等反应速率线，都有一个极值点，即转化率最高，其相应的温度即最佳温度。连接所有等速率线上的极值点所构成的曲线，叫最优温度线（图 2-8 上的虚线，即 T_{opt} 线）。该曲线也就是式(2-109)的几何图示。

对于可逆放热反应，如果过程自始至终按最优温度线操作，那么，整个过程将以最高的反应速率进行。但在工业生产中这是很难实现的，而尽可能接近最优温度线操作

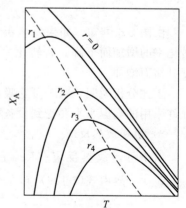

图 2-8　可逆放热反应的反应速率与温度及转化率的关系

还是可以做到的。

总之，不可逆反应及可逆吸热反应，反应速率总是随温度的升高而加快；至于可逆放热反应，反应温度按最优温度线操作，反应速率最大。

最优温度线对于可逆放热反应操作条件的选择具有重要意义。在以后的章节中还要进一步讨论。

习 题

2-1 在间歇反应器中等温恒容下进行一级可逆反应 $A \rightleftharpoons B$，已知 $c_{A0} = 1 mol \cdot L^{-1}$，$c_{B0} = 0$，反应 1h 后，A 的转化率为 25%。该反应的平衡转化率为 75%，请写出该反应的动力学方程式。

2-2 在等温间歇反应器中进行二级不可逆反应：$A \longrightarrow B$。反应速率 $r_A = 0.01 c_A^2 mol \cdot (L \cdot s)^{-1}$，当 c_{A0} 分别为 $1 mol \cdot L^{-1}$、$5 mol \cdot L^{-1}$、$10 mol \cdot L^{-1}$ 时，求反应至 c_A 分别为 $0.5 mol \cdot L^{-1}$、$0.1 mol \cdot L^{-1}$ 和 $0.01 mol \cdot L^{-1}$ 所需的反应时间及达到的转化率。

2-3 乙烷裂解制取乙烯的反应为：$C_2H_6 \longrightarrow C_2H_4 + H_2$。已知该反应在 800℃ 时的速率常数 $k = 3.43 s^{-1}$，试求当乙烷的转化率为 50% 和 75% 时分别需要多长时间？

2-4 试分别对零级、一级、二级等温不可逆反应计算，求其转化率达到 99.9% 所需时间与转化率达到 50% 所需时间的比，并讨论所计算的结果。

2-5 某化学反应在 50℃ 的反应速率常数是 460℃ 时的 10 倍，求该反应在 550℃ 的反应速率常数是 50℃ 的多少倍？

2-6 对某均相反应，在初始浓度和转化率都相同的条件下，为达到相同的转化率，在 100℃ 下需要 10min，而在 120℃ 需要 2min，试求该反应的活化能。

2-7 在 190℃ 进行如下两个反应：

(1) C_2H_4 的二聚反应，反应活化能 $E = 156.9 kJ \cdot mol^{-1}$；

(2) C_2H_6 的二聚反应，反应活化能 $E = 156.9 kJ \cdot mol^{-1}$。

为使反应速率提高一倍，计算所需提高的温度为多少？并讨论所计算的结果。

2-8 进行某反应的特性实验，反应活化能为 $53.5 kJ \cdot mol^{-1}$，反应温度为 27℃，如果测定 k 的允许误差为 5%，试问恒温槽内温度应控制在多少范围内？

2-9 自催化反应 $A \longrightarrow B$ 的速率方程为 $r_A = \dfrac{dc_A}{dt} = kc_A c_B mol \cdot (L \cdot h)^{-1}$，等温下在间歇反应器中测定反应速率，$c_{A0} = 0.95 mol \cdot L^{-1}$，$c_{B0} = 0.05 mol \cdot L^{-1}$，经过 1h 后可测得反应速率最大值，求该温度下的反应速率常数 k。

2-10 生物化工中胰蛋白酶原转化成胰蛋白酶的速率为 $-\dfrac{dc_A}{dt} = kc_A c_S$。式中 c_A 为胰蛋白酶原浓度，c_S 为胰蛋白酶浓度。在间歇反应实验中测得不同温度下反应速率于某时刻 t_{max} 达到最大值，见下表，求该反应的活化能。

温度/K	c_A /kmol·m^{-2}	c_S /kmol·m^{-2}	t_{max}/h
293	0.65	0.05	2.40
310	0.62	0.08	0.434

2-11 甲烷与水蒸气在镍催化剂 750℃ 等温下的转化反应：$CH_4 + 2H_2O \longrightarrow CO_2 + 4H_2$。

原料气中甲烷与水蒸气的摩尔比为 1∶4，若这个反应对各反应物均为一级，已知 $k = 2L \cdot (mol \cdot s)^{-1}$。试求：

（1）反应在恒容下进行，系统的初始总压为 0.1013 MPa，当反应器出口的 CH_4 转化率为 80% 时，CO_2 和 H_2 的生成速率是多少？

（2）反应在恒压下进行，其他条件如（1），CO_2 的生成速率又是多少？

2-12 恒温恒压下进行气相分解反应 $CH_3CHO \longrightarrow CH_4 + CO$，原料气中含乙醛 0.60（摩尔分数），惰性气体 0.40，当乙醛的转化率为 90% 时，反应物系体积变化为多少？

2-13 在一恒容反应器中进行下列液相反应：

$$A + B \longrightarrow R \quad r_R = 1.6c_A \quad kmol \cdot m^{-3} \cdot h^{-1}$$

$$2A \longrightarrow D \quad r_D = 8.2c_A^2 \quad kmol \cdot m^{-3} \cdot h^{-1}$$

式中，r_R、r_D 分别表示产物 R 及 D 的生成速率。反应用的原料为 A 与 B 的混合物，其中 A 的浓度为 $2kmol \cdot m^{-3}$，试计算 A 的转化率达到 95% 时所需的反应时间。

2-14 在 473K 等温及常压下进行气相反应：

（1）$A \longrightarrow 3R \quad r_R = 1.2c_A \, kmol \cdot m^{-3} \cdot min^{-1}$

（2）$A \longrightarrow 2S \quad r_S = 0.5c_A \, kmol \cdot m^{-3} \cdot min^{-1}$

式中，c_A 为反应物 A 的浓度，$mol \cdot L^{-1}$。原料中 A 和惰性气体各为一半（体积比），试求当 A 的转化率达 80% 时，其反应速率是多少？

2-15 气相可逆反应 $A + B \Longrightarrow R$ 的动力学方程为：$r_A = k(p_A p_B - p_R/K_p)$。其中 $k = 3.57 \times 10^{-8} e^{(-2622/T)} \, mol \cdot m^{-3} \cdot s^{-1} \cdot Pa^{-2}$；$K_p = 7.084 \times 10^{-12} e^{(-3560/T)} \, Pa^{-1}$。已知 $p_{A0} = p_{B0} = 4.91 \times 10^4 \, Pa$，$p_{R0} = 0$。确定最优反应温度与转化率的关系。

第 3 章

间歇反应器及理想流动反应器

3.1 概述

化学反应是在特定的反应器中进行的，同一化学反应即使在相同的操作条件下进行，在不同反应器内的反应结果往往是不同的。换句话说，反应结果不仅与化学反应速率相关，也与反应器的类型有关。物料在反应器内总是处于不断运动的状态，且运动方式各不相同，这直接影响各组分浓度、温度和流速等状态参数的分布，从而影响各空间点处的实际反应速率。对于不同类型的反应器，物料在其内部的流动、混合和接触状态不同，因此学习具有不同流动方式反应器的设计计算，并能分析和优化反应器设计方案和操作条件，对于提高工业反应器效能和原料利用率是非常重要的。如千吨级渣油加氢反应器，全球只有中国、俄罗斯和美国三个国家有能力制造，而中国工程师通过开发大量反应器制造新技术，成功研制了全球最大、长度超过 70 米的 3000 吨级超级加氢反应器，并通过操作条件的优化使得运行功耗大幅降低，渣油转化率大幅提升，提炼出了更多的石油和柴油，使中国石油炼化工艺技术跻身世界先进行列，有力地支撑了国家能源战略的实施。本章作为工业反应器分析和设计的基础，主要讨论均相体系间歇反应器及理想流动反应器。

反应器的操作分为间歇操作和连续操作，间歇操作不存在物料连续流入和连续流出，反应器内物料浓度的变化是随反应时间而变的。连续操作中物料连续流入和连续流出，其流动又分为稳态流动和非稳态流动。稳态流动是指物料在同一空间位置各质点的流量、浓度和温度等不随时间而变，而非稳态流动这些参数均随时间而变。

化学反应工程中反应器的设计主要采用基于"三传一反"的数学模型法。"三传"指质量、热量和动量传递，它们在衡算范围内单位时间的衡算式表述如下：

① 质量平衡

质量输入量－质量输出＋产生量－消耗量＝累积量

② 热量平衡

热量输入量－热量输出＋热量产生量－消耗量＝热量累积量

③ 动量平衡

动量输入量－动量输出＋净作用力项＝动量累积量

对于间歇过程，输入和输出量为零；对于稳态流动，累积量为零。

化学反应器的数学模型根据不同的传递过程，可分为宏观模型和微观模型。宏观模型中反应器内的浓度、温度等不随空间位置而变，其模型通常为代数方程。微观模型随空间位置而变，其模型通常含有微分变量。由于传递过程不同，间歇反应器和连续流动反应器内物料的混合程度对反应结果有一定的影响。根据其物料质点混合程度的不同，连续流动过程又分为理想流动和非理想流动，分别由理想流动模型和非理想流动模型来描述，相应的反应器称为理想流动反应器和非理想流动反应器。理想流动模型是流体混合现象的两种极限情况，实际反应器中的流动一般都是非理想的，关于非理想流动反应器将在后面的章节中介绍。

"一反"是指反应动力学，均相反应器通常忽略扩散过程，采用本征动力学来表征反应过程的快慢，后续章节介绍非均相反应器的设计时则需要考虑扩散等传递过程对动力学的影响，采用宏观动力学来表征实际反应过程的快慢。

本章主要介绍均相体系下间歇反应器、理想流动反应器以及组合反应器（连续流动反应器的串、并联）的设计计算，并从流动与混合的角度分析上述反应器在反应器体积、操作性能等方面的不同。

3.2 间歇反应器

间歇反应器（Batch Reactor，BR）是指反应物料一次性加料，反应结束后产物一次性出料。间歇反应器移热或供热方式多采用夹套介质换热或内设盘管介质换热，材质主要有不锈钢或内衬陶瓷等，并带机械搅拌装置。间歇反应器多用于中小型化工生产过程中。

间歇反应器在非稳态下操作，这类反应器一般用于液相反应，而且在大多数情况下反应混合物体积变化不大，因此，本章节主要讨论恒容过程。图 3-1 所示的带有夹套的搅拌釜为最常见的间歇反应器。

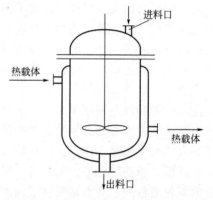

图 3-1　带有夹套的间歇反应器示意图

3.2.1　等温间歇反应器的设计计算

间歇反应器在反应过程中没有任何物料流入或流出，假定反应器内部物料混合均匀，各物质浓度、温度不随空间位置而变。根据质量守恒，在反应 dt 时间内对反应器内的反应物 A 进行衡算：

$$输入的量＝输出的量＋反应消耗掉的量＋累积量$$

其中输入的量、输出的量为零，若反应器的有效反应体积为 V_r，单位时间反应消耗反应物 A 的量为 $r_A V_r dt$；累积 A 量可表示为 dn_A。于是有：

$$r_A V_r dt + dn_A = 0 \tag{3-1}$$

对于反应过程，反应物物质的量（mol）可用反应物 A 的转化率 X_A 来关联，即 $n_A = n_{A0}(1-X_A)$，$dn_A = -n_{A0} dX_A$，上式可写为：

$$r_A V_r = n_{A0} \frac{dX_A}{dt} \tag{3-2}$$

积分得：

$$t = n_{A0} \int_0^{X_A} \frac{dX_A}{r_A V_r} \tag{3-3}$$

对于恒容体系，$c_A = c_{A0}(1-X_A)$，$dc_A = -c_{A0} dX_A$，所以：

$$t = c_{A0} \int_0^{X_{Af}} \frac{dX_A}{r_A} = -\int_{c_{A0}}^{c_{Af}} \frac{dc_A}{r_A} \tag{3-4}$$

式(3-4) 即为恒容下间歇反应器的设计方程，可由本征动力学 r_A 项、给定的初始浓度 c_{A0} 和要求的最终转化率 X_{Af} 或浓度 c_{Af} 确定所需要的最终反应时间 t。由于反应器内浓度与反应时间有关，因而存在积分。

式（3-4）表明达到一定的转化率所需的反应时间仅取决于反应速率，与反应器的大小无关。而间歇反应器的大小与反应物料的处理量有关，可由下式来确定：

$$V_r = Q_0(t + t')$$ (3-5)

式中，Q_0 为每个操作循环单位时间平均处理物料的体积；t' 为反应釜加料、清洗等辅助生产时间。

间歇反应器多数处理的是液相物料，可视为恒容体系。在等温条件下，反应速率常数和平衡常数都保持不变。例如，对于 n 级不可逆反应：

$$r_A = kc_A^n = kc_{A0}^n(1 - X_A)^n$$

代入间歇反应器的通用设计方程，并整理结果，得：

$$t = \frac{1}{kc_{A0}^{n-1}} \int_0^{X_{Af}} \frac{dX_A}{(1 - X_A)^n}$$

由于 n 为已知，上式可解析积分。例如，若 $n=1$，积分结果为：

$$t = -\frac{1}{k} \ln(1 - X_{Af})$$

若 $n=2$，则积分结果为：
$$t = -\frac{1}{kc_{A0}} \times \frac{X_{Af}}{1 - X_{Af}}$$

如果反应速率方程比较复杂，即使在等温条件下设计方程也可能无法解析积分，这时可以采用图解法或数值方法求解。根据间歇反应器的设计方程，用图解法表示即为 $1/r_A$ 随转化率变化关系曲线下的面积，如图 3-2 所示。

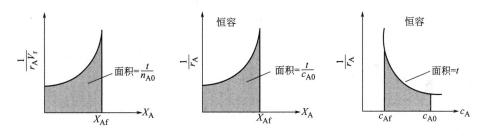

图 3-2　间歇反应器反应时间的图解计算

【例 3-1】 在一间歇反应器中进行液相反应：

$$A \longrightarrow R \qquad r_A = kc_A$$

反应在 536 K 下等温进行，该温度下反应速率常数 $k = 2.22 \times 10^{-4}\ \text{s}^{-1}$。进料中不含产物，要求最终转化率为 $X_{Af} = 0.97$。A 和 R 的密度均为 $700\,\text{kg} \cdot \text{m}^{-3}$。若每批反应装料、卸料和清洗等辅助操作时间为 0.5h，计算日产 3500kg 产物 R 所需的反应器有效容积。

解　根据间歇反应器的设计方程，将一级不可逆反应的动力学方程代入

$$t = c_{A0} \int_0^{X_{Af}} \frac{dX_A}{r_A} = c_{A0} \int_0^{X_{Af}} \frac{dX_A}{kc_{A0}(1 - X_A)}$$

积分可得：
$$t = -\frac{1}{k} \ln(1 - X_{Af}) = -\frac{1}{3600 \times 2.22 \times 10^{-4}} \times \ln(1 - 0.97) = 4.388\text{h}$$

而每个操作循环单位时间平均处理物料的体积 Q_0 为：

$$Q_0 = \frac{3500}{700 \times 0.97} \times \frac{1}{24} = 0.215\,\text{m}^3 \cdot \text{h}^{-1}$$

于是，需要的反应器有效容积为 $V_r = Q_0 (t+t')$，即：

$$V_r = 0.215 \times (4.388 + 0.5) = 1.05 m^3$$

【例 3-2】 在等温间歇釜式反应器中进行下列液相反应：

$$A + B \longrightarrow P \quad r_P = 2c_A \text{ kmol}/(m^3 \cdot h)$$
$$2A \longrightarrow Q \quad r_Q = 0.5c_A^2 \text{ kmol}/(m^3 \cdot h)$$

反应开始时 A 和 B 的浓度等于 $2 \text{kmol} \cdot m^{-3}$，目的产物为 P，试计算反应时间为 3 h 时 A 的转化率和 P 的收率。

解 因 $r_A = r_P + 2r_Q = 2c_A + 2 \times 0.5c_A^2 = 2c_A + c_A^2$

由间歇反应器的设计方程，代入动力学方程，反应时间 t 为：

$$t = \int_{c_{A0}}^{c_A} -\frac{dc_A}{r_A} = -\int_{c_{A0}}^{c_A} \frac{dc_A}{2c_A + c_A^2}$$

即

$$t = \frac{1}{2} \ln \frac{c_{A0}(2+c_A)}{c_A(2+c_{A0})} \tag{1}$$

由题给组分 A 的起始浓度 $c_{A0} = 2 \text{kmol} \cdot m^{-3}$，反应时间 $t = 3h$，代入式（1）可求此时组分 A 的浓度 $c_A = 2.482 \times 10^{-3} \text{kmol} \cdot m^{-3}$。

组分 A 的转化率为：

$$X_A = \frac{c_{A0} - c_A}{c_{A0}} = \frac{2 - 2.482 \times 10^{-3}}{2} = 0.9988$$

因 A 既可以转化成 P，也可能转化成 Q，因此只知道 A 的转化率尚不能直接确定 P 的生成量。而由题给的速率方程知：

$$\frac{dc_P}{dt} = 2c_A \tag{2}$$

又 $-\frac{dc_A}{dt} = 2c_A + c_A^2$，两式相除，有：

$$\frac{dc_A}{dc_P} = -1 - \frac{1}{2}c_A$$

积分得：

$$\int_0^{c_P} dc_P = -\int_{c_{A0}}^{c_A} \frac{dc_A}{1 + c_A/2}$$

即

$$c_P = 2\ln \frac{1 + c_{A0}/2}{1 + c_A/2} \tag{3}$$

将有关数值代入式（3）得：

$$c_P = 2\ln \frac{1 + 2/2}{1 + 2.482 \times 10^{-3}/2} = 1.3838 \text{kmol} \cdot m^{-3}$$

所以，P 的收率为： $Y_P = \left| \frac{\nu_A}{\nu_P} \right| \frac{c_P}{c_{A0}} = \frac{1.3838}{2} = 0.6919$

即 P 的收率为 69.19%。由此可以看出，当 A 转化了 99.88%，而转化成 P 的只有 69.19%，余下的 $(99.88 - 69.19)\% = 30.69\%$ 则转化成 Q。

3.2.2 变温间歇反应器的设计计算

化学反应一般都伴有热效应，反应热可能使物料温度发生变化。但如果采用恰当的控制措施，不断地转移走或补充热量，可以保持反应温度恒定，实现等温操作。若反应热较大，反应釜难以维持等温操作，则反应的温度随时间而变化。对于非等温操作的间歇反应器，上述等温间歇反应器的物料衡算方程式仍然适用。即变温间歇反应器的设计方程为：

$$t = c_{A0} \int_0^{X_{Af}} \frac{dX_A}{r_A(T, X_A)} = -\int_{c_{A0}}^{c_{Af}} \frac{dc_A}{r_A(T, c_A)} \qquad (3\text{-}6)$$

式(3-6)中动力学方程可表示为 $r_A = kf(X_A)$，又据 Arrhenius 方程 $k = Ae^{-\frac{E}{RT}}$，即反应速率 r_A 与温度 T 和转化率 X_A 都有关，即 $r_A = g(T, X_A)$。因此，单独用物料衡算方程不能求解式(3-6)，还需要用热量衡算关系确定反应温度随时间或转化率变化的规律。

由于操作期间没有物料流入或流出，根据热量平衡，间歇反应器的热量衡算方程为：

$$UA_h(T_c - T) - \Delta H_r r_A V_r = m_t \bar{c}_{pt} \frac{dT}{dt} \qquad (3\text{-}7)$$

（传递的热）　（反应热）　（积累的热）

式中，ΔH_r 为反应热；U 和 A_h 分别为传热系数和传热面积；T_c 为与反应器壁接触的环境温度；m_t 和 $\bar{c}_{pt}$ 分别为物料的总质量和平均比热容。这些量可近似处理为常数。

将间歇反应器的物料衡算方程 $r_A V_r = n_{A0} \dfrac{dX_A}{dt}$ 代入式(3-7)，得：

$$UA_h(T_c - T) - \Delta H_r n_{A0} \frac{dX_A}{dt} = m_t \bar{c}_{pt} \frac{dT}{dt} \qquad (3\text{-}8)$$

此式即 $T \sim X_A$ 的关系，由此反应速率 $r_A = g(T, X_A)$ 可转化为 X_A 的函数。

当反应器与环境无热交换，如无换热夹套，且隔热材料保温良好，即反应器处于绝热操作，此时式(3-8)中与环境传递的热为零，则：

$$0 - \Delta H_r n_{A0} dX_A = m_t \bar{c}_{pt} dT$$

对方程两边积分 $\displaystyle\int_0^{X_A} (-\Delta H_r) n_{A0} dX_A = \int_{T_0}^T m_t \bar{c}_{pt} dT$，得：

$$T - T_0 = \frac{n_{A0}(-\Delta H_r)}{m_t \bar{c}_{pt}} X_A$$

T_0 为反应的起始温度。对于恒容体系，上式简化为：

$$T - T_0 = \frac{c_{A0}(-\Delta H_r)}{\rho \bar{c}_{pt}} X_A$$

$$T = T_0 + \lambda X_A \qquad (3\text{-}9)$$

式(3-9)即为绝热操作时 $T \sim X_A$ 的关系，且为直线关系，其中 λ 为绝热温升指数，$\lambda = \dfrac{c_{A0}(-\Delta H_r)}{\rho \bar{c}_{pt}}$，单位为 K。如图 3-3 所示，对于吸热反应，$\Delta H_r > 0$，$\lambda < 0$，温度随反应进行（$X_A$ 增大）而降低；对于放热反应，$\Delta H_r < 0$，$\lambda > 0$，温度随反应进行而升高。将 $T \sim X_A$ 的关系代入动力学方程 $r_A = g(T, X_A)$，变温间歇反应器的设计方程式(3-6)即可求解。

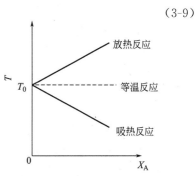

图 3-3　绝热操作时温度与转化率之间的关系

【例 3-3】 同例 3-1 的反应，但在绝热下进行。已知反应热 $\Delta H_r = -35.45\text{kJ}\cdot$ mol^{-1}，活化能 $E = 101.25\text{kJ}\cdot\text{mol}^{-1}$，反应初始温度 $T_0 = 536\text{K}$，混合物平均摩尔比热容为 $0.2135\text{kJ}\cdot\text{mol}^{-1}\cdot\text{K}^{-1}$，其余数据同例 3-1。计算所需的反应器容积。

解 依题目所给混合物平均比热容的含义，且初始物质仅为 A，假定混合物平均比热容近似考虑为不变，绝热温升指数为

$$\lambda = -\Delta H_r / \bar{c}_m = -(-35.45)/0.2135 = 166.04\text{K}$$

于是

$$T = 536 + 166.04 X_A$$

代入反应速率方程，得：

$$r_A = A\exp\left[\frac{-E}{R(536 + 166.04 X_A)}\right] c_{A0}(1 - X_A)$$

其中 Arrhenius 方程中的指前因子 A 可根据 536K 下的速度常数 k 值求得：

$$A\exp\left(\frac{-101.25\times 10^3}{8.314\times 536}\right) = 2.22\times 10^{-4}$$

解出 $A = 1.636\times 10^6$。将 A 值代入速率方程，得：

$$r_A = 1.636\times 10^6 \exp\left[\frac{-E}{R(536 + 166.04 X_A)}\right] c_{A0}(1 - X_A)$$

将上式代入间歇反应器的设计方程，采用图解法或数值方法积分计算达到相应转化率所需反应时间为：

$$t = c_{A0}\int_0^{X_{Af}}\frac{dX_A}{r_A} = \int_0^{0.97}\frac{dX_A}{1.636\times 10^6 \exp\left[\dfrac{-101.25\times 10^3}{8.314\times(536 + 166.04 X_A)}\right](1 - X_A)} = 932.12\text{s}$$

因此，所需反应有效容积为：

$$V_r = 0.215\times(932.12/3600 + 0.5) = 0.163\text{m}^3$$

可见反应放热使得反应温度升高，提高了反应速率，使得达到相同转化率所需要的反应体积较等温反应大大减少。

3.3 理想流动下的釜式反应器

与间歇反应器相比，连续反应器操作控制较方便，反应性能指标也更稳定，更适用工业大规模生产，因而工业中连续釜式反应器应用十分广泛。在工程实践中，连续釜式反应器可以采用单级，也可以采用多级串联或并联。

物料连续进出的釜式反应器示意图同图 3-1，只不过装料口和放料口有物料的连续进和出。连续釜式反应器有的称为连续搅拌釜反应器（Continuous Stirred Tank Reactor，CSTR），有的称为全混流反应器（Mixed Flow Reactor，MFR）。本书中理想流动下的釜式反应器即为全混流反应器。严格来说，两者是有区别的，CSTR 是从操作形式上命名的，而 MFR 是从反应器内物料的混合程度上命名的。只有连续搅拌釜反应器内物料的流动状态为全混流，两者才是一致的，但通常情况下，CSTR 可简化为 MFR 来处理。

3.3.1　全混流模型

全混流（Perfect Mixing Flow）又称为理想混合或完全混合，是一种流动的理想化模型。基本假定是：反应器中的物料，包括刚进入的物料，都能立即完全均匀地混合，即混合程度达到最大。根据这一假定可以推论：①反应器有效容积中任意点处的组成、温度等状态完全相同；②出口物料的各种状态与反应器中相应的状态相同。全混流模型示意图如图 3-4 所示。

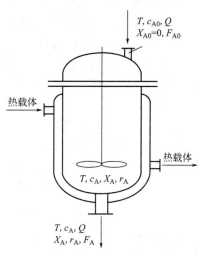

图 3-4　反应器的全混流模型示意图

全混流反应器为定态操作，根据理想流动下的釜式反应器的假设，反应器内的参数与出口完全相同，即在操作过程中反应器内的浓度 c_A 或 X_A、反应速率 r_A 是不变的，为定值，且出口与反应器内相同，即 $c_{Af}=c_A$ 或 $X_{Af}=X_A$、$r_{Af}=r_A$。

间歇反应器中物料的组成和温度等状态随时间变化，但任一瞬间反应器内各处参数是均一的，所以本章 3.2 节间歇反应器中物料的混合状态也是按全混流假设处理的。

3.3.2　等温连续流动釜式反应器的设计计算

假定连续流动釜式反应器中的物料状态为全混流，根据质量平衡关系，对反应物 A 进行衡算：

$$输入的量＝输出的量＋反应消耗掉的量＋累积量$$

有：

$$F_{A0}=F_A+r_AV_r+\frac{dn_A}{dt} \tag{3-10}$$

在稳态下，累积项 dn_A/dt 为 0，即：

$$F_{A0}=F_{A0}(1-X_A)+r_AV_r$$

或

$$F_{A0}X_A=r_AV_r \tag{3-11}$$

又 $F_{A0}=Q_0c_{A0}$，则有

$$Q_0c_{A0}X_A=r_AV_r$$

定义

$$\tau=\frac{V_r}{Q_0} \tag{3-12}$$

其中 τ 为空时，定义为反应器的反应体积与物料的体积流量之比，因此反映了反应器的处理能力。式(3-12)表明空时为时间的单位。

所以

$$\tau=\frac{V_r}{Q_0}=\frac{c_{A0}X_A}{r_A}=\frac{c_{A0}X_{Af}}{r_{Af}} \tag{3-13}$$

恒容下

$$\tau=\frac{V_r}{Q_0}=\frac{c_{A0}-c_A}{r_A}=\frac{c_{A0}-c_{Af}}{r_{Af}} \tag{3-14}$$

此即为全混流反应器的设计方程。同样，还可写出产物 P 的质量衡算关系，即：

$$\tau=\frac{V_r}{Q_0}=\frac{c_P-c_{P0}}{r_P}=\frac{c_{Pf}-c_{P0}}{r_{Pf}}$$

全混流反应器的设计方程关联了 V_r、Q_0、r_A 和 X_A 四个参数。由于全混流反应器内的浓度等参数与空间位置和时间无关，因此得到的模型为宏观模型，不含微分，只要知道了其

中的三个参数，就可以很方便地确定第四个。值得注意的是全混流反应器中反应速率 r_A 为一个定值，为出口转化率 X_f 对应的反应速率。

根据全混流反应器的设计方程，我们还可表示出图解计算的方法，如图 3-5 所示。

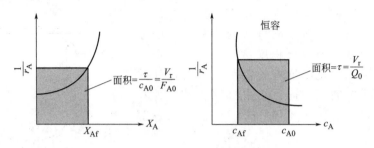

图 3-5　全混流反应器图解计算示意图

【例 3-4】　在一全混流反应器中进行可逆反应

$$A+B \underset{k'}{\overset{k}{\rightleftharpoons}} R+S$$

进料混合物总体积流量为 $1.33 \times 10^{-4}\,\mathrm{m^3 \cdot s^{-1}}$，其中不含产物；A、B 浓度分别为 $1400\mathrm{mol \cdot m^{-3}}$ 和 $800\mathrm{mol \cdot m^{-3}}$。已知 $k=1.167 \times 10^{-4}\,\mathrm{m^3 \cdot mol^{-1} \cdot s^{-1}}$，$k'=0.5 \times 10^{-4}\,\mathrm{m^3 \cdot mol^{-1} \cdot s^{-1}}$，可认为反应混合物体积不变。要求 B 转化率达到 0.75，计算所需的反应器有效容积。

解　反应动力学方程可写为

$$r_A=r_B=kc_A c_B - k'c_R c_S \tag{1}$$

由化学反应的计量关系，有：

$$c_B=c_{B0}(1-X_B)$$

$$c_A=c_{A0}-c_{B0}X_B=c_{B0}(\beta-X_B)$$

$$c_R=c_S=c_{B0}X_B$$

式中，β 为配料比，$\beta=c_{A0}/c_{B0}$。将上式各浓度表达式代入式(1)，得：

$$r_B=kc_{B0}^2(\beta-X_B)(1-X_B)-k'c_{B0}^2 X_B^2 \tag{2}$$

在要求的出口条件（$X_{Bf}=0.75$）下，

$$r_{Bf}=1.167 \times 10^{-4} \times 800^2 \times \left(\frac{1400}{800}-0.75\right) \times (1-0.75)-0.5 \times 10^{-4} \times 800^2 \times 0.75^2$$

$$=0.672\mathrm{mol \cdot m^{-3} \cdot s^{-1}}$$

代入全混流反应器的设计方程，有：

$$\tau=\frac{V_r}{Q_0}=\frac{c_{B0}x_{Bf}}{r_{Bf}}=\frac{800 \times 0.75}{0.672}=893\mathrm{s}$$

$$V_r=\tau Q_0=893 \times 1.33 \times 10^{-4}=0.119\mathrm{m^3}$$

3.3.3　釜式反应器的组合与设计计算

(1) 釜式反应器串联与并联的选择

对于连续釜式反应器，当进料量很大时，理论上可采用 1 个体积足够大的反应器来实现指定转化率下的反应，但在实际工业中，体积过大的反应器，不但难以制造、运输、安装、操控和维修都十分困难。此时工业上会采用多个釜式反应器串联或并联来完成。多个釜式反应器操作方式如何选择主要与反应的动力学有关。

先看看两个连续釜式反应器串联的情况，如图 3-6 所示。

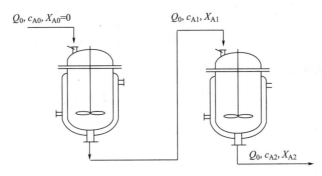

图 3-6 两个全混流反应器串联示意图

根据全混流反应器的设计方程类推，对第 1 个反应器：

$$\tau_1 = \frac{V_{r1}}{Q_0} = \frac{c_{A0} - c_{A1}}{r_{A1}} = \frac{c_{A0}(X_{A1} - X_{A0})}{r_{A1}}$$

因为 $c_{A1} = c_{A0}(1 - X_{A1})$，$c_{A2} = c_{A0}(1 - X_{A2})$，有：

$$\tau_2 = \frac{V_{r2}}{Q_0} = \frac{c_{A1} - c_{A2}}{r_{A2}} = \frac{c_{A0}(X_{A2} - X_{A1})}{r_{A2}}$$

当 $F_{A0} = Q_0$，$c_{A0} = 1$ 时，$V_{r1} = \dfrac{X_{A1} - X_{A0}}{r_{A1}}$，$V_{r2} = \dfrac{X_{A2} - X_{A1}}{r_{A2}}$，用图解法表示的反应器体积如图 3-7 所示。

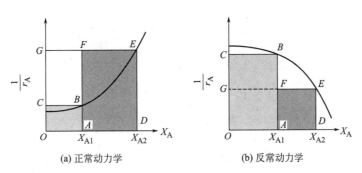

(a) 正常动力学   (b) 反常动力学

图 3-7 两个全混流反应器串联体积图解示意图

由图 3-7（a）可知，对反应速率随转化率的升高而下降的动力学（正常动力学），在达到 X_{A2} 时，用单个全混流反应器所需的体积 $V_{r单}$（ODEG 的面积）显然大于两个串联全混流反应器的体积之和（OABC 的面积加上 ADEF 的面积），而对反应速率随转化率的升高而增大（反常动力学）的动力学 ［图 3-7（b）］，用单个反应釜所需的体积 $V_{r单}$（ODEG 的面积）显然小于两个串联全混流反应器的体积之和（OABC 的面积加上 ADEF 的面积）。因此，从设备投资看，多个全混流反应器是串联还是并联有利，应分别考虑。

一般而言，当为正常动力学时，多釜串联是有利的，所需的总体积也减小，在下节将分析其原因。当为反常动力学时，两个反应器采用并联是有利的，且并联时保证各釜空时相等即 $\tau_1 = \tau_2$，此时每个反应器的出口转化率是相同的，所需的总体积也最小。

(2) 多级釜式反应器串联的计算

当 N 个全混流反应器串联在稳态下操作时，并假定 $V_{r1}=V_{r2}=\cdots=V_{rN}$，$k_1=k_2=\cdots=k_N$，且级间无混合，对反应物 A 在任意第 i 个釜中的物料衡算应用全混流反应器的设计方程时，有：

$$\tau_i=\frac{V_{ri}}{Q_0}=\frac{c_{A(i-1)}-c_{Ai}}{r_{Ai}}$$

若为一级不可逆反应，$k_A=kc_A$，则：

$$\frac{c_{Ai}}{c_{A(i-1)}}=\frac{1}{1+k_i\tau_i}$$

分别应用到每级反应釜，有：

$$\frac{c_{A1}}{c_{A0}}=\frac{1}{1+k_1\tau_1}$$

$$\frac{c_{A2}}{c_{A1}}=\frac{1}{1+k_2\tau_2}$$

$$\vdots$$

$$\frac{c_{AN}}{c_{A(N-1)}}=\frac{1}{1+k_N\tau_N}$$

上面各式相乘后，并考虑各级空时、速率常数相等，得到：

$$\frac{c_{AN}}{c_{A0}}=\left(\frac{1}{1+k_i\tau_i}\right)^N \tag{3-15}$$

此式即为一级不可逆反应在每个反应釜体积相同时的多釜串联的设计方程，由此可计算反应器的操作指标。式(3-15)还可改写为：

$$X_{AN}=1-\left(\frac{1}{1+k\tau_i}\right)^N$$

或

$$\tau_i=\frac{1}{k}\left[\frac{1}{(1-X_{AN})^{1/N}}-1\right]$$

于是，串联系统的反应器总容积 V_{rt} 为：

$$V_{rt}=NV_{ri}=Q_0\tau_t=NQ_0\tau_i=\frac{NQ_0}{k}\left[\frac{1}{(1-X_{AN})^{1/N}}-1\right] \tag{3-16}$$

其中，$\tau_t=\frac{V_{rt}}{Q_0}=N\tau_i$ 为总空时。为了定量地说明式(3-16)所反映的结果，举一个示例。若反应系统处理物料量为 $1m^3 \cdot s^{-1}$，反应速率常数 $k=1s^{-1}$，要求最终转化率 $X_{AN}=0.9$。利用式(3-16)计算得到下列结果：

级数	1	2	4	10	100
反应器总体积/m^3	9.00	4.33	3.11	2.59	2.33

上述结果表明，在处理物料量和要求达到的最终转化率相同的情况下，增加级数可以减少所需的反应器总体积。但是，反应器的总体积减小幅度随级数的增加而逐渐变缓。并且级数过多会使反应器在操作、控制和维修等方面更加困难。因此，工业上一般采用二级或三级全混釜串联。上述结论虽然是由一级反应导出的，但原则上同样适用于其他反应体系。

对于非一级反应，解析计算相当麻烦，甚至难以完成，通常借助计算机求取数值解，也可用图解的方法来计算（见图 3-8）。根据 $\tau_i = \dfrac{V_{ri}}{Q_0} = \dfrac{c_{A0}\left[X_{Ai} - X_{A(i-1)}\right]}{r_{Ai}}$，可以重新整理得：

$$r_{Ai} = \frac{c_{A0}}{\tau_i} X_{Ai} - \frac{c_{A0}}{\tau_i} X_{A(i-1)}$$

上式是关于 r_{Ai} 和 X_{Ai} 的直线方程，相应的直线称为物料衡算线或操作线。

当 V_{ri} 已知时，若 X_{Af} 一定，求所需的釜数 N。$X_{A(i-1)}$ 是已知的第 i 级进口条件，$\tau_i = V_{ri} / Q_0$ 也是已知的。因此，由 X_A 轴上的 $X_{A(i-1)}$ 点出发作出一条斜率为（c_{A0}/τ_i）的直线，该直线与 r_A-X_A 线的交点即为第 i 级反应釜的操作点，该点在 X_A 轴上的投影为对应的转化率 X_{Ai}。如从第一级进口 $X_{A0} = 0$ 出发，以斜率为 c_{A0}/τ_1 作出与反应速率线的交点，可确定 X_{A1}，再由 X_{A1} 出发，同样求出 X_{A2}，依此类推，直到第 N 级的 X_{AN} 大于等于 X_{Af}。由于 τ_i 相同，因此，各条操作线的斜率是相同的。

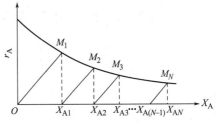

图 3-8　多级全混流反应器图解计算方法示意图

当 V_{ri} 未知时，若釜数 N 一定，X_{Af} 也一定，求每个釜的体积 V_{ri}。可先假定 τ_i，作图步骤与上述相同，可判断在规定的釜数 N 下能否达到规定的 X_{Af}，若不能满足，则需重新假设 τ_i，直到符合为止。τ_i 确定后，可由 $\tau_i = \dfrac{V_{ri}}{Q_0}$ 确定每个釜的体积 V_{ri}。

3.3.4　串联釜式反应器体积优化

从前面的学习可以知道，对于大多数化学反应，在操作条件、转化率要求一定时，采用等体积的多个全混流反应器串联所需的总体积比单个反应釜要小。但在每个釜的体积不同时，还存在如何组合使得所需总体积最小的问题，即如何对串联的全混流釜的体积优化。

如两个釜串联，一个大釜一个小釜，其串联的总体积可由图 3-9 表示。

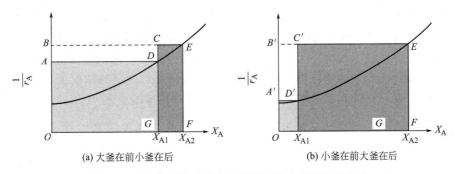

(a) 大釜在前小釜在后　　　　　(b) 小釜在前大釜在后

图 3-9　两个不等体积的全混流反应器串联图解示意图

根据全混流反应器的设计方程可知两种情况的中间转化率 X_{A1} 不同。由于 X_{A1} 不同，为达到同样的转化率 X_{A2}，采用单个釜所需的体积是一样的，但单个釜所需的体积与采用两个串联釜的总体积之差是不同的，对于图 3-9(a) 是面积 $ABCD$，对于图 3-9(b) 是面积 $A'B'C'D'$，因此图 3-9(a) 和图 3-9(b) 中串联釜的总体积大小可能是不一样的。

推广到 N 个全混流反应器串联，为达到一定的转化率 X_{AN}，应该存在如何确定中间转

化率 X_{Ai}（$i=1$，2，3，$\cdots$，$N-1$），使得串联釜的总体积最小。

多个不等体积的串联釜的总体积可写为：

$$V_{rt}=\sum_{i=1}^{N}V_{ri}=F_{A0}\sum_{i=1}^{N}\frac{X_{Ai}-X_{A(i-1)}}{r_{Ai}}$$

也可写为：

$$V_{rt}=F_{A0}\left[\frac{X_{A1}-X_{A0}}{r_{A1}}+\cdots+\frac{X_{Ai}-X_{A(i-1)}}{r_{Ai}}+\frac{X_{A(i+1)}-X_{Ai}}{r_{A(i+1)}}+\cdots+\frac{X_{AN}-X_{A(N-1)}}{r_{AN}}\right]$$

上式中在其他项一定时，针对第 i 级 X_{Ai} 求导，得：

$$\frac{\partial V_{rt}}{\partial X_{Ai}}=F_{A0}\left[\frac{1}{r_{Ai}}+(X_{Ai}-X_{A(i-1)})\frac{\partial\left(\frac{1}{r_{Ai}}\right)}{\partial X_{Ai}}-\frac{1}{r_{A(i+1)}}\right]$$

$\frac{\partial V_{rt}}{\partial X_{Ai}}=0$ 时，V_{rt} 最小，则：

$$\frac{1}{r_{A(i+1)}}-\frac{1}{r_{Ai}}=\left[X_{Ai}-X_{A(i-1)}\right]\frac{\partial\left(\frac{1}{r_{Ai}}\right)}{\partial X_{Ai}}\quad i=1,2,3,\cdots,N-1 \qquad (3\text{-}17)$$

式（3-17）即达到一定的转化率 X_{AN}，为使串联的全混流反应器总容积 V_{rt} 最小所需满足的条件，求出中间各釜的转化率 X_{Ai}，则可确定各釜的体积，此时总体积最小。

对于一级不可逆反应，$r_A=kc_{A0}(1-X_A)$，等温反应时有 $\frac{\partial\left(\frac{1}{r_{Ai}}\right)}{\partial X_{Ai}}=\frac{1}{kc_{A0}(1-X_{Ai})^2}$，代入式（3-17），有：

$$\frac{X_{A(i+1)}-X_{Ai}}{1-X_{A(i+1)}}=\frac{X_{Ai}-X_{A(i-1)}}{1-X_{Ai}}\quad i=1,2,3,\cdots,N-1$$

两边同乘以 $\frac{Q_0 c_{A0}}{kc_{A0}}$，有： $\quad V_{r(i+1)}=V_{ri}\quad i=1,2,3,\cdots,N-1$

因此，对于一级不可逆反应，每个釜的体积相同时其串联总体积最小，其串联总体积的计算见式（3-16）。对于非一级不可逆反应，此结论不成立，需满足式（3-17）总体积才最小。

一般来说，用串联全混流反应器进行 α 级反应时，为使串联总体积最小，应满足：①若 $\alpha>1$，沿物流流动方向，各釜的体积依次增大；②若 $1>\alpha>0$，沿物流流动方向，各釜的体积依次减小；③若 $\alpha=1$，各釜的体积相同；④若 $\alpha=0$，反应速率与浓度无关，串联总体积与单釜相同；⑤若 $\alpha<0$，单釜操作优于串联，可采用并联操作。

【例 3-5】 若用两个全混流反应器串联来进行一个二级不可逆等温反应，已知在操作温度下 $k=0.92\text{m}^3\cdot\text{kmol}^{-1}\cdot\text{h}^{-1}$；$c_{A0}=2.3\text{kmol}\cdot\text{m}^{-3}$；原料进料速率 $Q_0=2\text{m}^3\cdot\text{h}^{-1}$。要求出口转化率 $X_A=0.9$。计算该操作的最优容积比（V_{r1}/V_{r2}）和反应器总容积 V_{rt}。

解 先求第一釜的 $\left(\frac{1}{r_{A1}}\right)$ 对 X_{A1} 的偏导数：

$$\frac{\partial\left(\frac{1}{r_{A1}}\right)}{\partial X_{A1}}=\frac{\partial}{\partial X_{A1}}\left[\frac{1}{kc_{A0}^2(1-X_{A1})^2}\right]=\frac{2}{kc_{A0}^2(1-X_{A1})^3}$$

将上式代入式(3-17) 后得：

$$\frac{2(X_{A1}-X_{A0})}{(1-X_{A1})^3}=\frac{1}{(1-X_{A2})^2}-\frac{1}{(1-X_{A1})^2}$$

即：

$$X_{A1}^3-3X_{A1}^2+3.01X_{A1}-0.99=0$$

解上式可得 $X_{A1}=0.741$。所以：

$$\tau_1=\frac{X_{A1}-X_{A0}}{kc_{A0}(1-X_{A1})^2}=\frac{0.741}{0.92\times2.3\times(1-0.741)^2}=5.22\text{h}$$

$$\tau_2=\frac{X_{A2}-X_{A1}}{kc_{A0}(1-X_{A2})^2}=\frac{0.90-0.741}{0.92\times2.3\times(1-0.90)^2}=7.51\text{h}$$

因此，最优容积比：

$$(V_{r1}/V_{r2})=\frac{\tau_1}{\tau_2}=\frac{5.22}{7.51}=0.695$$

所需反应器总容积 $V_{rt}=V_{r1}+V_{r2}=\tau_t Q_0$，即：

$$V_{rt}=2\times(7.51+5.22)=25.46\text{m}^3$$

3.3.5 釜式反应器的定态操作

从动力学可知，温度对化学反应速率有显著的影响，因此，在工业反应器操作中，温度的控制是一个十分重要的问题。为了实现稳定生产，连续釜式反应器必须保持温度恒定。

正如前面所述，全混流反应器是在某一状态点下定态操作的，如反应器内的温度等条件不随时间而变。但该状态点是否稳定？如在生产过程中操作条件等发生波动时，反应器操作温度能否稳定？在什么条件下才能稳定？这是人们关心的问题。全混流反应器能够维持在某一定态点操作，称为稳定的定态操作，反之为非稳定的定态操作。稳定的定态操作实际上反应是在等温下进行的，非稳定的定态操作则是一种变温过程。

(1) 全混流反应器的变温操作

全混流反应器变温操作的设计方程为：

$$\tau=\frac{V_r}{Q_0}=\frac{c_{A0}X_A}{r_A(T,X_A)} \tag{3-18}$$

根据热量平衡，以进料温度 T_0 为基准，在稳态操作下，累积项为 0，全混流反应器的热量衡算式为：

$$Q_0\rho\bar{c}_{pt}(T-T_0)+(\Delta H_r)_{T_0}r_A V_r=UA_h(T_c-T) \tag{3-19}$$

将物料衡算式 $Q_0 c_{A0}X_A=r_A V_r$ 代入，得：

$$Q_0[\rho\bar{c}_{pt}(T-T_0)+c_{A0}X_A(\Delta H_r)_{T_0}]=UA_h(T_c-T) \tag{3-20}$$

此即为全混流反应器变温操作时的 $T\sim X_A$ 关系。在绝热操作条件下，有：

$$T-T_0=\frac{c_{A0}(-\Delta H_r)_{T_0}}{\rho\bar{c}_{pt}}X_A$$

$$T=T_0+\lambda X_A \tag{3-21}$$

(2) 全混流反应器的定态操作点

从上述的变温操作可知，全混流反应器操作的定态点是由物料衡算和热量衡算联立求解来确定的。以一级不可逆放热反应为例，其动力学方程可写为：

$$r_A=kc_A=A\exp[-E/(RT)]c_A=\Lambda\exp[-E/(RT)]c_{A0}(1-X_A)$$

代入式(3-18)，解出 X_A，得：

$$X_A = \frac{A\tau\exp[-E/(RT)]}{1+A\tau\exp[-E/(RT)]}$$

为消去 X_A，代入式(3-20)中，得：

$$Q_0\rho\bar{c}_{pt}(T-T_0)+UA_h(T-T_c)=\frac{V_rc_{A0}(-\Delta H_r)_{T_0}A\exp[-E/(RT)]}{1+A\tau\exp[-E/(RT)]} \tag{3-22}$$

式(3-22)右边代表的是反应过程中产生的热量，为便于分析，可表示为：

$$Q_g=(-\Delta H_r)_{T_0}r_AV_r=\frac{V_rc_{A0}(-\Delta H_r)_{T_0}A\exp[-E/(RT)]}{1+A\tau\exp[-E/(RT)]}$$

则式(3-22)左边是对应需移走的热量，记为：

$$Q_r=Q_0\rho\bar{c}_{pt}(T-T_0)+UA_h(T-T_c)$$

Q_g、Q_r 分别称为放热速率和移热速率。显然 $Q_g\sim T$ 的关系为非线性关系，而 $Q_r\sim T$ 的关系为线性关系。式(3-22)亦可表示为：

$$Q_g=Q_r$$

换句话说，全混流反应器的操作温度定态点应是由 $Q_g\sim T$、$Q_r\sim T$ 的交点决定的。对于一级不可逆放热反应，Q_g 或 Q_r 与 T 的关系可由图 3-10 来表示。

由图 3-10 可知，Q_g 线和 Q_r 线的交点即为式(3-22)的解，也就是全混流反应器的定态操作点。

(3) 定态点的稳定性分析

在图 3-10 中，对于一级不可逆放热反应，由于放热线 Q_g 呈 S 形，而移热线为直线，它们之间有不止一个交点，如图 3-10 中有 A、B、C 三个交点，这意味着反应器操作中可能出现多个操作点。

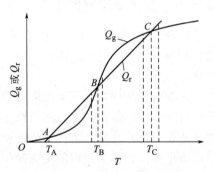

图 3-10 全混流反应器中一级不可逆放热反应的温度操作点

结合图 3-10 分析，A、B、C 这三个操作点具有不同的性质。若全混流反应器在 C 点操作，当体系受到某种干扰而波动（如进料温度、浓度和流量等微小变化）使温度升高时，放热速率增大，移热速率也同时增大。由于 $Q_r>Q_g$，反应物料被冷却，恢复到 C 点。当外界干扰使体系温度下降到 C 点以下时，放热速率减小，移热速率也减小。但由于 $Q_g>Q_r$，物料温度又回升到 C 点。这就是说，C 点具有抵抗温度波动干扰的能力，是稳定的定态操作点。同样的分析也适用于 A 点，A 点也是稳定的定态操作点。但是该点操作温度低，反应速率慢。一般说来是不经济的，不宜采用。B 点的性质完全不同，它虽然也满足产热速率等于移热速率的条件，但不能抵抗温度波动的干扰。如当外界干扰使温度升高超过 B 点时，由于放热速率增加比移热速率快，反应热来不及移走，反应物料温度将继续上升，直到 C 点。反之，当外界干扰使温度下降到 B 点以下时，放热速率迅速减小，而移热速率减小较慢。由于 $Q_r>Q_g$，物料温度将继续下降，直到 A 点。由于实际操作过程不可能做到一点也不波动，因此，B 点实际上是很难稳定操作的，它是不稳定的定态操作点。

一般地说，对于放热反应，若反应器的操作点除满足 $Q_g=Q_r$ 外，还必须满足判据：

$$\frac{dQ_r}{dT}>\frac{dQ_g}{dT} \tag{3-23}$$

即移热曲线的斜率大于产热曲线的斜率则该操作点是稳定的定态操作点，不满足上述判据的是不稳定的定态操作点。

放热反应定态操作点的稳定性应引起注意。在不稳定定态操作点操作，若生产波动导致进料温度稍有增加或进料流量稍有降低时，反应器内温度会迅速增加至下一个稳定定态操作点，容易引发反应器超温，烧坏催化剂或爆炸。这种不连续的温度突生现象称为起燃，而该不稳定操作点称为起燃点或着火点。反之，在不稳定定态操作点上的进料温度降低或进料流量增加将导致反应器内温度迅速降低至前一个稳定定态操作点，易使得反应终止。这种温度突然降低的现象称为熄火，而该不稳定操作点称为熄火点。因此，应根据 Q_g、Q_r 的影响因素改变其中的操作参数，以满足稳定性的条件。如改变进料或换热介质温度，进料量，进料中反应物浓度，以及传热面积或传热温差等。通常应使用尽可能大的传热面积和尽可能小的传热温差。同时，还应认识到只有放热反应才可能出现多定态现象，而吸热反应的定态总是唯一的。

【例 3-6】 一级不可逆反应 A ⟶ R 在容积为 $10m^3$ 的全混流反应器中进行。进料浓度 $c_{A0} = 5000mol \cdot m^{-3}$，流量为 $0.01m^3 \cdot s^{-1}$。反应热 $\Delta H_r = -20kJ \cdot mol^{-1}$，反应速率常数 $k = 10^{13} \exp(-12000/T)$。溶液密度 $\rho = 850kg \cdot m^{-3}$，比热容为 $2.2kJ \cdot kg^{-1} \cdot K^{-1}$。假定溶液密度和比热容恒定。若反应器在绝热下操作，试求算进料温度分别为 290K、300K 和 310K 时反应器可操作的温度和能达到的转化率。

解　对于一级不可逆反应，$r_A = kc_A = kc_{A0}(1 - X_A)$，代入全混流反应器变温操作的设计方程，得：

$$X_A = \frac{\tau k}{1 + \tau k}$$

即：

$$X_{Af} = \frac{V_r k}{Q_0 + V_r k} = \frac{10 \times 10^{13} \exp(-12000/T)}{0.01 + 10 \times 10^{13} \exp(-12000/T)} \tag{1}$$

于是：

$$r_A = kc_{A0}\left(1 - \frac{V_r k}{Q_0 + V_r k}\right) = \frac{kc_{A0} Q_0}{Q_0 + V_r k} = \frac{5000 \times 0.01 \times 10^{13} \exp(-12000/T)}{0.01 + 10 \times 10^{13} \exp(-12000/T)}$$

$$= \frac{5 \times 10^{16} \exp(-12000/T)}{1 + 10^{16} \exp(-12000/T)}$$

代入 $Q_g = (-\Delta H_r)_{T_0} r_A V_r$，并整理结果：

$$Q_g = \frac{10^{19} \exp(-12000/T)}{1 + 10^{16} \exp(-12000/T)} \tag{2}$$

在绝热条件下，$Q_r = Q_0 \rho \bar{c}_{pt}(T - T_0)$，则：

$$Q_r = 0.01 \times 850 \times 2.2(T - T_0) = 18.7(T - T_0) \tag{3}$$

将式(2) 在 Q-T 图中标绘得到一条曲线 $Q_g \sim T$（见图 3-11）。将式(3) 在 Q-T 图中标绘可得到直线 $Q_r \sim T$，对于 $T_0 = 290K$、300K 和 310K 三种情况，相应可作出三条直线，即 Q_{r1}、Q_{r2} 和 Q_{r3}。

根据操作点是否是稳定的定态操作点分析，可以看出：

① 当 $T_0 = 290K$ 时，仅有一个稳定的定态操作点 A_1，操作温度为 $T = 290.5K$。代入式(1)：

$$X_{A_1} = \frac{10^{14} \times \exp(-12000/290.5)}{0.01 + 10^{14} \times \exp(-12000/290.5)} = 0.0114$$

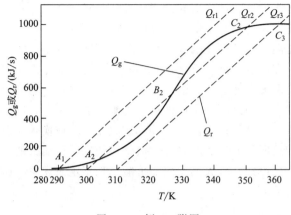

图 3-11　例 3-6 附图

② 当 $T_0 = 300\text{K}$ 时，有两个稳定的定态操作点 A_2 和 C_2，相应操作温度分别为 304K 和 350K。由式(1) 计算的转化率分别为 0.0671 和 0.928。

③ 当 $T_0 = 310\text{K}$ 时，仅有一个稳定的定态操作点 C_3，操作温度 362K。计算得出转化率为 0.975。

3.4　理想流动下的管式反应器

3.4.1　平推流模型

全混流一般是在存在搅拌的情况下产生的，对于无搅拌的管式反应器，当其长径比较大且流速较高时，往往近似为平推流（Plug Flow）。平推流也是一个理想化的模型，它的基本假定是：在流动方向上，即轴向不存在混合，而径向则达到完全混合，因而在垂直于流动方向的横截面上，其流速均一，浓度均一，且反应物浓度沿轴向连续变化。

根据平推流的假设，将进入反应器的物料看作是平行地向前推移，同一截面上的轴向流速均匀，浓度、温度均匀，就像活塞在汽缸中向一个方向运动一样，因此又称为柱式流或活塞流，还有人称之为理想置换。而实际的流动在同一截面上轴向流速呈一定的分布，中心处流速最大，管壁处流速最小。轴向不存在混合意味着在物料流经反应器的整个过程中，流体质点都不会从一个流体元扩散到另一个流体元，即物料是齐头并肩向前运动的，不存在不同停留时间粒子之间的混合，即不存在"返混"。

本节主要讨论一维轴向平推流模型，如图 3-12 所示。在稳态流动的情况下，所有物料质点在反应器中都具有相同的停留时间，浓度或转化率等参数只沿管长（轴向）发生变化，与时间无关。

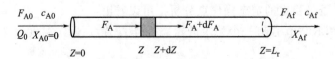

图 3-12　反应器的一维轴向平推流模型示意图

3.4.2　等温连续流动管式反应器的设计计算

若管式反应器中物料的流动状态为平推流，称为平推流反应器（Plug Flow Reactor，简称 PFR）。由于平推流反应器中的浓度或转化率等参数沿轴向变化，在图 3-12 中取一圆柱状微元体进行物料衡算。对反应物 A 作物料衡算有：

$$F_A-(F_A+dF_A)-r_AdV_r=\frac{dn_A}{dt}$$

　　（输入量）　　（输出量）　　（消耗量）（累积量）

由于 $F_A=F_{A0}(1-X_A)$，在稳态下，$\dfrac{dn_A}{dt}=0$，有：

$$F_{A0}dX_A=r_AdV_r \tag{3-24}$$

又 $F_{A0}=Q_0c_{A0}$，积分得：

$$\tau=\frac{V_r}{Q_0}=c_{A0}\int_0^{X_A}\frac{dX_A}{r_A} \tag{3-25}$$

对于恒容过程，可写为：

$$\tau=\frac{V_r}{Q_0}=-\int_{c_{A0}}^{c_A}\frac{dc_A}{r_A} \tag{3-26}$$

式（3-25）、式（3-26）即为平推流反应器的设计方程。对于管式平推流反应器，由于 $V_r=AZ$，$F_{A0}=Q_0c_{A0}=u_0Ac_{A0}$，所以 $\tau=\dfrac{V_r}{Q_0}=\dfrac{Z}{u_0}$，式（3-24）则可写为：

$$u_0c_{A0}\frac{dX_A}{dZ}=r_A$$

恒容下

$$u_0\frac{dc_A}{dZ}=-r_A$$

式中，u_0 为物料在反应器中的流速。由于平推流反应器中浓度或转化率与空间位置（轴向）有关，因此设计公式中有微积分。平推流反应器的设计方程在形式上与间歇反应器极为相似，仅 t 换成了 τ。完成同样的化学反应，在其他操作条件相同时，τ 与 t 在数值上相等但物理意义完全不同。同时，由于平推流反应器中转化率沿管长连续变化，多个平推流反应器的串联与单个相同总体积的平推流反应器效果一样，因此无串联的问题。当动力学较复杂时，通常需要借助计算机采用数值积分算法求解式（3-26），也可用图解法加以说明（见图 3-13）。

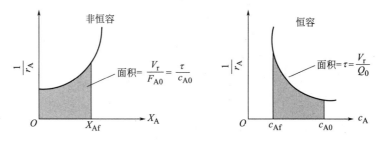

图 3-13　平推流反应器的图解计算示意图

【**例 3-7**】 在平推流反应器进行气相反应 A ⟶ 2R，已知 $r_A=0.6c_A\,mol\cdot L^{-1}\cdot min^{-1}$，$F_{A0}=90mol\cdot min^{-1}$，$c_{A0}=0.5mol\cdot L^{-1}$（标准状态计），转化率为 66.7%，试求所需反应器的体积。

解 根据化学计量系数，$\delta_A = 1$，且 $y_{A0} = \dfrac{0.5}{22.4} = 0.02232$。反应过程中 c_A 可表示为：

$$c_A = \frac{c_{A0} - c_{A0}X_A}{1 + \delta_A y_{A0} X_A}$$

由平推流反应器的设计方程，得：

$$V_r = F_{A0}\int_0^{X_A} \frac{dX_A}{r_A} = F_{A0}\int_0^{X_A} \frac{dX_A}{kc_A} = 90\int_0^{0.667} \frac{dX_A}{0.6 \times \dfrac{0.5(1-X_A)}{1 + 0.02232X_A}} = 0.33\,\mathrm{m}^3$$

3.4.3 变温连续流动管式反应器的设计计算

当平推流管式反应器变温操作时，反应混合物的组成和温度都沿流动方向变化，其物料衡算式为：

$$\tau = \frac{V_r}{Q_0} = c_{A0}\int_0^{X_A} \frac{dX_A}{r_A(T, X_A)} \tag{3-27}$$

$$\tau = \frac{V_r}{Q_0} = -\int_{c_{A0}}^{c_A} \frac{dc_A}{r_A(T, c_A)} \tag{3-28}$$

同样，在上述方程中，由于反应速率是温度和转化率（或浓度）共同决定的函数而不能直接积分求解，需要利用热量衡算关系确定温度随转化率变化规律。与物料衡算相似，取平推流反应器内一圆柱状微元体作热量衡算，在稳态下可得：

$$G\bar{c}_{pt}dT \times \frac{1}{4}\pi d_t^2 + (\Delta H_r)_{T_r} r_A dV_r = U(T_c - T)\pi d_t dZ$$

式中，G 为单位横截面积单位时间的混合物质量；d_t 为管直径。因为 $dV_r = \dfrac{\pi}{4}d_t^2 dZ$，上式又可写为：

$$G\bar{c}_{pt}\frac{dT}{dZ} = r_A(-\Delta H_r)_{T_r} - \frac{4U(T - T_c)}{d_t} \tag{3-29}$$

式(3-29)即为平推流管式反应器的热量衡算式。

又物料衡算式为 $Q_0 c_{A0}\dfrac{dX_A}{dV_r} = r_A$，而 $Q_0 c_{A0} = \dfrac{G\left(\frac{1}{4}\pi d_t^2\right)W_{A0}}{M_A}$，$dV_r = \dfrac{\pi}{4}d_t^2 dZ$，所以物料衡算式可写为：

$$\frac{GW_{A0}}{M_A} \times \frac{dX_A}{dZ} = r_A \tag{3-30}$$

将此式代入式(3-29)，得：

$$G\bar{c}_{pt}\frac{dT}{dZ} = \frac{GW_{A0}(-\Delta H_r)_{T_r}}{M_A} \times \frac{dX_A}{dZ} - \frac{4U(T - T_c)}{d_t} \tag{3-31}$$

此即为平推流管式反应器的 $T \sim X_A$ 的关系，式中 W_{A0} 为进料中反应物 A 的质量分数。

在绝热操作下，将式(3-31)右边第二项略去并进行积分，即：

$$\int_{T_0}^T G\bar{c}_{pt}dT = \int_0^{X_A} \frac{GW_{A0}(-\Delta H_r)_{T_r}}{M_A}dX_A$$

$$T = T_0 + \lambda X_A$$

其中绝热温升指数 $\lambda = \dfrac{W_{A0}(-\Delta H_r)_{T_r}}{\bar{c}_{pt}M_A}$，单位为 K。

对于绝热和非绝热平推流管式反应器，根据给定的最终转化率 X_{Af}，采用数值法求解式 (3-30)、式 (3-31)，可求得达到指定转化率需要的反应管长度 L_r，并确定转化率 X_A 和温度 T 沿管长 Z 的分布。

【例 3-8】 利用一直径 1.4m 的管式反应器进行丁烯气相脱氢制取丁二烯，$C_4H_8 \rightleftharpoons C_4H_6 + H_2$。该反应为一级反应（以分压表示），反应热为 110kJ·mol^{-1}，反应速率常数与温度的关系为 $k=1.759\times10^{21}\exp(-52804/T)$，kmol·m^{-3}·MPa^{-1}·h^{-1}。进料流量为 20kmol·h^{-1}，组成丁烯的摩尔分数为 50%，物料平均摩尔热容为 77.3J·mol^{-1}·K^{-1}，进料温度为 1193K，反应器为绝热操作，操作压力为 0.2MPa。要求丁烯的转化率为 20%，计算所需要的反应器的管长以及温度和转化率沿管长的分布。

解　以 A 表示丁烯，其脱氢反应是总物质的量增加的反应，则：

$$\delta_A = \frac{1+1-1}{1} = 1$$

进料条件下　　　　$y_{A0}=0.5$，$p_{A0}=p\,y_{A0}=0.2\times0.5=0.1\text{MPa}$

反应动力学方程　　$r_A = kp_A = k\dfrac{p_{A0}(1-X_A)}{1+\delta_A y_{A0}X_A} = 1.759\times10^{21}\exp\left(-\dfrac{52804}{T}\right)\times\dfrac{0.1(1-X_A)}{1+0.5X_A}$

绝热温升指数为　　$\lambda = \dfrac{y_{A0}(-\Delta H_r)}{\bar{c}_{pt}} = \dfrac{-0.5\times110\times10^3}{77.3} = -711.5\text{K}$

则反应过程温度和转化率的关系为　　$T = T_0 + \lambda X_A = 1193 - 711.5X_A$

代入管式反应器的设计方程得：

$$V_r = Q_0\tau = Q_0 c_{A0}\int_0^{0.2}\frac{\mathrm{d}X_A}{r_A} = 20\times0.5\times\int_0^{0.2}\frac{\mathrm{d}X_A}{1.759\times10^{21}\exp\left(-\dfrac{52804}{1193-711.5X_A}\right)\times\dfrac{0.1(1-X_A)}{1+0.5X_A}}$$

$$= 5.685\times10^{-21}\int_0^{0.2}\frac{(10+5X_A)\,\mathrm{d}X_A}{\exp\left(-\dfrac{52804}{1193-711.5X_A}\right)(1-X_A)} = 15.19\text{m}^3$$

则管长　　　　　　　　　　$Z = \dfrac{V_r}{\dfrac{\pi}{4}d_t^2} = \dfrac{15.19}{0.785\times1.4^2} = 9.88\text{m}$

根据式 (3-30) 得：

$$\frac{\mathrm{d}X_A}{\mathrm{d}Z} = \frac{r_A}{\dfrac{GW_0}{M_A}} = \frac{r_A}{\dfrac{F_{A0}}{\dfrac{\pi}{4}d_t^2}} = \frac{1.759\times10^{21}\exp\left(-\dfrac{52804}{T}\right)\times\dfrac{0.1(1-X_A)}{1+0.5X_A}}{20\times\dfrac{0.5}{0.785\times1.4^2}}$$

$$= 2.706\times10^{20}\exp\left(-\frac{52804}{1193-711.5X_A}\right)\times\frac{(1-X_A)}{10+5X_A}$$

采用 Runge-Kutta 数值算法求解上述微分方程，初始条件为 $Z=0$，$X_A=0$，结果列于

表 3-1。

表 3-1 丁烯脱氢反应器轴向转化率、温度和反应速率沿管长分布

Z/m	X_A	T/K	$r_A/[kmol/(m^3 \cdot h)]$	Z/m	X_A	T/K	$r_A/[kmol/(m^3 \cdot h)]$
0.0	0.0000	1193.0	10.537	5.5	0.1828	1062.9	0.035
0.5	0.1093	1115.3	0.407	6.0	0.1854	1061.1	0.032
1.0	0.1309	1099.8	0.202	6.5	0.1878	1059.4	0.029
1.5	0.1435	1090.9	0.134	7.0	0.1900	1057.8	0.027
2.0	0.1523	1084.6	0.100	7.5	0.1920	1056.4	0.025
2.5	0.1592	1079.8	0.079	8.0	0.1939	1055.1	0.024
3.0	0.1647	1075.8	0.066	8.5	0.1956	1053.8	0.022
3.5	0.1693	1072.5	0.056	9.0	0.1973	1052.6	0.021
4.0	0.1733	1069.7	0.049	9.5	0.1989	1051.5	0.020
4.5	0.1769	1067.2	0.043	10.0	0.2004	1050.4	0.019
5.0	0.1800	1064.9	0.039				

从计算结果可以看出，随着反应进行，温度迅速降低，反应速率减慢，所需反应器的容积随转化率的增加而增大。因此，对于吸热反应来说，单级绝热操作实际上是不可取的，工业上常采用多段操作。

3.5 反应器反应性能指标比较及优化

3.5.1 反应过程浓度水平分析

间歇反应器（BR）、全混流反应器（MFR）、串联的全混流反应器（NMFR）、平推流反应器（PFR）内反应物浓度的变化关系如图 3-14 所示。

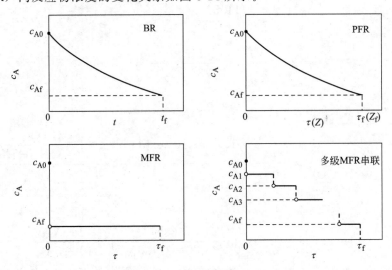

图 3-14 反应器中反应物浓度变化示意图

从图 3-14 分析可知，平推流反应器（PFR）内的反应物浓度分布与间歇反应器（BR）相同，不同的是间歇反应器为非定态操作，反应物浓度随反应时间 t 逐渐降低，平推流反应器为定态操作，反应物浓度随管长或空时 τ 的增加而逐渐降低。全混流反应器（MFR）亦为定态操作，反应物的浓度 c_{A0} 在进入反应器后迅速降低到 c_{Af}，即出口浓度，这主要是由在反应条件下反应物转化为产物和反应物料的稀释作用所致，全混流反应器维持在 c_{Af} 的浓度操作并不随空时 τ 变化。多级串联的全混流反应器与单级全混流反应器不同的是反应物的浓度在各釜中逐渐降低，反应物总体浓度水平高于单级全混流反应器。因此，从总体上看，就整个反应过程而言，间歇反应器、平推流反应器中反应物浓度水平相对较高，有限个多级串联的全混流反应器其次，反应物浓度水平最低的是单级全混流反应器。

3.5.2　反应性能指标比较

（1）反应器体积、转化率的比较

从间歇反应器、全混流反应器、平推流反应器和有限个多级全混流反应器串联的设计公式可以知道，不同的反应器所需要的体积如下：

$$(V_r)_{BR} = Q_0 \left(c_{A0} \int_{X_{A0}}^{X_{Af}} \frac{\mathrm{d}X_A}{r_A} + t' \right)$$

$$(V_r)_{MFR} = F_{A0} \frac{X_{Af} - X_{A0}}{r_{Af}}$$

$$(V_r)_{PFR} = F_{A0} \int_{X_{A0}}^{X_{Af}} \frac{\mathrm{d}X_A}{r_A}$$

$$(V_r)_{\text{有限个MFR串联}} = V_{r1} + V_{r2} + \cdots = F_{A0} \frac{X_{A1} - X_{A0}}{r_{A1}} + F_{A0} \frac{X_{A2} - X_{A1}}{r_{A2}} + \cdots$$

为简单起见，假定 $F_{A0} = Q_0 c_{A0} = 1$，各反应器所需的体积大小如图 3-15 所示。间歇反应器的 Q_0 在数值上视为与其他反应器相同时，且假定辅助操作时间 t' 不计。

由图 3-15 可知，在达到同一转化率 X_{Af} 时，$(V_r)_{BR}$ 和 $(V_r)_{PFR}$ 对应于 $OABCX_{Af}$ 所包围的曲线下的面积，$(V_r)_{MFR}$ 对应于 $OECX_{Af}$ 所包围的矩形面积，$(V_r)_{\text{有限个MFR串联}}$ 对应于矩形 $OFBX_{A1}$ 与矩形 $X_{A1}DCX_{Af}$ 的面积之和。很显然，当处理量和操作条件相同时，对同一化学反应达到相同的转化率时，$(V_r)_{MFR} > (V_r)_{\text{有限个MFR串联}} > (V_r)_{PFR} = (V_r)_{BR}$。若考虑间歇反应器的辅助生产时间，则 $(V_r)_{PFR} < (V_r)_{BR}$。

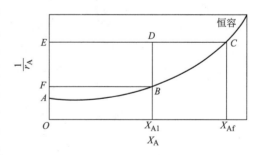

图 3-15　反应器体积比较示意图

由于反应器内反应物浓度水平决定了反应速率的高低。因而，从反应器中的浓度水平分析，对于正常动力学，平推流反应器和间歇反应器的反应速率高于全混流反应器，有限个 MFR 串联反应器介于它们之间，所以上述反应器体积大小的关系是成立的。同时，根据上述各反应器的设计公式，在反应器体积一定时，各反应器出口转化率 X_{Af} 的关系 $(X_{Af})_{MFR} < (X_{Af})_{\text{有限个MFR串联}} < (X_{Af})_{PFR} = (X_{Af})_{BR}$ 同样成立。

从图 3-14 也可看出，当全混流串联釜的个数 N 趋于 ∞ 时，浓度变化曲线接近平推流反应器和间歇反应器。因此，无穷多个全混流串联釜的性能指标应与平推流反应器和间歇反应

器相同。为简单起见，以一级不可逆反应为例证明这个结论。N 个全混釜串联时，总体积可表示为：

$$(V_r)_{NMFR} = V_{rt} = \frac{NQ_0}{k}\left[\frac{1}{(1-X_{AN})^{1/N}} - 1\right]$$

平推流反应器的体积为：

$$(V_r)_{PFR} = F_{A0}\int_0^{X_{AN}}\frac{\mathrm{d}X_A}{r_A} = F_{A0}\int_0^{X_{AN}}\frac{\mathrm{d}X_A}{kc_{A0}(1-X_A)} = -\frac{Q_0}{k}\ln(1-X_{AN})$$

则：

$$\frac{(V_r)_{NMFR}}{(V_r)_{PFR}} = -\frac{N\left[(1-X_{AN})^{-1/N} - 1\right]}{\ln(1-X_{AN})}$$

数学上可以证明当 $N\to\infty$ 时，上式收敛于 1，即 $\lim\limits_{N\to\infty}\dfrac{(V_r)_{NMFR}}{(V_r)_{PFR}} = 1$。

因此，对于正常动力学，当转化率要求相同，其他操作条件也相同时，无穷个全混流反应器串联所需的总体积相当于一个平推流反应器。即要求的 X_{Af} 一定时，

$$(V_r)_{MFR} > (V_r)_{有限个MFR串联} > (V_r)_{PFR} = (V_r)_{\frac{NMFR}{N\to\infty}}$$

或各反应器 V_r 相同时，$(X_{Af})_{MFR} < (X_{Af})_{有限个MFR串联} < (X_{Af})_{PFR} = (X_{Af})_{\frac{NMFR}{N\to\infty}}$

当不考虑间歇反应器的辅助操作时间时，有 $(V_r)_{PFR} = (V_r)_{BR}$ 或 $(X_{Af})_{PFR} = (X_{Af})_{BR}$；当考虑间歇反应器的辅助操作时间时，有 $(V_r)_{PFR} < (V_r)_{BR}$ 或 $(X_{Af})_{PFR} > (X_{Af})_{BR}$。

如果动力学关系较为复杂，如反应速率随转化率的提高先上升后下降或先下降后上升，上述关系不一定成立，要视具体情况而定，往往采用不同反应器的组合时总体积较小。如对于反应速率随转化率先上升后下降的情况，在上升段采用全混流反应器，下降段采用平推流反应器的组合可使所需的总反应体积最小。

【例 3-9】 对于乙酸和乙醇的酯化反应，其化学反应式为：

$$\mathrm{CH_3COOH} + \mathrm{C_2H_5OH} \Longleftrightarrow \mathrm{CH_3COOC_2H_5} + \mathrm{H_2O}$$
$$\text{(A)} \qquad\quad \text{(B)} \qquad\qquad \text{(R)} \qquad\qquad \text{(S)}$$

原料中反应组分的质量比 A：B：S＝1：2：1.35，反应液的密度为 1020kg·m^{-3}，并假设在反应过程中不变。反应在 100℃下等温操作，其反应速率方程如下：

$$r_A = k_1(c_A c_B - c_R c_S/K)$$

100℃时，速率常数 $k_1 = 4.76\times10^{-4}$L·mol^{-1}·min^{-1}，平衡常数 $K = 2.92$。若以每天生产乙酸乙酯 12000kg 计，试计算下列情况下乙酸转化 35％时所需的反应体积。

(1) 采用间歇反应器操作，若每批装料、卸料及清洗等辅助操作时间为 1h；

(2) 采用单级全混流反应器操作；

(3) 采用三个等体积的全混流反应器串联操作；

(4) 采用平推流反应器操作。

解 根据题给的乙酸乙酯产量，可算出每小时乙酸的需用量为：

$$F_{A0} = \frac{F_{A0}-F_A}{X_A} = \frac{F_R}{X_A} = \frac{12000}{88\times24\times0.35} = 16.23\text{kmol}\cdot\text{h}^{-1}$$

式中，88 为乙酸乙酯的分子量。由于 （1+2+1.35）＝4.35kg 的原料液中含 1kg 乙酸，根据比例关系可求单位时间的原料液量为：

$$Q_0 = \frac{16.23\times60\times4.35}{1020} = 4.153\text{m}^3\cdot\text{h}^{-1}$$

式中，60 为乙酸的分子量。原料液的起始组成如下：

$$c_{A0} = \frac{F_{A0}}{Q_0} = \frac{16.23}{4.153} = 3.908 \text{ mol} \cdot \text{L}^{-1}$$

以 1L 为基准，通过乙酸的起始浓度和原料中各组分的质量比，可求出乙醇和水的起始浓度为：

$$c_{B0} = \frac{3.908 \times 60 \times 2}{46} = 10.2 \text{mol} \cdot \text{L}^{-1}$$

$$c_{S0} = \frac{3.908 \times 60 \times 1.35}{18} = 17.59 \text{mol} \cdot \text{L}^{-1}$$

式中，46 和 18 分别为乙醇及水的分子量。由于乙酸与乙醇的反应为液相反应，故可认为是等容过程，有：

$$c_i = c_{i0} - \frac{\nu_i}{\nu_A} c_{A0} X_A$$

所以
$$c_A = c_{A0}(1 - X_A), c_B = c_{B0} - c_{A0}X_A,$$
$$c_R = c_{A0}X_A, \quad c_S = c_{S0} + c_{A0}X_A$$

代入速率方程，整理后得：

$$r_A = (18.97 - 37.44X_A + 4.78X_A^2) \times 10^{-3} \tag{1}$$

（1）间歇反应器

将式(1)代入间歇反应器的设计方程式(3-4)，反应时间 t 为：

$$t = c_{A0} \int_0^{X_{Af}} \frac{dX_A}{r_A} = 3.908 \int_0^{0.35} \frac{dX_A}{(18.97 - 37.44X_A + 4.78X_A^2) \times 10^{-3}} = 118.8 \text{min}$$

由式(3-5)知，所需反应体积为：

$$V_r = Q_0(t + t') = 4.153 \times (118.8/60 + 1) = 12.38 \text{m}^3$$

（2）全混流反应器

由于全混流反应器内反应物料组成与流出液体组成相同，因此应按出口转化率来计算反应速率，把转化率值代入式(1)得：

$$r_A = (18.97 - 37.44 \times 0.35 + 4.78 \times 0.35^2) \times 10^{-3} = 6.452 \times 10^{-3} \text{mol} \cdot \text{L}^{-1} \cdot \text{min}^{-1} = 0.3871 \text{kmol} \cdot \text{m}^{-3} \cdot \text{h}^{-1}$$

根据全混流反应器设计方程式(3-13)，即可算出所需反应体积为：

$$V_r = 4.153 \times 3.908 \times 0.35/0.3871 = 14.68 \text{m}^3$$

（3）三个等体积的全混流反应器串联

根据全混流反应器设计方程，分别写出三个釜的物料衡算式：

$$V_{r1} = \frac{Q_0 c_{A0} X_{A1}}{r_{A1}}, \quad V_{r2} = \frac{Q_0 c_{A0}(X_{A2} - X_{A1})}{r_{A2}}, \quad V_{r3} = \frac{Q_0 c_{A0}(X_{A3} - X_{A2})}{r_{A3}} \tag{2}$$

因 $V_{r1} = V_{r2} = V_{r3}$，由上三式可得：

$$\frac{X_{A1}}{X_{A2} - X_{A1}} = \frac{r_{A1}}{r_{A2}} \tag{3}$$

$$\frac{X_{A2} - X_{A1}}{X_{A3} - X_{A2}} = \frac{r_{A2}}{r_{A3}} \tag{4}$$

将 r_{A1}、r_{A2} 和 r_{A3} 及 $X_{A3} = 0.35$ 代入动力学方程式(1)后再分别代入式(3)和式

（4），得：

$$\frac{X_{A1}}{X_{A2}-X_{A1}}=\frac{18.97-37.44X_{A1}+4.78X_{A1}^2}{18.97-37.44X_{A2}+4.78X_{A2}^2} \tag{5}$$

$$\frac{X_{A2}-X_{A1}}{0.35-X_{A2}}=\frac{18.97-37.44X_{A2}+4.78X_{A2}^2}{18.97-37.44\times0.35+4.78\times0.35^2} \tag{6}$$

联立求解式(5) 及式(6) 得：

$$X_{A1}=0.1598,\ X_{A2}=0.2714$$

因此，由式(2) 第一个釜的体积为：

$$V_{r1}=\frac{Q_0c_{A0}X_{A1}}{r_{A1}}=\frac{(4.153/60)\times3.908\times0.1598}{(18.97-37.44\times0.1598+4.78\times0.1598^2)\times10^{-3}}=3.299\mathrm{m}^3$$

又因 $V_{r1}=V_{r2}=V_{r3}=3.299\mathrm{m}^3$，故所需的总反应体积为 $3\times3.299=9.897\mathrm{m}^3$。

（4）平推流反应器

等容下平推流反应器的空时与条件相同的间歇反应器的反应时间相等，在（1）中已求出达到题给要求间歇反应器所需的反应时间为 $t=118.8\mathrm{min}$。改用平推流反应器连续操作，如要达到同样要求就应使空时 $\tau=t=118.8\mathrm{min}$。原料处理量为 $Q_0=4.153\mathrm{m}^3\cdot\mathrm{h}^{-1}$。因此，反应体积 $V_r=Q_0\tau=4.153\times(118.8/60)=8.227\mathrm{m}^3$。

因此，间歇反应器、全混流反应器、三个等体积串联的全混流反应器和平推流反应器所需的反应体积分别为 $12.38\mathrm{m}^3$、$14.68\mathrm{m}^3$、$9.897\mathrm{m}^3$ 和 $8.227\mathrm{m}^3$。上述结果是由反应器内浓度水平不同造成的。间歇反应器的体积大于平推流反应器，其原因是间歇操作还需考虑装料、卸料及清洗等辅助时间，如不考虑这些，两者的反应体积应相等。

（2）反应收率的比较

对于单一反应，选择性是 100%，收率与转化率在数值上相同。当有复合反应时，若 R 为目的产物，选择性小于 100%。此时微分选择性 S_R' 为：

$$S_R'=\mu_{RA}\frac{r_R}{r_A}=-\mu_{RA}\frac{\mathrm{d}n_R}{\mathrm{d}n_A}=\frac{\mathrm{d}Y_R}{\mathrm{d}X_A}$$

有

$$\mathrm{d}Y_R=S_R'\mathrm{d}X_A$$

积分得收率 Y_R 与 S_R' 的关系：

$$Y_R=\int_0^{X_A}S_R'\mathrm{d}X_A \tag{3-32}$$

又根据收率 Y_R 与总选择性 S_R 和转化率 X_A 的关系式(1-17)：

$$Y_R=S_RX_A$$

可得到总选择性 S_R 与微分选择性 S_R' 的关系：

$$S_R=\frac{Y_R}{X_A}=\frac{1}{X_A}\int_0^{X_A}S_R'\mathrm{d}X_A \tag{3-33}$$

对于间歇反应器，由于反应过程中反应物浓度（或转化率）随反应时间而变，通常 $S_R\neq S_R'$，收率可采用式(3-32)来计算；平推流反应器中反应物浓度（或转化率）随管长（或空时）而变，故 $S_R\neq S_R'$，收率也可采用式(3-32)来计算；全混流反应器为定态操作，在某一条件下反应物浓度（或转化率）不变，$S_R=S_R'$，收率可采用式(1-17)来计算。

反应器中复合反应的收率 Y_R 一般与反应的动力学、反应器的型式以及加料方式有关。

1）反应动力学

如平行反应：

$$A+B \longrightarrow R, \quad r_R = k_1 c_A^{\alpha_1} c_B^{\beta_1}$$

$$A+B \longrightarrow Q, \quad r_Q = k_2 c_A^{\alpha_2} c_B^{\beta_2}$$

微分选择性 S_R' 为：
$$S_R' = \mu_{RA} \frac{r_R}{r_A} = \frac{1}{1 + \dfrac{k_2}{k_1} c_A^{\alpha_2 - \alpha_1} c_B^{\beta_2 - \beta_1}}$$

可见，除反应温度通过 $\dfrac{k_2}{k_1}$ 影响 S_R' 外，反应级数、c_A、c_B 的高低也影响 S_R'，最终影响收率 Y_R。

2）反应器的型式

反应器的型式对收率的影响可根据式（3-32）、式（1-17）和式（3-33）的图解看出。

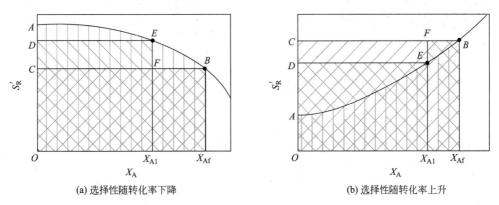

(a) 选择性随转化率下降　　　　　　　　(b) 选择性随转化率上升

图 3-16　反应器收率比较示意图

如图 3-16 所示，对于间歇反应器和平推流反应器，其收率为 $OABX_{Af}$ 所包围的面积；对于全混流反应器，其收率为 $OCBX_{Af}$ 所包围的面积；对于两个串联的全混流反应器，E、B 分别为第一个反应器和第二个反应器的操作状态点，其收率为 $ODEX_{A1}$ 所包围的面积与 $X_{A1}FBX_{Af}$ 所包围的面积之和。

一般情况下，当 X_{Af} 一定时，对于 S_R' 与 X_A 单调下降的关系，下列关系成立：
$$(Y_R)_{MFR} < (Y_R)_{\text{有限个MFR串联}} < (Y_R)_{PFR} = (Y_R)_{BR}$$

对于 S_R' 与 X_A 单调上升的关系则相反。

3）反应物的加料方式

关于加料方式对收率 Y_R 的影响，下面主要考虑反应器内反应物的浓度水平不同导致 S_R' 的不同。釜式反应器、管式反应器的加料方式如图 3-17～图 3-19 所示。

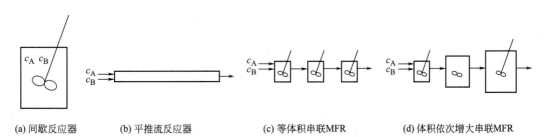

(a) 间歇反应器　　　　(b) 平推流反应器　　　　(c) 等体积串联MFR　　　　(d) 体积依次增大串联MFR

图 3-17　c_A、c_B 均要求高时反应器的示意图

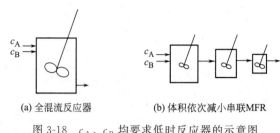

(a) 全混流反应器　　(b) 体积依次减小串联MFR

图 3-18　c_A、c_B 均要求低时反应器的示意图

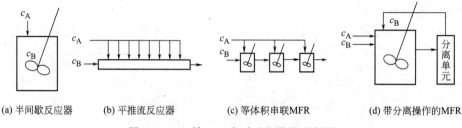

(a) 半间歇反应器　　(b) 平推流反应器　　(c) 等体积串联MFR　　(d) 带分离操作的MFR

图 3-19　c_A 低、c_B 高时反应器的示意图

当要求 c_A、c_B 均高时，如图 3-17 所示。采用间歇反应器时，A、B 同时加入反应器中，A、B 浓度均高。若采用连续操作，平推流反应器中 A、B 浓度均高，其次是有限个串联的全混流反应器，且体积依次增大较好。

当要求 c_A、c_B 均低时，如图 3-18 所示。A、B 同时加入全混流反应器中，此时 A、B 浓度均低。若采用多级操作，则有限个串联的全混流反应器体积依次减小为好。

当要求 c_A 低、c_B 高时，如图 3-19 所示。采用半间歇反应器时，先在釜中加入 B，然后边反应边滴加 A。采用平推流反应器时 A 分股加入反应器，采用等体积串联全混流反应器时 A 也分股加入反应器，此时 $c_A < c_B$。若采用单个全混流反应器，则要求反应物 B 过量，过量的 B 经分离后返回到反应器中，可保持 c_A 低、c_B 高。

【例 3-10】 已知 $A \xrightarrow{k_1} P$，$A \xrightarrow{k_2} S$ 的反应速率式分别为 $r_A = (k_1 + k_2 c_A) c_A$，$r_P = k_1 c_A$，$r_S = k_2 c_A^2$，且在反应操作的温度下 $k_1 = 1.0$，$k_2/k_1 = 1.5$，$c_{A0} = 5 \text{mol} \cdot \text{L}^{-1}$，$c_{P0} = c_{S0} = 0$。要求反应物进料体积流量 $Q_0 = 5 \text{m}^3 \cdot \text{h}^{-1}$，出口转化率 $X_{Af} = 0.90$（或 $c_{Af} = 0.5 \text{mol} \cdot \text{L}^{-1}$）。试求：

(1) 当用单一的全混流反应器在等温下进行反应，所能获得的产物 P 的浓度和反应器的体积 V_r；

(2) 平推流反应器的 c_P 和 V_r；

(3) 若采用两个全混流反应器串联操作，当获得产物 P 浓度最大时每个反应器所需的反应体积。

解　依题意，分别进行计算如下。

(1) 单个全混流反应器

全混流反应器 $S_P = S_P'$，所以：

$$S_P' = \mu_{PA} \frac{r_P}{r_A} = \frac{k_1 c_A}{k_1 c_A + k_2 c_A^2} = S_P = \frac{c_P}{c_{A0} - c_A}$$

即：
$$c_P = \frac{(c_{A0} - c_A)k_1}{k_1 + k_2 c_A} = \frac{1 \times (5 - 0.5)}{1 + 1.5 \times 0.5} = 2.57 \, \text{mol} \cdot \text{L}^{-1}$$

根据全混流反应器设计方程，有：
$$V_r = \frac{Q_0(c_{A0} - c_A)}{k_1 c_A + k_2 c_A^2} = \frac{5 \times (5 - 0.5)}{0.5 + 1.5 \times 0.5^2} = 25.7 \, \text{m}^3$$

（2）平推流反应器

平推流反应器的收率可表示为 $Y_P = \int_0^{X_A} S_P' dX_A$，有：
$$c_P = -\int_{c_{A0}}^{c_A} S_P' dc_A = \int_{c_A}^{c_{A0}} \frac{dc_A}{1 + 1.5 c_A}$$

即：
$$c_P = \frac{1}{1.5} \ln \frac{1 + 1.5 c_{A0}}{1 + 1.5 c_A} = \frac{1}{1.5} \times \ln \frac{1 + 1.5 \times 5}{1 + 1.5 \times 0.5} = 1.054 \, \text{mol} \cdot \text{L}^{-1}$$

根据平推流反应器设计方程，有 $\tau = \dfrac{V_r}{Q_0} = -\int_{c_{A0}}^{c_A} \dfrac{dc_A}{r_A}$，即：

$$V_r = -Q_0 \int_{c_{A0}}^{c_A} \frac{dc_A}{r_A} = Q_0 \int_{c_A}^{c_{A0}} \frac{dc_A}{c_A(1 + 1.5 c_A)} = Q_0 \left(\ln \frac{c_{A0}}{c_A} + \ln \frac{1 + 1.5 c_A}{1 + 1.5 c_{A0}} \right) = 3.61 \, \text{m}^3$$

（3）两个全混流反应器串联

由（1）可知，对于每级全混流反应器有 $S_{Pi}' = \dfrac{1}{1 + 1.5 c_{Ai}} = S_{Pi} = \dfrac{c_{Pi} - c_{P(i-1)}}{c_{A(i-1)} - c_{Ai}}$，则：

$$c_{Pi} = c_{P(i-1)} + \frac{c_{A(i-1)} - c_{Ai}}{1 + 1.5 c_{Ai}}$$

第一个反应器出口的 c_{P1} 为：

$$c_{P1} = \frac{c_{A0} - c_{A1}}{1 + 1.5 c_{A1}}$$

同理，第二反应器出口的 c_{P2} 为：

$$c_{P2} = c_{P1} + \frac{c_{A1} - c_{A2}}{1 + 1.5 c_{A2}} = \frac{c_{A0} - c_{A1}}{1 + 1.5 c_{A1}} + \frac{c_{A1} - c_{A2}}{1 + 1.5 c_{A2}}$$

为使得 c_{P2} 最大，将 c_{P2} 对 c_{A1} 求导，并令其为零，即 $\dfrac{dc_{P2}}{dc_{A1}} = 0$，解得：

$$c_{A1} = \frac{-2 + \sqrt{4 + 6(c_{A0} + c_{A2}) + 9 c_{A0} c_{A2}}}{3} = \frac{-2 + \sqrt{4 + 6 \times (5 + 0.5) + 9 \times 5 \times 0.5}}{3} = 1.905 \, \text{mol} \cdot \text{L}^{-1}$$

即 $c_{A1} = 1.905 \, \text{mol} \cdot \text{L}^{-1}$ 时，c_{P2} 最大。因此将 c_{A1} 代入上述第二个反应器出口 c_{P2} 的计算式，有：

$$c_{P,\text{max}} = \frac{5 - 1.905}{1 + 1.5 \times 1.905} + \frac{1.905 - 0.5}{1 + 1.5 \times 0.5} = 1.605 \, \text{mol} \cdot \text{L}^{-1}$$

又根据全混流反应器的设计方程，有：

$$V_{r1} = \frac{Q_0(c_{A0} - c_{A1})}{(k_1 + k_2 c_{A1})c_{A1}}, \quad V_{r2} = \frac{Q_0(c_{A1} - c_{A2})}{(k_1 + k_2 c_{A2})c_{A2}}$$

即
$$V_{r1} = \frac{5 \times (5 - 1.905)}{1.905 + 1.5 \times 1.905^2} = 2.107 \, \text{m}^3, \quad V_{r2} = \frac{5 \times (1.905 - 0.5)}{0.5 + 1.5 \times 0.5^2} = 8.023 \, \text{m}^3$$

因 $V_{rt} = V_{r1} + V_{r2}$，所以总体积为 $2.107 + 8.023 = 10.13 \, \text{m}^3$。从本例可以看出，若 P 为目

的产物，根据 P 物质的微分选择性 $S'_R = \dfrac{1}{1+1.5c_A}$ 分析，反应物 A 维持低浓度水平有利于 P 收率的提高，即 S'_P 与 X_A 呈单调上升。因此，全混流反应器的 c_P 最高，其次是两个全混流反应器串联，平推流反应器的 c_P 最低。

3.5.3 反应器的操作优化

(1) 间歇反应器

间歇反应器具有操作灵活，适应性广的优点，在实际操作中可根据生产目的不同进行操作条件的优化。通常可以调节的参数有反应时间、反应温度等，而需要优化的目标函数不同，其参数调节对策也往往不同。

1) 反应时间

一般而言，间歇反应器中反应物浓度随反应时间的增加而不断降低，因而理论上可以通过不断延长反应时间来达到高转化率，获得更多的产品。然而，由于反应速率通常随着反应物浓度的降低而迅速降低，在反应物浓度较低的情况下通过延长反应时间来提高产量效率是很低的，因此对于特定的反应，存在一个最优的反应时间使得单位反应时间的产品产量最大。反应体积为 V_r 的间歇反应器中发生反应 $A \longrightarrow R$，反应时间为 t，辅助时间为 t_0，则产品 R 单位反应时间的产量 P_R 可表示为：

$$P_R = \frac{V_r c_R}{t + t_0} \tag{3-34}$$

若要求 P_R 最大，可将式(3-34) 对 t 求导，有：

$$\frac{dP_R}{dt} = \frac{V_r \left[(t + t_0) \dfrac{dc_R}{dt} - c_R \right]}{(t + t_0)^2} \tag{3-35}$$

令 $\dfrac{dP_R}{dt} = 0$，可得 $\qquad\qquad \dfrac{dc_R}{dt} = \dfrac{c_R}{t + t_0} \tag{3-36}$

由于 c_R 是时间 t 的函数，因此由式(3-36) 可求出满足单位时间产物产量最大时对应的最优反应时间。需要指出的是，最优的反应时间总是针对特定的目标的。要实现的优化目标不同，对应的最优时间也不同。如以生产总费用最低为目标，则可建立生产总费用 A_T 与反应时间 t 的关系式：

$$A_T = \frac{at + a_0 t_0 + a_f}{V_r c_R} \tag{3-37}$$

式中，a、a_0 和 a_f 分别代表单位反应时间内的操作费用、单位辅助时间内的操作费用和固定费用。为使 A_T 最小，将式(3-37) 对 t 求导，并令 $\dfrac{dA_T}{dt} = 0$，可得：

$$\frac{dc_R}{dt} = \frac{c_R}{t + (a_0 t_0 + a_f)/a} \tag{3-38}$$

2) 反应温度

温度对反应速率有重要影响，因此可以通过在不同反应阶段调整温度来优化目的产物的选择性和收率，本书第 2 章 2.4 节已经对此问题进行了详细讨论。一般而言，在反应后期，反应物浓度降低，反应速率随之减小，可以通过提高温度来提高反应速率。但提高反应温度也应充分考虑体系中副反应的加剧、物料挥发性和腐蚀性增加等不利因素对操作的影响。

（2）全混流反应器

全混流反应器为定态操作，因此温度是全混流反应器操作时的最主要调节操作参数。对于单一的不可逆和可逆吸热反应，温度越高，反应速率越快，反应器的生产强度也越大。因此高温操作有利。对于可逆放热反应，由于温度对反应动力学常数和反应平衡常数存在相反的影响，因而存在一个最佳操作温度使得反应净速率最大，这个问题已在第 2 章 2.4 节进行了详细讨论。而对于复合反应，当转化率一定时，选择性随温度变化，主要受主、副反应的活化能的相对大小影响。因此，全混流反应器存在一个最佳操作温度使得目的产物的收率最大。如以 A 为原料在全混流反应器中通过两个一级平行反应生产 R：

$$A \longrightarrow R，r_R = k_1 c_A$$
$$A \longrightarrow S，r_S = k_2 c_A$$

则有

$$\tau = \frac{V_r}{Q_0} = \frac{c_{A0} - c_A}{r_A} = \frac{c_{A0} - c_A}{k_1 c_A + k_2 c_A}$$

$$\tau = \frac{V_r}{Q_0} = \frac{c_R - c_{R0}}{r_R} = \frac{c_R - c_{R0}}{k_1 c_A}$$

而

$$Y_R = \frac{c_R - c_{R0}}{c_{A0}} = \frac{k_1 c_A \tau}{c_{A0}} = \frac{k_1 \tau}{1 + (k_1 + k_2)\tau}$$

由于 k_1 和 k_2 是温度的函数，故在 τ 一定时，Y_R 也是温度的函数，则：

$$\frac{dY_R}{dT} = \frac{\tau \left[(1 + k_2 \tau) \dfrac{dk_1}{dT} - k_1 \tau \dfrac{dk_2}{dT} \right]}{[1 + (k_1 + k_2)\tau]^2}$$

令 $\dfrac{dY_R}{dT} = 0$，则有：

$$(1 + k_2 \tau) \frac{dk_1}{dT} = k_1 \tau \frac{dk_2}{dT} \tag{3-39}$$

根据 Arrhenius 公式

$$\frac{dk_1}{dT} = \frac{d(A_1 e^{-\frac{E_1}{RT}})}{dT} = \frac{k_1 E_1}{RT^2}，\frac{dk_2}{dT} = \frac{d(A_2 e^{-\frac{E_2}{RT}})}{dT} = \frac{k_2 E_2}{RT^2}$$

代入式（3-39），有 $(1 + k_2 \tau) E_1 = \tau k_2 E_2$，即：

$$k_2 = \frac{E_1}{(E_2 - E_1)\tau} = A_2 e^{-\frac{E_2}{RT}}$$

解得

$$T = \frac{E_2}{R \ln \left[A_2 \tau \left(\dfrac{E_2}{E_1} - 1 \right) \right]} \tag{3-40}$$

上式即为产物 R 收率最大时对应的反应温度。可见，它是空时 τ 的函数。

此外，对于一级连串反应 $A \xrightarrow{k_1} R \xrightarrow{k_2} S$，如果 R 为目的产物，已经推导出在间歇反应器中存在最优的反应时间可使 R 的浓度最高，由此可得间歇反应器中 R 的最大收率为：

$$Y_{R,Max} = \left(\frac{k_1}{k_2} \right)^{\frac{k_2}{k_2 - k_1}} \tag{3-41}$$

那么对于连续全混流反应器是否也存在最佳空时可使 R 的收率最高呢？按照上述处理平行反应最佳温度的思路，可以通过全混流反应器的设计方程列出一级连串反应 R 收率 Y_R 和空时 τ 的关系：

$$\tau = \frac{V_r}{Q_0} = \frac{c_{A0} - c_A}{r_A} = \frac{c_{A0} - c_A}{k_1 c_A}$$

解得
$$c_A = \frac{c_{A0}}{1 + k_1 \tau}$$

同时 $\tau = \dfrac{V_r}{Q_0} = \dfrac{c_R - c_{R0}}{k_1 c_A - k_2 c_R} = \dfrac{c_S - c_{S0}}{k_2 c_R}$，且 $c_R - c_{R0} + c_S - c_{S0} = c_{A0} - c_A$，因此

$$Y_R = \frac{c_R - c_{R0}}{c_{A0}} = \frac{k_1 \tau}{(1 + k_1 \tau)(1 + k_2 \tau)} \tag{3-42}$$

令 $\dfrac{dY_R}{dT} = 0$，则有
$$\tau = \frac{1}{\sqrt{k_1 k_2}} \tag{3-43}$$

代入式(3-42)，可得 R 的最大收率 $\quad Y_{R,Max} = \dfrac{k_1}{\left(\sqrt{k_1} + \sqrt{k_2}\right)^2} \tag{3-44}$

可见对于连串反应，在连续全混流反应器中同样存在最佳空时可使 R 的收率最大。

(3) 平推流反应器

平推流反应器也是定态操作，温度也是最主要的调节操作参数。对于单一反应，温度的选择与全混流反应器的原则是一致的，即对于单一的不可逆和可逆吸热反应，高温操作有利。而对于可逆放热反应，也存在一个最佳操作温度使得反应净速率最大，使得达到指定转化率所需反应体积最小或在反应器体积和原料处理量一定时，能达到的转化率最高。求取这一最佳反应温度的基本思路是利用反应速率常数及反应平衡常数与温度的关系，写出 V_r 和 T 的关系式，并令 $dV_r/dT = 0$，就可求出最佳操作温度。如对于正、逆反应皆为一级的情况有：

$$r_A = \overrightarrow{k} c_{A0}(1 - X_A) - \overleftarrow{k} c_{A0} X_A = \overrightarrow{k} c_{A0}\left[(1 - X_A) - X_A/K\right] \tag{3-45}$$

式(3-45)中 K 为化学平衡常数，有 $K = \overrightarrow{k}/\overleftarrow{k}$，代入平推流反应器设计方程有：

$$V_r = Q_0 c_{A0} \int_0^{X_{Af}} \frac{dX_A}{-r_A} = Q_0 c_{A0} \int_0^{X_{Af}} \frac{dX_A}{\overrightarrow{k} c_{A0}\left[(1 - X_A) - X_A/K\right]} = \frac{Q_0}{\overrightarrow{k}\left(1 + \dfrac{1}{K}\right)} \ln \frac{1}{1 - \left(1 + \dfrac{1}{K}\right) X_{Af}} \tag{3-46}$$

将 K 与温度函数关系和 Arrhenius 方程代入式(3-46)并令 $dV_r/dT = 0$，就可求出在平推流反应器中一级可逆放热反应达到指定转化率的最佳操作温度。

对于复合反应，由于平推流反应器和间歇反应器的设计方程在形式上是相同的，因此它们可以采用相同的优化原则和数学处理方法，所不同的是间歇反应器为非定态操作，方程中使用的是反应时间，而平推流反应器为定态操作，方程中使用的是空时，在不考虑辅助时间时，二者在数值上相等。

【**工程案例**】 某化工厂进行产品升级，以醋酸和丁酯为原料生产醋酸丁酯。该反应对醋酸为二级，反应温度下的反应速率常数为 $1.2\,\text{m}^3 \cdot \text{h}^{-1} \cdot \text{kmol}^{-1}$。拟采用现有反应体积为 $2\,\text{m}^3$ 和 $8\,\text{m}^3$ 两台反应釜等温连续生产，原料中醋酸的初始浓度为 $0.15\,\text{kmol} \cdot \text{m}^3$，丁酯则大量过剩。要求醋酸的最终转化率为 70%，这两台反应釜可视为全混流反应器。(1) 这两台反应釜采用怎样的串联方式可得到较大的原料处理量？(2) 如采用 2 台 $5\,\text{m}^3$ 的反应釜串联，产量是否可以得到提升？(3) 在保持总体积 $10\,\text{m}^3$ 一定时，两个反应器的体积为多少时，可使处理量最大？

解　(1) 如采用小釜在前、大釜在后，则有：

$$\frac{V_{r1}}{Q_0}=\frac{c_{A0}X_{A1}}{kc_{A0}^2(1-X_{A1})^2},\frac{V_{r2}}{Q_0}=\frac{c_{A0}(X_{A2}-X_{A1})}{kc_{A0}^2(1-X_{A2})^2}$$

二式联立化简后得到：

$$\frac{V_{r1}}{V_{r2}}=\frac{X_{A1}(1-X_{A2})^2}{(X_{A2}-X_{A1})(1-X_{A1})^2} \tag{1}$$

将 $V_{r1}/V_{r2}=2/8$ 和 $X_{A2}=0.7$ 代入式(1) 得到：

$$X_{A1}^3-2.7X_{A1}^2+2.76X_{A1}-0.7=0$$

解得 $X_{A1}=0.3681$。

$$Q_0=\frac{kc_{A0}(1-X_{A1})^2}{X_{A1}}V_{r1}=\frac{1.2\times0.15\times(1-0.3681)^2}{0.3681}\times2=0.3723\text{m}^3\cdot\text{h}^{-1}$$

同理，如采用大釜在前、小釜在后，则将 $V_{r1}/V_{r2}=4$ 和 $X_{A2}=0.7$ 代入式(1)，解得 $X_{A1}=0.6099$。

$$Q_0=\frac{kc_{A0}(1-X_{A1})^2}{X_{A1}}V_{r1}=\frac{1.2\times0.15\times(1-0.6099)^2}{0.6099}\times8=0.3593\text{m}^3\cdot\text{h}^{-1}$$

可见采用小反应釜在前、大反应釜在后的方案可获得较高的原料处理量，这与 3.3.4 小节所得到的结论一致。这主要是后一个反应釜内的反应速率比前一个反应釜低，用小体积反应釜进行慢速反应，其处理量必然不高。

(2) 如果采用 2 台 5m³ 的反应釜串联，将 $V_{r1}/V_{r2}=1$ 和 $X_{A2}=0.7$ 代入式(1)，解得 $X_{A1}=0.5095$。

$$Q_0=\frac{kc_{A0}(1-X_{A1})^2}{X_{A1}}V_{r1}=\frac{1.2\times0.15\times(1-0.5095)^2}{0.5095}\times5=0.4250\text{m}^3\cdot\text{h}^{-1}$$

可见采用 2 台 5m³ 的反应釜串联可使原料处理量进一步提高。

(3) 将 $V_{r2}=10-V_{r1}$ 和 $X_{A2}=0.7$ 代入式(1) 可得：

$$\frac{V_{r1}}{10-V_{r1}}=\frac{X_{A1}(1-0.7)^2}{(0.7-X_{A1})(1-X_{A1})^2}$$

化简得

$$V_{r1}=\frac{-90X_{A1}}{100X_{A1}^3-270X_{A1}^2+231X_{A1}-70} \tag{2}$$

代入

$$Q_0=\frac{kc_{A0}(1-X_{A1})^2}{X_{A1}}V_{r1}=\frac{-16.2(1-X_{A1})^2}{100X_{A1}^3-270X_{A1}^2+231X_{A1}-70}$$

令 $\dfrac{\mathrm{d}Q_0}{\mathrm{d}X_{A1}}=0$，得到　$0.162X_{A1}^4-0.648X_{A1}^3+0.98658X_{A1}^2-0.648X_{A1}+0.14742=0$

解得 $X_{A1}=0.48834$。也可将二级动力学方程带入式(3-17)，所得结果完全相同。

代入式(2)，解得　　　$V_{r1}=4.423\text{m}^3$，$V_{r2}=10-V_{r1}=5.577\text{m}^3$

此时　$Q_0=\dfrac{kc_{A0}(1-X_{A1})^2}{X_{A1}}V_{r1}=\dfrac{1.2\times0.15\times(1-0.48834)^2}{0.48834}\times4.423=0.4268\text{m}^3\cdot\text{h}^{-1}$

==== **习题** ====

3-1 在一等温间歇搅拌釜反应器中进行可逆反应 $A+B \Longrightarrow R+S$，在操作温度100℃下反应速率方程可表示为 $r_A = 7.93 \times 10^{-5} c_A c_B - 2.72 \times 10^{-5} c_R c_S$，$kmol \cdot m^{-3} \cdot s^{-1}$。反应混合物初始组成为：$c_{A0} = 7.5 kmol \cdot m^{-3}$，$c_{B0} = 10 kmol \cdot m^{-3}$，$c_{R0} = c_{S0} = 0$。当反应物 A 的转化率达到平衡转化率的98%时停止反应，卸出物料，假定反应混合物密度恒定。每批操作的辅助时间为 1h。目的产物 R 的摩尔质量为 $72 kg \cdot kmol^{-1}$，要求 R 的生产量为每天 10t，计算所需的反应器有效容积。

3-2 同习题 3-1 的反应，但采取全混流反应器。操作温度、进料组成和反应器容积都相同。进料量为 $F_{A0} = 17.84 mol \cdot s^{-1}$。计算：(1) 反应器出口转化率；(2) 每天能够生产多少 R？

3-3 在一等温间歇搅拌釜反应器中进行一级不可逆液相反应。780 s 后反应器中 A 转化了70%。试计算下列两种情况下达到相同转化率所需的空时：(1) 在理想连续搅拌釜反应器中进行同一反应；(2) 在理想管式反应器中进行同一反应。流体密度可视为恒定。

3-4 理想气体二级不可逆反应 $2A \longrightarrow 2R + S$ 在 627K 和 $1.014 \times 10^5 Pa$ 压力下进行。进料为纯 A，采用等温平推流反应器。已知该温度下 $k = 1.7 \times 10^{-3} m^3 \cdot mol^{-1} \cdot s^{-1}$，气体流量为 $0.033 m^3/s$（标准状态）。要求 A 的分解率为70%。计算下列两种情况下所需的反应器容积：(1) 忽略物质的量（mol）的变化；(2) 考虑物质的量（mol）的变化。

3-5 在硝酸生产中，NO 在常压下进行催化氧化反应 $2NO + O_2 \longrightarrow 2NO_2$，$r_{NO} = k c_{NO}^2 c_{O_2}$，处理气量为 $0.278 m^3 \cdot s^{-1}$（标准状况计）。进料组成（摩尔分数）为：NO 8.2%，O_2 8.8%，其余为 N_2。反应在 303K 下等温进行，在此温度下 $k = 8.0 \times 10^{-3} m^6 \cdot mol^{-2} \cdot s^{-1}$。拟用平推流反应器实现上述反应，要求出口转化率 0.80，计算所需反应器容积。

3-6 同题 3-5 的反应。有人建议在进料中适当补加空气以提高生产能力。这个建议是否合理？如果是正确的，为达到 NO_2 最大生产能力，每摩尔进料中应补加多少空气？

3-7 在平推流反应器中等温等压（$5.065 \times 10^4 Pa$）下进行气相反应：

$$A \longrightarrow P, \quad r_P = 5.923 \times 10^{-6} p_A, \quad kmol \cdot m^{-3} \cdot min^{-1}$$

$$A \longrightarrow 2Q, \quad r_Q = 1.777 \times 10^{-5} p_A, \quad kmol \cdot m^{-3} \cdot min^{-1}$$

$$A \longrightarrow 3R, \quad r_R = 2.961 \times 10^{-6} p_A, \quad kmol \cdot m^{-3} \cdot min^{-1}$$

式中，p_A 为 A 的分压，Pa。原料气 A 的摩尔分数为 10%，其余为惰性气体。若原料气处理量（标准状态）为 $1800 m^3 \cdot h^{-1}$，要求 A 的转化率达到 90%，计算所需的反应器体积及反应产物 Q 的收率。

3-8 在一多釜串联系统中，2.2kg/h 的乙醇和 1.8kg/h 的醋酸进行可逆反应。各个反应器的体积均为 $0.01 m^3$，反应温度为 100 ℃，酯化反应的速率常数为 $4.76 \times 10^{-4} L \cdot mol^{-1} \cdot min^{-1}$，逆反应（酯的水解）的速率常数为 $1.63 \times 10^{-4} L \cdot mol^{-1} \cdot min^{-1}$。反应混合物的密度为 $864 kg \cdot m^{-3}$，欲使醋酸的转化率达 60%，求此串联系统釜的数目。

3-9 等温下在全混流反应器中进行下列液相反应：$A + B \longrightarrow R$，$r_A = k c_A c_B$，已知 $k = 9.92 \times 10^{-3} m^3 \cdot mol^{-1} \cdot s^{-1}$，进料量 $Q_0 = 0.3 m^3 \cdot s^{-1}$，进料中 A 和 B 浓度分别为 $c_{A0} = 80 mol \cdot m^{-3}$ 和 $c_{B0} = 100 mol \cdot m^{-3}$，不含产物。计算下列两种情况下 A 的转化率达到 0.875 所需的反应器总容积：(1) 用单个反应器；(2) 三个等容反应器串联。

3-10　液相反应，动力学方程为 $r_A = kc_A^2$，已知反应温度 293K 下 $k = 2.78 \times 10^{-6}\,\mathrm{m^3 \cdot mol^{-1} \cdot s^{-1}}$，进料浓度 $c_{A0} = 200\,\mathrm{mol \cdot m^{-3}}$，进料量 $Q_0 = 5.56 \times 10^{-4}\,\mathrm{m^3 \cdot s^{-1}}$。试比较下列方案，哪一种能达到最高转化率：(1) 平推流反应器，$V_r = 4\mathrm{m^3}$；(2) 平推流反应器后接一全混流反应器，二者有效容积均为 $2\mathrm{m^3}$；(3) 全混流反应器后接一平推流反应器，二者有效容积均为 $2\mathrm{m^3}$；(4) 两个容积均为 $2\mathrm{m^3}$ 的全混流反应器串联操作。

3-11　一级反应 $A \longrightarrow R$，423K 下分别在容积为 V_{PFR} 和 V_{MFR} 的管式反应器和连续搅拌釜反应器中进行。已知反应活化能 $E = 80000\,\mathrm{J \cdot mol^{-1}}$。(1) 若要求达到相同的转化率 X_{Af}，V_{MFR}/V_{PFR} 比应有何关系？(2) 若转化率为 0.6，要使 $V_{MFR} = V_{PFR}$，反应温度应如何改变？若转化率为 0.9，结果又如何？

3-12　现有反应器体积均为 $4\mathrm{m^3}$ 的全混流及平推流反应器各一个，在等温条件下进行下列液相反应，即：

$$A + B \longrightarrow P \qquad r_P = 1.6c_A, \quad \mathrm{mol \cdot m^{-3} \cdot h^{-1}}$$
$$2A \longrightarrow R \qquad r_R = 8.2c_A^2, \quad \mathrm{mol \cdot m^{-3} \cdot h^{-1}}$$

每小时处理 A 和 B 混合液 $8\mathrm{m^3}$，其中组分 A 的初始浓度 $c_{A0} = 2\,\mathrm{mol \cdot m^{-3}}$，若目的产物为 P，求：(1) 采用全混流反应器时目的产物 P 的收率；(2) 采用平推流反应器时目的产物 P 的收率。

3-13　液相加成反应 $A + B \longrightarrow R$，在两级串联平推流反应器中进行，反应有效容积 $V_{r1} = V_{r2} = 0.3\mathrm{m^3}$。反应动力学方程为：$r_A = kc_A c_B$。两个反应器均在 298K 下等温操作，该温度下速度常数 $k = 3.47 \times 10^{-8}\,\mathrm{m^3 \cdot mol^{-1} \cdot s^{-1}}$。进料量 $F_{A0} = F_{B0} = 6.11\,\mathrm{mol \cdot s^{-1}}$，进料混合物中 $c_{A0} = c_{B0} = 2.4 \times 10^4\,\mathrm{mol \cdot m^{-3}}$。(1) 计算第一个反应器出口转化率 X_{A1}。(2) 第二个反应器出口转化率 X_{A2} 是否等于 X_{A1} 的两倍？为什么？(3) 若两个反应器并联操作，处理物料量相同，则在下列两种情况下转化率与串联相比如何：① 进料混合物平均分配进入两个反应器；② 进料混合物 60% 进入一个反应器，40% 进入另一个反应器。

3-14　若例 3-6 的反应器进料量增加一倍，证明当进料温度为 300K 时不可能稳定地达到较高的转化率；而进料温度为 310K 时则转化率可达到 0.9 以上。

3-15　拟设计一等温反应器进行下列液相反应：

$$A + B \longrightarrow R \qquad r_R = k_1 c_A c_B$$
$$2A \longrightarrow S \qquad r_S = k_2 c_A^2$$

目的产物为 R，且 R 与 B 极难分离。试问：(1) 在原料配比上有何要求？(2) 若采用平推流反应器，应采用什么样的加料方式？(3) 如采用间歇反应器，又应采用什么样的加料方式？

第 4 章

非理想流动及其反应器设计

4.1 概述

第 3 章讨论过，在间歇反应器和平推流反应器中，反应器内所有物料粒子的停留时间相同，反应物浓度随物料停留时间的增长而降低，产物浓度则随之增高；而在连续操作的全混流反应器中，物料浓度各向均匀，等于排出物料的浓度，反应操作总是处在一个低浓度水平下进行，为什么全混流反应器会处于低浓度水平操作？

对于间歇反应器和全混流反应器而言，新鲜反应物料进入全混流反应器后会与反应器内已反应的物料混合而使反应物浓度水平降低，造成高浓度的消失，其中一部分物料在搅拌过程中可能迅速排出反应器出口，另一部分物料可能会停留较长时间才被排出。通常，具有不同停留时间的物料粒子之间的混合称之为返混（Back mixing）。全混流反应器中存在不同停留时间的物料粒子之间的混合，导致了全混流反应器中高浓度的消失，而间歇反应器中不存在不同停留时间的物料粒子之间的混合，即不存在返混。因此，全混流反应器中的返混导致了反应物浓度水平的降低，从而使反应速率低于间歇反应器，这就是为什么间歇反应器和全混流反应器同样都是釜式反应器，同样都有搅拌装置，同样都达到充分混合，但在相同的反应条件下反应器所达到的操作指标如转化率等不同，其原因就在于全混流反应器存在返混现象。

全混流是瞬间能达到全部混匀的一种极限状态，物料粒子停留时间极不相同，存在不同停留时间的物料粒子之间的混合，返混程度最大；平推流是前后物料间毫无返混的另一种极限状况，不存在不同停留时间的物料粒子之间的混合，物料粒子停留时间完全相同，返混程度为零；而实际反应流体的返混程度介于这两者之间。

对于理想流动来讲，当反应动力学方程确定后，其反应器的设计计算可按第 3 章所述方法进行。理想反应流体包括平推流和全混流，平推流反应流体的物料颗粒在反应器内的停留时间均相同；而全混流反应流体的物料具有一定的停留时间分布。凡是流动状况偏离平推流和全混流这两种理想情况的流动，统称为非理想流动（Non-Ideal Flow），即通常所说的实际情况的流体流动。一般说来，非理想流动的起因来源于两个方面：一是反应器中物料颗粒的运动如搅拌、分子扩散等导致与主体流动方向相反；二是设备内各处流速的不均匀性。无论是理想流动反应器还是非理想流动反应器，流体粒子在进入反应器后在反应器内的停留时间可能相同也可能不同，因此流体粒子在反应器内的停留时间存在一定程度的分布。

当反应流体的流动状况发生变化时，由于化学反应速率和反应程度与停留时间、物料浓度密切相关，其反应结果也会受到影响。一般工业生产的管式反应器或全混流反应器可近似按平推流或全混流反应器来处理，但是存在许多因素会引起反应器中实际流动偏离理想流动的情形不可忽略时，就应按非理想流动反应器来设计计算。一般来说，非理想流动可由设备中的死角，物料流经反应器时出现的短路、旁路或沟流等导致，这些现象均会导致物料在反应器中停留时间不一，典型的非理想流动现象如图 4-1 所示。

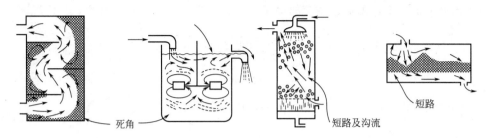

图 4-1　非理想流动现象

对于实际的反应装置，特别是大型装置，其中的物料流动会偏离理想流动，即存在不同程度的返混，导致不同的停留时间分布。因此，按照"三传一反"的观点，对于非理想流动反应器来说，流体流动的模型通常采用停留时间分布模型，再结合动力学方程来进行反应器的设计计算。本章主要讨论停留时间分布及测定、理想流动和非理流动模型、流体的混合对反应过程的影响、非理想流动反应器的计算等。掌握实现连续操作反应器的性能，需要先了解反应器内的停留时间分布。

4.2　停留时间分布及其性质

非理想流体在反应器中的停留时间长短不同，形成停留时间分布（Residence Time Distribution，RTD），使得各物料微元的反应进程不同，影响反应结果。对于间歇反应釜，所有物料的停留时间相同；而对于连续操作的反应器，总会存在停留时间分布。反应操作方式由间歇改为连续，会使得转化率降低，产品质量也受到影响。连续化操作仅提供强化生产能力的可能性，而非强化反应过程。因此，对于流动系统，必须考虑物料在反应器中的流动状况与停留时间分布的问题。在实际工业反应器中，出口物料是所有具有不同停留时间物料的混合物，而反应的实际转化率是这些物料的平均值。为了定量地确定出口物料的反应转化率或产物的定量分布，必须定量地描述出口物料的停留时间分布。

4.2.1　停留时间分布的定量描述

物料在反应器中的停留时间分布，完全是一个随机过程，依据概率理论，可以借用两种概率分布定量地描绘物料在流动系统中的停留时间分布，这两种概率分布就是停留时间分布密度函数 $E(t)$ 和停留时间分布函数 $F(t)$。

（1）停留时间分布密度函数 $E(t)$

对于一个稳定的连续流动系统，当在某一瞬间同时进入系统的一定量流体，其中各流体粒子将经历不同的停留时间后依次由系统流出。此时，$E(t)$ 的定义是在同时进入的 N 个流体颗粒中，其中停留时间介于 t 和 $t+\mathrm{d}t$ 间的流体颗粒所占的分率 $\mathrm{d}N/N$ 为 $E(t)\mathrm{d}t$，即：

$$E(t)\,\mathrm{d}t = \frac{停留时间在\ t\ 到\ t+\mathrm{d}t\ 之间流体的物料量}{总物料量}$$

记作
$$E(t)\,\mathrm{d}t = \frac{\mathrm{d}N}{N} \tag{4-1}$$

将函数 $E(t)$ 采用曲线表示时，图 4-2（a）中所示阴影部分的面积值 $E(t)\mathrm{d}t$，就是停留时间介于 t 和 $t+\mathrm{d}t$ 之间的流体分率，即概率密度。

由于该流体量一定，则流过系统的该流体的分率应具有归一化的性质：

$$\sum_0^\infty \frac{\Delta N}{N} = 1$$

即

$$\int_0^\infty E(t)\,\mathrm{d}t = 1 \tag{4-2}$$

因为当时间无限长时，$t=0$ 时刻加入的流体都会流出反应器。

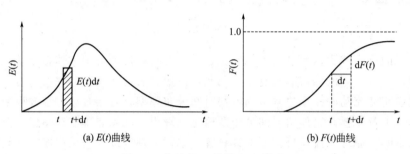

图 4-2　常见的 E 曲线和 F 曲线

（2）停留时间分布函数 $F(t)$

其定义是在稳定连续流动系统中，同时进入反应器的 N 个流体粒子中，其停留时间小于等于 t 的那部分粒子占总粒子数 N 的分率：

$$F(t) = \frac{\text{停留时间} \leqslant t \text{ 的流体的物料量}}{\text{总物料量}}$$

记作

$$F(t) = \int_0^t \frac{\mathrm{d}N}{N} \tag{4-3}$$

即流过系统的物料中所有停留时间小于等于 t 的物料百分率等于函数值 $F(t)$。当停留时间趋于无限长时，$F(t)$ 趋于 1，如图 4-2（b）所示。由此定义，可知 $E(t)$ 和 $F(t)$ 之间存在关系：

$$F(t) = \int_0^t E(t)\,\mathrm{d}t \tag{4-4}$$

则有：

$$\frac{\mathrm{d}F(t)}{\mathrm{d}t} = E(t) \tag{4-5}$$

式（4-5）表明，$E(t)$ 函数在任何停留时间 t 的值为 $F(t)$ 曲线上相应点的斜率。

综上可知，因为 $E(t)\mathrm{d}t$ 表示分率，故停留时间分布密度函数 $E(t)$ 的量纲是时间的倒数 $[\text{时间}]^{-1}$；而停留时间分布函数 $F(t)$ 是各部分分率之和，为无量纲量。

4.2.2　停留时间分布函数的统计特征

为了对不同流动状况下的停留时间函数进行定量比较，可以采用随机函数的特征值予以表达，随机函数的特征值最重要的有两个，即"数学期望（Mathematical Expectation）"和"方差（Variance）"。

（1）数学期望 $\bar{t}$

对 $E(t)$ 曲线，数学期望就是对于原点的一次矩，就是平均停留时间（Mean Residence Time）$\bar{t}$：

$$\bar{t} = \frac{\int_0^\infty tE(t)\,\mathrm{d}t}{\int_0^\infty E(t)\,\mathrm{d}t} = \int_0^\infty tE(t)\,\mathrm{d}t \tag{4-6}$$

数学期望 $\bar{t}$ 为随机变量的分布中心，在几何图形上，就是 $E(t)$ 曲线上这块面积的重心在横轴上的投影。根据 $E(t)$ 函数和 $F(t)$ 函数的相互关系，可将上式写成：

$$\bar{t} = \int_0^\infty t\,\frac{\mathrm{d}F(t)}{\mathrm{d}t}\,\mathrm{d}t = \int_{F(t)=0}^{F(t)=1} t\,\mathrm{d}F(t) \tag{4-7}$$

实验测定时，如每隔一定时间取样一次，所得的 $E(t)$ 函数为离散型，即为各个等时间间隔下的 E，则式(4-6)可改写为：

$$\bar{t} = \frac{\sum_0^\infty tE(t)\Delta t}{\sum_0^\infty E(t)\Delta t} = \frac{\sum_0^\infty tE(t)}{\sum_0^\infty E(t)} \tag{4-8}$$

可以看出，确定流体在系统中的平均停留时间，可根据实验测定的 E 函数，再由式(4-6)或式(4-8)求得。

(2) 方差 σ_t^2

所谓方差是指对于平均值的二次矩，也称为散度，以 σ_t^2 表示：

$$\sigma_t^2 = \frac{\int_0^\infty (t-\bar{t})^2 E(t)\,\mathrm{d}t}{\int_0^\infty E(t)\,\mathrm{d}t} = \int_0^\infty (t-\bar{t})^2 E(t)\,\mathrm{d}t = \int_0^\infty t^2 E(t)\,\mathrm{d}t - (\bar{t})^2 \tag{4-9}$$

方差是停留时间分布分散程度的量度，σ_t^2 愈小，表明停留时间分布愈窄。

对于离散型，如果采用等时间间隔取样的实验数据，式(4-9)可改写为：

$$\sigma_t^2 = \frac{\sum_0^\infty t^2 E(t)}{\sum_0^\infty E(t)} - (\bar{t})^2 \tag{4-10}$$

4.2.3　无量纲时间表示的分布函数和特征值

上述停留时间分布规律采用时间作为自变量，其优点是比较直观，缺点是时间是一个有量纲（单位）的量，一些反应器的停留时间分布规律不能充分予以体现。应用上为了方便起见，可将上述各函数自变量，改用无量纲时间表示，其定义为：

$$\theta = \frac{t}{\tau} = \frac{Qt}{V_\mathrm{r}} \tag{4-11}$$

无量纲平均停留时间为：

$$\bar{\theta} = \frac{\bar{t}}{\tau} \tag{4-12}$$

(1) $E(\theta)$ 函数

$E(\theta)$ 表示以无量纲时间 θ 为自变量的停留时间分布密度函数，如果一个液体粒子的停留时间介于区间（t，$t+\mathrm{d}t$），则它的无量纲停留时间也一定介于区间（θ，$\theta+\mathrm{d}\theta$）。它们所指为同一事件，所以 t 和 θ 介于这些区间的概率一定相等，有：

$$E(t)\,\mathrm{d}t = E(\theta)\,\mathrm{d}\theta$$

得到：
$$E(\theta) = \tau E(t) \tag{4-13}$$

其归一化性质依然存在：
$$\int_0^\infty E(\theta)\mathrm{d}\theta = 1$$

（2）$F(\theta)$ 函数

由于 $F(t)$ 本身是一累积概率，而 θ 是 t 的确定性函数，在相对应的时标处（θ 和 $t = \theta\tau$），根据随机变量的确定性函数的概率与随机变量的概率相等的原则，停留时间分布函数值应该相等，即：
$$F(\theta) = F(t) \tag{4-14}$$

该 $F(\theta)$ 表示以无量纲时间 θ 为自变量的停留时间分布函数。

同样可推导出：
$$E(\theta) = \frac{\mathrm{d}F(\theta)}{\mathrm{d}\theta} \tag{4-15}$$

（3）σ_θ^2 函数

根据 RTD 统计特征值定义，将式(4-13) 和式(4-14) 分别代入可推得：

无量纲平均停留时间
$$\bar{\theta} = \frac{\bar{t}}{\tau} = \int_0^1 \theta \mathrm{d}F(\theta) = \int_0^\infty \theta E(\theta)\mathrm{d}\theta \tag{4-16}$$

无量纲方差
$$\sigma_\theta^2 = \frac{\sigma_t^2}{\tau^2} = \int_0^\infty (\theta - \bar{\theta})^2 E(\theta)\mathrm{d}\theta = \int_0^\infty \theta^2 E(\theta)\mathrm{d}\theta - \bar{\theta}^2 \tag{4-17}$$

4.3 停留时间分布的测定

普遍适用的停留时间分布实验测定法是示踪响应法，实质是在反应器进口处给系统输入一个讯号，然后在反应器的物料出口处测定输出讯号的变化，根据输入讯号的方式及讯号变化的规律来确定物料在反应器内的停留时间分布规律。这里主要介绍脉冲示踪法（Pulse Experiment）和阶跃示踪法（Step Experiment）。

4.3.1 脉冲示踪法

图 4-3 为脉冲示踪法测定停留时间分布的示意图。当体积流量为 Q 的流体进入系统并稳定后，在系统的入口处，瞬间注入一定量 m 的示踪流体（注入的时间必须远小于平均停留时间），把输入时间定为 $t = 0$，如图 4-3 左下所示；同时立即检测系统出口处流体中示踪剂浓度 $c(t)$ 随时间的变化，如图 4-3 右下所示。

根据 $E(t)$ 的定义，对于在 $t = 0$ 时注入的示踪剂，其停留时间分布密度必按 $E(t)$ 函数分配，因此，可以预见停留时间介于 t 和 $t + \mathrm{d}t$ 间的示踪剂量 $mE(t)\mathrm{d}t$，必在 t 和 $t + \mathrm{d}t$ 间由系统出口流出，数量为 $Qc(t)\mathrm{d}t$，故：
$$mE(t)\mathrm{d}t = Qc(t)\mathrm{d}t$$
$$E(t) = \frac{Q}{m}c(t) \tag{4-18}$$

在无限长的时间，加入的示踪剂一定会完全离开系统。即：
$$m = \int_0^\infty Qc(t)\mathrm{d}t = Q\int_0^\infty c(t)\mathrm{d}t \tag{4-19}$$

可以得出
$$E(t) = \frac{c(t)}{\int_0^\infty c(t)\mathrm{d}t} \tag{4-20}$$

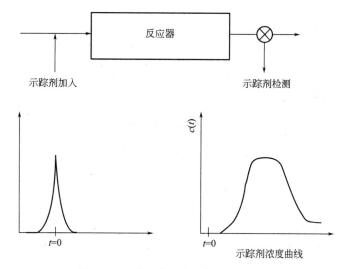

图 4-3　脉冲示踪法测定停留时间分布

相应可以得出

$$F(t) = \frac{\int_0^t c(t)\mathrm{d}t}{\int_0^\infty c(t)\mathrm{d}t} \tag{4-21}$$

由脉冲示踪法可以直接测得停留时间分布密度函数 $E(t)$，典型的 $E(t)$ 曲线如图 4-4 所示。

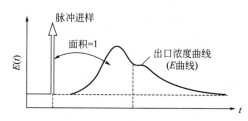

图 4-4　脉冲示踪信号及响应曲线

根据 RTD 统计特征值定义，将式(4-20) 或式(4-21) 分别代入可推得：

$$\bar{t} = \int_0^\infty tE(t)\mathrm{d}t = \frac{\int_0^\infty tc(t)\mathrm{d}t}{\int_0^\infty c(t)\mathrm{d}t} \tag{4-22}$$

$$\sigma_t^2 = \int_0^\infty t^2 E(t)\mathrm{d}t - (\bar{t})^2 = \frac{\int_0^\infty t^2 c(t)\mathrm{d}t}{\int_0^\infty c(t)\mathrm{d}t} - (\bar{t})^2 \tag{4-23}$$

对应离散型为：

$$\bar{t} = \frac{\sum_0^\infty tc(t)\Delta t}{\sum_0^\infty c(t)\Delta t}$$

$$\sigma_t^2 = \int_0^\infty t^2 E(t)\,\mathrm{d}t - (\bar{t})^2 = \frac{\sum\limits_0^\infty t^2 c(t)\Delta t}{\sum\limits_0^\infty c(t)\Delta t} - (\bar{t})^2$$

4.3.2 阶跃示踪法

阶跃示踪法的实质是将系统中稳定流动的流体切换为流量相同的含有示踪剂的流体，或者相反。前者叫升阶法，后者叫降阶法。

阶跃法和脉冲法的区别在于前者连续向系统中注入示踪剂，后者则在极短的时间内一次加入全部示踪剂。当系统流体流动稳定后，在某一瞬间（时间定为 $t=0$），将反应器内定态流动的原流体切换为另一种在某些性质上有所不同而使流动不发生变化的含示踪剂的流体，或者相反。如第一种流体为水，以 A 表示；含示踪流体可用有色的高锰酸钾溶液，以 B 表示，从 A 切换为 B 的同一瞬间，开始检测在出口处的物料中示踪剂浓度的变化（出口的响应值）。

图 4-5 为阶跃示踪法测定停留时间分布的示意图。图中（a）和（b）分别代表升阶法的输入信号及输出响应曲线。以 $t=0$ 时刻将不含示踪剂的物料切换为含有示踪剂浓度为 $c(0)$ 的流体，流量、黏度和密度保持不变。从切换物流时刻开始测定出口物料中示踪剂浓度 c 随时间 t 的变化，因此，输入的阶跃函数可表示为：

$$\begin{cases} c(t)=0 & (t<0) \\ c(t)=c(0)=c(\infty)=\text{常数} & (t\geqslant 0) \end{cases} \tag{4-24}$$

升阶法的出口流体中示踪剂从无到有。其浓度随时间单调递增，最终达到与示踪剂的浓度相等。在 $(t-\mathrm{d}t)$ 到 t 的时间间隔内，从系统流出的示踪剂量为 $Qc(t)\mathrm{d}t$，这部分示踪剂在系统内的停留时间必定小于或等于 t，而在相应的时间间隔内输入的示踪剂量为 $Qc(0)\mathrm{d}t$，由 $F(t)$ 定义可得：

$$F(t)=\frac{Qc(t)\mathrm{d}t}{Qc(0)\mathrm{d}t}=\frac{c(t)}{c(0)} \tag{4-25}$$

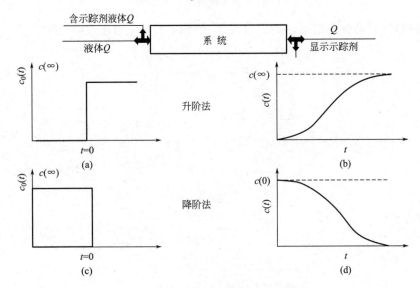

图 4-5　阶跃示踪法测定停留时间分布

降阶法是以不含示踪剂的流体切换含示踪剂的流体，其输入函数为：

$$\begin{cases} c(t) = c(0) = 常数 & (t < 0) \\ c(t) = 0 & (t \geqslant 0) \end{cases} \tag{4-26}$$

图 4-5 中（c）和（d）分别是降阶法相应的输入信号和输出响应曲线，示踪剂浓度 $c(t)$ 从 $c(0)$ 随时间单调递减到 0，因为是用无示踪剂的流体来置换含示踪剂流体，所以在（$t +$ dt）到 t 的时间间隔内检测到的示踪剂在系统内的停留时间必定大于或等于 t，所以，比值应为停留时间大于 t 的物料所占分率，从而有：

$$1 - F(t) = \frac{c(t)}{c(0)} \tag{4-27}$$

实验测得的无量纲浓度 $c(t)/c(0)$ 对 t 的标绘曲线就是 $F(t)$ 曲线。停留时间分布密度函数 $E(t)$ 可根据它与 $F(t)$ 的关系求得。以出口流体中 B 所占的分率对 t 作图，如图 4-6 所示的 $F(t)$ 曲线。

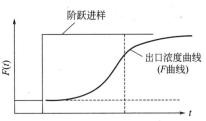

根据 RTD 统计特征值定义，将式（4-25）和式（4-27）分别代入可推得以下结果。

（1）升阶法

图 4-6 升阶法示踪信号及响应曲线

$$\bar{t} = \int_0^t \left[1 - \frac{c(t)}{c(\infty)} \right] \mathrm{d}t \tag{4-28}$$

对应离散型为：

$$\bar{t} = \sum_0^t \left[1 - \frac{c(t)}{c(\infty)} \right] \Delta t$$

$$\sigma_t^2 = 2 \int_0^t t \left[1 - \frac{c(t)}{c(\infty)} \right] \mathrm{d}t - (\bar{t})^2 \tag{4-29}$$

对应离散型为：

$$\sigma_t^2 = 2 \sum_0^t t \left[1 - \frac{c(t)}{c(\infty)} \right] \Delta t - (\bar{t})^2$$

（2）降阶法

$$\bar{t} = \int_0^t \frac{c(t)}{c(0)} \mathrm{d}t \tag{4-30}$$

对应离散型为：

$$\bar{t} = \sum_0^t \frac{c(t)}{c(0)} \Delta t$$

$$\sigma_t^2 = 2 \int_0^t \frac{tc(t)}{c(0)} \mathrm{d}t - (\bar{t})^2 \tag{4-31}$$

对应离散型为：

$$\sigma_t^2 = 2 \sum_0^t \frac{tc(t)}{c(0)} \Delta t - (\bar{t})^2$$

除了这两个测定方法外，还有其他一些测试方法，比如注入讯号为周期性变化的示踪剂，在出口处测定该讯号的衰减和相位滞后，这样可使那些在进料速率和混合方面不可避免的微弱变动平均化，减小测定结果误差。

根据流动体系的不同，停留时间分布有液体、颗粒或气体的停留时间分布，示踪剂选择的总体原则应是分别能代表液体、颗粒或气体的自身流动的特性。无论是脉冲法还是阶跃法都要使用示踪剂，作为流动流体的示踪剂除了不与主流体发生反应外，选择示踪剂时一般还应遵循如下原则：

① 示踪剂的加入不影响流体的流动形态；

② 示踪物料在测定过程中应该守恒，即不挥发、不沉淀或吸附于器壁；

③ 易于检测，比如示踪剂本身就具有或易于转变为电信号或光信号的特点。

4.4 理想流动模型

平推流和全混流是流体流动的两种极端理想流动状况，由于实际反应流体的流动状况介于这两者之间，因此，平推流和全混流可以看成流动体系的两种特例。下面阐明上述两种理想流动停留时间分布的数学描述。

4.4.1 平推流模型

依据平推流的基本假设，其停留时间特征就是同时进入系统的流体粒子也同时离开系统。反应物料在反应器中的停留时间完全相等，即平推流反应器不改变输入信号的形态，只将其平移了一个位置。在 $t=0$ 时刻向平推流反应器的进口脉冲输入示踪剂时，其输入信号即为 δ 函数（狄拉克函数），其出口流体中示踪剂的浓度也呈 δ 函数的形式。$E(t)$ 曲线与脉冲响应曲线相同，平推流模型（Model of Plug-Flow）的停留时间分布密度函数为：

$$E(t)=\delta(t-\bar{t}) \tag{4-32}$$

应用无量纲时间则为：
$$E(\theta)=\delta(\theta-1) \tag{4-33}$$

$E(t)$，$F(t)$ 函数曲线如图 4-7 所示，数学表达式如下：

$$\begin{cases} E(t)=0 & (t\neq\bar{t}) \\ E(t)\rightarrow\infty & (t=\bar{t}) \end{cases} \tag{4-34}$$

$$\begin{cases} F(t)=0 & (t<\bar{t}) \\ F(t)=1 & (t\geqslant\bar{t}) \end{cases} \tag{4-35}$$

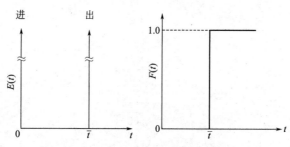

图 4-7 平推流的 $E(t)$ 线和 $F(t)$ 线

平推流模型的停留时间分布的数字特征值为：

$$\bar{t}=\tau \tag{4-36}$$

$$\sigma_t^2=\int_0^\infty t^2 E(t)\mathrm{d}t-(\bar{t})^2=t^2\big|_{t=\bar{t}}-(\bar{t})^2=0 \tag{4-37}$$

平推流模型采用无量纲时间则为：

$$\begin{cases} E(\theta)=0 & (\theta\neq1) \\ E(\theta)\rightarrow\infty & (\theta=1) \end{cases} \tag{4-38}$$

$$\begin{cases} F(\theta)=0 & (\theta<1) \\ F(\theta)=1 & (\theta\geqslant1) \end{cases} \tag{4-39}$$

无量纲的数字特征值为：

$$\bar{\theta} = \int_0^\infty \theta E(\theta) \mathrm{d}\theta = \int_0^\infty \theta \delta(\theta - 1) \mathrm{d}\theta = \theta \big|_{\theta=1} = 1 \tag{4-40}$$

$$\sigma_\theta^2 = \int_0^\infty \theta^2 E(\theta) \mathrm{d}\theta - 1 = \int_0^\infty \theta^2 \delta(\theta - 1) \mathrm{d}\theta - 1 = \theta^2 \big|_{\theta=1} - 1 = 0 \tag{4-41}$$

4.4.2　全混流模型

全混流如图 4-8 所示，适于一般连续全混流反应器。在某一瞬间即 $t=0$ 时，以示踪物料 B 切换原来的物料 A，并同时测定出口流体中示踪物料占的分率 $c(t)$，由升阶示踪法可知，$F(t) = \dfrac{c(t)}{c(0)}$。

Q 在切换瞬间（$t=0$）时，由于物料 A 全部切换为物料 B，故在进口处示踪物料占的分率为 $c(0)$。由前面讨论可知 $\dfrac{c(t)}{c(0)} = F(t)$。对 t 至 $(t+\mathrm{d}t)$ 间隔内作示踪物料 B 的物料衡算，有：

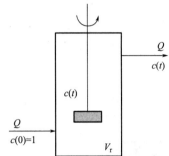

图 4-8　全混流的示踪试验示意图

输入量　　　　　　$Qc(0)\mathrm{d}t$

输出量　　　　　　$Qc(t)\mathrm{d}t$

反应器内积累的量　$V_r\mathrm{d}c(t)$

定常态流动时，　　　　$Qc(0)\mathrm{d}t = Qc(t)\mathrm{d}t + V_r\mathrm{d}c(t)$

$$\frac{\mathrm{d}c(t)}{\mathrm{d}t} = \frac{Q}{V_r}\big[c(0) - c(t)\big] \tag{4-42}$$

边界条件为：　　　　　　$t=0,\ c(t)=0$

积分得：　　　　　　$-\ln\left[1 - \dfrac{c(t)}{c(0)}\right] = \dfrac{Q}{V_r}t \tag{4-43}$

所以　　　　$\ln\dfrac{c(0)-c(t)}{c(0)} = -\dfrac{t}{\tau}$ ，或 $1 - \dfrac{c(t)}{c(0)} = \mathrm{e}^{-\frac{t}{\tau}}$

$$F(t) = \frac{c(t)}{c(0)} = 1 - \mathrm{e}^{-\frac{t}{\tau}} \tag{4-44}$$

$$E(t) = \frac{\mathrm{d}F(t)}{\mathrm{d}t} = \frac{1}{\tau}\mathrm{e}^{-\frac{t}{\tau}} \tag{4-45}$$

全混流模型（Model of Complete Mixing）的停留时间分布的数字特征值为：

$$\bar{t} = \int_0^\infty t E(t)\mathrm{d}t = \int_0^\infty t\, \frac{1}{\tau}\mathrm{e}^{-\frac{t}{\tau}}\mathrm{d}t = \tau \tag{4-46}$$

$$\sigma_t^2 = \int_0^\infty (t-\bar{t})^2 E(t)\mathrm{d}t = \int_0^\infty t^2 E(t)\mathrm{d}t - (\bar{t})^2 = \int_0^\infty t^2\, \frac{1}{\tau}\mathrm{e}^{-\frac{t}{\tau}}\mathrm{d}t - (\bar{t})^2 = \bar{t}^2 \tag{4-47}$$

式（4-44）和式（4-45）可标绘成如图 4-9 的曲线。当 $t=\tau$ 时，$F(t)=0.632$，即有 63.2% 的物料停留时间小于 τ。

采用无量纲时间则为：　　　　$E(\theta) = \mathrm{e}^{-\theta} \tag{4-48}$

$$F(\theta) = 1 - \mathrm{e}^{-\theta} \tag{4-49}$$

可求得全混流反应器的无量纲的统计特征值：

$$\bar{\theta} = \int_0^\infty \theta \mathrm{e}^{-\theta}\mathrm{d}\theta = 1 \tag{4-50}$$

$$\sigma_\theta^2 = \int_0^\infty \theta^2 \mathrm{e}^{-\theta}\mathrm{d}\theta - 1 = 1 \tag{4-51}$$

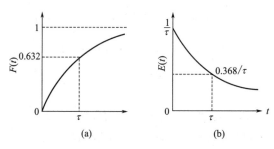

图 4-9 全混流典型的 $E(t)$ 线和 $F(t)$ 线

显然，对全混流，$\sigma_\theta^2 = 1$；

对平推流，$\sigma_\theta^2 = \sigma_t^2 = 0$；

对一般实际流体，$0 \leqslant \sigma_\theta^2 \leqslant 1$。

因此，通常可采用 σ_θ^2 判断流动体系中流体流动的流型。

【**例 4-1**】 以沼气作为示踪剂，采用脉冲法测定一个反应器的停留时间分布，温度为 320 K 时，反应器出口浓度随时间的变化如表 4-1 所示。

表 4-1 浓度随时间的变化

时间 t/min	0	1	2	3	4	5	6	7	8	9	10	12	14
浓度 $c(t)$ / $(g \cdot m^{-3})$	0	1	5	8	10	8	6	4	3.0	2.2	1.5	0.6	0

测量数据为实际随时间变化的瞬时数值。试求：停留时间为 3～6min 物料所占分率。

解 利用表 4-1 数据可绘制 $E(t) \sim t$ 关系曲线，利用辛普森计算停留时间位于 3～6min 物料所占分率为：

$$\int_3^6 E(t)\mathrm{d}t = \frac{3}{8}\Delta t (f_1 + 3f_2 + 3f_3 + f_4) = \frac{3}{8} \times 1 \times [0.16 + 3 \times 0.2 + 3 \times 0.16 + 0.12]$$
$$= 0.51 \text{ 或 } 51\%$$

由计算可知在反应器中停留时间为 3～6min 时的物料所占分率为 51%。

4.5 非理想流动现象

反应器内的流动状况，可概括为平推流、全混流及介于两者之间的非理想流动。在实际应用中，反应器的流动状况有些与平推流或全混流相近，有些则偏离较大，通常介于两种理想流动之间，即非理想流动。停留时间分布的定量描述及流型的判定，对改进反应器的结构以及反应器的设计和放大，具有重要的实际意义。

如图 4-10 示出了接近平推流的几种停留时间分布曲线形状，分别是：

① 曲线的峰形和位置与所预期的相符合；

② 出峰太早，说明反应器内可能有短路或沟流现象；

③ 出现几个递降的峰形，表明反应器内可能存在循环流动；

④ 出峰太晚，可能是计量误差，或可能是示踪剂在反应器内被吸附减少所致；

⑤ 反应器内存在两股平行的流体。

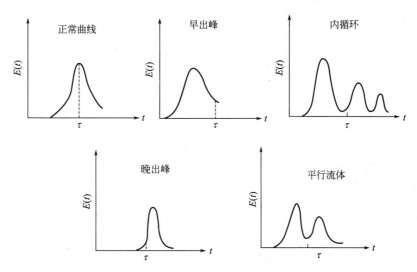

图 4-10　接近平推流的几种 $E(t)$ 曲线形状

图 4-11 示出了接近于全混流的几种停留时间分布曲线形状，分别是正常形状、早出峰、内循环、晚出峰、仪表滞后而造成时间推迟等。

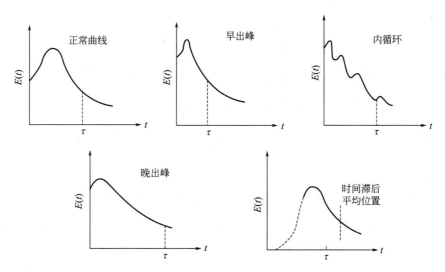

图 4-11　接近全混流的几种 $E(t)$ 曲线形状

例如，采用增加反应管的长径比、设置横向挡板或将一釜改多釜串联等手段，可使流动状况接近于平推流。反之，增加返混，可使流动状况接近于全混流。

总之，测定停留时间分布曲线的作用，不仅可以定性判断反应器内的流动状况，确定适宜的改善措施，而且还可以通过求取数学期望和方差，分析返混程度，求取模型参数。

4.6 非理想流动模型

工业反应器中总存在一定程度的返混，导致停留时间分布不同，从而影响反应转化率。实际反应器设计需要考虑这些非理想流动的影响。返混程度的大小，一般难以直接测定，通常采用停留时间分布来描述。但是，停留时间与返混之间不一定存在——对应关系，因此，描述返混程度不能只停留在停留时间分布上，还需借助数学模型方法。

实际的化工生产过程相当复杂，存在多种因素相互间交联性强（如温度、浓度、反应速率等的相互影响）、边界条件难以确定等，如果严格考虑，困难很大。所以建立的数学模型应便于处理，模型参数不应超过两个，且要能正确反映模拟对象的物理实质。下面介绍两种非理想流动模型。

4.6.1 轴向扩散模型

分子扩散、涡流扩散及流速分布不均匀等原因而使流动状况偏离理想流动时，可采用轴向扩散模型（Axial-Dispersed Plug Flow Model）来描述，尤其适合于管式反应器的模拟。该模型采用一个轴向有效扩散系数 D_a 来表征一维的返混，也就是在平推流流动基础上叠加一个涡流扩散项表示这些因素的综合作用，其假定为：

① 沿着与流体流动方向垂直的每一截面上，具有均匀的径向浓度，混合完全均匀，具有相同的浓度；

② 在每一截面上和沿流体流动方向，流体速度和扩散系数均为一恒定值；

③ 物料浓度为流体流动距离的连续函数。

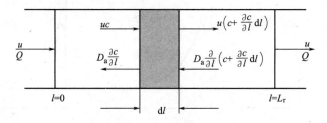

图 4-12　轴向扩散模型示意图

(1) 模型的建立

如图 4-12 所示，考虑一流体以 u 的速度通过无限长管子中的一段，流体进入管子的截面位置 $l=0$，离开管子的位置 $l=L_r$，管子的直径为 d_t，从 $l=0$ 到 $l=L_r$ 这一段的体积为 V_r，在无反应的情况下，对 dl 微元管段作物料平衡，可有：

输入量 $\qquad \left[uc + D_a \dfrac{\partial}{\partial l} \left(c + \dfrac{\partial c}{\partial l} dl \right) \right] \dfrac{\pi d_t^2}{4}$

输出量 $\qquad \left[u \left(c + \dfrac{\partial c}{\partial l} dl \right) + D_a \dfrac{\partial c}{\partial l} \right] \dfrac{\pi d_t^2}{4}$

累积量 $\qquad \dfrac{\partial c}{\partial t} \left(\dfrac{\pi d_t^2}{4} \right) dl$

输入量＝输出量＋累积量

整理得：
$$\frac{\partial c}{\partial t} = D_a \frac{\partial^2 c}{\partial l^2} - u \frac{\partial c}{\partial l} \tag{4-52}$$

改写成无量纲的形式，可利用：$c_\theta = \dfrac{c}{c(0)}$，$\theta = \dfrac{t}{\tau}$，$Z = \dfrac{l}{L_r}$

则：
$$\frac{\partial c_\theta}{\partial \theta} = \left(\frac{D_a}{uL_r}\right)\frac{\partial^2 c_\theta}{\partial Z^2} - \frac{\partial c_\theta}{\partial Z} = \frac{1}{Pe} \times \frac{\partial^2 c_\theta}{\partial Z^2} - \frac{\partial c_\theta}{\partial Z} \tag{4-53}$$

式中，$Pe = \dfrac{uL_r}{D_a}$，称为 Peclet 准数，是模型的唯一参数。它的倒数 $\dfrac{D_a}{uL_r}$ 是表征返混大小的无量纲特征数。Pe 值愈大，返混就愈小。$Pe \to 0$，全混流；$Pe \to \infty$，平推流；$0 < Pe < \infty$，实际流体。

（2）轴向扩散系数的求取

具体边界条件取决于示踪剂加入方法和检测位置以及进出口处物料的流动状况等，式（4-53）一般难以解析求解。下面介绍几种不同返混情况。

1）返混很小的情况：$1/Pe < 0.01$

如对反应器中流体流动采用阶跃示踪法测定，则式（4-52）存在解析解。初始条件为：
$$c(0) = \begin{cases} 0 & (l > 0, t = 0) \\ c_0 & (l < 0, t = 0) \end{cases} \tag{4-54}$$

边界条件为：
$$c(l) = \begin{cases} c_0 & (l = -\infty, t \geqslant 0) \\ 0 & (l = \infty, t \geqslant 0) \end{cases} \tag{4-55}$$

此时，可用下式取代偏微分方程式（4-52）：
$$\alpha = \frac{l - ut}{\sqrt{4D_a t}} \tag{4-56}$$

取代后：
$$\frac{d^2 c}{d\alpha^2} + 2\alpha \frac{dc}{d\alpha} = 0 \tag{4-57}$$

边界条件相应为：
$$c = \begin{cases} c_0 & (\alpha = -\infty) \\ 0 & (\alpha = \infty) \end{cases} \tag{4-58}$$

由方程式（4-57）和式（4-58）很容易解得 c 为 α 的函数，或通过式（4-56）取代为 l 和 t 的函数，若在 t 时 $l = L_r$，则其解为：
$$c_{\theta, l = L_r} = \frac{c}{c_0} = \frac{1}{2}\left[1 - \mathrm{erf}\left(\frac{1}{2}\sqrt{\frac{uL_r}{D_a}} \times \frac{1 - \dfrac{t}{(L_r/u)}}{\sqrt{t/\left(\dfrac{L_r}{u}\right)}}\right)\right] \tag{4-59}$$

平均停留时间 $\tau = \dfrac{L_r}{u}$，$\theta = \dfrac{t}{\tau}$，代入式（4-59），则有：
$$F(\theta) = \frac{c}{c_0} = \frac{1}{2}\left[1 - \mathrm{erf}\left(\frac{1}{2}\sqrt{\frac{uL_r}{D_a}} \times \frac{1 - \theta}{\sqrt{\theta}}\right)\right] = \frac{1}{2}\left[1 - \mathrm{erf}\left(\frac{1}{2}\sqrt{Pe} \times \frac{1 - \theta}{\sqrt{\theta}}\right)\right] \tag{4-60}$$

可求出：
$$E(\theta) = \frac{dF(\theta)}{d\theta} = \sqrt{\frac{Pe}{4\pi\theta^3}}\exp\left[-\frac{Pe(1-\theta)^2}{4\theta}\right] \tag{4-61}$$

式中，erf 为误差函数，其定义为：
$$\mathrm{erf}(y) = \frac{2}{\sqrt{\pi}}\int_0^y e^{-x^2} dx, \quad \mathrm{erf}(\pm\infty) = \pm 1, \quad \mathrm{erf}(0) = 0$$

其值可从一般数学表中查得 $\text{erf}(-y) = -\text{erf}(y)$

返混较小时，其数学期望和方差分别为：

$$\bar{\theta} = 1 \tag{4-62}$$

$$\sigma_\theta^2 = \frac{\sigma_t^2}{\tau^2} = 2\left(\frac{D_a}{uL_r}\right) = \frac{2}{Pe} \tag{4-63}$$

$\dfrac{D_a}{uL_r}$ 是曲线的一个参数，图 4-13 表示了几种从实验曲线估计该参数的方法。利用曲线最高点 $E_{\max}$ 位置，或在拐点 $E_拐$ 位置求出 $\dfrac{D_a}{uL_r}$；也可用拐点之间的宽度以及曲线的方差求出 $\dfrac{D_a}{uL_r}$。

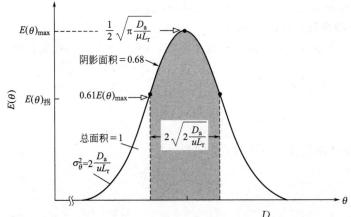

图 4-13 返混较小时无量纲 $E(t)$ 曲线与 $\dfrac{D_a}{uL}$ 关系

2）返混较大的情况：$1/Pe > 0.01$

返混程度愈大，c 曲线就愈不对称，通常后面拖有一条"尾巴"。当示踪剂加入处和监测处的流动状况不同时，c 曲线的形状也发生很大差异，图 4-14 为示踪测定的几种不同边界状况。

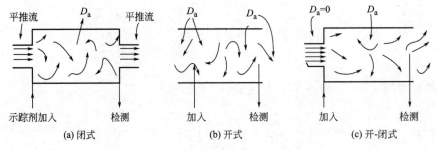

图 4-14 示踪测定的几种不同边界状况

根据图 4-14 中的不同边界情况，结合轴向扩散模型式(4-52)，在返混较大的情况下，可解析停留时间分布的 $E(t)$ 或 $F(t)$ 函数，从而得到模型参数 Pe 的值。

对于"闭"式容器，可有：

$$\bar{\theta} = 1 \tag{4-64}$$

$$\sigma_\theta^2 = \frac{\sigma_t^2}{\tau^2} = 2\left(\frac{D_a}{uL_r}\right) - 2\left(\frac{D_a}{uL_r}\right)^2 (1 - e^{-uL_r/D_a}) = \frac{2}{Pe} - 2\left(\frac{1}{Pe}\right)^2 (1 - e^{-Pe}) \qquad (4-65)$$

图 4-15 示出了"闭"式容器的 $F(\theta)$ 和 $E(\theta)$ 曲线。

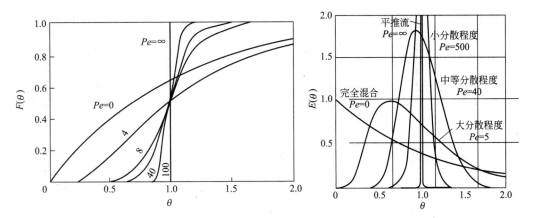

图 4-15　轴向扩散模型停留时间分布和停留时间分布密度图

对于"开"式容器，有：
$$\bar{\theta} = 1 + \frac{2}{Pe} \qquad (4-66)$$

$$\sigma_\theta^2 = \frac{2}{Pe} + \frac{8}{Pe^2} \qquad (4-67)$$

对于"开-闭"式容器，有：
$$\bar{\theta} = 1 + \frac{D_a}{uL_r} = 1 + \frac{1}{Pe} \qquad (4-68)$$

$$\sigma_\theta^2 = \frac{\sigma_t^2}{\tau^2} = 2\left(\frac{D_a}{uL_r}\right) + 3\left(\frac{D_a}{uL_r}\right)^2 = \left(\frac{2}{Pe}\right) + 3\left(\frac{1}{Pe}\right)^2 \qquad (4-69)$$

实验测定了 $E(t)$ 曲线，便可计算出 σ_t^2，然后由上述不同边界条件的公式求出 Pe。

4.6.2　多釜串联模型

由第 3 章可知，多个全混流反应器串联时的反应结果介于单个全混流反应器和平推流反应器之间，串联釜越多越接近平推流，当釜数无限多时，其结果与平推流一样。因此，可用 N 个全混流釜串联来模拟一个实际的反应器。串联的釜数 N 为模型参数，$N=1$ 时为全混流；$N=\infty$ 则为平推流。N 的取值不同就反映了实际反应器的不同返混程度，其具体数值由停留时间分布确定。

如图 4-16 所示的多釜串联模型（Tanks-in-Series Model），它假定每级釜内流动为全混流、釜间无返混、各釜体积 V_r 相同，其 $F(t)$ 曲线可通过物料衡算而推导得。

图中 Q 为流体的流量，c 表示示踪剂的浓度。假定各釜温度相同，对第 i 釜作示踪剂的物料衡算得：

$$Qc_{i-1}(t) - Qc_i(t) = V_r \frac{dc_i(t)}{dt} \qquad (4-70)$$

或
$$\frac{dc_i(t)}{dt} = \frac{1}{\tau}[c_{i-1}(t) - c_i(t)] \qquad (4-71)$$

式中，τ 为流体在一个釜中的平均停留时间，等于 V_r/Q。

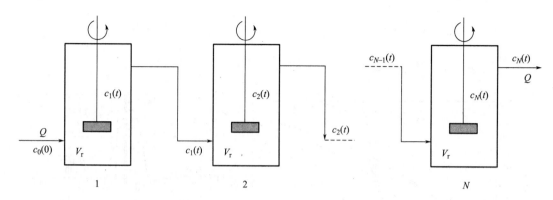

图 4-16　多釜串联模型示意图

若示踪剂呈阶跃输入，且浓度为 c_0，则式(4-71)的初始条件为：

$$t=0, \quad c_i=0 \quad (i=1, 2, \cdots, N)$$

当 $i=1$ 时，式(4-71)可写成：

$$\frac{\mathrm{d}c_1(t)}{\mathrm{d}t}=\frac{1}{\tau}\left[c_0(t)-c_1(t)\right]$$

此即第 1 釜的物料衡算式，即前面的式(4-42)，且已求出其解为：

$$c_1(t)=c_0(1-\mathrm{e}^{-t/\tau}) \tag{4-72}$$

对于第 2 釜，由式(4-71)得：　$\dfrac{\mathrm{d}c_2(t)}{\mathrm{d}t}=\dfrac{1}{\tau}\left[c_1(t)-c_2(t)\right]$

把式(4-72)代入则有：　$\dfrac{\mathrm{d}c_2(t)}{\mathrm{d}t}+\dfrac{c_2(t)}{\tau}=\dfrac{c_0}{\tau}(1-\mathrm{e}^{-t/\tau})$ \tag{4-73}

解此一阶线性微分方程得：　$\dfrac{c_2(t)}{c_0}=1-\left(1+\dfrac{t}{\tau}\right)\mathrm{e}^{-t/\tau}$ \tag{4-74}

依次对其他各釜求解，并由数学归纳法可得第 N 个釜的结果为：

$$F(t)=\frac{c_N(t)}{c_0}=1-\mathrm{e}^{-t/\tau}\sum_{i=1}^{N}\frac{(t/\tau)^{i-1}}{(i-1)!} \tag{4-75}$$

此即多釜串联系统的停留时间分布函数式，若将系统的总平均停留时间 $\tau_\mathrm{t}=N\tau$ 代入式(4-75)，则有：

$$F(t)=1-\mathrm{e}^{-Nt/\tau_\mathrm{t}}\sum_{i=1}^{N}\frac{(Nt/\tau_\mathrm{t})^{i-1}}{(i-1)!} \tag{4-76}$$

也可以写成无量纲形式：　$F(\theta)=1-\mathrm{e}^{-N\theta}\sum_{i=1}^{N}\dfrac{(N\theta)^{i-1}}{(i-1)!}$ \tag{4-77}

要注意这里的 $\theta=t/\tau_\mathrm{t}$，即根据系统的总平均停留时间 τ_t 来定义，而不是每釜的平均停留时间 τ。由式(4-77)计算了不同釜数串联的停留时间分布函数，结果如图 4-17 所示。由图可见，釜数越多，其停留时间分布越接近于平推流。

将式(4-77)对 θ 求导，可得多釜串联模型的停留时间分布密度函数：

$$E(\theta)=\frac{N^N}{(N-1)!}\theta^{N-1}\mathrm{e}^{-N\theta} \tag{4-78}$$

图 4-18 为根据式(4-78)对不同的 N 值计算的结果，该图表明不同 N 值模拟不同的时间分布时，N 值增加，停留时间分布变窄。将式(4-78)代入式(4-16)，可得多釜串联模型的平均停留时间为：

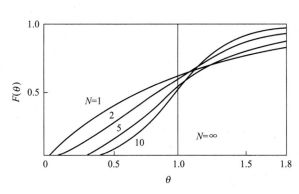

图 4-17 多釜串联模型的 $F(\theta)$ 曲线

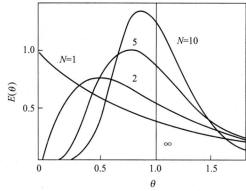

图 4-18 多釜串联模型的 $E(\theta)$ 曲线

$$\bar{\theta} = \int_0^\infty \frac{N^N \theta^N \mathrm{e}^{-N\theta}}{(N-1)!} \mathrm{d}\theta = 1 \tag{4-79}$$

把式(4-78)代入式(4-17)则得方差：

$$\sigma_\theta^2 = \int_0^\infty \frac{N^N \theta^{N+1} \mathrm{e}^{-N\theta}}{(N-1)!} \mathrm{d}\theta - 1 = \frac{N+1}{N} - 1 = \frac{1}{N} \tag{4-80}$$

显然，由式(4-80)知随机变量分布与平均值间的离散程度和级数的关系。此处 N 为模型参数，其值为 $1/\sigma_\theta^2$，相当于 N 个全混流釜内返混的程度。当 $N=1$ 时，$\sigma_\theta^2=1$，与全混流模型一致；而当 $N\to\infty$ 时，$\sigma_\theta^2=0$，则与平推流模型相一致。所以，当 N 为任何正数时，其方差应介于 0 与 1 之间，即为非理想流动。

应用多釜串联模型来模拟一个实际反应器的流动状况时，首先要测定该反应器的停留时间分布，然后求出该分布的方差，将其代入式(4-80)便可算出模型参数 N。也就是说该反应器的停留时间分布与 N 个等体积全混釜串联时的停留时间分布相当，两者的平均停留时间相等，方差相等，但绝不能说两者分布相等。采用上述方法来估计模型参数 N 的值时，可能出现 N 为非整数的情况，用四舍五入的办法圆整成整数是一个粗略的近似处理方法，精确些的办法是把小数部分视作一个体积较小的釜。

【例 4-2】 以苯甲酸为示踪剂，用脉冲法测定一个反应体积为 $1735\mathrm{cm}^3$ 的液相反应器的停留时间分布。液体流量为 $40.2\mathrm{cm}^3 \cdot \mathrm{min}^{-1}$，示踪剂用量 4.95g。不同时刻下出口液体中示踪剂的浓度 $c(t)$ 如表 4-2 所示。若分别用多釜串联模型和轴向扩散模型模拟该反应器，试求它们的模型参数。

表 4-2 不同时刻出口液体中示踪剂的浓度

t/min	$c(t)\times10^3/(\mathrm{g/cm}^3)$	t/min	$c(t)\times10^3/(\mathrm{g/cm}^3)$	t/min	$c(t)\times10^3/(\mathrm{g/cm}^3)$
10	0	45	2.840	80	0.300
15	0.113	50	2.270	85	0.207
20	0.863	55	1.735	90	0.131
25	2.210	60	1.276	95	0.094
30	3.340	65	0.910	100	0.075
35	3.720	70	0.619	105	0.001
40	3.520	75	0.413	110	0

解 将式(4-18)代入式(4-6)和式(4-9)中,可求出平均停留时间及方差:

$$\bar{t} = \frac{Q}{m} \int_0^\infty tc(t)\mathrm{d}t \tag{1}$$

$$\sigma_t^2 = \frac{Q}{m} \int_0^\infty t^2 c(t)\mathrm{d}t - (\bar{t})^2 \tag{2}$$

为了获得式(1)和式(2)的积分值,依据 $c(t) \sim t$ 关系,得出不同时刻下的 $tc(t)$ 及 $t^2 c(t)$ 值,结果见表 4-3。

表 4-3 不同时刻 $tc(t)$ 及 $t^2 c(t)$ 值

t/min	$tc(t) \times 10^3$	$t^2 c(t) \times 10^3$	t/min	$tc(t) \times 10^3$	$t^2 c(t) \times 10^3$	t/min	$tc(t) \times 10^3$	$t^2 c(t) \times 10^3$
10	0	0	45	127.8	5751	80	24.00	1920
15	1.695	25.43	50	113.5	5675	85	17.60	1496
20	17.26	345.2	55	95.43	5248	90	11.79	1061
25	55.25	1381	60	76.56	4594	95	8.93	848.4
30	100.2	3006	65	59.15	3845	100	7.50	750
35	130.2	4557	70	43.33	3033	105	0.11	11.03
40	140.8	5632	75	30.98	2323	110	0	0

依据表 4-3 的结果,由辛普森法则得:

$$\int_0^\infty tc(t)\mathrm{d}t = \frac{5}{3} \times [0 + 4 \times (1.695 + 55.25 + 130.2 + \cdots + 0.11) + 2 \times (17.26 + 100.2 +$$
$$140.8 + \cdots + 7.5) + 0] \times 10^{-3} = 5.297$$

将上述数值代入式(1),有:$\bar{t} = \dfrac{40.2}{4.95} \times 5.297 = 43.02 \text{ min}$

与按 $\bar{t} = V/Q$ 计算值($1735/40.2 = 43.16\text{min}$)接近。

同理,方差为:

$$\sigma_t^2 = \frac{40.2}{4.95} \times \frac{5}{3} \times [0 + 4 \times (25.43 + 1381 + 4557 + \cdots + 11.03) + 2 \times (345.2 + 3006 +$$
$$5632 + \cdots + 750) + 0] \times 10^{-3} - 13.02^2 = 233.4 \text{min}^2$$

$$\sigma_\theta^2 = \sigma_t^2 / (\bar{t})^2 = 233.4/43.02^2 = 0.1261$$

(1)采用多釜串联模型的模型参数为:

$$N = 1/\sigma_\theta^2 = 1/0.1261 = 7.93 \approx 8$$

表明该反应器的停留时间分布可近似地用 8 个等体积的全混流反应器串联来模拟。

(2)采用轴向扩散模型来模拟时,将上述方差值代入式(4-65),得:

$$0.1261 = \frac{2}{Pe} - \frac{2}{Pe^2}(1 - e^{-Pe}) \tag{3}$$

通过试差法解上式得:$\qquad Pe = 15.35$

即为所求的轴向扩散模型的模型参数。

若返混程度不大,可将式(3)近似为:$\qquad \sigma_\theta^2 \approx \dfrac{2}{Pe} \tag{4}$

按式（4）计算，则：　　　　　　$Pe = 2/\sigma_\theta^2 = 2/0.1261 = 15.86$

与精确值的偏差只有 3% 左右，结果是满意的。如方差 $\sigma_\theta^2 < 0.2$ 时，按式（4）求模型参数，其偏差不会超过 6%。

4.7　非理想反应器的计算

实际流动反应器的计算，是根据生产任务和要求达到的转化率确定反应体积；或根据反应体积和规定的生产条件计算平均转化率。非理想反应器计算的一般程序：基于对反应过程的初步认识，分析实际流动状况，选取和合理简化流动模型，采用数学方法关联返混与停留时间分布的定量关系。然后通过对停留时间分布的测定，来检验模型的正确程度，确定模型参数。最后结合反应动力学数据来估算反应结果。

4.7.1　流体混合对反应的影响

流体的混合过程将直接影响反应组分在反应器内的浓度，因而会影响反应速率和反应效果。因此，弄清流体在反应器内的混合程度和混合状态对于预测反应器的性能和进行设计计算均是至关重要的。实际反应器，由于流动情况复杂，返混情况不同，流体在反应器中停留时间的不同分布，都会影响反应转化率。仅用理想化的平推流或全混流进行计算是不够的，所以对实际的流型进行逼近模拟非常有必要，首先要对实际流动的流体及混合情况进行综合分析和考虑。

（1）宏观流体、微观流体

不同组成流体之间的混合程度常用"调匀度"来衡量。考察分别只含有 A 或 B 的两种流体且分别以 u_A 和 u_B 的容积速率流入反应器内的混合过程，如以 c_{A0} 和 c_{B0} 来表示两种流体在混合前的浓度。理论上如果混合达到完全均匀的程度，则 A 和 B 在整个反应器内的浓度应该处处相同且等于：

$$\overline{c}_A = \frac{u_A}{u_A + u_B} c_{A0}, \quad \overline{c}_B = \frac{u_B}{u_A + u_B} c_{B0} \tag{4-81}$$

如果在反应器内未达成完全均匀混合的程度，则其实际浓度随取样位置的不同而不同，若定义调匀度 S：

$$S = \frac{c_A}{\overline{c}_A} \text{ 或 } S = \frac{c_B}{\overline{c}_B} \tag{4-82}$$

则在完全均匀混合的情况下，装置内各处均具有相同 S 值，且等于 1.0。显然，S 值若偏离 1.0，则表明混合不均匀，S 值偏离 1.0 愈大，混合就愈不均。但是调匀度 S 并不能完全描述实际的混合程度，尤其对于非均相的情况。比如两种固体颗粒或两种黏滞流体之间的混合，当取样规模较大时，可以认为混合已达均匀，调匀度为 1.0，而当取样规模较小时，比如只取几颗颗粒，可能发现调匀度 S 值远远偏离 1.0，甚至为零，可见单用调匀度来衡量混合程度是不够的。这表明该混合过程从宏观角度来看已达到完全均匀混合，而从微观角度来看则还远远未达到均匀混合的程度。

为了全面地描述流体之间的混合引入计量混合尺度的概念："流体混合态"。若流体是以分子尺度作为独立运动单元来进行混合，这种流体称为"微观流体"（Microfluids）。微观流体之间的混合称为微观混合。反之，若流体是以若干分子（如 10^{12} 至 10^{18} 个分子）所组成的流体微团作为单独的运动单元来进行混合，且在混合时微团之间并不发生物质的交换，微团内部则具有均匀的组成和相同的停留时间，这种流体称为"宏观流体"（Macrofluids）。宏观流体之间的混合称为宏观混合，相应的混合态称为"完全凝集"态或离析态；而微观流体混合的混合态称为"非凝集"态或非离析态。在这两种极端的混合态之间尚存在着过渡的混合态，即所谓的"部分凝集"态，处于部分凝集态的流体未能达到分子尺度的混合，但液体微团之间又存在不同程度的物质交换。两种黏滞流体混合过程，如果黏度不大且反应器又具有良好的搅拌系统，则有可能达到"非凝集"态或"部分凝集"态。对于伴有快速反应的单相流系统，若反应速率远大于反应器内的混合速率，也可能出现"部分凝集"态，但若混合速率远大于反应速率则常呈"非凝集"态。

例如，若把两种黏度相差很大的液体搅在一起，未达到充分均匀之前，一部分流体常成块、成团地存在于系统中，即使采用强力搅拌等措施，也可能无法达到分子状态的均匀分散。甚至外表均一的一种流体，其中不同分子也可能部分离析（Segregation）成微小的微团而存在于体系中。完全离集的流体是一种极限状况，比如油滴悬浮在水中，两者互不混溶，这种离析状态的流体流动，也是宏观流体的流动。

前面所讨论的返混，在微观流体与宏观流体中均存在，它是指不同停留时间的流体之间的混合问题，与表征流体中分散均匀尺度的混合态，是两个不同的概念。

（2）对同一化学反应流团的反应速率

讨论不同的混合态对反应过程产生的影响，需要先考察一级和二级简单反应在宏观混合和微观混合情况下反应结果的差别。

对于一级反应，动力学方程式为 $r_A = k c_A$，若为宏观流体，即只有宏观混合，其中一部分物料浓度为 c_{A1}，另一部分物料浓度为 c_{A2}，宏观混合的结果是两种物料之间不相混合、凝集和扩散，故它们在反应器中以各自的停留时间进行反应，而出口的总反应速率，显然为该两部分流体反应速率的平均值：

$$r_{总} = \frac{r_1 + r_2}{2} = \frac{k c_{A1} + k c_{A2}}{2} \tag{4-83}$$

若为微观流体，即达到完全的微观混合，两种物料完全混合均匀后，它们的浓度变为 $(c_{A1} + c_{A2})/2$，经历一定反应时间后，出口的总反应速率为：

$$r_{总} = k \left(\frac{c_{A1} + c_{A2}}{2} \right) = \frac{k c_{A1} + k c_{A2}}{2} \tag{4-84}$$

可见，对一级反应，两者结果完全相同，宏观混合或微观混合的差别对反应没有影响。

对于二级反应，动力学方程式为 $r_A = k c_A^2$，若为宏观流体，则有：

$$r_{总} = \frac{r_1 + r_2}{2} = \frac{k c_{A1}^2 + k c_{A2}^2}{2} = \frac{k}{2} (c_{A1}^2 + c_{A2}^2) \tag{4-85}$$

若为微观流体，则有：

$$r_{总} = k \left(\frac{c_{A1} + c_{A2}}{2} \right)^2 = \frac{k}{4} (c_{A1}^2 + 2 c_{A1} c_{A2} + c_{A2}^2) \tag{4-86}$$

比较式(4-85)和式(4-86)，两者结果是不相同的。这说明不同的混合态，对不同反应，会有不同的影响。

宏观流体、微观流体由于返混可以有不同的停留时间分布，但不同的返混也可能导致宏观流体、微观流体具有相同的停留时间分布。从上面分析可以看出，两者流体即使具有相同的停留时间分布，它们对相同的化学反应其反应速率可能不同，从而影响反应器中反应的结果。因此，在反应器的设计计算时，应区别分析宏观流体、微观流体。

（3）微观流体混合迟早度的影响

当两种反应器组合的停留时间分布完全相同，混合的程度也相同，但由于混合的时间顺序不同，反应结果也有差异，即早混合和晚混合问题。如图 4-19 所示的两个反应系统，（a）和（b）为顺序不同的平推流和全混流反应器串联，显然二者的停留时间分布是一样的。如图 4-20 所示：图中 $\bar{t}$ 为流体流过系统的平均停留时间，若两个反应器的反应体积相等，则在平推流反应器内流体的平均停留时间为 $\bar{t}/2$，故在 $t = \bar{t}/2$ 处分布曲线出现跳跃。如果这两个系统的微观混合程度也相同，例如都达到了完全微观混合，那么在相同的空时和反应温度下进行相同的化学反应，两者所达到的转化率是否一样呢？计算结果表明除了一级反应时，两者的转化率不一样，其原因是混合存在迟早度。图 4-19（a）为晚混合，而图 4-19（b）为早混合。前者是在浓度水平低的情况下混合，反之后者是在高浓度水平下的混合。故此，虽然混合程度相同，但由于混合后的浓度不同，反应速率的变化自然不同，结果二者的最终转化率就有差异。

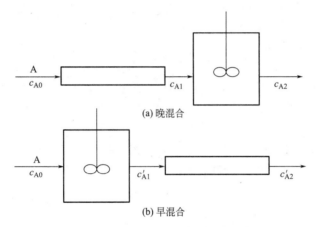

(a) 晚混合

(b) 早混合

图 4-19　平推流反应器和全混流反应器的串联

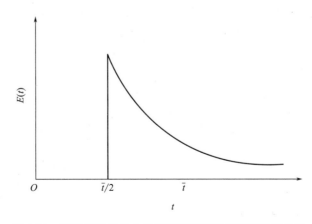

图 4-20　平推流系统与全混流系统串联时的停留时间分布

综上所述，对于一级不可逆反应，宏观流体、微观流体或早混合和晚混合对反应结果没有影响，而对非一级不可逆反应，两者流体不同或混合早晚对反应结果是有影响的。

4.7.2 宏观流体反应器的设计计算

离析流模型（Segregation Flow Model）是非理想流动模型之一，常用于宏观流体反应器的设计计算。基本假定有：反应器内的流体粒子全部以分子团或分子束的形式存在，混合时之间不存在任何形式的物质交换，或者说它们之间不发生微观混合，那么流体粒子就像一个有边界的个体，从反应器的进口向出口运动，这种流动称之为离析流。由于每个流体粒子与其周围不发生任何关系，就像一个间歇反应器一样进行反应，由间歇反应器的设计方程可知，反应时间决定反应进行的程度，其反应的程度取决于该粒子在连续流动反应器内的停留时间。

对于不同停留时间的流体粒子，出口物料是所有这些具有不同停留时间物料粒子的混合物，而反应的实际转化率是这些物料粒子的平均值。设反应器进口的流体中反应物 A 的浓度为 c_{A0}，当反应时间为 t 时其浓度为 $c_A(t)$。依据反应器的停留时间分布可知，停留时间在 t 到 $(t+dt)$ 间的流体粒子所占的分率为 $E(t)dt$，则这部分流体对反应器出口流体中 A 的浓度 $\overline{c}_A$ 的贡献应为 $c_A(t)E(t)dt$，将所有这些贡献相加即得反应器出口处 A 的平均浓度 $\overline{c}_A$，即：

$$\overline{c}_A = \int_0^\infty c_A(t)E(t)dt \tag{4-87}$$

这里的平均浓度，是指不同停留时间流体粒子的 c_A 值在反应器出口处的一个宏观平均值，也就是出口的浓度。因此，已知反应器的停留时间分布和反应速率方程，就可预测反应器所能达到的转化率。当然，前提条件必须符合离析流假定。式(4-87) 为离析流模型方程，可直接利用停留时间分布来计算反应器，又称为停留时间分布模型。

依据转化率的定义，式(4-87) 可改成：

$$1-\overline{X}_A = \int_0^\infty \left[1-X_A(t)\right]E(t)dt = \int_0^\infty E(t)dt - \int_0^\infty X_A(t)E(t)dt$$

所以

$$\overline{X}_A = \int_0^\infty X_A(t)E(t)dt \tag{4-88}$$

此处的 $\overline{X}_A$ 即为反应器出口的转化率。由于离析流模型是将停留时间分布密度函数直接引入数学模型方程中，它不存在模型参数，但如果对已知的停留时间分布进行数学模拟，则会存在模型参数。

为了进一步理解宏观流体与微观流体混合对反应结果的影响，下面分析两种不同情形的计算结果。

(1) 流动状态为全混流

当反应器中进行一级不可逆反应时，反应动力学为：

$$r_A = kc_A \tag{4-89}$$

即

$$\frac{c_A}{c_{A0}} = e^{-kt}$$

全混流停留时间分布为：

$$E(t) = \frac{1}{\tau}e^{-\frac{t}{\tau}} \tag{4-90}$$

按宏观流体处理：

$$\frac{\overline{c}_A}{c_{A0}} = \int_0^\infty e^{-kt}\frac{1}{\tau}e^{-\frac{t}{\tau}}dt = \frac{1}{\tau}\int_0^\infty e^{-(k+\frac{1}{\tau})t}dt = \frac{1}{\tau}\times\frac{\tau}{1+kt} = \frac{1}{1+kt} \tag{4-91}$$

按微观流体处理：
$$t = \frac{c_{A0} - c_A}{k c_A} \qquad (4\text{-}92)$$

即
$$\frac{c_A}{c_{A0}} = \frac{1}{1 + kt}$$

可见，对于一级不可逆反应，若流动状态为全混流，宏观流体与微观流体混合对反应结果没有影响。

当反应器中进行二级不可逆反应时，反应动力学为：
$$r_A = k c_A^2 \qquad (4\text{-}93)$$

即
$$\frac{c_A}{c_{A0}} = \frac{1}{1 + k c_{A0} t}$$

全混流停留时间分布仍为：
$$E(t) = \frac{1}{\tau} e^{-\frac{t}{\tau}} \qquad (4\text{-}94)$$

按宏观流体处理：
$$\frac{\overline{c}_A}{c_{A0}} = \int_0^\infty \frac{1}{1 + k c_{A0} t} \times \frac{1}{\tau} e^{-\frac{t}{\tau}} \mathrm{d}t = \alpha e^\alpha f(\alpha) \qquad (4\text{-}95)$$

式中，$\alpha = \dfrac{1}{k c_{A0} t}$，$f(\alpha) = \displaystyle\int_\alpha^\infty \dfrac{e^{-y}}{y} \mathrm{d}y$。

按微观流体处理：
$$\tau = \frac{c_{A0} - c_A}{k c_A^2} \qquad (4\text{-}96)$$

即
$$\frac{c_A}{c_{A0}} = \frac{-1 + \sqrt{1 + 4 k c_{A0} \tau}}{2 k c_{A0} \tau}$$

可见，对于二级不可逆反应，若流动状态为全混流，宏观流体与微观流体混合对反应结果是有影响的。

（2）流动状态为平推流

当反应器中进行一级不可逆反应时，反应动力学为：
$$r_A = k c_A$$

即
$$\frac{c_A}{c_{A0}} = e^{-kt}$$

平推流停留时间分布为：
$$E(t) = \delta(t - \overline{t}) \qquad (4\text{-}97)$$

按宏观流体处理：
$$\frac{\overline{c}_A}{c_{A0}} = \int_0^\infty e^{-kt} \delta(t - \overline{t}) \mathrm{d}t \qquad (4\text{-}98)$$

根据 $\delta(x)$ 函数的性质，
$$\int_0^\infty \delta(x - x_0) f(x) \mathrm{d}x = f(x_0) \qquad (4\text{-}99)$$

$$\frac{\overline{c}_A}{c_{A0}} = \int_0^\infty e^{-kt} \delta(t - \overline{t}) \mathrm{d}t = e^{-k\tau} \qquad (4\text{-}100)$$

按微观流体处理：
$$\tau = -\int_{c_{A0}}^{c_A} \frac{\mathrm{d}c_A}{k c_A} = -\frac{1}{k} \ln \frac{c_A}{c_{A0}} \qquad (4\text{-}101)$$

即 $\dfrac{c_A}{c_{A0}} = e^{-k\tau}$

可见，对于一级不可逆反应，若流动状态为平推流，宏观流体与微观流体混合对反应结果没有影响。同样，对于二级不可逆反应，若流动状态为平推流，宏观流体与微观流体混合对反应结果也是没有影响的。

总之，流动反应器的工况不仅与所进行的反应的动力学及停留时间分布有关，还与流体的混合有关，通过以上讨论，可以明确以下几点：

① 对于一级不可逆反应，无论是按宏观流体还是微观流体处理，计算的反应结果是一样的。

② 无论是一级不可逆反应还是非一级不可逆反应，微观混合对平推流的反应过程没有影响。按宏观流体和按微观流体处理，两者计算结果是一样的。

③ 若整个反应过程转化率很低，则微观混合的影响也较小；转化率越高，微观混合对反应过程的影响就越突出。

【例 4-3】 用脉冲法测定一流动反应器的停留时间分布，得到出口流中示踪剂的浓度 $c(t)$ 与时间 t 的关系如下，采用离析流模型计算反应器出口转化率。

t/min	0	2	4	6	8	10	12	14	16	18	20	22	24
$c(t)/\text{g} \cdot \text{m}^{-3}$	0	1	4	7	9	8	5	2	1.5	1	0.6	0.2	0

解 采用离析流模型。可按式（4-87）计算反应器出口处 A 的浓度，为此，需先求出 c_A 与时间 t 的关系，这可由积分二级反应速率方程得到：

$$-\frac{\mathrm{d}c_A}{\mathrm{d}t} = kc_A^2$$

积分可得：

$$-\int_{c_{A0}}^{c_A} \frac{\mathrm{d}c_A}{c_A^2} = \int_0^t k\,\mathrm{d}t$$

或

$$c_A = \frac{c_{A0}}{1 + kc_{A0}t} \tag{1}$$

由式（1）可知，$t \to \infty$ 时，$c_A = 0$。所以，反应时间为无限长时才能反应完全，其积分上限应取无限。应用式（4-87）时，还需知道 $E(t)$，由实测数据可按下式求定：

$$E(t) = \frac{c(t)}{\int_0^\infty c(t)\mathrm{d}t} \tag{2}$$

式（2）中分母可按下式计算：

$$\int_{x_0}^{x_n} f(x)\mathrm{d}x = \frac{h}{3}(f_0 + 4f_1 + 2f_2 + 4f_3 + 2f_4 + \cdots + 4f_{n-1} + f_n) \tag{3}$$

式中，$h = (x_n - x_0)/n$，n 为偶数。因此，式（3）只能用于数据点为奇数时的计算，且数据的取值是等间距的。利用表 4-1 中数据可计算：

$$h = (24 - 0)/12 = 2\,\text{min}$$

$$\int_0^\infty c(t)\mathrm{d}t = \int_0^{24} c(t)\mathrm{d}t = \frac{2}{3} \times (0 + 4 \times 1 + 2 \times 4 + 4 \times 7 + 2 \times 9 + 4 \times 8$$
$$+ 2 \times 5 + 4 \times 2 + 2 \times 1.5 + 4 \times 1 + 2 \times 0.6 + 4 \times 0.2 + 0)$$
$$= 78\,\text{min} \cdot \text{g} \cdot \text{m}^{-3}$$

从而将 $E(t)$ 的计算结果列入表 4-4。

表 4-4　计算结果

t/min	$c(t)/\text{g}\cdot\text{m}^{-3}$	$E(t)\times10^3/\text{min}^{-1}$	$c_A\times10^2/\text{kmol}\cdot\text{m}^{-3}$	$c_A E(t)\times10^5/\text{kmol}\cdot\text{m}^{-3}\cdot\text{min}^{-1}$
0	0	0	160	0
2	1	12.82	18.43	236.3
4	4	51.28	9.78	501.5
6	7	89.74	6.656	597.3
8	9	115.4	5.044	582.1
10	8	102.6	4.061	416.7
12	5	64.1	3.398	217.8
14	2	25.64	2.922	74.92
16	1.5	19.23	2.562	49.27
18	1	12.82	2.281	29.24
20	0.6	7.92	2.057	15.82
22	0.2	2.564	1.872	4.8
24	0	0	0	0

由式(4-87) 可知：

$$\overline{c}_A=\int_0^\infty c_A(t)E(t)\mathrm{d}t=\int_0^\infty\frac{c_{A0}E(t)}{1+kc_{A0}}\mathrm{d}t$$

利用表中第五列数据，由辛普森法即可求出该积分值等于 $0.05447\text{kmol}\cdot\text{m}^{-3}$。此即为反应器出口处 A 的浓度。因此，转化率为：

$$\overline{X}_A=\frac{1.6-0.05447}{1.6}=0.966\text{ 或 }96.6\%$$

由此可见，按离析流模型计算与按平推流模型计算，二者结果甚为相近，其原因是该反应器的停留时间分布与平推流偏离不大，否则相差会较大。

4.7.3　微观流体反应器的设计计算

(1) 轴向扩散模型

稳态流动操作的反应器应用轴向扩散模型模拟时，关键组分 A 的物料衡算式建立方法与轴向扩散模型的物料衡算方程相同。稳态操作下，$\partial c_A/\partial t=0$，故无时间变量。此外，由于化学反应的存在，模型方程中需要加上化学反应所消耗的组分量。经过两项修正，可得模型方程为：

$$D_a\frac{\mathrm{d}^2 c_A}{\mathrm{d}Z^2}-u\frac{\mathrm{d}c_A}{\mathrm{d}Z}+(-r_A)=0 \tag{4-102}$$

边界条件如下：

$$Z=0,uc_{A0}=uc_A-D_a\frac{\mathrm{d}c_A}{\mathrm{d}Z}\Big|_{0^+} \tag{4-103}$$

$$Z = \frac{l}{L_r} = 1, \frac{dc_A}{dZ}\bigg|_{L_r} = 0 \tag{4-104}$$

若在反应器中等温下进行一级不可逆反应,则 $r_A = kc_A$,代入式(4-102)有:

$$D_a \frac{d^2 c_A}{dZ^2} - u \frac{dc_A}{dZ} - kc_A = 0 \tag{4-105}$$

此为二阶线性常微分方程,可解析求解。结合边界条件式(4-103)和式(4-104),得解为:

$$\frac{c_A}{c_{A0}} = \frac{4\alpha}{(1+\alpha)^2 \exp\left[-\frac{Pe}{2}(1-\alpha)\right] - (1-\alpha)^2 \exp\left[-\frac{Pe}{2}(1+\alpha)\right]} \tag{4-106}$$

式中

$$\alpha = (1 + 4k\tau/Pe)^{1/2}$$

当 $Pe \to \infty$ 时,$\alpha \to 1$,可将 α 展开成:

$$\alpha = 1 + \frac{1}{2} \times \frac{4k\tau}{Pe} - \frac{1}{8}\left(\frac{4k\tau}{Pe}\right)^2 + \cdots \tag{4-107}$$

将式(4-107)代入式(4-106),可得:

$$c_A/c_{A0} = \exp(-k\tau) \tag{4-108}$$

显然,式(4-108)为利用平推流模型对一级反应进行计算的结果,表明轴向扩散模型不过是在平推流模型基础上叠加一个轴向扩散项。

当 $Pe \to 0$,将 $\exp[-Pe(1-\alpha)/2]$ 作级数展开,略去高次项后代入式(4-106),可得:

$$\frac{c_A}{c_{A0}} = \frac{4\alpha}{(1+\alpha^2)\left(1 - \frac{Pe}{2} + \alpha\frac{Pe}{2}\right) - (1-\alpha)^2\left(1 - \frac{Pe}{2} - \alpha\frac{Pe}{2}\right)} = \frac{4\alpha}{4\alpha - \alpha Pe + \alpha^3 Pe} = \frac{1}{1+k\tau}$$

$$\tag{4-109}$$

这与全混流反应釜进行一级反应时的计算式一样。

综上所述,具有边界条件的轴向扩散模型,依据模型参数 Pe 的取值不同,可以体现从平推流到全混流之间的任何返混情况。现以 Pe 为参数,按式(4-106)以 c_A/c_{A0} 对 $k\tau$ 作图,如图 4-21 所示。实际反应器的转化率随 Pe 的增大而增大;空时越大,流动状况偏离理想流动的影响越大。

对于非一级反应,式(4-102)为非线性二阶常微分方程,一般难以解析求解,可用数值法求解。图 4-22 是对二级不可逆反应进行数值计算的结果。

比较图 4-21 和图 4-22 可知,在其他条件相同的情况下,二级反应的转化率受返混的影响比一级反应大。一般而言,反应级数越高,返混对反应结果的影响越大。

(2) 多釜串联模型

从本章 4.6 节可知,一个非理想流动的反应器可以被看成多个全混流反应器串联的结果。当釜数由 1 增加到无限多个,其停留时间分布规律将按 MFR→非理想流动反应器→PFR 的停留时间分布规律变化。显然,如果釜数选择恰当,该模型的停留时间分布规律可以与任一个非理想流动反应器的停留时间分布规律接近,且可使两者返混程度相同。非理想流动反应器的出口转化率的计算可通过含化学反应的多釜串联模型的出口转化率来计算。既然两者返混程度相同,则出口转化率亦应相同。故将通过多釜串联模型计算出的出口转化率视为与它有相同停留时间分布规律的非理想流动反应器的出口转化率,这种模型与原型之间的相互联系称为等效关系。

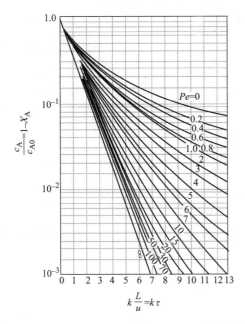

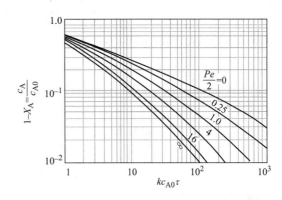

图 4-21　用轴向扩散模型计算一级反应的转化率　　图 4-22　用轴向扩散模型计算二级反应的转化率

现在的问题是某一非理想流动反应器在停留时间分布规律上究竟与多少个釜串联的 MFR 等效呢？从本章 4.6 节多釜串联模型的解析可知，$\sigma_\theta^2 = \dfrac{1}{N}$，根据停留时间分布可求得 σ_θ^2，从而求出所需釜数 N。

值得注意的是，在这里釜数 N 是一个假想的值，N 是人为地把一个非理想反应器想象成 N 个 MFR 的串联；而 σ_θ^2 则是实验测定值，是上述这一个非理想反应器停留时间分布规律的真实表达。σ_θ^2 的取值范围在 0 和 1 之间。$N = \dfrac{1}{\sigma_\theta^2}$ 不是整型数，而是一个实型数，实际计算可以取整。知道了级数 N，依据反应的动力学方程就可以求出反应的转化率。

正如第 3 章所述，对一级不可逆反应，多釜串联模型的解析解为：

$$\tau_{\mathrm{p}} = \frac{1}{k_{\mathrm{p}}} \left[\left(\frac{1}{1-X_{\mathrm{AN}}} \right)^{1/N} - 1 \right] \quad 或 \quad \frac{c_{\mathrm{AN}}}{c_{\mathrm{A0}}} = \left(\frac{1}{1+k_{\mathrm{p}}\tau_{\mathrm{p}}} \right)^N \tag{4-110}$$

这里，N 为非理想流动反应器的模型值，c_{AN} 为非理想流动反应器出口的浓度值，也就是想象的 N 个串联的全混流反应器第 N 个釜的出口浓度值；τ_{p} 为想象的 N 个串联的全混流反应器每个釜的空时，总的空时（也就是这个非理想流动反应器的空时）$\tau_{\mathrm{t}} = \dfrac{V_{\mathrm{rt}}}{Q_0} = \dfrac{N V_{\mathrm{rp}}}{Q_0} = N\tau_{\mathrm{p}}$，其中 V_{rt} 为这个非理想流动反应器的体积，也就是想象的 N 个串联的全混流反应器的总体积，V_{rp} 为想象的串联的全混流反应器每个釜的体积。

对于非一级不可逆反应，可参照第 3 章利用物料衡算线或操作线采用图解方法求解。

【**例 4-4**】　在实验室中用一全混流反应器等温下进行液相反应 A ——→ P，当空时为 43.02 min 时，A 的转化率达 82%，将反应器放大进行中试，反应器型式改为管式，其停留时间分布的实测结果如例 4-2 所示。在与小试相同的温度及空时下操作，试预测反应器出口 A 的转化率：（1）用多釜串联模型；（2）用轴向扩散模型。

解 首先依据实验室结果求出操作温度下的反应速率常数值。由于

$$r_A = kc_A = kc_{A0}(1 - X_A)$$

利用全混流反应器的物料衡算式，可得：

$$V_r = \frac{Q_0 c_{A0} X_A}{kc_{A0}(1 - X_A)}$$

或

$$\tau = \frac{V_r}{Q_0} = \frac{X_A}{k(1 - X_A)}$$

将题设数据代入上式中，有：

$$43.02 = \frac{0.82}{k(1 - 0.82)}$$

解得：

$$k = 0.1059 \text{min}^{-1}$$

（1）采用多釜串联模型

例 4-2 中已确定用多釜串联模型模拟该反应器的停留时间分布时，其模型参数 N 等于 8，因此，可按 8 个等体积全混流反应器串联计算转化率，即：

$$\tau_p = \frac{1}{k_p} \left[\left(\frac{1}{1 - X_{AN}} \right)^{1/N} - 1 \right] \tag{1}$$

将 k、N 及 $\tau_p = 43.02/8$ 代入式（1）有：

$$\frac{43.02}{8} = \frac{1}{0.1059} \left[\left(\frac{1}{1 - X_{AN}} \right)^{1/8} - 1 \right]$$

解得出口转化率为：

$$X_{AN} = 0.9728$$

（2）采用轴向扩散模型

例 4-2 中已确定用轴向扩散模型模拟该反应器的停留时间分布时，其模型参数 Pe 等于 15.35，则：

$$\alpha = (1 + 4k\tau/Pe)^{1/2} = (1 + 4 \times 0.1059 \times 43.02/15.35)^{1/2} = 1.479$$

代入式（4-106）得：

$$\frac{c_A}{c_{A0}} = 4 \times 1.479 \times \{(1 + 1.479)^2 \times \exp[-15.35 \times (1 - 1.479)/2]$$

$$- (1 - 1.479)^2 \times \exp[-15.35 \times (1 + 1.479)/2]\}^{-1}$$

$$= 0.02437$$

解得出口转化率为：

$$X_A = 1 - \frac{c_A}{c_{A0}} = 1 - 0.02437 = 0.9756$$

上述两种模型模拟计算的结果基本一致，但与实验室结果却有较大的差别。原因在于，中试与小试的反应温度和空时相同，但是二者的流动型式不同，小试是在全混流条件下操作，而中试是在返混程度较小情况下进行，所得转化率自然较高。一般情况下，反应器放大后，由于种种原因，其转化率总是要降低的。

4.7.4 非理想反应器的数学模型法浅析

本小节对数学模型法在本课程中解决均相化学反应过程的应用加以小结。这种研究方法不仅对均相反应过程是适用的，对以后学习的非均相化学反应过程也有十分重要的意义。

用模型法解决化学反应工程问题的出发点是，认为尽管在反应器内物料同时存在化学反

应过程和传递过程，但化学反应过程有其自身的规律，并不会因存在传递过程而有所改变。同样，传递过程的规律也不因化学反应的存在而改变。这并不是说两者在反应器内是完全独立的。例如，传递过程的存在，使物料在反应器内各处参数（如温度及物料组成）不同，不同的参数值虽不会影响化学反应动力学方程本身，但不同参数在同一动力学方程中得到的化学反应速率值是不同的。同样，化学反应的存在将改变物料的温度和浓度分布，进而使传递速率值不同。也就是说，化学反应的存在改变不了传递速率方程，传递过程的存在也不会改变化学反应动力学方程。只有这样才有可能将反应器内的化学反应过程与传递过程分别独立地加以研究，然后根据反应器内物料及其流动特性加以综合考虑，获得所需要的定量结果。

用模型法解决化学反应工程问题的步骤如下。

(1) 小试研究化学反应规律

这是基于化学反应规律不受传递过程影响而提出的。由于反应规律是独立的，即不管采用什么类型反应器，其化学反应规律不变，因此可以在选择反应器类型之前先加以测定。在测定化学反应规律时选用的反应器最好是传递规律简单、在取样分析其组成时不会对过程有影响、用较少的实验便能获得所需结果，因此通常用间歇操作的带充分搅拌的釜式反应器。在小试中要根据原料组成和反应一定时间后产品的组成用化学反应计量学来确定反应类型，同时推演出各反应的动力学方程。这将为合理选择反应器类型及定量计算反应器的大小奠定基础。

(2) 根据化学反应规律合理选择反应器类型

根据化学反应规律即化学反应类型以及各个化学反应的动力学方程（活化能及反应级数的数值）便可以初步确定反应器的类型。

(3) 大型冷模试验研究传递过程规律

冷模试验的反应器可以是最终反应器，也可以是能代表最终反应器传递特性的基本单元。由于只测定其传递特性，冷模试验并不需要反应过程存在，因此不一定选择反应物料作工况介质，冷模试验的工况介质可以选用价廉、易得、性能良好的物料（如无毒、不燃等）作工况介质，如液体可取水而气体取空气。在均相反应系统中传递特性基本上可用物料在反应器内停留时间分布规律来归纳。

(4) 综合反应规律和传递规律进行反应器的定量计算

均相反应器中物料的流动特性大体可分为：①平推流反应器或间歇操作的带充分搅拌的釜式反应器。这部分反应器的典型特征是物料在反应器内不返混，因此方差为 0（$\sigma_\theta^2 = 0$）。②全混流反应器（充分搅拌的釜式反应器连续操作过程）。这类反应器的典型特征是物料在反应器中充分返混，因此其方差为 1（$\sigma_\theta^2 = 1$）。③非理想流动反应器。这类反应器中物料属于部分返混，其方差在 0 与 1 之间（$0 < \sigma_\theta^2 < 1$）。这类反应器的计算将是选择某非理想流动模型来进行。

(5) 热模试验检验模型的等效性

在最终选定的反应器内（或与冷模试验相同的基本单元内）按实际操作条件进行操作，将实验取得的数据与步骤（4）计算结果相比较。若两者吻合较好，说明上述计算正确。若实验值与计算值相差较大，说明步骤（4）选定的模型不适用，需另行选择，直到两者较为吻合为止。

用模型法解决化学反应工程问题得到的只是近似解，模型与原型之间存在差异，使模型计算的结果与原型结果不完全相同，因此要用热模试验加以验证。此外对某一问题可能有多个模型可被选用，例如非理想流体的计算有离析流模型、多釜串联模型、轴向扩散模型等，对同一原型用不同模型计算结果存在差异，有的差异较大，故合理选择模型也是至关重要的。

【**工程案例**】研究方法映衬理论联系实际。非理想流动反应器是针对实际的反应装置，特别是大型装置，物料流动会偏离理想流动存在返混，因此流体流动的模型通常采用停留时间分布模型，并结合动力学方程来进行反应器的计算，利用工程思维进行实际反应器的设计。对实际反应器的设计研究走过了一条理论联系实际、从实践中来到实践中去的发展道路。

实际生产生活中为了输送葡萄酒，从制酒中心到分配点将建造一条 10 公里长的管线，红的和白的葡萄酒依次流过这条管线。实际上，当从一种酒换成另一种时，形成了"玫瑰色"区域，因为"玫瑰酒"不受欢迎，在市场上不能卖到好价格，所以应该使"玫瑰酒"的量最小。

（1）在转换操作中，已知 Re 值时，管径的大小对所生成的"玫瑰酒"的量有什么影响？

（2）在湍流区体积流量固定的情况下，转换操作时，采用多大的管径才能使生成的"玫瑰酒"最小？

（3）假设现在管线正在工作，为使"玫瑰酒"生成量最小，应选用多大的流率？

解 因为这管线是足够长的，所以可用分散模型，即：

$$\sigma_\theta^2 = 2\left(\frac{D}{uL}\right)$$

σ_θ^2 或 $\dfrac{D}{uL}$ 是生成的"玫瑰酒"宽度的直接量度，由此可求得"沾污"体积。

（1）在 Re 值固定的情况下，考虑不同的管径大小

$$\frac{D}{uL} = \left(\frac{D}{ud_t}\right)\left(\frac{d_t}{L}\right) \propto d_t$$

对于 Re 值固定的流体，$\dfrac{D}{ud_t}$ 项为常数，又因为 L 是固定的，所以 $\dfrac{d_t}{L}$ 仅是 d_t 的函数，因此：

$$(沾污宽度)^2 \propto \frac{D}{uL} = \frac{D}{ud_t} \times \frac{d_t}{L} \propto d_t$$

即沾污宽度正比于 $\sqrt{d_t}$，所以在转换时，生成的"玫瑰酒"量 = （宽度 × 面积）$\propto d_t^{2.5}$。

（2）固定湍流体积流量时，求使生成的"玫瑰酒"量最小的 d_t

对于固定的体积流量，$u \propto \dfrac{1}{d_t^2}$，$Re \propto \dfrac{1}{d_t}$。因此：

$$(沾污宽度)^2 \propto \frac{D}{ud_t} \times \frac{d_t}{L}$$

同时可知

$$\frac{D}{ud_t} \propto \frac{1}{Re^{0\sim1}} \propto \frac{1}{d_t^{0\sim1}}$$

所以

$$(沾污宽度)^2 \propto d_t^{1\sim2}$$

沾污体积 = （宽度）（面积）= $d_t^{0.5\sim1}(d_t)^2 = d_t^{2.5\sim3}$

所以应该采用最小的可用的管径，但是 Re 值和输送价格要高。

(3) 在现有管线上求最佳的流率

因为仅仅 u 是变量时　　　(沾污宽度)$^2 = \dfrac{D}{ud_t} \times \dfrac{d_t}{L}$

用高的 Re 值或非常低的 Re 值，偏离 $Re = 2300$，可使 $\dfrac{D}{ud_t}$ 项减小。

习　题

4-1　设 $F(\theta)$ 及 $E(\theta)$ 分别为闭式流动反应器的停留时间分布函数及停留时间分布密度函数，t 为对比时间。

(1) 若该反应器为平推流反应器，试求：$F(1)$、$E(1)$、$F(0.8)$、$E(0.8)$、$E(1.2)$；

(2) 若该反应器为一个全混流反应器，试求：$F(1)$、$E(1)$、$F(0.8)$、$E(0.8)$、$E(1.2)$；

(3) 若该反应器为一个非理想流动反应器，试求：$F(\infty)$、$F(0)$、$E(\infty)$、$E(0)$、$\int_0^\infty E(\theta)\mathrm{d}\theta$、$\int_0^\infty \theta E(\theta)\mathrm{d}\theta$。

4-2　一般情况下，相应 E 值最大时的 t，是否为平均停留时间，为什么？

4-3　用脉冲输入法在反应器进口流体中加入 $KMnO_4$ 示踪溶液。从加入示踪剂开始，将测得出口液体中的 $KMnO_4$ 浓度列于下表。

t/s	0	300	600	900	1200	1500
$c_{KMnO_4} \times 10^3/\mathrm{kg \cdot m^{-3}}$	0	2.0	6.0	12.0	12.0	10.0
t/s	1800	2100	2400	2700	3000	
$c_{KMnO_4} \times 10^3/\mathrm{kg \cdot m^{-3}}$	5.0	2.0	1.0	0.5	0	

(1) 试绘出 $F(t)$ 和 $E(t)$ 曲线；

(2) 计算平均停留时间；

(3) 若反应器中的流动可用轴向扩散模型描述，计算 Pe 准数值。

4-4　用阶跃法测定某一闭式流动反应器的停留时间分布，得到离开反应器的示踪物浓度与时间的关系如下：

$$c(t) = \begin{cases} 0, & t \leqslant 2 \\ t-2, & 2 \leqslant t \leqslant 3 \\ 1, & t \geqslant 3 \end{cases}$$

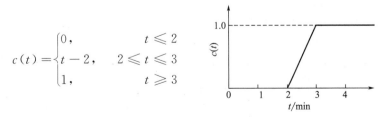

试求：

(1) 该反应器的停留时间分布函数 $F(\theta)$ 及分布密度函数 $E(\theta)$。

(2) 数学期望 $\bar{\theta}$ 及方差 σ_t^2。

(3) 若用多釜串联模型来模拟反应器，则模型参数是多少？

（4）若用轴向扩散模型来模拟该反应器，则模型参数是多少？

（5）若在此反应器内进行一级不可逆反应，反应速率常数 $k=1\mathrm{min}^{-1}$，且无副反应，试求反应器出口转化率。

4-5 磷化氢在高温下分解为一级不可逆反应：

$$4PH_3\ (g)\longrightarrow P_4\ (g)+6H_2\ (g),\ r=kc_{PH_3}$$

分解在 945K 下等温进行，已知 945K 下 $k=2.92\times10^{-6}\mathrm{s}^{-1}$，$PH_3$ 初始浓度为 400mol·m^{-3}。气流量 $V_0=2.78\times10^5\mathrm{mol\cdot s^{-1}}$（操作状态计），反应器容积 $V_r=1\mathrm{m}^3$。

（1）若流动按轴向扩散模型描述，$\dfrac{D_a}{uL}=0.1$。计算出口气体中 PH_3 的浓度。

（2）若流动用 $N=3$ 的多釜串联模型描述，其他条件相同，计算出口气体中 PH_3 的浓度。

4-6 用脉冲输入法测得某反应器的停留时间分布数据如下表所示。

t/s	1	2	3	4	5	6	8	10	15	20	30	41	52	67
$c(t)$/g·cm^{-3}	9	57	81	90	90	86	77	67	47	32	15	7	3	1

在该反应器中进行均相一级反应 $A+B\longrightarrow R$。已知 $c_{A0}=c_{B0}$，$c_{R0}=0$。进料量和测定停留时间分布时相同。若按平推流计算的转化率可达到 0.99，试计算：

（1）轴向扩散模型的转化率。

（2）若用多釜串联模型，模型参数 N 和转化率应为多少？

4-7 用阶跃法测定某一闭式流动反应器的停留时间分布，得到离开反应器的示踪物浓度与时间关系如下：

t/s	0	15	25	35	45	55	65	75	90	100
$c(t)$/g·cm^{-3}	0	0.5	1.0	2.0	4.0	5.5	6.5	7.0	7.7	7.7

（1）试求该反应器的停留时间分布及平均停留时间。

（2）若在该反应器内的物料为微观流体，且进行一级不可逆反应，反应速率常数 $k=0.05\mathrm{s}^{-1}$，预计反应器出口处的转化率。

（3）若反应器内的物料为宏观流体，其他条件不变，试问反应器出口处的转化率又是多少？

4-8 为了测定一个闭式流动反应器的停留时间分布，采用脉冲示踪法，测得反应器出口物料中示踪物浓度如下：

t/min	0	1	2	3	4	5	6	7	8	9	10
$c(t)$/g·L^{-1}	0	0	3	5	6	6	4.5	3	2	1	0

试计算：

（1）反应物料在该反应器中的平均停留时间 $\bar{t}$ 和方差 σ_t^2；

（2）停留时间小于 4.0min 的物料所占的分率。

4-9 已知一等温闭式液相反应器中的停留时间分布密度函数：$E(t) = 16t\mathrm{e}^{-4t}\ \mathrm{min}^{-1}$。试求：

(1) 平均停留时间、空时和空速；

(2) 停留时间小于 1min 和大于 1min 的物料所占的分率；

(3) 若用多釜串联模型拟合，该反应器相当于几个等体积的全混釜串联？

(4) 若用轴向扩散模型拟合，则模型参数 Pe 为多少？

(5) 若反应物料为微观流体，且进行一级不可逆反应，其反应速率常数为 $6\ \mathrm{min}^{-1}$，$c_{A0} = 1\ \mathrm{mol \cdot L}^{-1}$，试分别采用轴向扩散模型和多釜串联模型计算反应器出口转化率，并加以比较；

(6) 若反应物料改为宏观流体，其他条件与上述相同，试估计反应器出口转化率，并与微观流体的结果加以比较。

4-10 微观流体在全长为 10m 的等温管式非理想流动反应器中进行二级不可逆液相反应，其反应速率常数 k 为 $0.266\ \mathrm{L \cdot mol^{-1} \cdot s^{-1}}$，进料浓度 c_{A0} 为 $1.6\ \mathrm{mol \cdot L^{-1}}$，物料在反应器内的线速度为 $0.25\ \mathrm{m \cdot s^{-1}}$，实验测定反应器出口转化率为 80%，为了减少返混的影响，现将反应器长度改为 40m，其他条件不变，试估计延长后的反应器出口转化率将为多少？

4-11 在一个全混流釜式反应器中，等温条件下进行零级反应 A $\longrightarrow$ B，反应速率 $R_A = 9\ \mathrm{mol \cdot min^{-1} \cdot L^{-1}}$，进料浓度 c_{A0} 为 $10\ \mathrm{mol \cdot L^{-1}}$，流体在反应器内的平均停留时间 $\bar{t}$ 为 1min，请按下述情况分别计算反应器出口转化率：(1) 若反应物料为微观流体；(2) 若反应物料为宏观流体。并将上述计算结果加以比较。

4-12 在具有如下停留时间分布的反应器中，等温进行一级不可逆反应 A $\longrightarrow$ P，其反应速率常数为 $2\ \mathrm{min}^{-1}$。

$$E(t) = \begin{cases} 0 & (t < 1) \\ \exp(1-t) & (t \geqslant 1) \end{cases}$$

试分别用轴向扩散模型及离析流模型计算该反应器的出口转化率，并对计算结果进行比较。

4-13 在一个全混流反应器与一个平推流反应器构成的串联反应系统内，相同的温度及空时下进行同样的反应，若全混流反应器和平推流反应器的空时均等于 1min，串联反应系统进口流体中 $c_{A0} = 1\ \mathrm{kmol \cdot m^{-3}}$，试计算：(1) 全混流反应器在前、平推流反应器在后，(2) 平推流反应器在前、全混流反应器在后，两种系统分别达到的转化率。假设所进行的反应为：(1) 为一级反应；(2) 为二级反应。反应温度下两者的反应速率常数分别为 $1\ \mathrm{min}^{-1}$ 及 $1 \times 10^3\ \mathrm{m^3 \cdot mol^{-1} \cdot min^{-1}}$。

4-14 求宏观流体在两个大小相同的混合式流动反应器中进行二级反应的转化率表达式；假如微观流体的转化率为 99%，具有同样反应速率的宏观流体其转化率应为多少？

4-15 在某流动反应器中进行等温液相分解反应，反应速率 $r_A = kc_A$，速率常数 $k = 0.307\ \mathrm{min}^{-1}$，对该反应器的脉冲示踪得到如下所示的数据，试分别用多釜串联模型和轴向扩散模型计算其反应器出口转化率。

时间 t/min	0	5	10	15	20	25	30	35
出口示踪物浓度 c/g·L^{-1}	0	3	5	5	4	2	1	0

第 5 章

气-固相催化反应器

5.1 概述

根据反应物系相态的不同，化学反应可分为均相反应与非均相反应。非均相反应也称为多相反应，按其相态的不同可分为气-固、气-液、液-固、固-固以及气-液-固等反应。化学反应按是否使用催化剂又可分为催化反应和非催化反应。气-固相催化反应一般是指用固体物质作为催化剂的气体组分之间的反应。气-固相催化反应在化学工业中占有极其重要的地位，也是化学反应工程研究重要的领域之一。在化工生产中，有许多重要的反应都是气-固相催化反应，如合成氨、水煤气变换、甲烷转化、乙烯的氧化、二氧化硫的氧化、甲醇合成，以及醛氨缩合制备吡啶等反应。我国在多相反应器领域的研究起步较晚，自改革开放以来，国内一方面大量引进国外先进装置，另一方面消化引进的先进技术设备并大力加强开发研究，使我国的大型多相催化反应装置取得了很大的进展，气-固相催化反应器的开发、研究、设计及制造已具有较高水平。

由于反应在固体催化剂表面上进行，反应速率必然与催化剂性质包括表面性质有关，因此，为了增大催化剂的表面积，多数情况下催化剂被制成多孔颗粒状。化学反应主要在孔道内表面进行，总反应过程的速率必定受气体组分通过气膜的扩散和通过颗粒内部微孔扩散的影响。为了弄清这些传递和反应步骤，首先介绍固体催化剂颗粒的宏观结构和性质。

5.1.1 固体催化剂的组成与结构

固体催化剂一般有固体酸、金属、金属氧化物及金属硫化物等，固体催化剂的组成包括活性组分、助催化剂和载体。活性组分也称主催化剂，它是起催化作用的主要组分。助催化剂简称助剂，也称促进剂，它是催化剂中占量较少的物质，虽然它本身无催化活性，即使有也较小，但加入后可大大提高主催化剂的活性、选择性和延长其使用寿命。载体是担载活性组分和助催化剂的组分，如乙烯氧化制环氧乙烷中的 Ag 就是负载在 α-Al_2O_3 上。

固体催化剂通常由细小的颗粒挤压成型，形成孔径大小不一、通道不规则的多孔颗粒，具有大的比表面积。根据反应体系的不同，通常对固体催化剂的活性、寿命、机械强度、导热性能、形貌和粒度等有不同的要求。

固体催化剂的平均孔径 $\overline{r_L}$ 的定义如式(5-1)

$$\overline{r_L} = 2V_g/S_g \tag{5-1}$$

式中，V_g 为孔容，即单位质量催化剂颗粒的微孔体积；S_g 为催化剂颗粒的比表面积。

多孔颗粒的孔隙率 ε_p，即催化剂孔容积占整个催化剂颗粒体积的百分率：

$$\varepsilon_p = \frac{V_{孔}}{V_{颗粒}} = \frac{m_p V_g}{m_p / \rho_s + m_p V_g} = \frac{1}{1 + 1/(V_g \rho_s)}$$

或
$$\varepsilon_p = V_g \rho_p \tag{5-2}$$

式中，ρ_p 为催化剂的颗粒密度或表观密度，即催化剂颗粒的质量与颗粒的体积之比。

除了颗粒密度之外，还有真密度 ρ_s 和堆密度 ρ_b，其定义分别表示为：

$$\rho_p = \frac{固体的质量}{颗粒的体积} = \frac{m_p}{V_{颗粒}}, \quad \rho_s = \frac{固体的质量}{固体的体积} = \frac{m_p}{V_{固体}}, \quad \rho_b = \frac{固体的质量}{堆体积} = \frac{m_p}{V_{堆积}} \tag{5-3}$$

式中，m_p 为固体的质量；$V_{颗粒}$ 为颗粒骨架的体积；$V_{固体}$ 为颗粒固体体积，包括骨架体积及孔体积；$V_{堆积}$ 为颗粒的堆积体积，包括骨架体积、孔体积及颗粒间体积。

床层空隙率 ε_B 与 ε_p（颗粒孔隙率）是不同的，床层空隙率是对一堆颗粒而言，其意义为颗粒间的空隙体积与床层体积之比，即颗粒间的体积占整个催化剂体积的百分率。

$$\varepsilon_B = \frac{V_{堆积} - V_{颗粒}}{V_{堆积}} = 1 - \frac{V_{颗粒}}{V_{堆积}} = 1 - \frac{m_p / \rho_p}{m_p / \rho_b} = 1 - \frac{\rho_b}{\rho_p} \tag{5-4}$$

催化剂所具有的多孔表面通常由近真表面、低密勒指数表面、高密勒指数表面和晶体缺陷来描述。如近真表面认为催化剂表面具有平台、台阶、空位、阶梯、扭曲以及吸附原子，晶体缺陷认为表面缺陷部位常常比较活泼，表面能大，处于不稳定状态，它们是吸附和催化的活性中心点位。

5.1.2 气-固相催化过程

气-固相催化反应的反应物和产物一般均为气体；使用固体催化剂，具有大的内表面；反应区主要在催化剂颗粒内表面。一个装有催化剂颗粒的固定床催化反应器如图 5-1 所示。

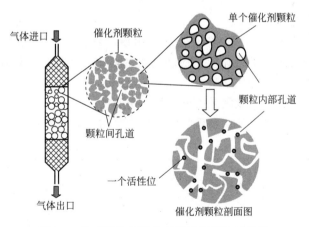

图 5-1 装有催化剂颗粒的固定床催化反应器

由于催化剂颗粒内部为纵横交错的孔道，其外表面则被气体层流边界层包围，气-固相催化反应中反应物 A 必须从气相主体向催化剂表面传递，反之，在催化剂表面生成的产物 B 又必须从催化剂表面向气相主体扩散，整个反应过程是由物理过程和化学反应过程组成的，反应分 5 步进行。其具体过程步骤可叙述如下（图 5-2 中的标号与下列序号相对应）：

① 反应物从气相主体扩散到颗粒外表面——外扩散；

② 反应物从颗粒外表面扩散进入颗粒内部的微孔——内扩散；

③ 反应物在微孔的表面进行化学反应，反应分三步串联而成，即反应物在活性位上被

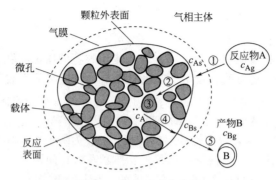

图 5-2　催化反应的步骤

吸附、吸附态组分进行化学反应、吸附态产物脱附；

　　④ 反应产物从内表面扩散到颗粒外表面；

　　⑤ 反应产物从颗粒外表面扩散到气相主体。

　　第①、⑤步称为外扩散过程，第②、④步称为内扩散过程，第③步称为本征动力学过程。在颗粒内表面上发生的内扩散和本征动力学是同时进行的，相互交织在一起，因此称为扩散-反应过程，即宏观动力学过程。

5.2 气-固非均相催化反应本征动力学

5.2.1 催化剂表面上的吸附与脱附

（1）物理吸附和化学吸附

　　在多孔催化剂上进行的气-固相催化反应，由反应物在位于催化剂内表面的活性位上的化学吸附、活化吸附态组分进行化学反应和产物的脱附三个连串步骤组成，因此，气-固相催化反应本征动力学的基础是化学吸附。

　　气体分子在固体表面上的吸附是由分子间力引起的。根据气体与固体表面分子间力的性质和大小，吸附可分为两种类型：物理吸附和化学吸附（见表 5-1）。

表 5-1　物理吸附与化学吸附的比较

项目	物理吸附	化学吸附
吸附剂	所有固体	某些固体
产生原因	分子间力	化学键力
可逆性	可逆吸附	一般为不可逆
选择性	差	好
覆盖情况	可单层，也可多层	单层
吸（脱）附速率	快	慢
热效应	$2 \sim 20 kJ \cdot mol^{-1}$	$80 \sim 400 kJ \cdot mol^{-1}$
温度效应	温度提高，吸附量减小	温度提高，吸附量增加

（2）表面吸附模型

描述吸附等温线的模型有两类：理想吸附（Langmuir 均匀表面吸附）模型和真实吸附（不均匀表面吸附）模型（如 Freundlich 模型等）。

1）Langmuir 吸附等温线模型

Langmuir 吸附等温线模型应用甚广，其基本假定如下。

① 均匀表面（或称理想表面），即催化剂表面各处的吸附能力是均一的，或者说是能量均匀的表面。每一活性点吸附一个分子，吸附热与表面已被吸附的程度如何无关。对于真实的非均匀表面，如各活性中心具有相同的吸附性，而其余部分的活性可以不计，或者全表面可用一平均活性代表，那么本模型仍可适用。

② 单分子层吸附。因为在化学吸附时，被吸附的分子与固体催化剂表面间存在类似于化学键的结合，所以催化剂表面最多能吸附一层分子。

③ 被吸附的分子间互不影响，也不影响别的分子的吸附。

④ 吸附的机理均相同，吸附形成的络合物亦均相同。

单分子吸附

在单分子吸附时，气体分子不断撞击到催化剂表面上而有一部分被吸附住，但由于分子的各种动能，也有一些吸附的分子脱附下去，最后达到动态的平衡。设固体表面被吸附分子所覆盖的分率（覆盖率）为 θ，则裸露部分的分率便为 $(1-\theta)$。吸附上去的速率 r_a 应与裸露面积的大小及气相分压（即代表气体分子与表面的碰撞次数）成正比，因此对于分子 A 在活性点 σ 上的吸附，其机理可写成：

$$A + \sigma \underset{k_d}{\overset{k_a}{\rightleftharpoons}} A\sigma$$

式中，k_a、k_d 分别为吸附速率常数和脱附速率常数。

吸附速率为：
$$r_a = k_a p_A (1 - \theta_A)$$

而脱附速率为：
$$r_d = k_d \theta_A$$

当达到吸附平衡时，则 $r_a = r_d$，故可得吸附等温线式：

$$\theta_A = \frac{K_A p_A}{1 + K_A p_A} \tag{5-5}$$

式中，$K_A = \dfrac{k_a}{k_d}$，为 A 的吸附平衡常数。

如吸附的机理不同，则 θ 的表示式亦不同。

单分子解离吸附

当单分子解离吸附时（如 $H_2 \rightleftharpoons 2H$），

$$A_2 + 2\sigma \rightleftharpoons 2A\sigma$$

则
$$r_a = k_a p_A (1 - \theta_A)^2, \quad r_d = k_d \theta_A^2$$

在平衡时，$r_a = r_d$，故可得：
$$\theta_A = \frac{(K_A p_A)^{1/2}}{1 + (K_A p_A)^{1/2}} \tag{5-6}$$

可见如 A 为解离吸附，则 $(K_A p_A)$ 项为 1/2 次方。

混合竞争吸附

当多分子同时被吸附且不解离时，则裸露活性点所占的分率为 $\theta_V = 1 - \sum\limits_i \theta_i$。如为非解离性吸附，则不难导出：

$$\theta_V = 1 - \sum_i \theta_i = \frac{1}{1 + \sum_i K_i p_i}$$

而
$$\theta_i = \frac{K_i p_i}{1 + \sum_i K_i p_i} \tag{5-7}$$

2) Freundlich 模型

为了描述非均匀表面的吸附性质，Freundlich 模型假定为：①固体表面的吸附活性是不均一的；②吸附是单分子层的；③被吸附气体分子是定域的，且彼此之间没有作用力，吸附热是随表面覆盖率的增加而按幂指数关系减少的。于是吸附速率和脱附速率分别写为：

$$r_a = k_a p_A \theta_A^{-\alpha}, \quad r_d = k_d \theta_A^{\beta}$$

由此可以得出：
$$\theta_A = b p_A^{1/n} \tag{5-8}$$

式中，α、β、b、n 均为常数，依赖于吸附剂、吸附质的种类和吸附温度。

而且 $\alpha + \beta = n$，$n > 1$，$b = (k_a/k_d)^{1/n}$。n 反映了吸附作用的强度，b 与吸附相互作用、吸附量有关。

此式适用于低覆盖率的情况，它的形式比较简单，因此应用亦较广。

5.2.2 反应速率控制步骤

对于非均相反应，如果其中的某一步骤的速率与其他各步的速率相比要慢得很多，以致整个反应的速率取决于这一步速率，那么，该步骤就称为控制步骤。譬如吸附控制的过程，其反应速率就等于吸附速率，其他各步的速率都相对快很多，以致内、外扩散的阻力完全可以忽略不计，组分在表面上的化学反应始终达到平衡状态。又如对于表面反应控制的过程，则只有表面上所起的化学反应这一步骤是最慢的，其他吸附等各个步骤都可认为达到了平衡的状态。由于吸附、脱附及表面反应都与催化剂的表面直接相关，故吸附控制、表面反应控制和脱附控制称为动力学控制，以与外扩散控制及内扩散控制的情况相区别。应当指出，作为工业的催化过程，除少数反应速率为极快的情况（如氨在铂丝上的氧化）外，一般都不会采用在外扩散控制的条件（如很低的流速）下操作的。

如果反应的每步速率不是相差得那么大，那么就没有哪一步可作为控制步骤，而其余各步也不能认为已达到平衡状态了。前述有控制步骤的那些情况也只是其中的一些特例，不过采用有控制步骤的方法来处理气-固相动力学问题是常见的。

由于吸附表面有理想表面与非理想表面两类不同假定，吸附等温线的方程形式亦因此而异，所以推导得的动力学方程式也就不相同。

5.2.3 本征动力学速率方程

正如前所述，图 5-2 气-固催化反应过程中①和⑤为外扩散过程，②和④为内扩散过程，③为本征动力学过程，本征动力学过程主要包括三步：吸附、表面反应和脱附。下面讨论这三步分别作为控制步骤时的本征动力学速率方程。

(1) 表面反应控制

以可逆反应为例 $A + B \Longleftrightarrow R + S$，设想其机理步骤如下：

A 的吸附：$A + \sigma \Longleftrightarrow A\sigma$

B 的吸附：$B + \sigma \Longleftrightarrow B\sigma$

表面反应：$A\sigma + B\sigma \underset{\overleftarrow{k_S}}{\overset{\overrightarrow{k_S}}{\rightleftharpoons}} R\sigma + S\sigma$ 。

R 的脱附：$R\sigma \rightleftharpoons R + \sigma$

S 的脱附：$S\sigma \rightleftharpoons S + \sigma$

而且反应控制步骤为：
$$A\sigma + B\sigma \underset{\overleftarrow{k_S}}{\overset{\overrightarrow{k_S}}{\rightleftharpoons}} R\sigma + S\sigma$$

则可写出反应速率式为：

$$r = r_A = \overrightarrow{k}_S \theta_A \theta_B - \overleftarrow{k}_S \theta_R \theta_S = \overrightarrow{k}_S \left(\theta_A \theta_B - \frac{\theta_R \theta_S}{K_r} \right) \tag{5-9}$$

式中，$\overrightarrow{k}_S$ 是表面正方向的反应速率常数（Reaction Rate Constant）；$\overleftarrow{k}_S$ 是表面逆方向的反应速率常数。

由 Langmuir 吸附等温式（θ_A、θ_B 与 p_A、p_B 的关系）可得：

$$\theta_A = \frac{K_A p_A}{1 + K_A p_A + K_B p_B + K_R p_R + K_S p_S}$$

$$\theta_B = \frac{K_B p_B}{1 + K_A p_A + K_B p_B + K_R p_R + K_S p_S}$$

$$\theta_R = \frac{K_R p_R}{1 + K_A p_A + K_B p_B + K_R p_R + K_S p_S}$$

$$\theta_S = \frac{K_S p_S}{1 + K_A p_A + K_B p_B + K_R p_R + K_S p_S}$$

代入式(5-9) 中，得到：

$$r_A = \frac{k(p_A p_B - p_R p_S / K)}{(1 + K_A p_A + K_B p_B + K_R p_R + K_S p_S)^2} \tag{5-10}$$

式中，$k = \overrightarrow{k}_S K_A K_B$，$K_r = \overrightarrow{k}_S / \overleftarrow{k}_S$，$K = \overrightarrow{k}_S K_A K_B / (\overleftarrow{k}_S K_R K_S) = K_r K_A K_B / (K_R K_S)$。其中 K_r 是表面反应的平衡常数，K 为反应的化学平衡常数〔不难看出，当化学反应达到平衡时，$r = 0$，上式正好得到化学平衡常数的定义式，即 $K = p_R p_S / (p_A p_B)$〕。

从式(5-10) 分子中的这两项可推知是一可逆反应，从分母的各项可推知 A、B、R 和 S 四种物质都是被吸附的，而从括号上的平方就可以知道控制步骤是牵涉两个活性点之间的反应的。

除上述情形之外，表面反应控制的其他动力学方程如何推导呢？

① 以不可逆反应 $A + B \longrightarrow R + S$ 为例，可设想其机理步骤如下：

A 的吸附：$A + \sigma \rightleftharpoons A\sigma$

B 的吸附：$B + \sigma \rightleftharpoons B\sigma$

表面反应：$A\sigma + B\sigma \overset{\overrightarrow{k_S}}{\longrightarrow} R\sigma + S\sigma$

R 的脱附：$R\sigma \rightleftharpoons R + \sigma$

S 的脱附：$S\sigma \rightleftharpoons S + \sigma$

其中表面反应为控制步骤，其他的各步骤则都被认为达到了平衡。

因表面反应速率是与吸附的 A 与 B 的量成正比的，故：

$$r = r_{反应} = r_A = \overrightarrow{k}_S \theta_A \theta_B$$

由于吸附或脱附达到了平衡，则 Langmuir 吸附等温式(θ_A、θ_B 与 p_A、p_B 的关系）可直接代入，即得：

$$r = \frac{\vec{k}_S K_A p_A K_B p_B}{(1 + K_A p_A + K_B p_B + K_R p_R + K_S p_S)^2} = \frac{K p_A p_B}{(1 + K_A p_A + K_B p_B + K_R p_R + K_S p_S)^2}$$

(5-11)

式中，$K = \vec{k}_S K_A K_B$。

对于表面覆盖率极低（各组分的吸附极弱）的情况，则：

$$K_A p_A + K_B p_B + K_R p_R + K_S p_S \ll 1$$

于是反应速率便简化成与一般均相反应速率式相同的形式：

$$r = K p_A p_B$$

② 如 A 在吸附时解离，且控制步骤为可逆反应时，对反应 $A_2 + B \rightleftharpoons R + S$，设想其机理步骤如下：

A 的解离吸附：$A_2 + 2\sigma \rightleftharpoons 2A\sigma$

B 的吸附：$B + \sigma \rightleftharpoons B\sigma$

表面反应：$2A\sigma + B\sigma \rightleftharpoons R\sigma + S\sigma + \sigma$

R 的脱附：$R\sigma \rightleftharpoons R + \sigma$

S 的脱附：$S\sigma \rightleftharpoons S + \sigma$

而且反应控制步骤为：$2A\sigma + B\sigma \rightleftharpoons R\sigma + S\sigma + \sigma$

因此反应速率为：

$$r = r_A = \vec{k}_S \theta_A^2 \theta_B - \overleftarrow{k}_S \theta_R \theta_S \theta_V = \frac{k(p_A p_B - p_R p_S / K)}{(1 + \sqrt{K_A p_A} + K_B p_B + K_R p_R + K_S p_S)^3}$$

(5-12)

从分母中含 $\sqrt{K_A p_A}$ 项就可知道 A 是解离吸附的，而 3 次方则表示有 3 个活性点参加此控制步骤的反应。

③ 如果有不可逆反应 $A + B \longrightarrow R + S$，且 B 不吸附，它与吸附的 A 之间的反应速率是控制步骤，则机理可设想为：

$$A + \sigma \rightleftharpoons A\sigma$$

$$A\sigma + B \xrightarrow{\vec{k}_S} R + S + \sigma$$

而且表面反应为控制步骤，因此反应速度为：

$$r = r_A = \vec{k}_S \theta_A p_B = \frac{k p_A p_B}{1 + K_A p_A}$$

(5-13)

式中，$k = \vec{k}_S K_A$。

④ 对反应 $A + B \longrightarrow R$，若催化剂表面上存在两类不同的活性中心 σ_1 及 σ_2，如其中 σ_1 吸附 A，而 σ_2 则吸附 B 及 R，假设机理为：

A 的吸附：$A + \sigma_1 \rightleftharpoons A\sigma_1$

B 的吸附：$B + \sigma_2 \rightleftharpoons B\sigma_2$

表面反应：$A\sigma_1 + B\sigma_2 \longrightarrow R\sigma_2 + \sigma_1$

R 的脱附：$R\sigma_2 \rightleftharpoons R + \sigma_2$

则有：

$$\theta_{A1} + \theta_{V1} = 1$$

$$\theta_{B2} + \theta_{R2} + \theta_{V2} = 1$$

下标 1 及 2 分别表示两类不同的活性中心。如为表面反应控制，则利用上面讲过的方法，最后可得出如下形式的结果：

$$r = \overrightarrow{k}_S \theta_{A1} \theta_{B2} = \frac{k p_A p_B}{(1 + K_A p_A)(1 + K_B p_B + K_R p_R)} \tag{5-14}$$

式中，$k = \overrightarrow{k}_S K_A K_B$。

（2）吸附控制

以可逆反应 $A + B \Longleftrightarrow R + S$ 为例，如 A 的吸附是控制步骤，其机理可设想为：

A 的吸附：$A + \sigma \underset{k_{dA}}{\overset{k_{aA}}{\rightleftharpoons}} A\sigma$

B 的吸附：$B + \sigma \Longleftrightarrow B\sigma$

表面反应：$A\sigma + B\sigma \Longleftrightarrow R\sigma + S\sigma$

R 的脱附：$R\sigma \Longleftrightarrow R + \sigma$

S 的脱附：$S\sigma \Longleftrightarrow S + \sigma$

反应速率即等于 A 的吸附速率，而 A 的吸附速率是与 A 的分压及裸露的活性点数成正比例的，脱附速率则与 A 的覆盖率成正比，故净吸附速率为：

$$r = r_{吸附} = r_A = k_{aA} p_A \theta_V - k_{dA} \theta_A$$

由于其余各步都迅速达到了平衡状态，但此时既有吸附平衡又有化学反应平衡共存，需分别对各步骤按正、逆方向速率相等来进行推导，故有：

$$\frac{\theta_B}{p_B \theta_V} = K_B, \quad \frac{\theta_R \theta_S}{\theta_A \theta_B} = K_r, \quad \frac{\theta_R}{p_R \theta_V} = K_R, \quad \frac{\theta_S}{p_S \theta_V} = K_S$$

另外，

$$\theta_V + \theta_A + \theta_B + \theta_R + \theta_S = 1$$

由此 5 个方程式可解出 θ_A、θ_B、θ_R、θ_S 和 θ_V，但仅需解出 θ_A、θ_V 速率方程式即可表示：

$$\theta_A = \frac{\theta_R \theta_S}{K_r \theta_B} = \frac{K_A}{K} \times \frac{p_R p_S}{p_B} \theta_V$$

$$\theta_V = \frac{1}{1 + K_A \dfrac{p_R p_S}{K p_B} + K_B p_B + K_R p_R + K_S p_S}$$

则

$$r = \frac{k[p_A - p_R p_S/(p_B K)]}{1 + K_A \dfrac{p_R p_S}{K_S p_B} + K_B p_B + K_R p_R + K_S p_S} \tag{5-15}$$

式中，$k = k_{aA}$。

（3）脱附控制

以 $A + B \Longleftrightarrow R$ 的反应为例，假设机理为：

A 的吸附：$A + \sigma \Longleftrightarrow A\sigma$

B 的吸附：$B + \sigma \Longleftrightarrow B\sigma$

表面反应：$A\sigma + B\sigma \Longleftrightarrow R\sigma + \sigma$

R 的脱附：$R\sigma \underset{k_{aR}}{\overset{k_{dR}}{\rightleftharpoons}} R + \sigma$

若 R 的脱附为控制步骤，则：

$$r = r_{脱附} = r_A = k_{dR} \theta_R - k_{aR} p_R \theta_V$$

因其余三步迅速达到平衡，有：

$$\theta_A = K_A p_A \theta_V , \quad \theta_B = K_B p_B \theta_V , \quad K_r \theta_A \theta_B = \theta_R \theta_V , \quad \theta_A + \theta_B + \theta_R + \theta_V = 1$$

联立解出 θ_V、θ_R，可得到：

$$r = \frac{k(p_A p_B - p_R/K)}{1 + K_A p_A + K_B p_B + K_R p_A p_B} \tag{5-16}$$

式中，$k = k_{aR} K$。同时注意到分母项无平方，表明控制步骤只有一个活性中心参与了反应。

利用以上所讲的方法，不难对各种不同的反应机理和控制步骤写出它相应的反应速率式来。总之，根据此方法导出的动力学方程式其一般形式为：

$$r = (\text{动力学项}) \times \frac{(\text{推动力})}{(\text{吸附项})^n}$$

在方程中，动力学项包括速率控制步骤的反应平衡常数、吸附平衡常数等，即为表观速率常数，主要受温度的影响；推动力项指的是化学反应接近平衡的程度，离平衡越远，推动力越大，反应速率也越大，该项内不包括催化剂的相关参数，因为催化剂不影响反应的平衡；吸附项指的是反应速率受吸附影响而降低的程度，用各反应的中间体以及活性空位在催化剂表面的分布程度来表示，如果反应物是解离吸附的，该项就会出现二次方项；指数 n 指的是活性位在反应的速率控制步骤中出现的个数，通常是0，1，2。

5.3 气-固非均相催化体系的宏观动力学

5.3.1 气体在多孔介质中的内扩散

气体反应物和产物的扩散对气-固相催化反应有重要的影响。大多数工业气-固相催化反应器操作气速较高，在此情况下外扩散对反应过程速率的影响通常可以忽略，本节只考虑颗粒内的扩散问题。

作为多孔物质的催化剂，颗粒内的扩散现象是很复杂的。除扩散路径的长短、大小极不规则外，孔的大小不同时，气体分子的扩散机理亦会有所不同。目前普遍认为，固体催化剂中气体的扩散形式有：分子扩散（Molecular Diffusion）、努森扩散（Kundson Diffusion）、构型扩散（Configuration Diffusion）和表面扩散（Surface Diffusion）。

当催化剂的孔半径和分子大小的数量级相同时，分子在微孔中的扩散与分子构型有关，称之为构型扩散。一般工业催化剂的孔径较大，可以不考虑构型扩散。表面扩散是指原子、离子、分子以及原子团在固体表面沿表面方向的运动。对于高温下的气体可不考虑表面扩散。下面主要讨论分子扩散、努森扩散。

(1) 分子扩散

设有一单直圆孔，孔半径为 r_a。分子运动的平均自由程为 λ。当孔半径远大于平均自由程 λ，即 $\lambda/(2r_a) \leqslant 10^{-2}$ 时，分子间的碰撞概率大于分子和孔壁的碰撞概率，扩散阻力主要来自分子间的碰撞，这种扩散称之为分子扩散。分子扩散与孔径无关。对于两组分气体 A、B 的正常扩散系数 D_{AB}，宜尽可能采用有关手册上的实验数据。

(2) 努森扩散

当孔半径远小于平均自由程 λ，即 $\lambda/(2r_a) \geqslant 10$ 时，分子和孔壁的碰撞概率大于分子间的碰撞概率，扩散阻力主要来自分子和孔壁间的碰撞，这种扩散称之为努森扩散。努森扩散与孔径有关。努森扩散系数 D_K 只与孔半径有关，与系统中共存的其他组分无关。D_K 可按下式估算：

$$D_K = 9.7 \times 10^3 r_L \sqrt{T/M} \tag{5-17}$$

式中，孔直径 r_L 的单位为 cm；D_K 的单位为 $cm^2 \cdot s^{-1}$；温度 T 单位为 K；M 为分子量。

不同压力下，气体分子的平均自由程 λ 可用下式估算：

$$\lambda = 1.013/p \tag{5-18}$$

式中，p 的单位为 Pa；λ 的单位为 cm。

当气体分子的平均自由程与颗粒半径的关系介于两种情况之间时，则两种扩散均起作用，这时使用复合扩散系数 D_A，对等物质的量二组分逆向扩散有：

$$D_A = \frac{1}{1/(D_K)_A + 1/D_{AB}} \tag{5-19}$$

由于微孔的截面积、长度和形状不相同，因此需用微孔形状因子（曲折因子）τ_m 对扩散系数进行校正，有效扩散系数 D_e 可表示为：

$$D_e = \frac{\varepsilon_p D_A}{\tau_m} \tag{5-20}$$

5.3.2　气-固相催化宏观动力学

反应物通过扩散接触催化剂颗粒内的活性位，同时进行反应，在颗粒内部产生浓度梯度。可以用微分方程对催化剂壳层中的一段区域进行质量衡算，得到这种浓度分布。稳定条件下在颗粒内的质量传递方程的形式和催化剂颗粒的形状（球状、柱状、平板状等）有关。

（1）平板状催化剂

以一级不可逆反应为例，图 5-3 中 O 表示平板状催化剂的中心面，L 表示平板状催化剂厚度的一半。微元体的质量衡算的方程如下。

$$D_e \frac{d^2 c_A}{dz^2} - k_p c_A = 0 \tag{5-21}$$

式中，D_e 为颗粒内有效扩散系数；k_p 是催化剂颗粒以颗粒体积为基准的反应速率常数。

其边界条件为：

$$z = L, \ c_A = c_{AS}; \quad z = 0, \ \frac{dc_A}{dz} = 0$$

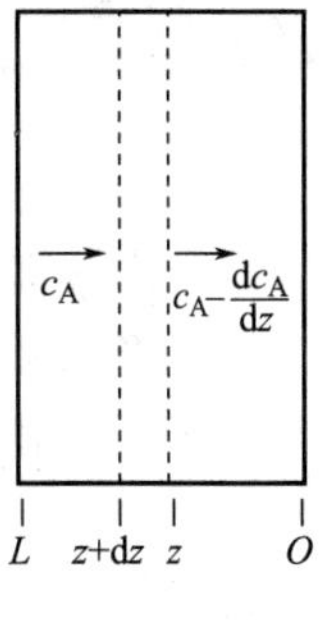

图 5-3　平板状催化剂

解方程得到浓度梯度分布为：

$$c_A = c_{AS} \frac{\cosh(\phi z/L)}{\cosh \phi} \tag{5-22}$$

式中，cosh 为双曲余弦函数。

当外扩散可忽略时，颗粒表面浓度 $c_{AS} = c_{A0}$。方程中 ϕ 是蒂勒模数（Thiele Modulus），表示为反应速率和内扩散速率之比的平方根，定义为：

$$\phi = L \sqrt{\frac{k_p}{D_e}} \quad （为一级不可逆反应） \tag{5-23}$$

式(5-23) 中 L 为特征尺寸，对于平板状催化剂即为厚度的一半。将式(5-22) 作图，如图 5-4 所示。

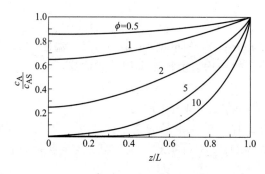

图 5-4 平板状催化剂内反应物浓度分布

图 5-4 表明，蒂勒模数 ϕ 值越大，反应物的浓度变化越急剧，内扩散影响愈严重；反之，ϕ 值越小，如接近 0 则内扩散影响可忽略。

又对一级不可逆反应，宏观反应速率可写为：

$$r_A = \frac{1}{L} \int_0^L k c_A \, dz$$

将式(5-22) 代入得：

$$r_A = \frac{k c_{AS}}{L \cosh\phi} \int_0^L \cosh(\phi z / L) \, dz = \frac{k c_{AS} \tanh\phi}{\phi}$$

上式可写为：

$$r_A = k c_{AS} \eta \tag{5-24}$$

式中，η 为颗粒催化剂的内扩散有效因子或表面利用率，即：

$$\eta = \frac{r_{A宏观反应速率}}{r_{A微观反应速率}} = \frac{r_{Aobs}}{r_{Aint}} \tag{5-25}$$

式中，微观反应速率即为本征反应速率。η 越大，内扩散影响越小；反之，η 越小，内扩散影响越严重。对于一级不可逆反应的平板状催化剂，有：

$$\eta = \frac{1}{\phi} \tanh\phi \tag{5-26}$$

因此，由 ϕ 值可计算 η，若本征反应速率 r_{Aint} 已知，则可确定宏观反应速率 r_{Aobs}。

(2) 球形催化剂

对于球形催化剂，其内扩散有效因子 η 又如何确定呢？

假设半径为 R 的球形催化剂颗粒内进行等温一级不可逆反应，取任一半径 r 处厚度为 dr 的壳层，其示意图如图 5-5 所示，对 A 作物料衡算，建立微分反应方程如下：

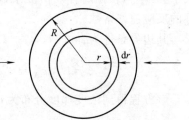

图 5-5 球形催化剂

$$D_e \left[4\pi(r+dr)^2 \right] \left(\frac{dc_A}{dr} \right)_{r+dr} - D_e \left[4\pi r^2 \left(\frac{dc_A}{dr} \right)_r \right] = 4\pi r^2 \, dr \, k_p c_A \tag{5-27}$$

上式简化为：

$$\frac{d^2 c_A}{dr^2} + \frac{2}{r} \times \frac{dc_A}{dr} = \frac{k_p}{D_e} c_A \tag{5-28}$$

边界条件为：
$$r = R, c_A = c_{AS}$$
$$r = 0, dc_A/dr = 0$$

根据边界条件，通过变量替换将上面的变系数常微分方程转化为二阶常系数线性齐次微分方程后求解得到：

$$\frac{c_A}{c_{AS}} = \frac{R\sinh(3\phi r/R)}{r\sinh(3\phi)} \tag{5-29}$$

进一步，根据宏观动力学方程和内扩散有效因子 η 的定义得到：

$$\eta = \frac{1}{\phi}\left[\frac{1}{\tanh(3\phi)} - \frac{1}{3\phi}\right] \tag{5-30}$$

式中，tanh 为双曲正切函数，且 $\phi = L\sqrt{\dfrac{k_p}{D_e}}$，$L = R/3$。

（3）圆柱形催化剂

圆柱形催化剂 η 的推导过程与无限长薄片和球形催化剂步骤相同，得到的扩散反应方程为贝塞尔函数，采用零阶一类贝赛尔函数 I_0、一阶一类贝赛尔函数 I_1 来计算内扩散有效因子 η：

$$\eta = \frac{1}{\phi} \times \frac{I_1(2\phi)}{I_0(2\phi)} \tag{5-31}$$

式中，$\phi = L\sqrt{\dfrac{k_p}{D_e}}$，其中 $L = R/2$。

将式(5-26)、式(5-30) 和式(5-31) 作图，如图 5-6 所示。

由图 5-6 可知，ϕ 值越大，η 值越小，内扩散影响越严重；反之，ϕ 值越小，η 值越大，内扩散影响减小。为简化计算，η 值可表示为：

当 $\phi < 0.4$ 时，无微孔扩散阻力，此时：
$$\eta \approx 1，则 r_A = kc_{AS}$$

当 $\phi > 3$ 时，为强微孔扩散效应，此时：

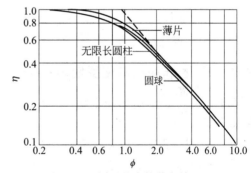

图 5-6　不同形状内扩散有效因子

$$\eta = \frac{1}{\phi}，则 r_A = \frac{(kD_e)^{\frac{1}{2}}}{L}c_{AS}$$

当 $3 > \phi > 0.4$ 时，为微孔扩散过渡区域，η 值可由式(5-26)、式(5-30) 和式(5-31) 来计算，$r_A = kc_{AS}\eta$。

5.3.3　扩散控制的判定

进行动力学研究实验时，通常应用 Wheeler-Weisz 模量来判定，对于一级不可逆反应，它可由式 (5-32) 来表示：

$$M_W = \phi^2\eta = \frac{r_A L^2}{c_{AG}D_e} \tag{5-32}$$

该方程的应用范围可以进行一定程度的扩展，对于 n 级反应，可以将扩展形式的 Wheeler-Weisz 模量作为标准来判定内扩散是否存在。

$$M_W = \phi^2 \eta = \frac{r_A L^2}{c_{AG} D_e} \times \frac{n+1}{2} < 0.15 \tag{5-33}$$

$M_W < 0.15$ 时，表明内扩散可忽略，一般地 $M_W > 7$ 时，为存在强微孔扩散效应。

图 5-7 是对于不同级数的反应，反应物 i 的内扩散有效因子和 Wheeler-Weisz 模量之间的关系，由此可以看出 Wheeler-Weisz 模量也是个通用型的模量。

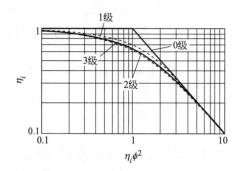

图 5-7　等温条件下内扩散有效因子与 Wheeler-Weisz 模量之间的关系

5.4　气-固非均相催化反应器的设计

大多数工业催化反应使用固体催化剂，所使用的反应器称为气-固非均相催化反应器，简称为气-固相催化反应器。

5.4.1　气-固非均相催化反应器类型

最常见的气-固非均相催化反应器类型为固定床催化反应器（Fixed Bed Reactor）和流化床反应器（Fluidized Bed Reactor）两类。

（1）气-固相固定床催化反应器

反应器内部填充有固定不动的固体催化剂颗粒或固体反应物的装置，称为固定床反应器。气态反应物通过床层进行催化反应的反应器，称为气-固相固定床催化反应器。这类反应器除被广泛用于多相催化反应外，也被用于气-固及液-固非催化反应，它与流化床反应器相比，具有催化剂不易跑损或磨损，床层流体流动近似平推流（如列管式固定床反应器），反应速度较快，停留时间可以控制，反应转化率和选择性较高的优点。

工业生产过程使用的固定床催化反应器型式多种多样，主要为了适应不同的传热要求和传热方式。按催化床是否与外界进行热量交换可分为绝热式和连续换热式两大类。另外，按反应器的操作及床层温度分布不同可分为等温式、绝热式和非等温非绝热三种类型；按换热方式可分为换热式和自热式两种类型；按反应器结构设置可分为单段式与多段式两类；按床层内流体流动方向来分，分为轴向流动反应器和径向流动反应器两类；根据催化剂装载在管内或管外、反应器的设备结构特征，也可以对固定床催化反应器进行分类。图 5-8(a)～图 5-8(c) 分别是轴向流动式、径向流动式和列管式固定床反应器结构示意图，其中，轴向流动式和径向流动式固定床反应器多为绝热式，列管式固定床反应器为多为等温式或非等温非绝热式。

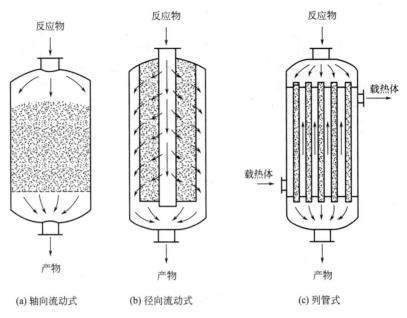

图 5-8　固定床反应器结构示意图

1）等温式固定床反应器

等温式固定床指反应区内温度处处相等的固定床反应器，是一种理想状态。对于反应过程中热效应不大或者温度变化不大的反应器，可以当作等温固定床反应器来处理。

2）绝热式固定床反应器

绝热式固定床催化反应器有单段与多段之分。绝热式反应器由于与外界无热交换以及不计入热损失，对于可逆放热反应，依靠本身放出的反应热而使反应气体温度逐步升高；同时要求催化床入口气体温度高于催化剂的起始活性温度，而出口气体温度低于催化剂的耐热温度。

① 单段绝热固定床催化反应器。单段绝热反应器的反应物料在绝热条件下发生反应后流出反应器。单段绝热固定床催化反应器适用于绝热温升较小、温度对目的产物收率影响不大的反应。例如以天然气为原料合成氨中的一氧化碳中（高）温变换及低温变换，还有甲烷化反应等都采用单段绝热式反应器。

② 多段绝热固定床催化反应器。如果单段绝热床不能适应要求，为了使反应温度更接近于最佳的温度分布，则采用多段绝热固定床催化反应器。根据反应的特征，这种反应器一般有二段、三段或四段绝热床，多用于强放热反应，也可以应用于强吸热反应，例如石油炼制过程中的重整、乙苯脱氢制苯乙烯。

根据段间反应气体的冷却方式，多段绝热床又分为三类：段间接换热式、原料气冷激式和非原料气冷激式。段间接换热式采用附设的换热器使反应后的物料温度降低，如二氧化硫氧化、乙苯脱氢过程等；而冷激式使用补加冷物料的方法冷却，在段间用冷流体与上一段出口反应气体混合。

如果冷激用的冷流体是尚未反应的原料气，称为原料气冷激式，如大型氨合成塔；如果冷激用的冷流体是非关键组分的反应物，称为非原料气冷激式，如一氧化碳变换反应器采用水进行冷激。图 5-9 是多段固定床绝热反应器的示意图。

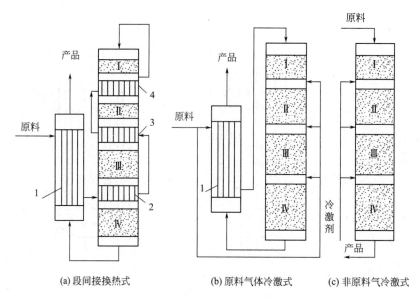

(a) 段间接换热式　　　(b) 原料气体冷激式　　　(c) 非原料气冷激式

图 5-9　多段固定床绝热反应器结构示意

冷激式反应器结构简单，便于装卸催化剂，内无冷管，避免由于少数冷管损坏而影响操作，特别适用于大型催化反应器。

3）非绝热非等温式固定床反应器

某些强放热或强吸热反应，以及允许操作温度范围较窄的反应，需要在连续换热反应器中进行，以便随时移走或补充热量，因此这类反应器的特点就是在催化剂床层进行化学反应的同时，床层还通过器壁与外界进行热交换，以维持床层温度的尽量稳定，这类反应器称为非绝热非等温固定床反应器。工业上普遍采用这种类型的反应器，如乙烯环氧化制环氧乙烷，乙炔与氯化氢反应制氯乙烯，乙苯脱氢制苯乙烯以及氨的合成，等。理论上，这些反应也可以在多段绝热床中进行；但需要的段数可能很多，以致大大增加设备投资和操作、维修的困难。对于某些复杂反应体系，为了提高选择性和收率，也需要连续换热。

非绝热非等温反应器又称为换热式反应器，该类型反应器以列管式居多，如图 5-8 所示，通常管内装催化剂，管间为载热体。通常列管管径为 25～30mm，传热面积大，有利于强放热反应。列管式反应器的优点就是传热效果好，催化剂床层温度易控制，由于管径较细，流体在催化剂床层内的流动可视为理想流动，因此反应速率快，选择性高。其缺点在于反应器结构较复杂，设备费用较高，催化剂装卸不方便。近年来制造出来的列管式固定床可以多达 20000 根列管，且解决了反应器的运输及安装问题，劳动效率与过去相比有了大大提高。

这种非绝热非等温反应可用于放热反应，也可用于吸热反应。与绝热式固定床相比，床层轴向温度分布相对来说比较均匀，特别是强放热反应，更宜选用这种反应器。列管式固定床便于放大。通过单管实验掌握其规律，当生产规模加大时，只要增加列管数量，基本上可以进行反应器的放大。

（2）气-固相流化床催化反应器

流化床反应器广泛应用于气-固相催化反应过程。在气-固相流化床催化反应器中，流体自下而上通过固体颗粒床层，达到一定速度时，固体颗粒产生相对运动，即为流态化。在气-固相流化床催化反应器中，催化剂受自下而上流动的气体作用而上下翻滚做剧烈的运动，床层内温度均匀，并且流化床床层与换热元件间的传热系数远大于固定床，可以使用小颗粒催化剂以提高催化剂的有效因子。反应热能被及时移去，床层温度能被控制在小范围内，以免加剧副反应及超温，能适应有机合成及石油化工中如苯酐、丙烯腈的合成和石油炼制中的催化裂化等强放热反应而反应温度范围狭窄的要求。

流化床催化反应器的主要优点是可以使用小粒度的催化剂，因而内扩散的影响一般可以忽略，提高了催化剂的利用率。其次是温度均匀，完全可以实现等温操作，这对于某些反应温度范围要求很窄的催化反应过程十分适宜。如果催化剂需要连续再生，流化床反应器则最合适不过，催化剂的加入和卸出都十分方便，压降不随气速而变化也可以说是其优点。流化床反应器最主要的缺点是磨损和气体带走而造成催化剂损失大，这点对于贵金属催化剂是难以承受的，返混严重也是其主要缺点；而气体以气泡形式通过床层而造成气-固接触不良也是其不足之处。

5.4.2　气-固非均相催化反应器设计原则

催化反应器的设计包括两部分内容：化工设计和机械设计。化工设计的主要内容是选型、确定工艺操作条件和进行工艺尺寸计算；机械设计主要内容是机械结构设计（含流体分布装置设计）和强度计算。虽然反应工程所涉及的只是化工设计，但选型时应考虑机械设计的一些要求。

进行反应器设计之前，一般应具备下列条件。

① 对于反应系统，应掌握所采用催化剂的反应网络，催化剂对主、副反应的促进及抑制能力，催化剂研究工作者所获得的对反应温度、原料气体组成、压力、空速的要求和在一定条件下能获得的转化率、选择率和收率的实验数据。

② 掌握反应过程的热力学数据和黏度、热导率及扩散系数等物性数据。大多数催化反应的理想气体状态的反应平衡常数及反应热与温度的关系式都是已知的；高压下非理想混合物的逸度系数和反应热，可以通过合适的状态方程进行计算。这些都是化工热力学所讨论的问题。

③ 尽可能获得反应动力学及传递过程的数据。化学反应控制时的热力学方程还比较容易获得，但对于包括内、外扩散在内的宏观动力学数据，由于大多数催化动力学方程的形式比较复杂，工业催化剂的曲折因子测定较难和多重反应网络的内扩散过程数学模型及其求解方法尚在研究之中等原因，内扩散有效因子的具体计算往往只是近似的，再加上催化剂在使用过程中会中毒、衰老，其活性逐渐衰退，某些催化剂还要经过还原、活化过程才具有活性，而工业反应器中催化剂的还原、活化过程也往往不太理想，即使一些比较成熟的催化剂，它的宏观动力学也还是有待进一步研究的。在这种情况下，往往只能按本征动力学计算，再加以校正；或者在工业反应的压力和相应的组成及温度范围内测试工业颗粒催化剂的含内扩散在内的宏观反应动力学。

固定床催化反应器设计时，应遵循的基本原则：

① 催化剂及反应条件合适。设计不是一个单纯的催化剂用量及优化计算问题，而是要根据工程实际情况，运用系统工程的观点，根据社会效益和经济效益，选用合适的催化剂及反应温度，并根据反应过程及催化剂的特征，确定最佳工艺操作参数，如压力、反应气体的初始组成、最终转化率和空间速度、期望达到的收率和选择率，使用过程中工艺参数、催化剂的活性及生产任务的某些变化。

② 反应器类型及结构适宜。应根据反应和催化剂的特征和工艺操作参数、设备制造、

设备检修和催化剂的装卸等方面的要求，综合起来考虑催化反应器的选型和结构，采用固定床、流化床或气-液-固三相床。对于固定床还要进一步考虑结构选用单段绝热式、多段间接换热式、多段冷激式、还是连续换热式；对于连续换热式还要考虑采用哪一种冷管结构。

③ 设置反应器换热部件合理。对于高压下进行的反应过程，反应器的高压筒体内要设置催化床和床外换热器，要设置冷副线以调节催化床温度，有时还要设置开工预热用的电加热器，这些部件要在反应器内合理地组合起来，单位体积反应器内催化剂的装载系数要高，气流分布要均匀，气体通过反应器的压降要小。

④ 反应器整体结构要可靠。从机械方面来讲，不但要考虑到反应器内有关部件处于高温状况下的机械强度，还要考虑到不同部件承受不同温度所产生的温差应力等因素，还应妥善设计有关反应器中流体和固体的均匀分布和分离的结构部件。

除此之外，反应器所用管路选材也很重要，除考虑设备的高温高压外，还要注意防腐。我国民族化学工业之父——范旭东先生和侯氏制碱法创立者——侯德榜先生在攻克制碱法的过程中，生产出的纯碱含有杂质，就是由所用钢管的腐蚀造成的。后来采用耐腐蚀材料后，碱厂重新开车生产出了纯净洁白的产品。

以上这些要求往往相互矛盾，设计的任务就是要根据对于催化反应过程基本规律的认识，妥善加以解决，并且反复通过生产实践，积累更多的经验，改进现有催化反应器的结构，发展多种形式的、适应不同要求的新型催化反应器。

5.4.3　固定床反应器的数学模型

列管式固定床反应器内流体的轴向流动可以看作是平推流，对于同样的生产任务，它所需的反应器体积或催化剂用量最小；固定床反应器可严格控制床内流体的停留时间，可适当调节温度分布，因此有利于提高化学反应的转化率和选择性。

固定床反应器的数学模型按其传递过程的不同，可分为拟均相模型和非均相模型两大类。拟均相模型不考虑流体与催化剂间的传热和传质阻力，把流体和催化剂看成均相物系，认为流体和催化剂颗粒之间没有温度和浓度上的差别。非均相模型则考虑了流体和催化剂表面间的温度梯度和浓度梯度，要对流体和催化剂分别列出物料衡算式。两大类中按床层是否存在径向梯度又进一步分为一维模型和二维模型，本节只讨论一维模型。

(1) 拟均相模型

多相催化反应过程中，如果固体相和流体相间的传质和传热速率很大，则两者的浓度及温度差异将很小。虽为多相催化反应，若忽略这些差异，则在动力学表征上与均相反应并无两样。所以根据这种简化假定而建立的模型称为拟均相模型。

在管式反应器中进行多相催化反应时，如果符合拟均相假定，则第 3 章平推流反应器章节中所导出的各种公式同样适用，即：

物料衡算式：
$$F_{A0}\,\mathrm{d}X_A = r_A\,\mathrm{d}V_r$$

热量衡算式：
$$G\bar{c}_{pt}\frac{\mathrm{d}T}{\mathrm{d}Z} = \frac{GW_{A0}(-\Delta H_r)_{T_r}}{M_A}\times\frac{\mathrm{d}X_A}{\mathrm{d}Z} - \frac{4U(T-T_c)}{d_t}$$

若基于催化剂的质量来表示反应速率，拟均相可用本征动力学表示，则有：

$$\frac{\mathrm{d}W}{F_{A0}} = \frac{\mathrm{d}X_A}{r_A}$$

$$(5-34)$$

对于固定床反应器，有：
$$W = F_{A0} \int_0^{X_A} \frac{dX_A}{r_A} \tag{5-35}$$

特别注意，此反应速率是基于催化剂的质量来表示的，本章下同。

（2）非均相一维平推流模型

非均相一维平推流模型的基本假定为：在垂直于流体流动方向的截面上流体性质和速度是均匀的，径向不存在浓度梯度和速度梯度，也不存在温度梯度；轴向传热和传质仅由平推流的总体流动所引起。

对反应器微元体积 dV_r 可写出基本方程式。

① 物料衡算方程式：
$$F_{A0} dX_A = \rho_b r_A dV_r \tag{5-36}$$

② 热量衡算方程式：

$$G \frac{\pi}{4} d_t^2 c_p dT = F_{A0} dX_A (-\Delta H_r) - U(T - T_C) \pi d_t dl \tag{5-37}$$

③ 反应动力学方程式：$\qquad r_A = f(X_A, T)$

式中，r_A 为宏观动力学反应速率，即 $r_{A宏观} = r_{A本征} \eta$；F_{A0} 为反应物 A 进料流量，$kmol \cdot h^{-1}$；G 为流体的空床质量流速（单位横截面积质量流量），$kg \cdot m^{-2} \cdot h^{-1}$；$\rho_b$ 为催化剂堆积密度，$kg \cdot m^{-3}$；U 为床层与外界总传热系数，$kJ \cdot m^{-2} \cdot h^{-1} \cdot \text{℃}^{-1}$；$c_p$ 为任一位置物料比热容，$kJ \cdot kg^{-1} \cdot \text{℃}^{-1}$；$T$ 为反应温度，℃；T_C 为传热介质温度，℃；l 为反应器长度方向距离，m；ΔH_r 为反应热，$kJ \cdot kmol^{-1}$；d_t 为反应管直径，m。

经整理后可得到如下的微分方程式：

$$\frac{dX_A}{dl} = \rho_b \frac{r_A \overline{M}}{G y_{A0}} \tag{5-38}$$

$$\frac{dT}{dl} = \frac{\rho_b r_A (-\Delta H_r)}{G \bar{c}_{pt}} - \frac{4U}{G \bar{c}_{pt} d_t} (T - T_C) \tag{5-39}$$

式中，y_{A0} 为进料中组分 A 的摩尔分数；$\overline{M}$ 为任一位置物料平均分子量。

不计反应过程中体积的变化，以反应物 A 的浓度代替转化率，则上述方程可写为：

$$-u \frac{dc_A}{dl} = \rho_b r_A \tag{5-40}$$

$$G \bar{c}_{pt} \frac{dT}{dl} = \rho_b r_A (-\Delta H_r) - \frac{4U}{d_t} (T - T_C) \tag{5-41}$$

$$r_A = f(c_A, T)$$

若床层较高，则应计算压降损失，在压降为入口压力 10% 以上时，可做动量计算。一般可用固定床的压降计算公式：

$$\frac{dp}{dl} = f_m \frac{\rho u_0^2}{d_s} \times \frac{1-\varepsilon}{\varepsilon^3} \tag{5-42}$$

$$f_m = \frac{150}{Re} + 1.75, \qquad Re = \frac{d_s u_0 \rho}{\mu} \times \frac{1}{1-\varepsilon}$$

式中，d_s 为颗粒直径，按与颗粒比外表面积相等的球体直径计算。

当式(5-37)、式(5-39) 和式(5-41) 的右边第二项为零时，为绝热反应器。

上述方程组的初始条件为：$l=0$，$c_A = c_{A0}$，$T = T_0$，$p = p_0$。

可用龙格-库塔法或常规差分法对方程组做数值计算，得到反应物的浓度或转化率、温度和压力沿反应器管长度方向各截面上的分布，也可以计算管长、管径和冷却介质温度的变化。一维模型得到的是床层截面上的平均温度和平均浓度，它不能正确详细地表达反应器内的温度和浓度分布。

（3）非均相一维轴向扩散模型

有时，由某些原因，如垂直于流动方向存在径向速度分布，床层的轴向分散，垂直于流动方向存在径向扩散和径向温度分布，等，引起固定床反应器内的流体流动偏离平推流。

床层内径向的速度分布是由径向空隙率分布造成的，当 $d_t/d_p < 10$ 时，这种管壁效应会延伸到整个床层。当反应器直径较大时，壁效应影响减小，绝热床反应器一般能满足这一条件。但列管式固定床反应器有时就难以满足平推流的假定。对大型反应器，如果反应气体分布不均匀，会引起短路和速度分布，由此产生对平推流的偏离。

由湍动、分子扩散及对流混合等引起流体的轴向混合，分别用轴向有效扩散系数 D_e 及轴向有效热导率 λ_a 来表征床层的传质和传热，床层内流体流动以扩散模型描述，流动简化为平推流流动上叠加一个轴向的传递，称为轴向扩散模型。扩散模型方程为：

$$D_e \frac{d^2 c_A}{dl^2} - u_0 \frac{dc_A}{dl} - r_A \rho_b = 0 \tag{5-43}$$

$$\lambda_a \frac{d^2 T}{dl^2} - u_0 \rho_f \bar{c}_{pt} \frac{dT}{dl} + (-\Delta H_r) r_A \rho_b - \frac{4U}{d_t}(T - T_C) = 0 \tag{5-44}$$

$$r_A = f(c_A, T) \tag{5-45}$$

边界条件为：$l = 0$ 时，

$$u(c_{A0} - c_A) = -D_e \frac{dc_A}{dl}$$

$$u_0 \rho_f \bar{c}_{pt}(T_0 - T) = -\lambda_a \frac{dT}{dl}$$

$l = L_r$ 时，

$$\frac{dc_A}{dl} = \frac{dT}{dl} = 0$$

对于非均相模型的特性和适用性，曾有过许多研究。在工业装置中，由于实际的流速往往足够高，流体和颗粒之间的温度和浓度差，除少数快速强放热反应外，都可忽略。因此重要的是处理床层中的传热；另一方面，催化剂颗粒内部的内扩散过程是传质方面的主要因素，因此只要把催化剂的有效扩散系数和床层的有效热导率解决好，固定床反应器的设计和放大才能较好地解决。

由于一维平推流模型具有很强的代表性，且模型参数少，计算简单，因此大多数的反应器的初步设计都采用这种基本的一维平推流模型。

5.4.4 固定床反应器的设计计算

5.4.4.1 拟均相模型计算

【例 5-1】 在 0.12MPa 及 898K 等温条件下进行乙苯的催化脱氢反应：

$C_6H_5{-}CH_2{-}CH_3 \rightleftharpoons C_6H_5{-}CH{=\!=}CH_2 + H_2$，该反应的速率方程为：

$$r_A = k[p_A - p_S p_H / K_p] \text{kmol} \cdot (\text{kg} \cdot \text{s})^{-1} \tag{1}$$

式中，p 为分压，下标 A、S 及 H 分别代表乙苯、苯乙烯及氢气。反应温度下，$k =$

1.68×10^{-10} kmol·(kg·s·Pa)$^{-1}$，平衡常数 $K_p=3.727\times10^4$ Pa。若在活塞流反应器中进行该反应，进料为乙苯与水蒸气的混合物，其摩尔比为 1:20，计算当乙苯的进料量为 1.7×10^{-3} kmol·s^{-1}，最终转化率为 60% 时的催化剂用量。

解 假设可按拟均相反应处理，忽略副反应的影响。该反应为变容反应，

$$y_{A0}=1/(1+20)=1/21$$
$$\delta_A=(1+1-1)/1=1$$

则反应各组分的分压用转化率可表示为：

$$p_A=p_{A0}(1-X_A)/(1+y_{A0}\delta_A X_A) \tag{2}$$
$$p_S=p_{A0}X_A/(1+y_{A0}\delta_A X_A) \tag{3}$$
$$p_H=p_{A0}X_A/(1+y_{A0}\delta_A X_A)$$

$p_{A0}=p y_{A0}=1.2\times10^5\times(1/21)$，代入式（2）及式（3）可得：

$$p_A=1.2\times10^5\times(1/21)(1-X_A)/(1+X_A/21)=1.2\times10^5(1-X_A)/(21+X_A) \tag{4}$$
$$p_S=p_H=1.2\times10^5\times(1/21)X_A/(1+X_A/21)=1.2\times10^5 X_A/(21+X_A) \tag{5}$$

将式（4）和式（5）代入式（1）可得：

$$r_A=1.684\times10^{-10}\left[\frac{1.2\times10^5(1-X_A)}{21+X_A}-\frac{(1.2\times10^5 X_A)^2}{3.727\times10^4(21+X_A)^2}\right] \tag{6}$$
$$=2.02\times10^{-5}\frac{21-20X_A-4.22X_A^2}{441+42X_A+X_A^2}$$

已知 $F_{A0}=Q_0 c_{A0}=1.7\times10^{-3}$ kmol·s^{-1}，则催化剂用量：

$$W=Q_0 c_{A0}\int_0^{X_A}\frac{dX_A}{r_A}=\frac{1.7\times10^{-3}}{2.02\times10^{-5}}\int_0^{0.6}\frac{441+42X_A+X_A^2}{21-20X_A-4.22X_A^2}dX_A$$

此积分式可解析求解，或者用数值法求解，用辛普森法求解此积分式等于 20.5，即：

$$W=\frac{1.7\times10^{-3}\times20.5}{2.02\times10^{-5}}=1725\text{kg}$$

5.4.4.2 非均相模型计算

(1) 等温反应器的计算

固定床催化反应床层设计的任务，是确定床层体积和结构尺寸，如直径和高度。有时，还需要选择催化剂颗粒的大小。床层体积一经确定，结构尺寸主要取决于流动情况的考虑，包括流体分布的均匀性和流体阻力等。

【例 5-2】 由直径为 3mm 的多孔球形催化剂组成等温固定床，在其中进行一级不可逆反应，基于催化剂颗粒体积计算的反应速率常数为 0.8s^{-1}，有效扩散系数为 0.013cm^2·s^{-1}，当床层高度为 2m 时，可达到所要求的转化率。为了减小床层的压降，改用直径为 6mm 的球形催化剂，其余条件均不变，流体在床层中流动均为层流。试计算：

(1) 催化剂床层高度；

(2) 床层压降减小的百分率。

解 已知数据 $d_{p1}=3\text{mm}=0.3\text{cm}$，$d_{p2}=6\text{mm}=0.6\text{cm}$，$l_1=2\text{m}$。

(1) $k_p=0.8$ s^{-1}，$D_e=0.013$ cm^2·s^{-1}，有：

$$\frac{l_1}{l_2} = \frac{W_1}{W_2} = \frac{F_{A0}\int_0^{X_A}\dfrac{dX_A}{r_{A1}}}{F_{A0}\int_0^{X_A}\dfrac{dX_A}{r_{A2}}} = \frac{F_{A0}\int_0^{X_A}\dfrac{dX_A}{\eta_1 r_{A1}}}{F_{A0}\int_0^{X_A}\dfrac{dX_A}{\eta_2 r_A}} = \frac{\eta_2}{\eta_1}$$

$$\phi_1 = \frac{R_1}{3}\sqrt{k_p/D_e} = \frac{1}{3}\times\frac{0.3}{2}\times\sqrt{0.8/0.013} = 0.3922$$

对于球形催化剂，有：

$$\eta_1 = \frac{1}{\phi_1}\left[\frac{1}{\tanh(3\phi_1)} - \frac{1}{3\phi_1}\right] = \frac{1}{0.3922}\times\left[\frac{1}{\tanh(3\times0.3922)} - \frac{1}{3\times0.3922}\right] = 0.92$$

同理

$$\phi_2 = \frac{R_2}{3}\sqrt{k_p/D_e} = \frac{1}{3}\times\frac{0.6}{2}\times\sqrt{0.8/0.013} = 0.7845$$

$$\eta_2 = \frac{1}{\phi_2}\left[\frac{1}{\tanh(3\phi_2)} - \frac{1}{3\phi_2}\right] = \frac{1}{0.7845}\times\left[\frac{1}{\tanh(3\times0.7845)} - \frac{1}{3\times0.7845}\right] = 0.756$$

因此

$$l_2 = \frac{\eta_1}{\eta_2}l_1 = \frac{0.92}{0.756}\times2 = 2.43\text{m}$$

（2）由 $\dfrac{dp}{dl} = f_m\dfrac{\rho u_0^2}{d_s}\times\dfrac{1-\varepsilon}{\varepsilon^3}$，得 $\Delta p = f_m\dfrac{l\rho u_0^2}{d_s}\times\dfrac{1-\varepsilon}{\varepsilon^3}$，因此

$$\Delta p_1 = f_{m1}\frac{l_1\rho u_0^2}{d_{s1}}\times\frac{1-\varepsilon}{\varepsilon^3}, \qquad \Delta p_2 = f_{m2}\frac{l_2\rho u_0^2}{d_{s2}}\times\frac{1-\varepsilon}{\varepsilon^3}$$

假定床层空隙率不变，则有： $\qquad\dfrac{\Delta p_1}{\Delta p_2} = \dfrac{f_{m1}l_1 d_{s2}}{f_{m2}l_2 d_{s1}}$ （1）

层流流动时 $\qquad\qquad\qquad f = \dfrac{150}{Re} = 150\times\dfrac{1-\varepsilon}{d_s u_0 \rho}\mu$

有 $\qquad\qquad\qquad\qquad\qquad\dfrac{f_{m1}}{f_{m2}} = \dfrac{d_{s2}}{d_{s1}}$ （2）

联立式（1）和式（2）得到：

$$\frac{\Delta p_1}{\Delta p_2} = \frac{f_{m1}l_1 d_{s2}}{f_{m2}l_2 d_{s1}} = \frac{l_1}{l_2}\left(\frac{d_{s2}}{d_{s1}}\right)^2 = \frac{2}{2.43}\times\left(\frac{0.6/2}{0.3/2}\right)^2 = 3.225$$

因此，床层压降减少的百分率为：

$$\frac{\Delta p_1 - \Delta p_2}{\Delta p_2} = \frac{3.225 - 1}{3.225} = 0.6899 = 68.99\%$$

（2）绝热反应器的计算

1）单段绝热反应器

绝热床层的计算一般采用一维拟均相基本模型。当径高比过大使床层均匀性变差，或者颗粒对床层直径比过大而产生较强的壁效应时，一维基本模型计算结果可能有较大偏差。然而，考虑流速径向分布会使计算量大大增加；况且流速分布的定量描述也不一定很精确，这样的反应器模型也难以给出令人满意的结果。另一方面，上述可能引起一维基本模型偏差的因素也必定会使反应器性能变差。因此，在设计决策时总是尽可能采取适当措施，例如限制 d_t/L 和 d_p/d_t 比，以及改善装填状况等，避免或减轻不均匀和壁效应等问题。这样做也就增加了使用一维基本模型的可靠性。

床层计算需要已知操作条件和有关性质数据，例如进料温度和组成、最终转化率、压力、是否循环和循环比、催化剂颗粒直径等。催化反应操作温度在很大程度上受催化剂活性温度范围制约。在研制催化剂时一般已考虑到有利于生产目的产物的问题，一般工业催化剂的活性温度范围总是全部或至少部分地与有利于目的产物选择性和收率的温度范围相重合的。

根据非均相一维平推流模型，式(5-37)可改写为：

$$dT = \frac{y_{A0}(-\Delta H_r)}{\bar{c}_{pt}}dX_A = \lambda dX_A \tag{5-46}$$

式中，λ 为绝热温升指数，已在第 3 章中述及。由于 ΔH_r 和 $\bar{c}_{pt}$ 随温度和组成变化，λ 在反应过程中是一可变参数。然而，在许多情况下，ΔH_r 和 $\bar{c}_{pt}$ 变化都不大。若取平均值计算，λ 可视为常数。在此条件下，积分式(5-46)可得：

$$T = T_0 + \lambda(X_A - X_{A0}) = T(X_A) \tag{5-47}$$

式中

$$\lambda = \frac{y_{A0}(-\Delta H_r)}{\bar{c}_{pt}}$$

这就是绝热操作线方程，它在 X_A-T 图上是一条斜率为 λ 的直线。利用式(5-47)，反应速率原则上可以表示为：

$$r_A = r_A[X_A, T(X_A)] \tag{5-48}$$

它表明反应速率 r_A 实际上仅为转化率的函数。将式(5-48)代入物料衡算方程式并分离变量积分，即可求得得到规定的最终转化率 X_{Af} 所需要反应器床层容积：

$$V_r = \frac{n_{A0}}{\rho_b}\int_{X_{A0}}^{X_{Af}} \frac{dX_A}{r_A[X_A, T(X_A)]} \tag{5-49}$$

若已给定床层直径，则所需高度为：

$$L = \frac{4n_{A0}}{\pi d_t^2 \rho_b}\int_{X_{A0}}^{X_{Af}} \frac{dX_A}{r_A[X_A, T(X_A)]} \tag{5-50}$$

对于较简单的反应体系，式(5-49)或式(5-50)可解析积分；但对大多数动力学方程较复杂的体系，需要用数值方法或图解法求解。

【例 5-3】 在内径为 1.22m 的绝热管式反应器中进行乙苯催化脱氢反应，反应器操作压力为 0.12MPa。反应及动力学方程如下：

$$C_6H_5-CH_2-CH_3 \Longrightarrow C_6H_5-CH=CH_2 + H_2$$

$$r_A = k\left[\frac{p(1-X_A)}{21+X_A} - \frac{(pX_A)^2}{K(21+X_A)^2}\right], kmol \cdot (kg \cdot s)^{-1}$$

式中，p 为反应器的操作压力，Pa。反应速率常数与温度的关系为：

$$k = 4.97 \times 10^{-2}\exp(-10983/T) \qquad kmol \cdot (s \cdot m^3 \cdot Pa)^{-1}$$

不同温度下的化学平衡常数值可根据下列近似式估算：

$$K = 3.96 \times 10^{11}\exp(-14520/T) \qquad Pa^{-1}$$

进料为乙苯和水蒸气的混合物，其摩尔比为 1:20，进料温度为 898K，乙苯的进料量为 1.7×10^{-3} kmol $\cdot$ s^{-1}。反应混合物的平均比热容为 2.177kJ $\cdot$ kg^{-1} $\cdot$ K^{-1}，反应热等于 1.39×10^5 J $\cdot$ mol^{-1}。催化剂床层的堆密度为 1440kg $\cdot$ m^{-3}。试计算反应器的轴向温度及转化率分布。

解 绝热操作下，将题给的 k 及 K 与温度的关系代入动力学方程：

$$r_A = 4.97 \times 10^{-2} \exp(-10983/T) \times 1.2 \times 10^5$$
$$\times \left[\frac{1-X_A}{21+X_A} - \frac{1.2 \times 10^5 X_A^2}{3.96 \times 10^{11} \exp(-14520/T)(21+X_A)^2} \right] \tag{1}$$

进料中乙苯与水蒸气的摩尔比为 1:20，所以：

$$y_{A0} = 1/(20+1) = 1/21$$

绝热温升指数为：

$$\lambda = \frac{y_{A0}(-\Delta H_r)}{\bar{c}_{pt}} = \frac{-1.39 \times 10^5}{21 \times 2.177 \times 22.19} = -137 \text{K}$$

式中，22.19 为反应混合物的平均分子量。将 λ 值代入 $T = T_0 + \lambda X_A$，即得反应过程的温度与转化率的关系：

$$T = 898 - 137 X_A \tag{2}$$

又 GW_{A0}/M_A 实际上等于单位时间单位反应器截面上流过的乙苯物质的量，因此

$$\frac{GW_{A0}}{M_A} = \frac{Q_0 c_{A0}}{\frac{1}{4}\pi d_t^2} = 1.7 \times 10^{-3}/(\pi \times 1.22^2/4) = 1.454 \times 10^{-3} \quad \text{kmol} \cdot (\text{s} \cdot \text{m}^2)^{-1} \tag{3}$$

将式(1)、(2) 和 (3) 联合即得轴向转化率分布方程：

$$\frac{dX_A}{dZ} = \frac{4.104 \times 10^6}{21+X_A} \exp\left(-\frac{10983}{898-137X_A}\right) \times \left[1-X_A - \frac{3.03 \times 10^{-7} X_A^2}{21+X_A} \exp\left(\frac{14520}{898-137X_A}\right) \right] \tag{4}$$

采用 Runge-Kutta 法在计算机上对式(4) 进行求解，计算结果列于表 5-2。

表 5-2　乙苯脱氢反应器轴向转化率及温度分布

Z/m	T/K	X_A	Z/m	T/K	X_A	Z/m	T/K	X_A
0.0	898.0	0	1.2	834.8	0.4610	2.4	819.0	0.5766
0.2	877.3	0.1510	1.4	830.9	0.4900	2.6	817.6	0.5866
0.4	863.5	0.2517	1.6	827.6	0.5140	2.8	816.5	0.5951
0.6	853.5	0.3250	1.8	824.8	0.5340	3.0	815.5	0.6023
0.8	845.6	0.3811	2.0	822.6	0.5507	3.2	814.7	0.6084
1.0	839.7	0.4235	2.2	820.6	0.5647			

从计算结果可以看出，随着反应进行，温度迅速降低，反应速率减慢，所需反应器的容积随转化率的增加而增大。因此，对于吸热反应来说，单段绝热操作实际上是不可取的。因此，工业上常采用多段操作。

2) 多段绝热反应器

对于可逆反应，由于平衡限制，单段绝热反应器要达到较高转化率很困难。同时从例 5-3 可以看出，对于吸热反应，随着反应进行，温度迅速降低，反应速率减慢，因此单段绝热反应器是不适宜的。工业气-固相催化反应采用多段绝热固定床串联的情况是比较普遍的。多段绝热床串联不仅可以克服单段反应器转化率低的问题，还有可能在段间移走部分产物或补加某种反应物，使下段保持较高的反应速率，有利于提高收率或减少催化剂用量。

在多段反应器中，如何合理地确定各段进、出口条件，是一个重要的优化设计问题。为

了把注意力集中在最优分段方面，这里不考虑这多种反应类型，仅限于讨论单一可逆放热反应。当然，这类反应的最优分段也最具有典型意义。其他类型的反应可以参照本节阐述的理由和方法分析计算。

① 可逆放热反应的最优温度线。对于可逆放热反应，最优温度线是恰当选择操作温度的重要依据，当然也是多段绝热反应器最优分段的重要依据。

第 2 章中曾讨论了温度对这类反应平衡转化率和总反应速率的影响，介绍了表示在 X_A-T 图上的平衡线和最优温度线的概念。对于可逆放热反应存在最优温度线与平衡线（见图 2-8），且平衡线始终位于最优温度线的上方。那里导出的结论对可逆放热的气-固相催化反应同样适用。然而，应当注意，当使用多孔催化剂时，必须考虑内扩散对反应过程速率的影响，应当用宏观动力学方程来确定反应最优温度。

如果宏观动力学是用有效因子法确定的，即：

$$r_{A\text{宏观}} = r_{A\text{本征}}\,\eta \tag{5-51}$$

那么，最优温度线原则下可以用下式确定：

$$\left(\frac{\partial r_A}{\partial T}\right)_{X_A} = r_{A\text{int}}\left(\frac{\partial \eta}{\partial T}\right)_{X_A} + \eta\left(\frac{\partial r_{A\text{int}}}{\partial T}\right)_{X_A} = 0 \tag{5-52}$$

其中本征反应速度 $r_{A\text{int}}$ 应当是已知的。只要能确定有效因子的解析表达式：

$$\eta = \eta(X_A, T) \tag{5-53}$$

即可由式(5-52)求得最优反应温度 T_{opt}。然而，这样的表达式往往难以获得。即使理论分析方法导出，表达式也可能相当复杂，或者某些参数难以确定。结果就很难用解析法确定最优温度线。对于这类情况，可以利用在不同转化率下测定的 X_A-T 曲线确定最优温度线（见 2.4 节）。

② 多段绝热反应器的操作线。根据段间换热方式不同，多段绝热反应器可分为中间间接换热、原料气冷激和非原料气冷激三种类型（见图 5-9）。它们的操作线各有不同特点。

• **中间间接换热**。图 5-10（a）示意给出三段中间间接换热反应器的操作线，如折线 $OABCDE$ 所示。其中斜线 OA、BC、DE 分别为第 1、2、3 段反应线；水平线 AB 和 CD 则为 1~2 和 2~3 段间冷却线。每段反应线的斜率就是熟知的绝热温升指数或绝热因子：

$$\left(\frac{dT}{dX_A}\right)_i = -F_0 y_{A0}\left(\frac{\Delta H_r}{n_t \bar{c}_{pt}}\right)_i = \lambda_i \tag{5-54}$$

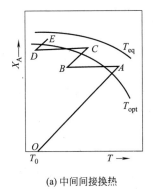
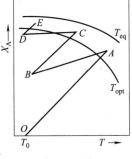
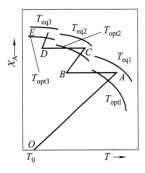

(a) 中间间接换热　　(b) 原料气冷激　　(c) 非原料气冷激

图 5-10　多段绝热反应器的操作线

对于总物质的量 n_t、反应热 ΔH_r 和混合物比热容 $\bar{c}_{pt}$ 不变或变化较小体系，反应线 OA、BC、DE 的斜率相等或近似相等。由于段间换热不改变混合物的转化率，冷却线 AB 和 CD

平行于 T 轴。

不难推测，每段反应线都应跨越最优温度线，才有可能使整个反应过程的平均速率最快，从而反应器容积最小、催化剂（若有）用量最小。其他两种方式也同样如此。下节将给出理论证明。

- 原料气冷激。原料气冷激通常只在系统前面部分段进行。图 5-10（b）给出 1～2 段间冷激、其他段间仍为间接换热的操作线。接近末段处用原料气冷激是不利的，它会导致最终转化率降低或反应器容积大大增加。

由于引入原料气 n_{t0} 和 n_t 基本上同步增加，对于反应混合物总物质的量和比热容不变或变化不大的体系，各段反应线仍相互平行或基本上平行；但引入原料气使混合物的转化率降低，冷激段间的冷却线不平行于 T 轴，如图 5-10（b）中直线 AB。另一方面，由于原料气不改变混合物的分解基组成，各段对应的平衡温度线和最优温度线都不改变。

- 非原料气冷激。非原料气冷激多段绝热反应器系统操作线示意见图 5-10（c）。引入的非原料气通常不含关键组分，但可能含有其他反应物，例如二氧化硫氧化反应中用空气冷激。冷激气改变了反应混合物的分解基组成，冷激前后反应线相互不平行。同时，由于加入其他反应物，冷激后同温度下的平衡转化率和反应速率都将提高，平衡线和最优温度线上移。因此，相邻段的 T_{eq} 线和 T_{opt} 线不连续。另一方面，非原料气冷激不改变关键组分的转化率，各段间冷却线都平行于 T 轴。

③ 中间间接换热反应器的最优分段。前面已经提到，如何确定多段绝热反应器系统中各段进、出口条件，使整个反应过程的平均反应速率最快、催化剂用量最小，是一个普遍关心的优化设计问题。

多段绝热反应的最优分段是一个约束优化即条件极值问题。约束条件是：（1）在给定的段数内达到规定的反应转化率；（2）各段进、出口温度都不得超出允许的范围。

由于技术、经济乃至环保等方面原因，出口转化率总是要达到规定要求的。当然，最终转化率的确定也是一个恰当选择或者说"优化"问题，这里不作讨论。关于段数，由图 5-10 可以看出明显的趋势：分段数越多，越有可能使整个反应过程接近最优温度线，从而所需反应器容积或催化剂用量最小。然而，段数过多将大大增加装置的复杂性、设备投资和维修的困难。工业上应用的反应器一般不超过五段。另一方面，如例 5-3 中可以看到的那样，段数过少也不合理。这不仅会增大所需反应器容积或催化剂用量，还可能因允许操作温度或平衡条件的限制而达不到要求的转化率；催化剂量增加还会导致系统阻力增大。确定合理的段数也是一个优化问题。它的目标函数应当是包括投资和操作费用在内的整个生产过程的经济效益。段数的确定涉及许多复杂的因素，超出了本课程的范围。本节的讨论将以给定段数为前提。

数学上，约束优化问题的求解比无约束优化要复杂和困难得多。从上述两个约束条件来看，温度约束条件容易解决；而在给定段数内达到转化率的约束条件则给最优化分段问题的求解造成较大的麻烦和困难。迄今为止，一般仍采用以无约束优化条件为基础的近似优化方法。

考虑图 5-11 所示的 N 段绝热反应器系统。第 i 段床层单位关键组分进料量所需催化剂量可由动力学方程积分求得：

$$\frac{W_i}{F_{A0}} = \frac{\rho_b V_{ri}}{F_{A0}} = \int_{x_{i-1}}^{x_i} \frac{dX_A}{r_i} \tag{5-55}$$

式中，r_i 是第 i 段中以催化剂量为基准的反应速率，当然，是一个变量。为简明起见，这里

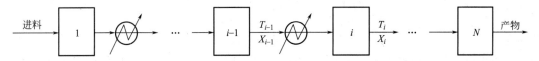

图 5-11　N 段绝热反应器系统示意图

略去表示关键组分的下标。整个反应器系统的催化剂用量为：

$$J = \sum_i \frac{W_i}{F_{A0}} = \sum_i \int_{X_{i-1}}^{X_i} \frac{\mathrm{d}X}{r_i} \tag{5-56}$$

这里 J 是优化（最小化）的目标函数，显然与各段进、出口条件有关。绝热反应中温度与转化率之间为线性关系；且各段进口转化率与其前段出口转化率相等（中间间接换热和非原料气冷激），或有确定的关系（原料气冷激）。因此，每段反应器进、出口四个状态中只有两个是独立变量。为方便计，取各段出口温度 T_i 和转化率 X_i 为独立变量。也就是说，只要确定了每一段床层的最优进口温度和转化率，也就确定了使 J 最小的分段条件。

根据极值原理，在没有段数约束的条件下，最优分段条件对于每个 i，应满足：

$$\frac{\partial J}{\partial T_i} = \frac{\partial}{\partial T_i}\left[\sum_i \int_{X_{i-1}}^{X_i} \frac{\mathrm{d}X}{r_i}\right] = 0 \tag{5-57}$$

$$\frac{\partial J}{\partial X_i} = \frac{\partial}{\partial X_i}\left[\sum_i \int_{X_{i-1}}^{X_i} \frac{\mathrm{d}X}{r_i}\right] = 0 \tag{5-58}$$

上述分段条件需要进一步解析。

由于每段出来的混合物都经过换热后再进入下一段反应，对 T_i 的决策只影响第 i 段催化剂用量，与其他各段无关。因此，上式可简化为：

$$\frac{\partial J}{\partial T_i} = \frac{\partial}{\partial T_i}\left(\int_{X_{i-1}}^{X_i} \frac{\mathrm{d}X}{r_i}\right) = \int_{X_{i-1}}^{X_i} \frac{\partial}{\partial T_i}\left(\frac{\mathrm{d}X}{r_i}\right) = \int_{X_{i-1}}^{X_i} \frac{\partial r_i}{\partial T_i} \times \frac{1}{r_i^2}\mathrm{d}X = 0 \tag{5-59}$$

根据积分中值定理，在区间 $[X_{i-1}, X_i]$ 中必定存在一点 X_m，使得：

$$\int_{X_{i-1}}^{X_i} \frac{1}{r_i^2} \times \frac{\partial r_i}{\partial T_i}\mathrm{d}X = (X_i - X_{i-1})\left(\frac{1}{r_i^2} \times \frac{\partial r_i}{\partial T_i}\right)_{X_m} \tag{5-60}$$

因此，式(5-59)可改写为：　$(X_i - X_{i-1})\left(\frac{1}{r_i^2} \times \frac{\partial r_i}{\partial T_i}\right)_{X_m} = 0$　$(5-61)$

由于 $(X_i - X_{i-1}) \neq 0$，且 r_i 为有限值，必定有：

$$\left(\frac{\partial r_i}{\partial T_i}\right)_{X_m} = 0 \tag{5-62}$$

这表明满足式(5-59)的点就是最优温度点。换言之，i 段反应线必定跨越最优温度线。这就是最优分段的第一个条件。

确定分段条件通常采用逐段计算的方法。因此，在计算 i 段时，进口条件 T_{i-1} 和 X_{i-1} 已由前面的计算确定。如果没有段数约束条件，用适当的数值方法或图解法联立求解式(5-59)和绝热反应线方程式(5-57)即可直接确定出口转化率 X_i。

关于分段条件式(5-58)，应当注意到 X_i 既是 i 段出口转化率，又是 $i+1$ 段进口转化率。对 X_i 的决策将同时影响这两段的催化剂用量；其他段则与之无关。因此，式(5-58)可具体化为：

$$\frac{\partial J}{\partial X_i} = \frac{\partial}{\partial X_i}\int_{X_{i-1}}^{X_i} \frac{\mathrm{d}X}{r_i} + \frac{\partial}{\partial X_i}\int_{X_i}^{X_{i+1}} \frac{\mathrm{d}X}{r_{i+1}} = 0 \tag{5-63}$$

求导结果为：
$$\left(\frac{1}{r_i}\right)_{X=X_i}-\left(\frac{1}{r_{i+1}}\right)_{X=X_i}=0$$

从而有：
$$(r_i)_{X=X_i}=(r_{i+1})_{X=X_i} \tag{5-64}$$

即第 i 段出口处的反应速率等于第 $i+1$ 段进口时的反应速率。这就是最优分段的第二个条件。利用此条件，可以根据第 i 段出口状态确定下一段进口状态。

④ 冷激式反应器的最优分段。前已述及，出床层反应混合物的冷激物料可用原料气，也可以采用非原料气。这两种方式的最优分段条件和方法稍有不同。

• **非原料气冷激**。对于用不含关键组分的非原料气冷激的多段绝热反应器，上面介绍的分段条件和方法都适用。但由于冷激气改变了平衡线和最优温度线，等温反应速率线也不连续，计算求解是较图解法相对方便的方法。确定分段条件的原则与中间间接换热式反应器系统相同，但需要通过计算。具体步骤是：根据各段进口条件先假定出口状态，该状态应满足绝热反应操作线，同时应保证反应线跨越最优温度线；根据前段出口状态用式(5-64) 计算确定后段进口条件。若计算的最终转化率和段数不能同时满足要求，则调整各段出口状态重新计算，直到符合要求为止。

• **原料气冷激**。当采用原料气冷激时，分段条件式(5-57) 及其导出的结论与中间间接换热反应器相同；分段条件式(5-58) 则因冷激前后转化率发生变化而有所不同。若冷激在第 i 段后进行，冷激后混合物中关键组分转化率以 X'_i 表示，则有：

$$X'_i=\frac{1}{1+\alpha_i}X_i \tag{5-65}$$

其中 α_i 为冷激气量对第 i 段分解基进气量之比：

$$\alpha_i=\frac{F_{A0,c}}{(F_{A0})_i} \tag{5-66}$$

式中，$F_{A0,c}$ 为冷激气量。显然，对 X_i 的决策同样影响第 i 段和 $i+1$ 段催化剂用量，与其他各段无关。式(5-58) 变为：

$$\frac{\partial J}{\partial X_i}=\frac{\partial}{\partial X_i}\int_{X_{i-1}}^{X_i}\frac{\mathrm{d}X}{r_i}+\frac{\partial}{\partial x_i}\int_{X'_i}^{X_{i+1}}\frac{\mathrm{d}X}{r_{i+1}}=0 \tag{5-67}$$

将式(5-65) 代入式(5-67)，求导并整理，得到：

$$(r_i)_{X=X_i}=(1+\alpha_i)(r_{i+1})_{X=X'_i} \tag{5-68}$$

这就是根据冷激前段出口条件确定原料气冷激后混合物状态的最优分段条件方程。具体分段条件可用计算方法确定。由于平衡线、最优温度线和等反应速率线都不改变，且原料气冷激通常只在少数段间进行，也可以采用计算辅助的试差图解法进行优化分段。

【**例 5-4**】 在两段绝热固定床反应器中进行二氧化硫氧化反应：

$$SO_2(A)+0.5O_2(B)\Longrightarrow SO_3(R)$$

Calderbank 提出在硅胶负载的 V_2O_5 催化剂上该反应的动力学方程为：

$$r_A=kp_A^{0.5}p_B-k'p_R\left(\frac{p_B}{p_A}\right)^{0.5} \tag{1}$$

其中正、逆反应速率常数由下式确定：

$$\begin{cases}k=5.14\exp(-15600/T)(\text{molA}\cdot\text{s}^{-1}\cdot\text{Pa}^{-1.5}\cdot\text{kg}^{-1})\\k'=7.848\times10^7\exp(-27000/T)(\text{molA}\cdot\text{s}^{-1}\cdot\text{Pa}^{-1.5}\cdot\text{kg}^{-1})\end{cases} \tag{2}$$

给定设计条件和参数为：

进料气组成（摩尔分数）：SO_2 为 8％，O_2 为 13％，N_2 为 79％

操作压力：101400Pa

温度：Ⅰ段进口 643K，Ⅰ段出口 833K，Ⅱ段进口 643K

最终转化率：0.99

生产能力：50t H_2SO_4/d

反应器直径：1.825m

催化剂堆积密度：600kg·m^{-3}

试计算所需床层高度。

解　（1）第一段

为确定温度与转化率的关系，先计算绝热温升指数。由于有大量惰性气体 N_2 存在，混合物总物质的量的变化可以忽略。λ 的表达式可简化为：

$$\lambda = -y_{A0}\Delta H_r / \overline{c}_{pt} \tag{3}$$

其中反应热查得为：

$$\Delta H_r = -95400 - 17.22T + 26.11 \times 10^{-3} T^2 - 5.21 \times 10^{-6} T^3$$

计算结果表明，当温度变化幅度 $\Delta T < 220K$ 时，ΔH_r 的变化率＜5％，因此可视为常数。第一段床层的平均值可取为 $\Delta H_{r,1} = -96050 J \cdot mol^{-1}$。

混合物的平均比热容可加权计算：

$$\overline{c}_{pt} = \sum y_i \overline{c}_{pi}$$

由手册查得各组分摩尔热容（$J \cdot K^{-1} \cdot mol^{-1}$）为：

$$c_{p(SO_2)} = 39.86 + 15.24 \times 10^{-3} T$$

$$c_{p(SO_3)} = 50.79 + 34.00 \times 10^{-3} T$$

$$c_{p(O_2)} = 28.22 + 6.87 \times 10^{-3} T$$

$$c_{p(N_2)} = 26.88 + 5.61 \times 10^{-3} T$$

于是可求得初始混合物比热容为：

$$[\overline{c}_{pt}]_{X_A=0} = 0.08 \times (39.86 + 15.24 \times 10^{-3} T) + 0.13 \times (28.22 + 6.87 \times 10^{-3} T) \tag{4}$$
$$+ 0.79 \times (26.88 + 5.61 \times 10^{-3} T) = 28.10 + 6.544 \times 10^{-3} T$$

由物料衡算可知，SO_2 完全反应后，系统总的物质的量从 1 降低到 0.96，因此：

$$y_{SO_2} = 0$$

$$y_{SO_3} = 0.08/0.96 = 0.0833$$

$$y_{O_2} = (0.13 - 0.04)/0.96 = 0.09375$$

$$y_{N_2} = 0.79/0.96 = 0.8229$$

从而可求得混合物比热容为：

$$[\overline{c}_{pt}]_{X_A=1} = 29.018 + 8.04 \times 10^{-3} T \tag{5}$$

比较式(4) 和式(5) 可以看出，混合物比热容随转化率变化不显著；$\Delta T < 220K$ 的范围内随温度变化也不大，可以近似作为常数。第一段可取 $\overline{c}_{pt,1} = 32.87 J \cdot K^{-1} \cdot mol^{-1}$。

将上式反应热和比热容数据代入式(3)，得到：

$$\lambda_1 = -0.08 \times (-96050)/32.87 = 233.8 \ K$$

利用初始条件 $T_0 = 643K$ 和 $X_A = 0$，得到第一段床层操作线方程为：

$$T = 634 + 233.8 X_A \tag{6}$$

对于本例要求的计算，动力学方程以转化率表示比较方便，结果得到：

$$r_A = 4.94 \times 10^8 \exp\left(\frac{-15600}{T}\right) \frac{(1-X_A)^{0.5}(13-4X_A)}{(100-4X_A)^{1.5}}$$
$$- 2.15 \times 10^{13} \exp\left(\frac{-27000}{T}\right)\left(\frac{X_A}{100-4X_A}\right)\left(\frac{13-4X_A}{1-4X_A}\right)^{0.5} \tag{7}$$

由给定生产能力可确定二氧化硫进料摩尔流量为：

$$n_{A0} = \frac{500 \times 1000 \times 1000}{24 \times 3600 \times 98 \times 0.99} = 5.965 \, \text{mol} \cdot \text{s}^{-1}$$

第一段出口转化率可根据出口温度确定：

$$X_{A,1} = (T_1 - T_0)/\lambda_1 = (833 - 643)/233.8 = 0.81$$

于是，将有关数据和表达式代入式(5-50) 即可计算所需床层高度：

$$L = \frac{4 \times 5.965}{600 \times \pi \times 1.825^2} \int_0^{0.81} \frac{dX_A}{r_A} = 3.805 \times 10^{-3} \int_0^{0.81} \frac{dX_A}{r_A} \tag{8}$$

式中反应速率 r_A 由式(7) 确定。

由于反应速率表达式(7) 比较复杂，式(8) 难以解析积分，需要用数值方法。在计算机上可用 Sinpson 法、Runge-Kutta 法计算，也可用差分法计算。若用 Runge-Kutta 法求解，计算方程可改写为下列形式：

$$\begin{cases} \dfrac{dL}{dX_A} = \dfrac{n_{A0}}{\rho_b r_A (\pi/4) d_t^2} \\[2mm] \dfrac{dT}{dX_A} = \lambda \end{cases} \tag{9}$$

式(9) 从 $X_A = 0$ 积分到 $X_A = 0.81$ 即可确定所需床层高度；同时还可以求得转化率和温度沿床高的分布。计算结果在表 5-3 中给出。

表 5-3　两段床层计算结果

X_A	T/K	L/m	X_A	T/K	L/m
第一段			第二段		
0.00	643	0	0.81	643	0
0.05	655	0.814	0.83	648	1.129
0.10	666	1.374			
0.15	678	1.763	0.85	652	2.155
0.20	690	2.034	0.87	657	3.090
0.25	701	2.230			
0.30	713	2.337	0.89	661	3.964
0.35	725	2.466	0.91	666	4.651
0.40	736	2.538			
0.45	748	2.598	0.93	670	5.482
0.50	760	2.645	0.95	675	6.351
0.55	771	2.682			
0.60	783	2.713	0.97	679	7.379
0.65	795	2.739	0.98	681	8.095
0.70	806	2.763			
0.75	818	2.787	0.985	682.5	8.638
0.80	830	2.817	0.9875	683	9.070
0.81	833	2.862	0.99	684	10.030

（2）第二段

根据第一段计算结果 $X_{A1}=0.81$，可以判断第二段床层温升不大，因此，计算反应热和比热容的平均定性温度应低些，估计约为 665K。以此温度计算，得到：

$$\Delta H_{r,2}=-96800 \text{ J}\cdot\text{mol}^{-1}; \overline{c}_{pt,2}=34.45\text{J}\cdot\text{K}^{-1}\cdot\text{mol}^{-1}。从而：$$

$$\lambda_H=-0.08\times(-96800)/34.35=225.4\text{ K}$$

第二段床层绝热操作线方程为：

$$T=634+225.4(X_A-0.81)$$

床层高度计算方法和第一段相同。但由于反应速率变小，不论用哪种方法计算，步长都取得小些；当 $X_A>0.97$ 后步长应更小，且需要用变步长计算。计算结果也在表 5-3 中给出。

由表 5-3 可以看到：第一段床层中转化率净增 0.81，需要的床高仅为 2.86m；第二段转化率净增 0.18，所需催化剂床层高度达 10.03m。这一事实更定量地说明，可逆反应在接近平衡时反应速率下降十分明显。

【例 5-5】 同例 5-4 反应，动力学方程、速率常数、进料气流量和组成都相同。采用四段绝热固定床反应器，Ⅰ～Ⅱ段间采用原料气冷激，冷激气温度为 303K。第Ⅰ段进口温度 693K，转化率 $X_0=0$。初步假定Ⅰ段出口转化率 $X_1=0.75$。试计算：

（1）冷激后气体混合物的最优状态；

（2）冷激气对第Ⅰ段进气量之比 α。

解　仿照例 5-4 方法求得第Ⅰ段反应绝热温升指数 $\lambda_1=227.6\text{K}$。因此，Ⅰ段出口温度为：

$$T_1=T_0+\lambda_1(X_{A1}-X_{A0})=693+227.6\times0.75=864\text{ K}$$

例 5-4 已求得反应动力学方程为：

$$r=4.94\times10^8\exp\left(\frac{-15600}{T}\right)\frac{(1-X_A)^{0.5}(13-4X_A)}{(100-4X_A)^{1.5}} \tag{1}$$
$$-2.15\times10^{13}\exp\left(\frac{-27000}{T}\right)\frac{X_A}{100-4X_A}\left(\frac{13-4X_A}{1-X_A}\right)^{0.5}$$

于是，Ⅰ段出口处反应速率为：

$$r=4.94\times10^8\exp\left(\frac{-15600}{T}\right)\frac{(1-X_A)^{0.5}(13-4X_A)}{(100-4X_A)^{1.5}}$$
$$-2.15\times10^{13}\exp\left(\frac{-27000}{T}\right)\frac{X_A}{100-4X_A}\left(\frac{13-4X_A}{1-X_A}\right)^{0.5}$$
$$=9.0613\times10^{-3}\text{molSO}_2\cdot\text{s}^{-1}\cdot(\text{kg}_{cat})^{-1}$$

Ⅱ段进口转化率可根据冷激气量比 α 计算：

$$X'_{Ai}=\frac{1}{1+\alpha}X_{Ai} \tag{2}$$

Ⅱ段进口温度可由以 1mol 进料和 303K 为基准的热量衡算求得：

$$\alpha\overline{c}_{pt}\times(303-303)+1\times\overline{c}_{pt}\times(864-303)=(1+\alpha)\overline{c}_{pt}(T'_1-303)$$

解出：

$$T'_1=303+\frac{561}{1+\alpha} \tag{3}$$

式（1）、式（2）和式（3）联立求解，即可得到Ⅱ段进口最优状态。该方程组需要试差求解。可按下列步骤进行：

① 假定一个 α 值（$\alpha \neq 0$）；

② 利用式（2）和式（3）计算 X'_{Ai} 和 T'_1；

③ 将 X'_i 和 T'_1 值代入式（1）计算第 Ⅱ 段进口反应速率 $(r_{A1})_{X'_{Ai}}$；

④ 检验偏差

$$\delta = \left| (1+\alpha)(r_{A2})_{X'_{A1}} - (r_1)_{X'_{A1}} \right|$$

如果 δ 超出允许范围，再假定新的 α 值重新计算，直到 $\delta \leqslant$ 允许误差为止。

本例题计算结果为：

$$\alpha = 0.14, \quad X'_{A1} = 0.6579, \quad T'_1 = 795.1K$$

此结果很好地满足式(5-58)，相对偏差＜0.23%。

如果计算得到的 T'_1 低于催化剂起燃温度，或者最终段数和转化率不符合要求，应调整第 Ⅰ 段出口转化率，重新进行优化计算。

（3）非绝热非等温反应器的计算

非绝热非等温固定床催化反应器的分析计算一般采用一维模型。对于列管换热式反应器而言，由于管径和管间距一般都比较小，除了某些强放热和强吸热反应以外，不论催化剂放在管内或管间，床层径向温度梯度均可忽略。

质量衡算方程：
$$\frac{dX_A}{dL} = \frac{\rho_b A_b}{F_{A0}} r_A \tag{5-69}$$

式中，A_b 是床层截面积。

能量衡算方程，它与绝热反应器的区别在于包含传递热量项：

$$n_t \bar{c}_{pt} \frac{dT}{dL} = -\rho_b A_b \Delta H_r r_A - UA_z(T_1 - T_2) \tag{5-70}$$

或

$$n_t \bar{c}_{pt} \frac{dT_1}{dL} = -\rho_b A_b \Delta H_r r_A - UA_z(T_1 - T_w) \tag{5-71}$$

式中，U 为传热系数；A_z 是单位床层高度的传热面积，$m^2 \cdot m^{-1}$；T_1 是床层温度；T_2 和 T_w 分别为与床层换热的流体温度和壁温。

动量衡算方程：
$$\frac{dp}{dL} = f_m \frac{\rho u^2}{d_s} \times \frac{1-\varepsilon}{\varepsilon^3} \tag{5-72}$$

床层模型的初值是已知的：
$$\begin{cases} X_A(0) = X_{A0} \\ T_1(0) = T_{10} \\ p(0) = p_0 \end{cases} \tag{5-73}$$

实际反应器设计计算中，还有许多待定因素，例如传热面积如何安排，如何选择流速进而确定床层截面积等。通常应对多种方案进行计算和分析比较。还常常需要试差计算，设计计算一般可按下列步骤进行：

① 确定有关物性数据或其计算方程；

② 初步选定床层流速，计算出相应的床层截面积；

③ 初步选定反应器结构，如换热管形式、根数等，确定单位床高的换热面积；

④ 根据选定的换热管形式、结构，确定套管、内管等各流体通道中的流速或其表达式，用平均流速计算各相关的传热或传热系数；

⑤ 求解模型方程组，计算进行到转化率达到规定数值为止，确定需要的床层高度；

⑥ 检验计算结果是否满足一致性判断依据（若有），阻力是否合适。若不满足或不合

适，调整反应器结构尺寸和有关参数后重新计算，直到满足为止。

5.4.4.3 固定床反应器设计和操作中的工程问题

在工业反应器设计和操作中需要注意如下几个工程问题。

(1) 气体分布装置

流体分布均匀是固定床反应器设计中的一个重要问题，无论是从单管反应器或是绝热反应器的实验数据放大到工业装置后，所有达不到小试的转化率和收率的一个重要原因往往是流体流动特性的变化。尽管在单管试验的流动可以保证达到平推流，但工业反应器进、出口管设计不合理，导致流体流动不均匀，使进入每根管的进料流量不相同。在绝热式反应器内设计原因也同样会导致流体在床层的流动不均匀，结果出现沟留和死角等，造成与小试平推流流动的均匀速度偏离，使一部分气体在床层内停留时间长，另一部分气体停留时间短，由于停留时间长的物料转化率的增长，并不能弥补停留时间短的气体转化率的下降所造成的损失，最终转化率下降。同时，由于反应转化率的不同，反应放出或吸收的热量也不相同，使反应器内各处的温度不均匀，操作温度条件难以符合适宜的工艺要求。

在工业装置中造成气流不均匀分布的主要原因是：①进口条件。工业设备较大，气体由管道进入反应器内，气体通道截面发生突然增大，或者进口管安装在反应器一侧等等，都会造成气体进入床层时分布不均匀。②床层催化剂的均匀性。床层催化剂颗粒的不均匀性会使气体再分配时变得不均匀。③出口条件。出口管过小或安置在一侧，也会造成气体在离开床层前过早地收缩或偏向出口侧。

床层催化剂的均匀性可以通过严格选择催化剂的粒度，提出一定的强度要求以及仔细地装填予以保证。为了消除进口气体过大的初始动能以及气体均匀的导入床层截面，常在进口管的出口端设置预分布器。预分布器有多种型式。最简单的是单级挡板气体分布器，它由钻有小孔的气体分布板和拉杆组成。分布板也可以呈伞形或锥形，其分布效果较单级挡板气体分布器好。气体分布器的另一种形式是多层环板式分布器，它由一串间隔相等的空心环板组成，最下一块为实心圆板或开孔板。气体分布器的设计应该使板的开孔面积大，气体穿过的压降小，气体流动分散。在床层顶部和底部各铺设一层惰性填料如氧化铝球，也是帮助流体分布的一种措施。顶部的惰性填料还可以避免催化剂层表面受到气流直接冲击，防止污染物带入催化剂层。

填料层高为颗粒直径 50 倍时，可产生良好的分布。一般认为出口条件对床层流体分布的影响较进口条件的影响小。

对于多段绝热式反应器，为了控制温度或工艺上的需要，有时在段间加入原料气，这就要求加入的原料气与来自上一段的生成气混合均匀后，再进入下一段的催化剂层，这种混合可以在设置于反应器外的混合装置如静态混合器、文氏混合器内完成，甚至气体在管道的流动中完成。对要求在反应器内完成混合的情况，往往将原料气通过分布器分散，再与生成气均匀混合。

多孔分布器的设计，要求各小孔流出的气体均匀。一般，流体通过小孔的压降为整个流体通过分布管全程长度时压降的 100 倍以及分布管 L/D 不大于 70 时，可期望流体能沿小孔均匀分布。

目前对流体流动现象分析还只限于定性的了解，设计时唯一有效的方法是通过冷模试验，由于大装置的流动状态与小装置区别较大，所以在接近工业装置的大装置上进行大型冷模试验是十分重要的。

(2) 支承结构

催化剂在反应器内被支承的方式主要有两种：一种是以惰性填料支承。这种形式最为方便，但需要有一个气体出口过滤器。过滤器的外径约为反应器内径 25％的圆筒，沿圆筒四周围有金属丝网，它的作用是防止出口气体将破碎的催化剂或粉末带出反应器，造成后面管路堵塞。另一种支承是用格栅板。整个格栅放在焊于设备壳体上的支承环及支承梁上。对直径较大的反应器，格栅可以分块，格栅的开孔面积大于 70％。

在催化剂与支承格栅之间，或在催化剂与惰性填料之间放有金属筛网，网目尺寸按最小催化剂直径选择，并有足够的开孔面积。格栅支承的反应器需有人孔，催化剂需从人孔卸出或用真空卸料机吸出，而支承催化剂的惰性填料可直接从卸料口放出。所有床层内的各部件应该都能从人孔取出。

（3）床层阻力的均匀性

要使气体均匀分布，除了从气体分布器设计上考虑外，使床层阻力均匀也是很重要的条件。对于一定大小的颗粒，催化剂堆放的好坏将会直接影响床层阻力的均匀程度，而且与反应结果直接有关。对于列管式固定床反应器，要求各根管子的阻力降相差不大于 5％，在工业上一般是将催化剂预先称量，使各根管子装入量相等，并且装填到同样的高度，还要保证较为一致的疏密程度。对装填好的各管还要逐管测试压降，根据偏差大小，采用吸出少量催化剂或补加惰性填料的方法调整到所要求的压差。

此外，尽管在堆放时被均匀放置，如果在使用过程中催化剂粉化同样还会造成固定床床层阻力不同而引起气流分布不均匀，所以工业上使用的催化剂应该有一定的强度。

（4）温度控制

温度是反应速率的敏感参数，温度将对反应结果起着至关重要的影响。每个反应过程都有最适宜的温度范围，要求有一定的床层温度分布，对列管式固定床反应器还存在热点温度的控制问题。因此反应器温度的控制和调节的重要目的是保持一定的床层温度分布和控制热点温度。

对确定的反应器和反应体系，影响床层温度分布和热点温度的操作参数主要是流体进口温度、进口浓度、流体流量，对列管式反应器最重要的是冷却介质温度。采用哪一个参数作为调节手段要视系统的整个流程，还要取决于各个参数的灵敏性。

要达到一定的物料进口温度，必须先将原料进行预热。原料的预热可以是利用系统中自身的热量来进行热量交换，如对放热反应则利用出口反应气体的热量预热进口原料气体；也可以用外加热方式使其达到预定温度。

对于列管式固定床反应器在管间冷却介质的选择视反应温度而定，可以是热稳定的油、水、加压水或熔盐等。冷却介质温度的控制必须考虑反应过程的热稳定性和参数灵敏度。

随着催化剂使用时间的增长，催化剂的活性逐渐下降，从床层温度而言，在列管式反应器中表现为热点温度的下降和位置下移；在绝热式反应器中则表现为进、出口温度差的逐渐减小。与此同时，转化率也随之降低，为了维持原有的床层温度分布，在操作过程中，随着催化剂活性的下降，应根据不同情况相应地逐渐提高进口温度、浓度或冷却介质温度。

5.4.5 流化床反应器的数学模型及设计

本节主要讨论气-固相催化反应用流化床反应器，介绍流化床的基本特性，反应器的数学模型及设计，以及流化床反应器的设计要点。

（1）流化床的流化特性

① 流态化现象。当流体自上而下通过固体颗粒床层，达到一定速度时，固体颗粒产生相对运动，即为流态化。流态化过程的床层压降与流体的速度的变化关系可以用图 5-12 表示。

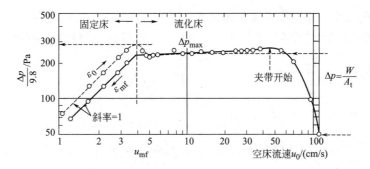

图 5-12 均匀颗粒的压降与流速的关系

在流速较低时为固定床状态, 当气体经过静止的固体颗粒床层时, 在双对数坐标图上床层压降 Δp 与空速 u_0 成正比。随着气体流速增加, Δp 也增大, 当 Δp 增大到等于单位分布板面积上的颗粒浮重 (颗粒的重力减去同体积流体的重力), 这时颗粒不再相互支撑, 并开始悬浮在流体之中。按理粒子应开始流动起来, 但由于床层中原来挤紧着的粒子先要被松动开来, 所以需要稍大一点的 Δp , 等到一旦粒子已经松动, 压降又恢复到 (W/A_t) 之值。如进一步提高流速, 床层随之膨胀, 床层压降近乎不变, 曲线就平直了, 但床层中颗粒的运动加剧。这时的床层称为流化床。当流速增加到等于颗粒的自由沉降速度时, 所有颗粒都被流体带走, 而流态化过程进入输送阶段。所以流化状态时床层的质量梯度等于固体颗粒的摩擦所产生的压力梯度 Δp , 即:

$$\Delta p = L_{mf}(1 - \varepsilon_{mf})(\rho_s - \rho_g)g \tag{5-74}$$

式中, ε_{mf} 为临界流化态时床层空隙率; L_{mf} 为临界流化状态时的床层高度; ρ_s 为固体颗粒密度; ρ_g 为气体密度。

对已经流化起来了的床层, 如将气速减小, 则 Δp 将循着原来的实线返回不再出现极值, 而且固定床的压降也比原来的要小, 这是因为粒子逐渐静止下来, 大体保持着临界流化时的空隙率。从图中实线的拐弯点就可定出临界 (或称最小) 流化速度 u_{mf} 。利用实验测定压降 Δp 与空床流速 u_0 的关系, 可以预测临界流化速率 u_{mf} 。

然而压降与速度的曲线不总是图 5-12 这种形状。若流化床中出现涌节, 曲线将如图 5-13 所示的形状。当床径与气泡的尺寸相当, 即出现涌节; 降低床高与直径的比例, 可以避免涌节。

图 5-14 表示了沟流。在沟流中, 流体优先通过某些渠道短路流出; 改善分布板设计或增大床高与直径的比例, 有利于防止沟流。经验指出, 气体通过分布板的压降不得小于 0.1 倍的床层压降。

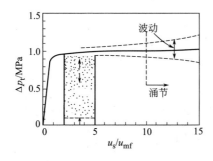

图 5-13 波动和涌节流化床的压降图

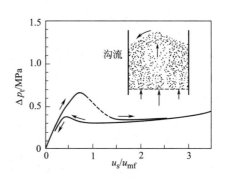

图 5-14 沟流流化床的压降

② 临界流化速度 u_{mf}。临界流化速度可以通过 $\Delta p_{\mathrm{t}} \sim u_0$ 的关系进行实验测定，也可以用公式计算。如将固定床压降公式与式（5-74）相等，可以得到临界流化速度的计算公式：

对于小颗粒 $Re_{\mathrm{p}} < 20$ 时，

$$u_{\mathrm{mf}} = \frac{d_{\mathrm{p}}^2 (\rho_{\mathrm{s}} - \rho_{\mathrm{g}})}{1650\mu} \tag{5-75}$$

对于大颗粒 $Re_{\mathrm{p}} > 1000$ 时，

$$u_{\mathrm{mf}} = \sqrt{\frac{d_{\mathrm{p}}(\rho_{\mathrm{s}} - \rho_{\mathrm{g}})g}{24.5\rho_{\mathrm{g}}}} \tag{5-76}$$

式中，$Re_{\mathrm{p}} = \dfrac{d_{\mathrm{p}} u_{\mathrm{mf}} \rho_{\mathrm{g}}}{\mu}$；$d_{\mathrm{p}}$ 为颗粒平均直径；ρ_{s} 为颗粒密度；ρ_{g} 为流体密度；μ 为流体黏度。

此外，临界流化速度的经验计算式还常用：

$$u_{\mathrm{mf}} = 0.695 \frac{d_{\mathrm{p}}^{1.82} (\rho_{\mathrm{s}} - \rho_{\mathrm{g}})^{0.94}}{\mu^{0.88} \rho_{\mathrm{g}}^{0.06}} (\mathrm{cm/s}) \tag{5-77}$$

文献介绍了很多临界流化速度的计算式，都是经验的或半经验的，具有一定的局限性，计算结果与实际情况有一定的偏差，所有偏差可达 30%～50%。特别是对于细颗粒，由于在流化过程中易于聚成粒子团，往往偏差很大。因此有条件的应通过直接测定颗粒的临界流化速度。只要与实验测定时的流体、颗粒、温度和压力等条件相同，实验所测定的 u_{mf} 可以推广到大型工业生产设备的应用。

③ 最大流化速度 u_{t}。最大流化速度 u_{t} 亦称颗粒带出速度。颗粒带出速度也等于粒子的自由沉降速度，通过颗粒沉降速度的计算可以得到最大流化速度。对于球形颗粒，有：

$$\frac{\pi}{6} d_{\mathrm{p}}^3 (\rho_{\mathrm{s}} - \rho_{\mathrm{g}}) = \frac{1}{2} C_{\mathrm{D}} \frac{\rho_{\mathrm{g}}}{g} \left(\frac{\pi d_{\mathrm{p}}^2}{4} \right) u_{\mathrm{t}}^2 \tag{5-78}$$

或写成：

$$C_{\mathrm{D}} Re_{\mathrm{p}}^2 = \frac{4}{3} Ar \tag{5-79}$$

$$Ar = \frac{d_{\mathrm{p}}^3 \rho_{\mathrm{g}} (\rho_{\mathrm{s}} - \rho_{\mathrm{g}})}{\mu^2} \tag{5-80}$$

式中，Ar 为阿基米德数，C_{D} 为曳力系数。

对于球形颗粒：

$$C_{\mathrm{D}} = 24/Re_{\mathrm{p}}, \ Re_{\mathrm{p}} < 0.4$$

$$C_{\mathrm{D}} = 10/Re_{\mathrm{p}}^{1/2}, \ 0.4 < Re_{\mathrm{p}} < 500$$

$$C_{\mathrm{D}} = 0.43, \ 500 < Re_{\mathrm{p}} < 2 \times 10^5$$

分别代入式（5-78），得到：

$$u_{\mathrm{t}} = \frac{d_{\mathrm{p}}^2 (\rho_{\mathrm{s}} - \rho_{\mathrm{g}})g}{18\mu}, \ Re_{\mathrm{p}} < 0.4 \tag{5-81}$$

$$u_{\mathrm{t}} = \left\{ \frac{4}{225} \left[\frac{(\rho_{\mathrm{s}} - \rho_{\mathrm{g}})^2 g^2}{\rho_{\mathrm{g}} \mu} \right] \right\}^{1/3} d_{\mathrm{p}}, \ 0.4 < Re_{\mathrm{p}} < 500 \tag{5-82}$$

$$u_{\mathrm{t}} = \left[\frac{3.1 d_{\mathrm{p}} (\rho_{\mathrm{s}} - \rho_{\mathrm{g}})g}{\rho_{\mathrm{g}}} \right]^{1/2}, \ 500 < Re_{\mathrm{p}} < 2 \times 10^5 \tag{5-83}$$

其中，$Re_{\mathrm{p}} = \dfrac{d_{\mathrm{p}} u_{\mathrm{t}} \rho_{\mathrm{g}}}{\mu}$。

上述公式还可以用来考察大、小粒子流化范围的大小，如对细颗粒，当 $Re_{\mathrm{p}} < 0.4$ 时：

$$\frac{u_{\mathrm{t}}}{u_{\mathrm{mf}}} = \frac{\text{式}(5\text{-}81)}{\text{式}(5\text{-}75)} \approx 91 \tag{5-84}$$

对于大颗粒，当 $Re_{\mathrm{p}} > 1000$ 时：

$$\frac{u_t}{u_{mf}} = \frac{式(5\text{-}83)}{式(5\text{-}76)} \approx 8.7 \tag{5-85}$$

可见，u_t/u_{mf} 的范围大致在 $10\sim90$ 之间，颗粒愈细，比值愈大，表示从能够流化到带出的速度范围愈广，这时流化床中采用细颗粒是比较适宜的。

由计算关系可以看到：临界流化速度是床层从固定床状态向流化床状态的转折点，此时流体阻力用固定床压降来表示。最大流化速度是床层从流化床状态到气流输送状态的转折点，流体阻力以相当于颗粒在流化床中的自由沉降阻力来表示。在流化床操作速度稍大于 u_{mf} 时，整个床层颗粒悬浮于气体中，阻力浮力和重力是对整个床层而言的。在操作速度大于 u_t 时，固体颗粒被吹出，此时阻力、浮力和重力是对某一颗粒而言的。所以在应用计算公式时，临界流化速度计算式中的颗粒直径是指床层中的最小颗粒直径。

颗粒平均直径为：

$$d_p = \frac{1}{\sum\limits_{i=1}^{n} \dfrac{X_i}{d_{pi}}} \tag{5-86}$$

式中，X_i 为直径等于 d_{pi} 粒子所占的质量分数。

（2）流化床反应器数学模型

气-固流态化运动的复杂性在于气泡运动造成气体和固体颗粒的特殊运动规律，因此流化床反应器的数学模型必须在合理简化的基础上作出正确描述。早期的流化床模型是均相模型，把流化床看作一个均相系统。根据实验得知，气体虽然通过反应器，但没有与催化剂接触。这类模型超越了简化假定合理性的程度，不能反映流化床的实际情况。随着对气-固流态化认识的深入，提出了两相模型。该模型注意了气-固接触的不均匀性，把流化床分为流动情况不同的两个区域，分别研究其流动和传递规律，以及流体和颗粒在两个区域间的分配和交换。这类模型参数多，且难以独立测定，给模型检验和参数确定带来很多困难，妨碍了模型的实际应用。近年来，国内外对流化床的数学模型研究仍在继续深入，在两相模型基础上提出了三相模型。该模型通过对气体和固体的示踪脉冲响应试验分析，得出各相浓度变化的结果，但是没有考虑化学反应，没有充分强调气泡晕在流化床内对化学反应过程的重要性。近年来人们对流态化技术的研究重点以两相模型和鼓泡模型为基础，研究流化床中气、固流动，传质，混合，扬析等问题，取得了一些成绩，在一定程度上有可能对流化床进行理论计算。但对于流化床反应器及其数学模型的研究有待进一步研究和发展，因此设计中仍以经验方法为主。这里主要介绍鼓泡床模型。

鼓泡床模型认为气泡是流化床内流动、传递和化学反应的决定因素，研究的实质在于把过程的各个参数归结在气泡特征上，主要是气泡大小及其上升速度。气泡直径概括了各种流动因素、床层结构、内部构件等几何形状在气泡直径上的反映。一个良好的数学模型应该能够满足精确地代表过程的真实行为，有明确的物理意义，同时又必须足够简单，使用方便。实验表明，鼓泡床模型能够和实验结果大体相符。由于气泡直径的数值极为敏感地影响反应结果，所以气泡直径较小的变化会引起计算结果的很大差异，使之难以成功地应用于工业流化床反应器的设计。随着测试技术的不断发展，鼓泡模型将日臻完善。

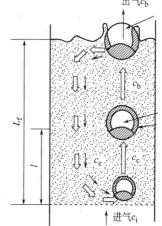

图 5-15　鼓泡床模型示意图

以气泡现象为基础的鼓泡床模型，如图 5-15 所示，其基本内容可表达如下：

① 流化床内乳化相（E）处于临界流化状态的气体以气泡形式通过床层，称气泡相（B）。每个气泡周围有一薄层，称气泡晕相（C）。气泡尾部有尾迹，占气泡体积的 20％～30％。

② 床层内气泡有效直径是均一的。气泡稳定性研究表明，对细颗粒、高气速或没有内部构件的流化床，可以认为具有均一直径的气泡。

③ 在气泡、气泡晕和乳化相三者之间存在物质交换，其传质过程是串联过程。

④ 气泡周围有一股下降气流，夹带着固体对气泡作绕流运动。这股气流在气泡内诱导出一股环流，由气泡流过气泡晕后返回气泡。正是这股环流造成气泡和气泡晕间的气体交换。

⑤ 流化床中向上经过乳化相被输送的气体量随着气速的增加而减小，而且在足够高的气速下将会向下流动。可以存在两种截然不同的流动状态。

$$\frac{u_0}{u_{mf}} < 6 \sim 11 \quad 乳化相气流向上流动$$

$$\frac{u_0}{u_{mf}} > 6 \sim 11 \quad 乳化相气流向下流动$$

流向虽然不同，但对反应转化率的影响可以忽略，离开床层的气体组成等于离开床层的气泡相气体组成。

根据上述基本假设，鼓泡床模型考虑了气泡、气泡晕和乳化相之间反应物的传递和反应，认为反应首先在气泡相发生，尔后依次传递到气泡晕和乳化相，相继发生反应。将鼓泡床模型用于流化床反应器时，对关键组分有下列物料衡算式：

总消失量＝气泡中的反应量＋传递到气泡晕相中的量

转移到起气泡晕相的量＝气泡晕中的反应量＋转移到颗粒相中的量

转移到颗粒相中的量＝颗粒相中的反应量

若进行的反应为一级不可逆反应，上述物料衡算式可用如下数学式表示：

$$-\frac{dc_b}{dt} = -u_b \frac{dc_b}{dl} = K_f c_b = \gamma_b k_r c_b + (K_{bc})_b (c_b - c_c) \tag{5-87}$$

$$(K_{bc})_b (c_b - c_c) = \gamma_c k_r c_b + (K_{ce})_b (c_c - c_e) \tag{5-88}$$

$$(K_{ce})_b (c_c - c_e) = \gamma_e k_r c_b \tag{5-89}$$

式中，c_b、c_c、c_e 分别为反应物在气泡相、气泡晕相、乳化相中的浓度；$(K_{bc})_b$、$(K_{ce})_b$ 分别为以单位气泡体积计算的气泡和气泡晕之间、气泡晕和乳化相之间在单位时间内交换的气体体积，称相间交换系数；γ_b、γ_c、γ_e 分别为气泡相、气泡晕相、乳化相中的固体颗粒体积与气泡体积之比；u_b 为气泡上升速度；k_r 为一级不可逆反应速率常。

将边界条件 $l=0$，$c_b = c_{in}$ 代入式（5-87），积分后得：

$$c_b = c_{in} \exp(-K_f l / u_b) \tag{5-90}$$

式中，c_{in} 为反应物进口浓度。

当 $l = L_f$ 时，$c_b = c_{b,L}$，故：

$$c_{b,L} = c_{in} \exp(-K_f L_f / u_b) \tag{5-91}$$

将式（5-87）～式（5-89）中的浓度消去后得到 K_f 无量纲数群，即：

$$K_f = \frac{L_f (K_r)_b}{u_b} = \frac{L_f k_r}{u_b} \left[r_b + \cfrac{1}{\cfrac{k_r}{(K_{bc})_b} + \cfrac{1}{r_c + \cfrac{1}{\cfrac{k_r}{(K_{ce})_b} + \cfrac{1}{r_e}}}} \right] \tag{5-92}$$

式中，$(K_r)_b$ 为总反应速率常数。

$$(K_{bc})_b = \frac{Q}{\pi d_b^3/6} = 4.5 \frac{u_{mf}}{d_b} + 5.85 \frac{D^{1/2} g^{1/4}}{d_b^{5/4}}$$

$$(K_{ce})_b = \frac{k_{ce} S_{bc} (d_c/d_b)^2}{V_b} \cong 6.78 \left(\frac{D_e \varepsilon_{mf} u_b}{d_b^3} \right)^{1/2}$$

式中，k_{ce} 为气泡晕与乳相间的传质系数；S_{bc} 为气泡与气泡晕之间的传质面积；d_c 为气泡晕的直径；d_b 为气泡的直径；D_e 为乳化相中气体有效扩散系数。

由于 γ_b 等于 $0.001 \sim 0.01$，表明气泡中固体颗粒含量极低，一般可忽略。

$$\gamma_c = (1 - \varepsilon_{mf}) \left[\frac{3 \frac{u_{mf}}{\varepsilon_{mf}}}{0.711 (g d_b)^{\frac{1}{2}} - \frac{u_{mf}}{\varepsilon_{mf}}} + \frac{V_w}{V_b} \right] \tag{5-93}$$

式中，V_w 为尾涡体积；V_b 为气泡的体积。

$$\gamma_e = \frac{(1 - \varepsilon_{mf})(1 - \delta_b)}{\delta_b} - \gamma_b - \gamma_c \tag{5-94}$$

式中，δ_b 为气泡所占床层的体积分率，其计算式为：

$$\delta_b = \frac{u_0 - u_{mf}}{u_b} \tag{5-95}$$

$$u_b = u_0 - u_{mf} + 0.711 (g d_b)^{0.5} \tag{5-96}$$

对于一级不可逆反应，将气泡相视为平推流，则反应物的转化率为：

$$X = 1 - \exp[-(K_r)_b \tau] \tag{5-97}$$

式中空时 τ 为催化剂颗粒的质量与气体体积流量之比。由此可见，鼓泡床模型的主要参数是上升气泡的有效直径 d_b，气泡直径可由实验测得。在缺乏实验数据时，上升气泡有效直径可取床层当量直径：

$$d_b = 4 \left(\frac{床层截面积}{润湿周边} \right) \tag{5-98}$$

或者如图 5-16 中所示用管间的空间来估算气泡的直径，但这些仍然是没有把握的，这一点也正是本方法的不足之处。其实对于其他的模型，采用调整参数的方法往往也有可能与实际数据相拟合。所以问题是要能从最基本的给定数据出发计算出符合实际的最终结果。

当乳化相气体向上流动时，从鼓泡床出口的气体由气泡中气体和乳化相气体两部分组成，总的转化率是这两股气体转化率的平均值。但

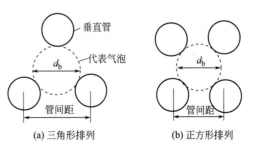

图 5-16　有垂直管束时代表气泡直径的估算

在实际流化床中，总能满足 $\dfrac{u_0}{u_{mf}}$ 大于 3 的条件，乳化相气体对总的气体影响很小，总转化率可以由气泡流的转化率决定。

需要指出：根据不同的物理模型和数据处理方法，文献上有不同的相交换系数及其关联式，引用时需加注意。关于流化床反应器的数学模型，除了上述之外，还有考虑气泡在上升过程中逐渐长大的气泡汇聚模型、三相及四相模型等。由于对流化床的认识，除了气泡现象外，还有很多问题有待深入研究，特别是多数研究工作是在实验装置中进行的，与大型装置的流化床状况有较大差别。因此，建立恰当而实用的流化床反应器模型尚需深入研究，不断完善。

(3) 流化床反应器设计要点

流化床反应器设计内容主要是床型选择、良好流化状态的实现。为达到良好流化状态，需要考虑如下因素。

颗粒物性：颗粒密度、颗粒大小及其分布、强度、形状、凝集性等。

操作条件：气体浓度、流速、温度、压力等。

装置结构：床层高度、气体分布器、内部构件、细粉捕集器等。

颗粒粒径的选择首先要区分是细颗粒流化床还是粗颗粒流化床。一般，以气体反应为目的的气-固相催化反应采用细颗粒流化床，以固相反应的采用粗颗粒流化床。颗粒密度小并包含小颗粒具有宽粒径分布的催化剂具有良好的流化状态。细颗粒的存在可以减小气泡直径，床层压力变化小而平稳，改善气-固接触。微小颗粒介入大颗粒之间，起润滑作用，粒子团易动，气体易流动，粒子间摩擦减小，改善流化性能。催化剂颗粒密度最好是 $0.5\sim2\mathrm{g}\cdot\mathrm{cm}^{-3}$，平均粒径为 $50\sim100\mu\mathrm{m}$，$40\mu\mathrm{m}$ 以下的微粒含量宜为 $20\%\sim40\%$。

颗粒强度在流化床操作中十分重要，由于流化床中粒子间、粒子与器壁及内部构件等的摩擦和撞击，粒子容易破碎，造成细颗粒损失，导致流化状态严重恶化。为减少颗粒损失，需用有足够强度的颗粒。大颗粒或有锐角的颗粒极易磨损，其磨损程度正比于气速的 3 次方。

温度和压力是流化床重要的操作条件。为放大研究需要，通常在常温、常压装置（冷漠装置）内掌握流化状态。然而实际反应大都在 300℃ 以上，有时还具有一定压力。与常温、常压相比，高温、高压下气泡直径减小，床层膨胀增加，容易得到良好流化状态。

流化床的气体空塔速度是影响流化质量和反应结果的重要操作参数。提高气体空塔速度可增大床层湍动程度，减少返混程度，改善接触效率。当然，提高气体空塔速度增加了细颗粒的逸出量，为此可增大反应器高度和床层上部扩大段，以降低床层上部气体速度。一般细颗粒流化床气速在 $0.3\sim2\mathrm{m}\cdot\mathrm{s}^{-1}$ 为宜。

【工程案例】 乙苯与蒸汽混合物通过列管换热式反应器催化剂床层进行脱氢反应：

$$\mathrm{C_6H_5-CH_2-CH_3}\ (\mathrm{E})\ \xrightarrow{\mathrm{H_2O\ (S)}}\ \mathrm{C_6H_5-CH\!=\!CH_2}\ (\mathrm{R})+\mathrm{H_2}\ (\mathrm{H})$$

动力学方程为：

$$r=k(p_\mathrm{E}-p_\mathrm{R}p_\mathrm{H}/K),\ \mathrm{mol\cdot s^{-1}\cdot(kg_{cat})^{-1}}$$

其中各组分分压单位为 Pa；

$$k=0.35\exp\left(\dfrac{-11000}{T}\right),\ K=2700\exp[0.21(T-773)]$$

反应管直径 $d_t=0.1\mathrm{m}$，进料温度 $T_0=873\mathrm{K}$。每单根管进料组分流量为：苯乙烯 $n_{E0}=$

0.01917，水蒸气 $n_{S0}=0.1917$。操作压力 $p=1.2\times10^5\mathrm{Pa}$。管外用燃烧炉气加热，进气温度 926.5K，出气温度 893K。已知下列数据：

催化剂床层密度 $\rho_b=1440\mathrm{kg\cdot m^{-3}}$

反应热 $\Delta H_r=140\mathrm{kJ\cdot mol^{-1}}$

燃烧气平均比热容 $\bar{c}'_{pt1}=1.0\mathrm{kJ\cdot kg^{-1}\cdot K^{-1}}$

反应混合物比热容 $\bar{c}'_{pt2}=2.18\mathrm{kJ\cdot kg^{-1}\cdot K^{-1}}$

燃烧气与床层间总传热系数 $U=0.079\mathrm{kW\cdot m^{-2}\cdot K^{-1}}$

计算苯乙烯转化率达到 0.45 所需床层高度。

解　以 1mol 乙苯为基准，转化率达 X_A 时反应混合物中各组分物质的量为：

$$
\begin{array}{ll}
\text{水蒸气} & 10 \\
\text{乙苯} & 1-X_A \\
\text{苯乙烯} & X_A \\
\text{氢} & X_A \\
\hline
\text{总计} & 11+X_A
\end{array}
$$

若忽略床层中压力变化，各组分分压为：

$$p_E=py_E=1.2\times10^5\frac{1-X_A}{11+X_A}$$

$$p_R=p_H=1.2\times10^5\frac{X_A}{11+X_A}$$

将各分压和速率常数、平衡常数代入动力学方程并整理，得到：

$$r_A=4200\exp\left(\frac{-11000}{T}\right)\frac{(1-X_A)(11+X_A)\exp[0.21(T-273)]-44.44X_A^2}{(11+X_A^2)\exp[0.21(T-273)]} \tag{1}$$

作为简化的示例，对此问题不进行床层阻力计算，床层模型只需要考虑两个方程：

(1) 物料衡算方程　由式（5-69），有：

$$\frac{\mathrm{d}X_A}{\mathrm{d}L}=\frac{\rho_b A_b}{n_{E0}}r_A=\frac{1440\times0.1^2\times(\pi/4)}{0.01917}r_A=589.67r_A \tag{2}$$

(2) 床层能量衡算方程　由于已知以单位质量为基准的比热容，式（5-71）改写为下列形式比较方便：

$$m\bar{c}'_{pt2}\frac{\mathrm{d}T_1}{\mathrm{d}L}=-\rho_b A_b\Delta H_r r_A-UA_z(T_1-T_w) \tag{3}$$

式中，m 为反应混合物单管质量流量；T_1 是管外换热介质温度。由给定进料条件，

$$m=(0.1917\times18+0.01917\times106)/1000=5.483\times10^{-3}\mathrm{kg\cdot s^{-1}}$$

将有关数值代入式（3）：

$$\frac{\mathrm{d}T}{\mathrm{d}L}=\frac{1}{5.483\times10^{-3}\times2.18}\left[-0.079\times\pi\times0.1(T_1-T)-\frac{\pi}{4}\times0.1^2\times1440\times140r_A\right]$$

$$=2.0764(T_1-T)-1.342\times10^5r_A$$

$$\tag{4}$$

单根管换热流程如图 5-17 所示。根据反应器结构，管外换热模型只有一个方程：

$$m\bar{c}'_{pt}\frac{\mathrm{d}T_1}{\mathrm{d}L}=UA_z(T_1-T) \tag{5}$$

在该反应器的供热条件下，估计反应混合物进、出口温度变化不会太大，而反应热相当大。因此，反应混合物显热的变化与反应热相比可以忽略。例如，估算表明，当进、出口温度变化 10K 时，反应混合物的显热差小于转化率达到 0.45 时反应热的 10%。因此，每根换热管所需燃烧气量 m_1 可以仅根据反应热来估算：

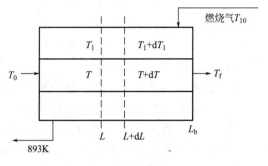

图 5-17　换热流程

$$m_1 = \frac{n_{E0} \times 0.45 \times \Delta H_r}{(T_{10} - T_{11})\overline{c}'_{pt1}}$$

$$= \frac{0.01917 \times 0.45 \times 140}{(926.5 - 893) \times 1.0} = 0.0361 \mathrm{kg \cdot s^{-1}}$$

将有关数据代入式（5）并整理结果，得到：

$$\frac{\mathrm{d}T_1}{\mathrm{d}L} = 0.6875(T_1 - T) \tag{6}$$

在不考虑阻力情况下，式（2）、（4）和（6）即为该反应器的模型方程组；其中反应速率由式（1）确定。方程组的初值为：

$$X(0) = 0, \quad T(0) = 873\mathrm{K}, \quad T_0(0) = 890\mathrm{K}$$

上述模型方程组很容易用数值方法求解，也可以用差分法计算。在后一情况下，为获得较准确的结果，所用步长必须足够小；且在每一步长计算中都应进行迭代计算，求出该步中转化率和温度的平均值。

在计算机上用 Runge-Kutta 计算的结果在表 5-4 中给出。根据表中数据可以确定乙苯转化率达到 0.45 所需的床层高度为 $L_b = 1.04\mathrm{m}$。计算床层出口端换热介质温度 926.5K 与给定值相等，说明计算结果满足一致性判据，即满足总热量衡算。如果计算值与给定值相差较大，还应当适当调整燃烧气量后重新计算，直到偏差不超过允许范围为止。

表 5-4　转化率和温度沿床高分布计算结果

L/m	X	T/K	T_1/K	L/m	X	T/K	T_1/K
0	0	873	893.0	0.55	0.2791	587.1	908.5
0.05	0.0375	867.4	893.8	0.60	0.2984	858.1	910.3
0.10	0.0676	863.3	894.8	0.65	0.3173	859.3	912.1
0.15	0.0968	860.2	896.0	0.70	0.3357	860.7	913.9
0.20	0.1238	858.1	897.3	0.75	0.3538	862.1	915.7
0.25	0.1491	856.6	898.7	0.80	0.3715	863.7	917.6
0.30	0.1730	855.7	900.1	0.85	0.3890	865.4	919.4
0.35	0.1958	855.3	901.7	0.90	0.4061	867.2	921.3
0.40	0.2177	855.3	903.3	0.95	0.4229	869.0	923.1
0.45	0.2388	855.6	905.0	1.00	0.4395	870.9	925.0
0.50	0.2592	856.2	906.7	1.04	0.4526	873.5	926.5

结果表明，对于该强吸热反应，采用直径 0.1m 的反应管时径向梯度相当显著。用一维模型计算的床层高度（1.04m）也是相当精确的。

习 题

5-1　用均匀吸附模型推导甲醇合成动力学，假定反应机理为：

(1) $CO + \sigma \rightleftharpoons CO\sigma$

(2) $H_2 + \sigma \rightleftharpoons H_2\sigma$

(3) $CO\sigma + 2H_2\sigma \rightleftharpoons CH_3OH\sigma + 2\sigma$

(4) $CH_3OH\sigma \rightleftharpoons CH_3OH + \sigma$

推导当控制步骤分别为 (1)、(3)、(4) 时的反应动力学方程。

5-2　乙炔与氯化氢在 $HgCl_2$ 活性炭催化剂上合成氯乙烯：

$$C_2H_2 + HCl \longrightarrow C_2H_3Cl$$
$$(A) \qquad (B) \qquad (C)$$

其动力学方程式可有如下几种形式：

$$(1)\ r = \frac{k\left(p_A p_B - \dfrac{p_C}{K}\right)}{(1 + K_A p_A + K_B p_B + K_C p_C)^2}$$

$$(2)\ r = \frac{k K_A K_B p_A p_B}{(1 + K_A p_A)(1 + K_B p_B + K_C p_C)}$$

$$(3)\ r = \frac{k K_A p_A p_B}{1 + K_A p_A + K_B p_B}$$

$$(4)\ r = \frac{k K_B p_A p_B}{1 + K_B p_B + K_C p_C}$$

试说明各式所代表的反应机理和控制步骤。

5-3　在钯催化剂上进行异戊二烯（2-甲基-1，3-丁二烯）选择性加氢可以产生 2-甲基-1-丁烯、3-甲基-1-丁烯、2-甲基-2-丁烯和异戊烷。整个反应可以用下面的简图表示：

异戊二烯（A）$\longrightarrow$ 异戊烯（B）$\longrightarrow$ 异戊烷（C）。

$$A + \sigma_1 \overset{K_A}{\rightleftharpoons} A\sigma_1$$

$$B + \sigma_1 \overset{K_B}{\rightleftharpoons} B\sigma_1$$

$$H_2 + 2\sigma_2 \overset{K_{H_2}}{\rightleftharpoons} 2H\sigma_2$$

$$A\sigma_1 + 2H\sigma_2 \overset{k_1}{\longrightarrow} B\sigma_1 + 2\sigma_2$$

$$B\sigma_1 + 2H\sigma_2 \overset{k_2}{\longrightarrow} C + \sigma_1 + 2\sigma_2$$

请应用上面机理所示各步单元反应推导出：(1) 异戊二烯（A）的转化速率的动力学表达式，异戊烷（C）的生成速率的动力学表达式。在推导过程中，请注意反应发生需要两种不同的活性位（σ_1，σ_2），前面的三步反应都可以达到近似平衡，后面两步反应可以是速率控制步骤。(2) 如果发现氢气在反应速率方程中的级数是一级，试根据推导的式子，能得出什么结论？

5-4 在半径为 R 的球形催化剂上，等温进行气相反应 $A \Longrightarrow B$。试以产物 B 的浓度 c_B 为纵坐标，径向距离 r 为横坐标，针对下列三种情况分别绘出产物 B 的浓度分布示意图：

(1) 化学动力学控制；

(2) 外扩散控制；

(3) 内、外扩散的影响均不能忽略。

图中要示出 c_{BG}、c_{BS} 及 c_{Be} 的相对位置，它们分别为气相主体、催化剂外表面及催化剂颗粒中心处 B 的浓度，c_{Be} 是 B 的平衡浓度。如以产物 A 的浓度 c_A 为纵坐标，情况又是如何？

5-5 在 30℃和 101.33kPa 下，二氧化碳向镍铝催化剂中的氢进行扩散，已知该催化剂的孔容为 $V_g = 0.36 \text{cm}^3 \cdot \text{g}^{-1}$，比表面积 $S_g = 150 \text{m}^2 \cdot \text{g}^{-1}$，曲折因子 $\tau = 3.9$，颗粒密度 $\rho_p = 1.4 \text{g} \cdot \text{cm}^{-3}$，氢的摩尔扩散体积 $V_B = 7.4 \text{cm}^3 \cdot \text{mol}^{-1}$，二氧化碳的摩尔扩散体积 $V_A = 26.9 \text{cm}^3 \cdot \text{mol}^{-1}$，试求二氧化碳的有效扩散系数。

5-6 在 150℃，用半径 $100 \mu \text{m}$ 的镍催化剂进行气相苯加氢反应，由于原料中氢大量过剩，可将该反应按一级（对苯）反应处理，在内、外扩散影响已消除的情况下，测得反应速率常数 $k_p = 5 \text{min}^{-1}$，苯在催化剂颗粒中有效扩散系数为 $0.2 \text{cm}^2 \cdot \text{s}^{-1}$，试问：

(1) 在 0.1MPa 下，要使 $\eta = 0.8$，催化剂颗粒的最大直径是多少？

(2) 改在 2.02MPa 下操作，并假定苯的有效扩散系数与压力成反比，重复上问的计算；

(3) 改为液相苯加氢反应，液态苯在催化剂颗粒中的有效扩散系数为 $10^{-5} \text{cm}^2 \cdot \text{s}^{-1}$。而反应速率常数保持不变，要使 $\eta = 0.8$，求催化剂颗粒的最大直径。

5-7 某催化反应在 500℃条件下进行，已知反应速率为：

$$r_A = 3.8 \times 10^{-9} p_A^2 \quad \text{mol} \cdot \text{s}^{-1} \text{g}_{cat}^{-1}$$

式中，p_A 的单位为 kPa。颗粒为圆柱形，高×直径为 5mm×5mm，颗粒密度 $\rho_p = 0.8 \text{g} \cdot \text{cm}^{-3}$，粒子表面分压为 10.133kPa，粒子内 A 组分的有效扩散系数为 $D_e = 0.025 \text{cm}^2 \cdot \text{s}^{-1}$，试计算催化剂的效率因子。

5-8 在管式反应器内进行 $A \longrightarrow P$ 的异构化反应，反应速率式为：

$$r_A = kc_A^2 = 200c_A^2 a \quad \text{mol} \cdot \text{g}^{-1} \cdot \text{h}^{-1}$$

反应在等温 740K 下进行，催化剂具有缓慢失活特性。但由于异构化反应的反应物和产物的结构是相同的，所以失活是由 A 和 P 引起的，在扩散影响不存在时，求得失活速率是：

$$-\frac{da}{dt} = k_d(c_A + c_P)a = 10(c_A + c_P)a \quad \text{d}^{-1}$$

现对一含有 $w = 1\text{t}$ 催化剂的填充床反应器操作 12d，用稳定的纯 A 进料，在 740K 和 3atm（1atm=101325Pa）下，$F_{A0} = 5 \text{kmol} \cdot \text{h}^{-1}$（$c_{A0} = 0.05 \text{mol} \cdot \text{L}^{-1}$），求：

(1) 操作开始时转化率是多少？

(2) 操作结束时转化率是多少？

(3) 12d 操作中的平均转化率是多少？

5-9 乙炔水合生产丙酮的反应式为：

$$2C_2H_2 + 3H_2O \longrightarrow CH_3COCH_3 + CO_2 + 2H_2$$

在 $ZnO\text{-}Fe_2O_3$ 催化剂上乙炔水合反应的速率方程为：

$$r_A = 7.06 \times 10^7 \exp(-7413/T)c_A \quad \text{kmol} \cdot \text{m}_{床层}^{-3} \cdot \text{h}^{-1}$$

式中，c_A 为乙炔的浓度。拟在绝热固定床反应器中处理含量（摩尔分数）为 3% C_2H_2 的气体 1000$m^3 \cdot h^{-1}$，要求乙炔转化 68%，若入口气体温度为 380℃，假定扩散影响可忽略，试计算所需催化剂量。反应热效应为 -178kJ $\cdot$ mol^{-1}，气体的平均恒压摩尔热容按 36.4J $\cdot$ (mol $\cdot$ K)$^{-1}$ 计算。

5-10 由直径为 3mm 的多孔球形催化剂组成的等温固定床，在其中进行一级不可逆反应，基于催化剂颗粒体积计算的反应速率常数为 0.8s^{-1}，有效扩散系数为 0.013cm$^2 \cdot$ s^{-1}，当床层高度为 2m 时，可达到所要求的转化率。为了减小床层的压降，改用直径为 6mm 的球形催化剂，其余条件均不变，流体在床层中流动均为层流，试计算催化剂床层高度。

5-11 在等温固定床反应器上进行 CS_2 的制备，反应物为甲烷和硫黄气体，反应式为：

$$CH_4 (g) + 2S_2 (g) \Longrightarrow CS_2 (g) + 2H_2S (g)$$

反应以 650℃ 等温的方式进行，因为当温度低于 650℃ 时，反应将变为放热反应，而当温度低于 650℃，反应又会呈现为吸热反应的状态。该反应的反应速率方程式与反应物的分压有关。经过实验证明，在 600℃ 时，反应的速率方程式可以写为 $r_{600} = 0.26 p_{CH_4} p_{S_2}$ (mol $CS_2 \cdot$ h$^{-1} \cdot$ g$_{cat}^{-1}$)，其中 p_{CH_4} 和 p_{S_2} 的单位为 atm，反应的活化能为 34400cal $\cdot$ mol^{-1}。如果进料中，硫黄气体的量超过其化学反应所需量的 10%，当 CH_4 的转化率为 90%，若每小时所需生成 3t CS_2 时，所需的催化剂的量是多少？

5-12 不可逆反应 $2A + B \longrightarrow R$，若按均相反应进行，其动力学方程为：

$$r_A = 3.8 \times 10^{-3} p_A^2 p_B \text{ mol} \cdot L^{-1} h^{-1}$$

在催化剂存在下，其动力学方程为：

$$r_A = \frac{10^{-2} p_A^2 p_B}{56.3 + 22.1 p_A^2 + 3.64 p_R} \quad \text{mol} \cdot h^{-1} g_{cat}^{-1}$$

若反应在 101.33kPa 下恒温操作，进料组分中 $p_A = 5.07$kPa，$p_B = 96.26$kPa，催化剂的堆积密度为 0.6g $\cdot$ cm^{-3}。试求在一维拟均相反应气中为保证出口气体中 A 的转化率为 93%，两种反应器所需的容积比。（式中，p 的单位为 kPa）

5-13 在铝催化剂上进行乙腈的合成反应

$$C_2H_2 + NH_3 \longrightarrow CH_3CN + H_2 + 92.14kJ$$

$$\text{(A)} \quad \text{(B)} \quad \text{(R)} \quad \text{(S)}$$

设原料气的体积比为 $C_2H_2 : NH_3 : H_2 = 1 : 2.2 : 1$。采用三段绝热式反应器，段间间接冷却，使各段出口温度均为 550℃，每段入口温度也相同，其反应动力学方程可近似表示为：

$$r_A = 3.08 \times 10^4 \exp\left(\frac{-7960}{T}\right)(1 - X_A) \quad \text{kmol} \cdot h^{-1} g_{cat}^{-1}$$

流体的平均摩尔热容 $c_p = 128$J $\cdot$ mol^{-1}K^{-1}。若要求乙腈的转化率为 92%，且日产乙腈 20t，求各段的催化剂量。

5-14 在一列管式固定床反应器中进行邻二甲苯氧化制苯酐反应，管内充填高及直径均为 5mm 的圆柱形五氧化二钒催化剂，壳方以熔盐作冷却剂，熔盐温度为 370℃，该反应的动力学方程为：

$$r_S = 0.0417 p_A p_B^0 \exp(-13636/T) \text{kmol} \cdot \text{kg}^{-1} \cdot \text{h}^{-1}$$

式中，p_A 为邻二甲苯的分压，Pa；p_B^0 为 O_2 的初始分压，Pa。反应热效应 $\Delta H_r = -1285$kJ $\cdot$ mol^{-1}，反应管内径为 25mm，原料气以 9200kg $\cdot$ m^{-2}h^{-1} 的流速进入床层，其

中邻二甲苯（摩尔分数，余同）为 0.9％，空气为 99.1％，混合气平均分子量为 29.45，平均比热容为 1.072kJ·kg^{-1}·K^{-1}，床层入口温度为 370℃，床层堆密度为 1300kg·m^{-3}，床层操作压力为 0.1013MPa（绝对压力），总传热系数为 69.8W·m^{-2}·K^{-1}，试按拟均相一维平推流模型计算床层轴向温度分布，并求最终转化率为 73.5％时的床层高。计算时可忽略副反应的影响。

5-15 在流化床反应器中，催化剂的平均粒径为 51×10^{-6}m，颗粒密度 $\rho_p = 2500$kg·m^{-3}，静床空隙率为 0.5，起始流化时床层空隙率为 0.6，反应气体的密度为 1kg·m^{-3}，黏度为 4×10^{-2}mPa·s。试求：

(1) 初始流化速度；

(2) 逸出速度；

(3) 操作气速。

5-16 在自由流化床中进行乙酸乙烯的合成反应：

$$C_2H_2 + CH_3COOH \xrightarrow{\text{催化剂}} CH_3COOCHCH_2$$

反应温度维持在 180℃，对乙炔是一级反应，反应平衡常数 $K_e = 6.2 \times 10^{-4}$mol·(g·h·atm)$^{-1}$。求：乙炔的转化率。

已知：

C 床层平均压力：1.435atm；

进气摩尔比：C$_2$H$_2$/CH$_3$COOH$=2.5$；

催化剂平均粒径：$d_p = 0.040$cm；

粒子密度：$\rho_B = 1.69$g·cm^{-3}；

堆积密度：$\rho_b = 0.790$g·cm^{-3}；

催化剂体积：$Vc = 48.88$m^3；

静床高：$L_0 = 6.20$m；

床层空隙率：$\varepsilon_{mf} = 0.551$；

气体空间速度：118h^{-1}；

平均空床流速：$u_0 = 23.7$cm·s^{-1}；

气体物性：$\rho = 1.412 \times 10^{-3}$g·cm^{-3}，$\mu = 1.368 \times 10^{-4}$g·cm^{-1}·s^{-1}；

乙炔扩散系数：$D = 0.1235$cm^2·s^{-1}；

床层膨胀率：$R = L_r/L_0 = 1.165$。

第 6 章

气-液相反应器

气-液相反应是化学工业中常见的非均相反应过程，近年来在生物技术、生物工程、环境科学与工程等领域也获得了广泛的应用。这类反应的主要特征是：反应只在液相中进行；在反应过程中至少有一种反应物在气相，其余物质在液相；气相中的反应物必须先传递到液相，然后在液相中发生化学反应，反应产物一般都存留在液相中。

目前气-液相反应（Gas-Liquid Reaction）的主要用途如下。

① 直接制取产品：如环己烷氧化制己二酸、苯的液相氯化生成氯苯、乙烯氧化制乙醛以及环己烷氧化制环己酮等。

② 脱除气体中的某些组分：如合成气净化脱除 H_2S 和 CO_2，碱液吸收燃煤烟气中的 SO_2，铜铵溶液脱除合成气中的一氧化碳，等，这类过程又称为化学吸收。

近年来，随着化学工业的飞速发展以及环境保护的日趋重要，气-液相反应器越来越显示其广阔的应用前景。

6.1 气-液反应平衡

6.1.1 气-液相平衡

在一定的温度和压力下，混合气体与溶剂接触，混合气体中的某一组分（溶质）向液相溶剂传递。当液相中溶质达到饱和时，任一瞬间进入液相中的溶质的分子数量与从液相中逸出的溶质分子数量相等，此时气-液达到平衡，即动态的平衡。

在平衡状态下，溶质在气相中的分压称为平衡分压或饱和分压，液相中溶质的浓度称为该溶质在液相中的平衡溶解度，也称为溶解度。

（1）平衡分压与溶解度的关系

以氨气在水中的溶解为例说明两者的关系。图 6-1 给出了不同温度下氨气在水中的溶解度曲线。从图 6-1 可以看出，氨气在水中的溶解度随氨气在气相中的分压增大而增大，随温度的降低而增大。

（2）总压对溶解度的影响

对于接近理想气体的混合气体，如果气体溶质的量与惰性气体的体积量各自按照相同比例增大，则总压会增大，这样虽然溶质在气体中的摩尔分数不变，但根据道尔顿分压定律，总压增大分压也随着增大，因此溶解度增大。图 6-2 给出 20℃、不同总压下的 SO_2 在水中的溶解度曲线。从图 6-2 可以看出，SO_2 在气相中的摩尔分数不变时，总压增大，SO_2 分压增大，其在水中溶解度增大。

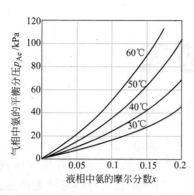 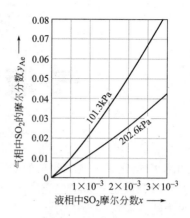

图 6-1 不同温度下氨气在水中的溶解度曲线 图 6-2 20℃、不同总压下的 SO_2 在水中的溶解度曲线

6.1.2 亨利定律

当气-液相平衡的溶解度曲线为直线时，气-液两相组成之间的关系符合亨利定律。亨利定律适用于稀溶液。对于易溶气体，温度低、溶解度低时亨利定律才适用；对难溶气体总压低于 5MPa，溶质分压在 0.1MPa 以下时方可用亨利定律。

气-液两相达到平衡时，i 组分在气相与液相中的化学位相等，即逸度相等。

$$\overline{f}_{iG} = \overline{f}_{iL} \tag{6-1}$$

若符合亨利定律，则：

$$\overline{f}_{iL} = Ex_i \tag{6-2}$$

气相中 i 组分的逸度 $\overline{f}_{iG}$ 是分逸度 $f_P y_i$ 与逸度系数 φ_i 的乘积，即：

$$\overline{f}_{iG} = f_P y_i \varphi_i \tag{6-3}$$

若气相为理想气体，则 $\varphi_i = 1$，有

$$\overline{f}_{iG} = f_P y_i = Ex_i \tag{6-4}$$

式中，E 为亨利（Henry）系数，单位与 $\overline{f}_{iG}$ 一致；y_i 为 i 组分在气相中的摩尔分数；x_i 为 i 组分在液相中的摩尔分数。

对于一般低压下理想气体混合物中组分 A，亨利定律的表达式为：

$$p_A = \frac{c_A}{H} \tag{6-5}$$

式中，p_A 为溶质的平衡分压，Pa；H 为亨利系数的另一种形式，也称溶解度系数，$kmol \cdot Pa^{-1} \cdot m^{-3}$；$c_A$ 为液相中溶质的浓度，$kmol \cdot m^{-3}$。

则

$$p y_A = p_A = Ex_A = \frac{c_A}{H} \tag{6-6}$$

式中，x_A 为溶质在液相中的摩尔分数。

$$y_A = mx_A \tag{6-7}$$

式中，y_A 为溶质在气相中的摩尔分数；m 也为亨利系数，也称为相平衡常数，量纲为 1；x_A 为溶质在液相中的摩尔分数。

对于液相有化学反应的情况，式（6-1）仍然适用。但这时浓度应为未反应的 A 组分浓度，而不是溶解 A 的总浓度。由于液相发生化学反应，在相同的气相 A 组分分压下未反应

的 A 组分浓度 c_A 与单纯物理溶解的数值不同。

Henry 系数 E 和溶解度系数 H 与温度、压力关系为：

$$\frac{\mathrm{d}\ln E}{\mathrm{d}\left(\frac{1}{T}\right)} = -\frac{\mathrm{d}\ln H}{\mathrm{d}\left(\frac{1}{T}\right)} = \frac{\Delta H_a}{R} \tag{6-8}$$

式中，ΔH_a 为吸收热或组分的溶解热，$J \cdot mol^{-1}$。

6.1.3　化学反应对气-液相平衡的影响

当溶解的气体组分在液相中发生化学反应时，反应消耗降低了气相组分在液相中的浓度，有利于气相中的溶质气体组分向液相中转移。在反应达到平衡之前，若气体组分 A 与液相组分 B 发生反应，首先是气相组分 A 溶解于液相成为液相组分 A，然后发生下列反应：

$$\nu_a A(液) + \nu_b B(液) \rightleftharpoons \nu_r R(液) + \nu_s S(液)$$

$$\Updownarrow$$

$$\nu_a A(气)$$

当反应达到平衡时，平衡常数为：

$$K_c = \frac{c_R^{\nu_r} c_S^{\nu_s}}{c_A^{\nu_a} c_B^{\nu_b}}$$

即：

$$c_A = \left(\frac{c_R^{\nu_r} c_S^{\nu_s}}{K_c c_B^{\nu_b}}\right)^{\frac{1}{\nu_a}} \tag{6-9}$$

将式（6-9）代入式（6-5），得：

$$p_A = \frac{c_A}{H} = \frac{1}{H} \times \left(\frac{c_R^{\nu_r} c_S^{\nu_s}}{K_c c_B^{\nu_b}}\right)^{\frac{1}{\nu_a}} \tag{6-10}$$

溶解的气体组分在液相中离解也会影响气-液相平衡。例如，若气相组分 A 溶解后离解，即

$$A（液） \rightleftharpoons M^+ + N^-$$

$$\Updownarrow$$

$$A（气）$$

离解平衡时，

$$K = \frac{c_{M^+} c_{N^-}}{c_A} \tag{6-11}$$

由于 $c_{M^+} = c_{N^-}$，代入式（6-11）有：

$$c_{M^+} = \sqrt{K c_A} \tag{6-12}$$

此时 A 在液相中的总浓度为

$$c_A^0 = c_A + c_{M^+} = c_A + \sqrt{K c_A} \tag{6-13}$$

若气-液相达到平衡，由 $p_A = \dfrac{c_A}{H}$，则有：

$$c_A^0 = H p_A + \sqrt{K H p_A} \tag{6-14}$$

式（6-14）说明 A 组分的溶解度为物理溶解量与离解量之和，气相组分在液相中离解增加了总溶解度，这个结论同样适用于溶剂化作用。如水吸收二氧化碳就属于此类型。

由此可知，当溶解气体在液相中发生化学反应、离解、溶剂化等作用时，气体组分在液相中的溶解度比单纯物理溶解度要大，这也是采用化学吸收的热力学原因。

6.2 气-液相反应的宏观动力学

6.2.1 反应与传质过程

描述气-液两相间物质传递有各种不同的传质模型，其中公认的有双膜理论（Two-Film Theory）、渗透膜理论（Infiltration Film Theory）和表面更新理论（Surface Renewal Theory）模型，其中双膜理论模型应用最为广泛。

双膜理论是假定在气-液相界面两侧各存在一个静止的膜，气相一侧为气膜，液相一侧为液膜。对于反应 A（气）$+\nu_B B \longrightarrow$ 产物，需要经历以下步骤才能完成：

① 气相反应物 A 从气相主体通过气膜扩散到气-液相界面；

② 气相反应物 A 跨过界面溶解进入液相，并通过扩散或涡流向液相内部传递；

③ 气相反应物 A 在液膜或液相主体内与组分 B 发生化学反应；

④ 反应生成的液相产物留存在液相中，生成的气体产物则向相界面扩散；

⑤ 气相产物自相界面通过气膜扩散进入气相主体。

图 6-3 为双膜理论模型图示。

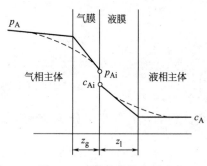

图 6-3 双膜理论模型图示

这些步骤是由传质与反应相互串联而成的一个整体，反应与传质相互影响、相互制约，宏观反应速率是化学反应速率与传质速率综合作用的结果。

由于反应不在气相中发生，无论液相有无化学反应，反应物 A 通过气膜的传质速率都与物理吸收的情况相同。液膜传质速率则受液相化学反应的影响，与单纯的物理吸收的本征传质过程有着显著差别。尽管如此，物理吸收传质系数仍然是分析气-液相反应过程宏观动力学的基础。

双膜理论模型在 1923—1924 年间由 Lewis 和 Whitman 提出。在气-液相间传质过程中被广泛应用，其基本假定是：

① 气液相界面两侧各存在一个滞流膜，通过气膜和液膜的扩散阻力即为气-液相间传质的阻力；

② 两个膜以外的气相和液相主体中各组分的浓度是均匀的；

③ 在相界面上被吸收组分达到相间平衡；

④ 扩散组分在气膜和液膜中的浓度分布是线性的。

根据双膜理论模型，气体组分 A 通过液膜的扩散通量为：

$$N_A = -D_L \frac{dc_A}{dz}\bigg|_{z=0} = \frac{D_L}{\delta_L}(c_{Ai} - c_A) \qquad (6-15)$$

式中，N_A 为吸收质 A 在液相中的传质速率，$kmol \cdot m^{-2} \cdot s^{-1}$；$\delta_L$ 为扩散距离，m；c_{Ai}、c_A 分别为 A 组分在相界面和液相中的浓度，$kmol \cdot m^{-3}$；D_L 为 A 组分在液相中的分子扩散系数，$m^2 \cdot s^{-1}$。

在气相中：
$$N_A = \frac{D_G}{RT\delta_G}(p_{A1} - p_{A2}) \tag{6-16}$$

式中，N_A 为吸收质 A 在气相中的传质速率，$kmol \cdot m^{-2} \cdot s^{-1}$；$p_{A1}$、$p_{A2}$ 分别为 A 组分在气相截面 1 和截面 2 处的分压，kPa；δ_G 为气相中两截面间扩散距离，m；D_G 为 A 组分在气相中的分子扩散系数，$m^2 \cdot s^{-1}$。

在液相中：
$$N_A = \frac{D_L}{\delta_L}(c_{A1} - c_{A2}) \tag{6-17}$$

式中，N_A 为吸收质 A 在液相中的传质速率，$kmol \cdot m^{-2} \cdot s^{-1}$；$c_{A1}$、$c_{A2}$ 分别为 A 组分在液相某截面 1 和截面 2 处的浓度，$kmol \cdot m^{-3}$；δ_L 为液相中两截面间扩散距离，m；D_L 为 A 组分在液相中的分子扩散系数，$m^2 \cdot s^{-1}$。

若组分 A 从相界面扩散到液相主体内部，根据传统的传质系数定义，扩散通量又可写为：
$$N_A = k_L(c_{Ai} - c_A) \tag{6-18}$$

比较式（6-15）与式（6-18），有：
$$k_L = \frac{D_L}{\delta_L} \tag{6-19}$$

式中，k_L 为以 Δc 为推动力的分传质系数，$m \cdot s^{-1}$。

同样，A 组分通过气膜的扩散通量可写为：
$$N_A = \frac{D_G}{\delta_G}(p_A - p_{Ai}) = k_G(p_A - p_{Ai}) \tag{6-20}$$

$$k_G = \frac{D_G}{\delta_G} \tag{6-21}$$

式中，p_{Ai}、p_A 分别为 A 组分在相界面和液相主体中的分压，Pa；k_G 为以 Δp 为推动力的分传质系数，$kmol \cdot m^{-2} \cdot s^{-1} \cdot Pa^{-1}$。

由 Henry 定律，式（6-18）可写为：
$$N_A = k_L(p_{Ai}H - p_A^* H) \tag{6-22}$$

将式（6-20）与式（6-22）结合消去 p_{Ai} 和 c_{Ai} 得到：
$$N_A = K_G(p_A - p_A^*) = K_L(c_A^* - c_{AL}) \tag{6-23}$$

式中，p_A^* 为与液相主体 A 组分浓度 c_{AL} 对应的平衡分压，Pa；c_A^* 为与气相主体 A 组分平衡分压 p_A 对应的平衡浓度，$kmol \cdot m^{-3}$；K_G 为基于气相的总传质系数，$kmol \cdot m^{-2} \cdot s^{-1} \cdot Pa^{-1}$；$K_L$ 为基于液相的总传质系数，$m \cdot s^{-1}$。

$$K_G = \frac{1}{\dfrac{\delta_G}{D_G} + \dfrac{\delta_L}{HD_L}} = \frac{1}{\dfrac{1}{k_G} + \dfrac{1}{Hk_L}} \tag{6-24}$$

同理可得出：
$$K_L = \frac{1}{\dfrac{H\delta_G}{D_G} + \dfrac{\delta_L}{D_L}} = \frac{1}{\dfrac{H}{k_G} + \dfrac{1}{k_L}} \tag{6-25}$$

6.2.2　化学反应在相间传递中的作用

若发生在液相中的化学反应足够慢，液相中化学反应量远小于通过液膜所传递的量，则可视为物理吸收。

假设液相中进行的是一级不可逆反应，液相反应量为 Vk_1c_A，物理溶解量为 Q_Lc_A，其中 V 和 Q_L 分别为反应体积及液体流量。

反应缓慢，则 $Vk_1c_A \ll Q_Lc_A$，消去 c_A，并令 $V/Q_L = t$，t 表示液体在反应器中的停留时间。推导得出化学反应可忽略的过程条件为：

$$k_1t \ll 1 \tag{6-26}$$

例如 CO_2 在 pH=10 的缓冲溶液中进行反应吸收时，一级反应速率常数 $k_1 = 1s^{-1}$，则 CO_2 在液相的停留时间 t 若远小于 1s，才可以认为该过程为物理吸收过程。

对于化学反应缓慢的过程，即使有反应，大多数情况是反应不可能在液膜内进行完毕，而会扩散到液相主体中进行，该过程一般采用 M 来衡量该反应是在膜内进行还是在液相主体进行。反应在液相主体进行的条件是：

$$M = \frac{\delta_L k_1}{k_L} = \frac{D_L k_1}{k_L^2} \ll 1 \tag{6-27}$$

M 为特征数，它代表了液膜中化学反应与传递之间相对速率的大小。

$M \ll 1$，说明反应速率远小于传递速率，此时反应将扩散到液相主体中进行；$M \gg 1$，则说明反应速率远大于传递速率，此时化学反应完全可能在液膜中已经进行完毕。

M 数值大小可以决定反应类别，即相对于传递过程速率大小的类别，具体可参阅表 6-1。

表 6-1　M 数与液相反应的判别标准

条　件	反应类别	反应进行状况
$M \ll 1$	缓慢反应	反应在液相主体进行
$M \gg 1$	快速反应	反应在液膜中进行完毕
M 更大或趋近于无穷大	瞬间反应	反应在液膜某处瞬间完成
M 既不远远大于 1，也不远远小于 1	中速反应	反应既在液膜中进行，又扩散至液相主体中进行

6.2.3　化学吸收的增强因子

中速或快速反应均为一种在液膜中边扩散边反应的过程，其浓度 c_A 随膜厚增加不像纯粹物理吸收是直线关系，而是向下弯的曲线，如图 6-4 所示。

若液膜中无反应发生，则为纯粹的物理吸收，c_A 的变化如虚线 $\overline{DE}$；若反应发生并在液膜中进行，则 c_A 变化如曲线（实线）所示。物理吸收扩散速率为 $\overline{DE}$ 的斜率，而伴有化学反应的扩散速率为曲线切线 $\overline{DD'}$ 的斜率。很明显，曲线切线 $\overline{DD'}$ 的斜率远大于 $\overline{DE}$ 的斜率，这清楚表明，液膜中发生了化学反应将使 A 组分的吸收速率远大于物理吸收的速率。若将 β 定义为增强因子（Enhancement Factor），则有：

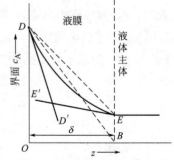

图 6-4　液膜中浓度梯度示意图

$$\beta = \frac{\text{有反应时的浓度梯度}}{\text{无反应时的浓度梯度}} = \frac{\overline{DD'} \text{ 的斜率}}{\overline{DE} \text{ 的斜率}} > 1 \tag{6-28}$$

如果化学反应进行得很快，则被吸收组分在液膜中浓度梯度变化曲线将更加向下弯曲，说明增强因子将会有所增大；反之，如果化学反应进行得更慢，则被吸收组分在液膜中浓度梯度变化曲线将会变直，而增强因子将减小。

　　增强因子 β 可表示为有化学反应的吸收速率比单纯物理吸收的速率所大的倍数，即此时 A 组分在液相的传质速率可用下式表示：

$$N_A = \beta k_L (c_{Ai} - c_{AL}) \tag{6-29}$$

若将式（6-29）与气膜传质速率联解，可得：

$$N_A = k_G(p_A - p_{Ai}) = \beta k_L(c_{Ai} - c_{AL}) = K_G(p_{AG} - p_A^*) = K_L(c_A^* - c_{AL}) \tag{6-30}$$

根据界面条件：$c_{Ai} = H p_{Ai}$，此时：

$$K_G = \cfrac{1}{\cfrac{1}{k_G} + \cfrac{1}{\beta H k_L}} \tag{6-31}$$

$$K_L = \cfrac{1}{\cfrac{H}{k_G} + \cfrac{1}{\beta k_L}} \tag{6-32}$$

6.3　气-液反应动力学特征

6.3.1　伴有化学反应的液相扩散过程

　　当气体在液膜中反应比较显著时，被吸收组分 A 将在液膜中边扩散边反应。例如，有如下不可逆反应：A（气）$+ \nu_B$ B（液）$\longrightarrow \nu_R$ R（液）。取单位面积的微元液膜进行分析，液膜中扩散微元如图 6-5 所示。

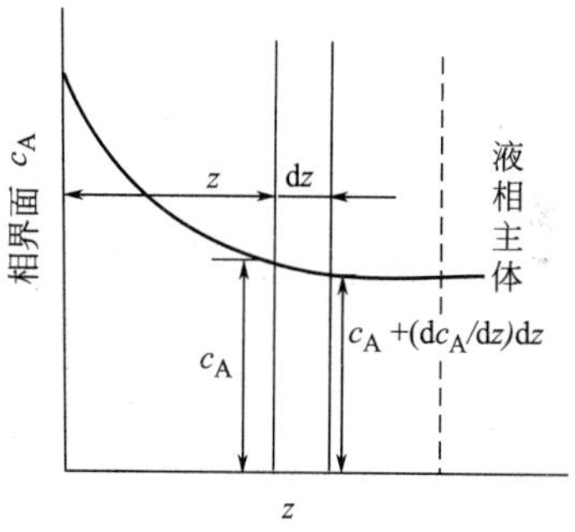

　　被吸收气体 A 在微元液膜中的物料衡算为：

$$\text{扩散入} = \text{扩散出} + \text{反应}$$

即　　$\underset{\text{扩散入}}{-D_{AL} \dfrac{dc_A}{dz}} = \underset{\text{扩散出}}{-D_{AL} \dfrac{d}{dz}\left(c_A + \dfrac{dc_A}{dz}\right)} + \underset{\text{反应消耗}}{r_A dz}$ (6-33)

图 6-5　液膜中的扩散单元

化简式（6-33）得到：

$$\frac{d^2 c_A}{dz^2} = \frac{r_A}{D_{AL}} \tag{6-34}$$

上述微分方程的边界条件为：

　　当 $z = 0$ 时，$c_A = c_{Ai}$，且 $\dfrac{dc_B}{dz} = 0$（B 组分不挥发）；

　　当 $z = \delta_L$ 时，$c_B = c_{Bi}$，且组分 A 向液相主体扩散的量等于在液相主体反应的量，则有：

$$-D_{AL} \frac{dc_A}{dz}\bigg|_{z=\delta_L} = k_1 c_A (V - \delta_L)$$

式中，V 代表了单位传质面积液相容积，m^3/m^2。界面上 A 组分向液相主体扩散的速率（为吸收速率）为：

$$N_A = -D_{AL} \frac{dc_A}{dz}\bigg|_{z=0} \tag{6-35}$$

　　气-液相反应宏观动力学即扩散-反应动力学方程式（6-33）中，包含液相反应速率项

r_A。 对于不同类型的反应，速率表达式以及反应速率与扩散速率的相对大小都不同，宏观动力学方程求解方法也不相同。下面讨论几种典型的情况。

(1) 一级不可逆反应（First-Order Irreversible Reaction）

当气体反应物 A 溶于液相后发生一级不可逆反应，或者当液膜中液相反应物 B 浓度很高，以致可以将 c_B 与反应速率常数 k 合并为一个常数，化学反应可视为拟一级不可逆反应时，液相反应速度可表示为：

$$r_A = k_1 c_A \tag{6-36}$$

于是，式（6-34）变为：

$$D_{AL} \frac{d^2 c_A}{dz^2} - k_1 c_A = 0 \tag{6-37}$$

令 $\bar{c}_A = \dfrac{c_A}{c_{Ai}}$，$\bar{z} = \dfrac{z_A}{\delta_L}$，将式（6-37）无量纲化，可得：

$$\frac{d^2 \bar{c}_A}{d\bar{z}^2} = \delta_L^2 \frac{k_1}{D_{AL}} \bar{c}_A = M \bar{c}_A \tag{6-38}$$

上述微分方程的通解为：

$$\bar{c}_A = A_1 \exp(\sqrt{M}\bar{z}) + A_2 \exp(-\sqrt{M}\bar{z}) \tag{6-39}$$

积分常数由边界条件确定，即： $\bar{z} = 0, \ \bar{c}_A = \dfrac{c_A}{c_{Ai}} = 1 \tag{6-40}$

代入通解，可得： $A_1 + A_2 = 1 \tag{6-41}$

当 $\bar{z} = 1$ 时，$z_A = \delta_L$，此时

$$-D_{AL} \frac{dc_A}{dz} = k_1 c_A (V - \delta_L)$$

将 $\bar{c}_A = \dfrac{c_A}{c_{Ai}}$，$\bar{z} = \dfrac{z_A}{\delta_L}$ 代入，并无量纲化，可得：

$$-\frac{d\bar{c}_A}{d\bar{z}} = \delta_L^2 \frac{k_1}{D_{AL}} \bar{c}_A \left(\frac{V}{\delta_L} - 1\right) = M \bar{c}_A (a_L - 1) \tag{6-42}$$

式中，$\dfrac{V}{\delta_L} = a_L$，$M = \dfrac{\delta_L k_1}{k_L}$。$a_L$ 代表了单位传质面积液相容积（或厚度）与液膜容积（或厚度）之比。式（6-42）的解为：

$$\bar{c}_A = \frac{\text{ch}\sqrt{M}(1-\bar{z}) + \sqrt{M}(a_L - 1)\text{sh}(1-\bar{z})}{\text{ch}\sqrt{M} + \sqrt{M}(a_L - 1)\text{sh}\sqrt{M}} \tag{6-43}$$

将上式（6-43）对 $\bar{z}$ 求导，按式（6-35）整理可得到：

$$N_A = -\frac{D_{AL} c_{Ai}}{\delta_L} \times \frac{d\bar{c}_A}{d\bar{z}}\bigg|_{\bar{z}=0} \tag{6-44}$$

$$N_A = \frac{k_1 c_{Ai} \sqrt{M}[\sqrt{M}(a_L - 1) + \text{th}\sqrt{M}]}{(a_L - 1)\sqrt{M}\,\text{th}\sqrt{M} + 1} \tag{6-45}$$

若以纯物理吸收 $N_A = k_L c_{Ai}$ 为基准，则可知增强因子 β：

$$\beta = \frac{\sqrt{M}[\sqrt{M}(a_L - 1) + \text{th}\sqrt{M}]}{(a_L - 1)\sqrt{M}\,\text{th}\sqrt{M} + 1} \tag{6-46}$$

如果将反应吸收速率与同处于液相中 c_{Ai} 浓度下反应速率相比较，又定义液相反应利用率为

η，则有：

$$\eta = \frac{N_A}{k_1 c_{Ai} V} = \frac{\sqrt{M}(a_L - 1) + \text{th}\sqrt{M}}{a_L[\sqrt{M}(a_L - 1)\sqrt{M}\,\text{th}\sqrt{M} + 1]} \tag{6-47}$$

液相反应利用率表示液相反应被利用的程度，如果液相反应利用率低，则说明受传质过程限制而使液相中 A 组分浓度较相界面大为降低。对于快速反应来说，液膜中 A 组分的扩散一般情况下不能满足反应浓度的需要，液相主体 A 组分浓度接近于零，液相反应利用率低；对于慢反应，组分 A 可以一直扩散到液相主体，借液相主体来完成反应，液相反应利用率 η 可达到很高的数值。

① 当反应速率很大时，$M \gg 1$，$\sqrt{M} > 3$，此时 $\text{th}\sqrt{M} \to 1$，从式（6-46）可知 $\beta = \sqrt{M}$，则有：

$$N_A = \sqrt{M} k_L c_{Ai} = \sqrt{k_1 D_{AL}}\, c_{Ai} \tag{6-48}$$

此时，液相反应利用率为 $\eta = \dfrac{1}{a_L \sqrt{M}}$，由于 $\sqrt{M} > 3$，$\dfrac{V}{\delta_L} = a_L$ 中 V 很大，因此 a_L 的值也远大于 1（通常达到 $10 \sim 10^4$，如填料塔 $a_L = 10 \sim 100$；鼓泡塔 $a_L = 100 \sim 10^4$），因此 η 很小，一般接近于零。说明反应没有到达液相主体之前（即在液膜中）已经进行完毕，液相主体 A 组分浓度趋近于零。

② 对于中速反应，虽然 $\sqrt{M}$ 未达到 3，但 a_L 仍然很大，以至于从液膜扩散至液相主体的 A 组分在液相主体中很快被反应掉，其浓度 $c_{AL} = 0$。

当 $(a_L - 1) \gg \dfrac{1}{\sqrt{M}\,\text{th}\sqrt{M}}$ 时，式（6-46）可化简为：

$$\beta = \frac{\sqrt{M}}{\text{th}\sqrt{M}} \tag{6-49}$$

此时，液相反应利用率：

$$\eta = \frac{1}{a_L \sqrt{M}\,\text{th}\sqrt{M}} \tag{6-50}$$

由于 a_L 很大，c_{AL} 等于零，故液相反应利用率 η 很小。需要说明的一点是中速反应的 $c_{AL} = 0$ 与快速反应 $c_{AL} = 0$ 的情况是不一样的，中速反应 $\dfrac{dc_A}{dz}\bigg|_{z = \delta_L} \neq 0$，而快速反应 $\dfrac{dc_A}{dz}\bigg|_{z = \delta_L} = 0$。

③ 当反应速率很小，即 $M \ll 1$ 时，组分 A 有足够的时间扩散到液相主体，反应将在液相主体中进行。此时，$\text{th}\sqrt{M} \to \sqrt{M}$，式（6-46）和式（6-47）分别为：

$$\beta = \frac{a_L M}{a_L M - M + 1} \tag{6-51}$$

$$\eta = \frac{1}{a_L M - M + 1} \tag{6-52}$$

式中，$a_L M = \dfrac{V}{\delta_L} \times \dfrac{\delta_L k_1}{k_L} = \dfrac{V k_1}{k_L}$，可清楚地看出，其值表示液相反应速率与液膜传质速率的比值大小。因此，对于反应速率很小的慢反应，又可以按照 $a_L M$ 大小将伴有反应的扩散过程分为两种极端情况：① $a_L M \gg 1$，虽然 M 很小，但 a_L 很大，例如鼓泡塔，$M = 0.05$，$a_L =$

1000，$Ma_L = 50$，则 $\beta = 0.98 (\beta \rightarrow 1)$，$\eta = 0.0194 \left(\eta \rightarrow \dfrac{1}{a_L M} \right)$，这种情况虽然为慢反应，液相反应利用率仍然小，在液相主体中 A 组分已经反应完全；② $a_L M = 1$，此种情况是 M 很小，但 a_L 也不大，例如某填料塔 $M = 0.01$，$a_L = 10$，$Ma_L = 0.1$，则 $\beta = 0.092 (\beta \ll 1)$，$\eta = 0.92 (\eta \rightarrow 1)$，此时，液相反应利用率很高，液相中 c_{AL} 接近于相界面的 c_{Ai}。

综上所述，不同反应速率的化学吸收的过程特征是不同的，对于快速反应，反应一般在邻近界面的液膜内完成，吸收速率仅取决于反应速率常数、扩散系数和界面处 A 组分浓度，而与液相传质分系数 k_L 无关，故加大对流和湍动并不能增加吸收速率，只能通过改善反应条件、增大气-液接触面积、提高界面处被吸收组分浓度来解决。

对于慢速反应过程，反应一般在液相主体进行，采用液相容积大的反应器是有利的，如果液相主体已经达到反应要求，则任何有利于传质的措施都会增加化学吸收速率。

（2）瞬间不可逆反应（Instantaneous Irreversible Reaction）

当液相中进行的不可逆反应速率极快，瞬间即可完成时，过程将表现出某些不同的特点，考虑以下不可逆反应：

$$A(气) + \nu_B B(液) \longrightarrow \nu_R R(液)$$

若 A 和 B 分子一旦接触，可在瞬间进行反应，则反应将集中在液膜中一很薄的层内进行。该层厚度极小，以至可以视为一个平面，称为反应面。为了向反应面提供反应物，被吸收组分 A 向反应面扩散，而活性组分 B 则从液相主体扩散而来，如图 6-6 所示。反应面的位置取决于溶解气体反应物 A 和液相反应组分的液相扩散速率。

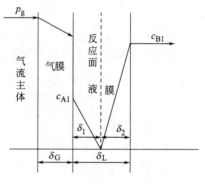

图 6-6　瞬间不可逆反应浓度分布

组分 A 的扩散速率为：

$$N_A = \frac{D_{AL}}{\delta_1} c_{Ai} \tag{6-53}$$

此式可改写为：

$$N_A = \frac{D_{AL}}{\delta_L} \times \frac{\delta_L}{\delta_1} c_{Ai} = k_L \frac{\delta_L}{\delta_1} c_{Ai} \tag{6-54}$$

同样，组分 B 的逆向扩散速率可表示为：

$$N_B = \frac{D_{BL}}{\delta_2} c_{BL} \tag{6-55}$$

根据反应的化学计量关系，应有 $N_A = \dfrac{1}{\nu_B} N_B$。因此，A 的吸收速率又可表示为：

$$N_A = \frac{D_{BL}}{\nu_B \delta_2} c_{BL} \tag{6-56}$$

结合式（6-55）和式（6-56），并注意到 $\delta_1 + \delta_2 = \delta_L$，可得：

$$N_A = k_L c_{Ai} \left(1 + \frac{D_{BL} c_{BL}}{\nu_B D_{AL} c_{Ai}} \right) \tag{6-57}$$

根据上节的定义方式，增强因子应为：

$$\beta = 1 + \frac{D_{BL} c_{BL}}{\nu_B D_{AL} c_{Ai}} \tag{6-58}$$

式（6-58）说明，液相反应物浓度 c_{BL} 对吸收速率有重要影响，提高液相 B 的浓度有利于提高吸收速率。但 B 的浓度并不是越高越好，因为气-液相反应的宏观过程还受气膜扩散的影响。根据稳态下的连续性方程：

$$N_A = k_G(p_A - p_{Ai}) = k_L c_{Ai}\left(1 + \frac{D_{BL} c_{BL}}{\nu_B D_{AL} c_{Ai}}\right) \tag{6-59}$$

或

$$k_G p_A - k_G \frac{c_{Ai}}{H} = k_L c_{Ai} + k_L \frac{D_{BL}}{\nu_B D_{AL}} c_{BL} \tag{6-60}$$

整理式 (6-60) 得：

$$\left(k_G \frac{1}{H} + k_L\right) c_{Ai} = k_G p_A - k_L \frac{D_{BL}}{\nu_B D_{AL}} c_{BL} \tag{6-61}$$

由式 (6-61) 可以看出，当 c_{BL} 增大到一定值，使得：

$$k_L \frac{D_{BL}}{\nu_B D_{AL}} c_{BL} = k_G p_A \tag{6-62}$$

此时 $c_{Ai} = 0$，在这一极限情况下，吸收速率达到最大，即：

$$N_A = k_G p_A \tag{6-63}$$

这时化学反应集中在相界面上进行。达到这一条件时液相组分 B 的浓度称为临界浓度，记为 $(c_{BL})_C$ 由式 (6-62) 显然可得：

$$(c_{BL})_C = \nu_B \frac{k_G}{k_L} \times \frac{D_{AL}}{D_{BL}} p_A \tag{6-64}$$

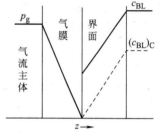

图 6-7　瞬间不可逆反应气膜传质控制时的浓度分布

从上可知，在瞬间不可逆反应系统中，应力求在此极限速率条件下进行。

当 $c_{BL} \geqslant (c_{BL})_C$ 后，过程受气膜传质控制，如图 6-7 所示。此时，再提高 B 的浓度也不可能加快吸收速率。

在 $c_{BL} < (c_{BL})_C$ 的范围内，过程由气膜和液膜双方决定，结合式 (6-57) 及式 (6-59) 可求得同时考虑气膜和液膜扩散阻力的总吸收速率方程为：

$$N_A = \frac{p_A + \frac{D_{BL}}{\nu_B H D_{AL}} c_{BL}}{\frac{1}{Hk_L} + \frac{1}{k_G}} \tag{6-65}$$

(3) 二级不可逆反应（Second-Order Irreversible Reaction）

若反应 A（气）$+ \nu_B$B（液）$\longrightarrow \nu_R$R（液），具有二级动力学特征，则表达式为：

$$r_A = k_2 c_A c_B \tag{6-66}$$

则液膜扩散反应动力学方程可写为：

$$\frac{d^2 c_A}{dz^2} = \frac{k_2 c_A c_B}{D_{AL}} \tag{6-67}$$

$$\frac{d^2 c_B}{dz^2} = \frac{\nu_B k_2 c_A c_B}{D_{BL}} \tag{6-68}$$

边界条件为：

$$\begin{cases} z = 0: \ c_A = c_{Ai}, \ \dfrac{dc_B}{dz} = 0 \\ z = \delta_L: \ c_A = c_{Ai}, \ c_B = c_{BL} \end{cases} \tag{6-69}$$

该反应过程同时受组分 A 和组分 B 通过液膜扩散的影响，浓度分布如图 6-8 所示。

式（6-67）、式（6-68）难以获得解析解。常用的方法是求液相主体反应完毕（即 $c_{AL}=0$）时的近似解，此近似解基于组分 B 不挥发，在界面 $\dfrac{dc_B}{dz}\Big|_{z=0}=0$，近界面反应区的 B 组分的浓度视为不变，取界面浓度 c_{Bi} 的数值。根据式（6-27）：

$$M=\frac{\delta_L k_1}{k_L}=\frac{D_{AL}k_1}{k_L^2}$$

以及按式（6-49）可得：

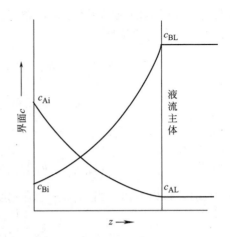

图 6-8　二级不可逆反应浓度分布

$$\beta=\frac{\dfrac{\sqrt{D_{AL}k_2 c_{Bi}}}{k_L}}{\mathrm{th}\left(\dfrac{\sqrt{D_{AL}k_2 c_{Bi}}}{k_L}\right)} \tag{6-70}$$

结合微分方程，可得：

$$D_{AL}\frac{d^2 c_A}{dz^2}=\frac{D_{BL}}{\nu_B}\times\frac{d^2 c_B}{dz^2} \tag{6-71}$$

积分两次，代入相应边界条件，可得：

$$(\beta-1)D_{AL}c_{Ai}=\frac{D_{BL}}{\nu_B(c_{BL}-c_{Bi})} \tag{6-72}$$

将式（6-70）和式（6-72）联解，消去 c_{Bi}，可得：

$$\beta=\frac{\sqrt{M(\beta_i-\beta)/\beta_i}}{\mathrm{th}\sqrt{M(\beta_i-\beta)/\beta_i}} \tag{6-73}$$

式中

$$M=\frac{D_{AL}k_2 c_{BL}}{k_L^2} \tag{6-74}$$

$$\beta_i=1+\frac{D_{BL}c_{BL}}{\nu_B D_{AL}c_{Ai}} \tag{6-75}$$

β_i 为瞬间反应增强因子，它反映了被吸收组分 A 和活性组分 B 液相扩散速率的相对大小。由于式（6-73）中增强因子 β 以隐函数形式给出，为方便起见，以 β_i 为参数，作出 $\beta\sim\sqrt{M}$ 算图如图 6-9 所示。只要算出 M 和 β_i 的数值，由图 6-9 即可查得 β 值。

由图 6-9 可以看出两种特殊情况：

① 如果液相中 B 组分扩散远大于反应消耗，则认为液膜反应区域中 B 组分浓度为常数。当 $\beta_i>2\sqrt{M}$ 时，图中 $\beta\sim\sqrt{M}$ 线接近对角线，即 $\beta=\sqrt{M}$。这时，二级不可逆反应可以当作拟一级不可逆反应处理。

② 当 $\sqrt{M}>10\beta_i$ 时，$\beta=\beta_i$，与 M 无关（图 6-9 中右下方水平线部分）。这相当于瞬间不可逆反应的情况。其物理意义是：反应速率大大超过扩散速率，以致反应集中在一个面上进行。

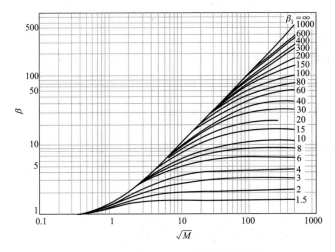

图 6-9　二级不可逆反应的增强因子

【**例 6-1**】　在填料塔中 CO_2 在高压下被 NaOH 溶液吸收，反应方程式如下：

$$CO_2 + 2NaOH \longrightarrow Na_2CO_3 + H_2O$$

有关数据如下：$c_{BL} = 0.6 \text{kmol} \cdot \text{m}^{-3}$，界面上 CO_2 浓度为 $c_{Ai} = 0.008 \text{kmol} \cdot \text{m}^{-3}$，$k_L = 10^{-4} \text{m} \cdot \text{s}^{-1}$，$k_2 = 10^4 \text{m}^3 \cdot (\text{kmol} \cdot \text{s})^{-1}$，$D_{AL} = 1.7 \times 10^{-9} \text{m}^2 \cdot \text{s}^{-1}$，$D_{BL} = 2.89 \times 10^{-9} \text{m}^2 \cdot \text{s}^{-1}$，求吸收速率为多少？

解
$$\sqrt{M} = \frac{\sqrt{D_{AL} k_2 c_{BL}}}{k_L} = \frac{\sqrt{0.6 \times 10^4 \times 1.7 \times 10^{-9}}}{10^{-4}} = 32$$

$$\beta_i = 1 + \frac{D_{BL} c_{BL}}{\nu_B D_{AL} c_{Ai}} = 1 + \frac{2.89 \times 10^{-9} \times 0.6}{2 \times 1.7 \times 10^{-9} \times 0.008} = 64.8$$

由于 $\beta_i > 2\sqrt{M}$，二级不可逆反应可以当作拟一级不可逆反应处理。根据 $\sqrt{M}$ 和 β_i 查图 6-9 可得 $\beta = 26$，则吸收速率为：

$$N_A = \beta k_L c_{Ai} = 26 \times 10^{-4} \times 0.008 = 2.08 \times 10^{-5} \text{kmol} \cdot \text{m}^{-2} \cdot \text{s}^{-1}$$

(4) 可逆反应（Reversible Reaction）

具有可逆反应的吸收过程比前面的各个过程都要复杂，这是因为在液膜中进行的反应不仅与反应物浓度有关，还与反应生成物浓度有关。下面讨论几种特殊情况。

① 组分 B 和生成物 R 作为常量处理。若被吸收组分在液相中进行下列可逆反应 A＋B ⇌R，当液相主体中组分 B 和生成物 R 的浓度较大，可视为在液膜中为常量时，可逆反应两个微分方程可简化为一个，即：

$$\frac{d^2 c_A}{dz^2} = \frac{k_1}{D_{AL}} \left(c_A - \frac{c_R}{c_B K} \right) = \frac{k_1}{D_{AL}} (c_A - c_A^*) \tag{6-76}$$

式中，$k_1 = k c_B$，k 为组分 A 和 B 的反应速率常数；$c_A^* = \dfrac{c_R}{c_B K}$，表示与 c_B 和 c_R 相平衡时的 A 组分浓度，K 为平衡常数。

令 $\bar{c}_A = \dfrac{c_A - c_A^*}{c_{Ai} - c_A^*}$，$\bar{z} = \dfrac{z}{\delta_L}$，将上式无量纲化，可得：

$$\frac{d^2 \bar{c}_A}{d\bar{z}^2} = M \bar{c}_A \tag{6-77}$$

其边界条件为 $\bar{z}=0$，$\bar{c}_A=0$； $\bar{z}=1$，$-\dfrac{d\bar{c}_A}{d\bar{z}}=M(a_L-1)\bar{c}_A$

式（6-77）与一级不可逆反应微分方程式（6-38）完全相同，以 $c_{Ai}-c_A^*$ 代替 c_{Ai} 可得：

$$N_A=\beta k_L(c_{Ai}-c_A^*) \tag{6-78}$$

$$\beta=\frac{\sqrt{M}\left[\sqrt{M}(a_L-1)+\mathrm{th}\sqrt{M}\right]}{(a_L-1)\sqrt{M}\,\mathrm{th}\sqrt{M}+1} \tag{6-79}$$

与一级不可逆反应相同，所以当液相主体中组分 B 和生成物 R 的浓度较大，在液膜中可视为常量时，可以按一级不可逆处理，但要以 $c_{Ai}-c_A^*$ 代替 c_{Ai} 来计算推动力，以 $k_1=kc_B$ 来代替一级反应速率常数。增强因子和一级不可逆反应 β 的计算一样。

② 一级可逆快速反应。当在液膜中发生下列可逆反应 A＋B$\Longleftrightarrow$R 时，而且组分 B 作为常量，即 $c_B=c_{BL}$，可简化得到两个微分方程：

$$\frac{d^2c_A}{dz^2}=\frac{k_1}{D_{BL}}\left(c_A-\frac{c_R}{c_{BL}K}\right) \tag{6-80}$$

$$\frac{d^2c_R}{dz^2}=\frac{-k_1}{D_{RL}}\left(c_A-\frac{c_R}{c_{BL}K}\right) \tag{6-81}$$

对于此类反应，双膜理论所得到的增强因子可用式（6-28）计算：

$$\beta=\frac{1+K_1\dfrac{D_{RL}}{D_{AL}}}{1+\dfrac{K_1D_{RL}\,\mathrm{th}\sqrt{M\left[1+D_{AL}/(K_1D_{RL})\right]}}{D_{AL}\sqrt{M\left[1+D_{AL}/(K_1D_{RL})\right]}}} \tag{6-82}$$

式中，$M=D_{AL}kc_{BL}/k_L^2$，$K_1=Kc_{BL}$。

显然，当 $K_1\to0$ 时，$\beta=1$；当 $K_1\to\infty$ 时，$\beta=\dfrac{\sqrt{M}}{\mathrm{th}\sqrt{M}}$，则与一级不可逆反应情况完全相同。

(5) 瞬间可逆反应（Instantaneous Reversible Reaction）

若有可逆反应： A(气)＋ν_BB(液)$\Longleftrightarrow\nu_R$R(液)

在液相中瞬间完成，则液膜和液相主体中任何一点处反应物均处于平衡。但各组分在相界面处的浓度和在液相主体中的浓度是不相同的。一般应为 $c_{Ai}>c_{AL}$，$c_{BL}>c_{Bi}$，$c_{Ri}>c_{RL}$。液膜中微分方程按反应计量关系可表示为：

$$D_{AL}\frac{d^2c_A}{dz^2}+\frac{D_{RL}}{\nu_R}\times\frac{d^2c_R}{dz^2}=0 \tag{6-83}$$

$$D_{AL}\frac{d^2c_A}{dz^2}-\frac{D_{BL}}{\nu_B}\times\frac{d^2c_B}{dz^2}=0 \tag{6-84}$$

边界条件为： $\begin{cases}z=0:\ c_A=c_{Ai},\ c_B=c_{Bi},\ c_R=c_{Ri}\\z=\delta_L:\ c_A=c_{AL},\ c_B=c_{BL},\ c_R=c_{RL}\end{cases}$ （6-85）

在液相中任何一点存在： $K=\dfrac{c_R^{\nu_R}}{c_Ac_B^{\nu_R}}$ （6-86）

式（6-83）对 z 两次积分，得：

$$D_{AL}c_A + \frac{D_{RL}}{\nu_R}c_R = A_1 z + A_2 \tag{6-87}$$

A_1 和 A_2 为积分常数。利用边界条件式（6-85）和 $k_L = \dfrac{D_{AL}}{\delta_L}$ 的关系，得到：

$$A_1 = -k_L\left[\left(c_{Ai} + \frac{D_{RL}}{\nu_R D_{AL}}c_{Ri}\right) - \left(c_{AL} + \frac{D_{RL}}{\nu_R D_{AL}}c_{RL}\right)\right] \tag{6-88}$$

另一方面，吸收速率等于未反应组分 A 和以 R 形式存在的已反应组分 A 从相界面向液相主体扩散速率之和，即：

$$N_A = \left(-D_{AL}\frac{dc_A}{dz} - \frac{D_{RL}}{\nu_R} \times \frac{dc_R}{dz}\right)_{\delta=0} \tag{6-89}$$

式（6-87）对 z 求导，可得：

$$D_{AL}\frac{dc_A}{dz} + \frac{D_{RL}}{\nu_R} \times \frac{dc_R}{dz} = A_1 \tag{6-90}$$

式（6-90）正好为式（6-89）的右端的负值，因此，

$$N_A = -A_1 = k_L\left[\left(c_{Ai} + \frac{D_{RL}}{D_{AL}\nu_R}c_{Ri}\right) - \left(c_{AL} + \frac{D_{RL}}{D_{AL}\nu_R}c_{RL}\right)\right] \tag{6-91}$$

若与 $N_A = \beta k_L(c_{Ai} - c_{AL})$ 相比较，可得：

$$\beta = 1 + \frac{D_{RL}(c_{Ri} - c_{RL})}{D_{AL}\nu_R(c_{Ai} - c_{AL})} \tag{6-92}$$

同理，根据组分 A 和组分 B 的计量关系，可得：

$$\beta = 1 + \frac{D_{BL}(c_{BL} - c_{Bi})}{D_{AL}\nu_R(c_{Ai} - c_{AL})} \tag{6-93}$$

6.3.2　几个重要参数的讨论

在以上的分析讨论中，引入了几个重要参数：M、β 和 η。进一步了解这些参数的物理意义，对于分析气-液反应过程的宏观动力学是很有帮助的。

（1）膜内转化系数 M

当液相中进行拟一级不可逆反应时，由式（6-27）的定义：

$$M = \frac{k_1 D_{AL}}{k_L^2} = \frac{k_1 \delta_L}{k_L} = \frac{k_1 \delta_L c_{Ai}}{k_L c_{Ai}} \tag{6-94}$$

不难看出，参数 M 表示化学反应速率与传质速率之比：

$$M = \frac{液膜中可能的最大反应速率}{通过液膜可能的最大传质速率} \tag{6-95}$$

因此根据 M 的数值可以判断化学反应相对于传递过程的快慢程度，从而简化分析计算。例如：

当 $\sqrt{M} \gg 3$，瞬间反应，$\delta_1 \to 0$，反应层接近相界面；

当 $\sqrt{M} > 3$，快速反应，$\delta_1 < \delta_L$，反应在膜内进行；

当 $\sqrt{M} \approx 1$，中速反应，$\delta_1 \approx \delta_L$，反应区延伸到膜边界；

当 $\sqrt{M} < 0.3$，慢速反应，$\delta_1 > \delta_L$，反应区超出膜外；

当 $\sqrt{M} \ll 0.3$，极慢反应，$\delta_1 \gg \delta_L$，反应在整个液相主体中进行。

对于二级不可逆反应，参数 M 有可能出现与一级不可逆反应相同的情况，参数 M 具有同样的物理意义。参阅 6.3.1。

（2）增强因子 β

前面已述及，增强因子 β 表示有化学反应的吸收速率比单纯物理吸收的速率所大的倍数，β 的数值直接反映了化学反应吸收对单纯传质过程的增强作用的大小。

化学反应对气-液传质速率影响的程度，必定和反应的特性及其速率与传质速率的相对大小有关。因此，增强因子 β 一般可表示为膜内转化系数 M 的函数。

在多数情况下，$\beta > 1$。这可以很好地映射"增强因子"这一概念。但由于 β 是以可能的最大物理吸收速率，即 $c_{AL} = 0$ 时的吸收速率为基准定义的，即 $N_A = \beta k_L c_{Ai}$，因此在某些情况下，例如，当液相进行慢反应时，也可能 $\beta \leqslant 1$，液相反应极慢时，β 值甚至可能小于 0.1。$\beta \leqslant 1$ 并不意味着液相化学反应对传质没有或起负的增强作用。这种情况一定程度地反映了现有的增强因子定义方式的缺点。

在许多情况下，利用增强因子 β 可以简化气-液反应或化学吸收过程动力学的分析计算。

（3）液相反应利用率 η

由液相反应利用率 η 的定义可知，气-液反应过程中的液相反应利用率 η 和气-固相催化反应中的催化剂活性内表面利用率的有效因子具有相似的意义，因此，也可称为有效因子（有效系数）。其数值范围显然是 $0 \leqslant \eta \leqslant 1$。

液相反应利用率 η 的数值一定程度上反映了反应的快慢，对于快速反应来说，液膜中 A 组分的扩散一般情况下不能满足反应浓度的需要，液相主体 A 组分浓度接近于零，液相反应利用率低；对于慢反应，组分 A 可以一直扩散到液相主体，借液相主体来完成反应，液相反应利用率 η 可达到很高的数值。在工业上，液相反应利用率 η 对于气-液反应器的选型具有重要的指导意义。

6.4 气-液相反应器的设计计算

6.4.1 气-液相反应器的类型的选择

气-液相反应器（Gas-Liquid Reactor）已在化工、石油加工、环保和生物工程等领域获得广泛的应用。目前已在工业上应用的气-液相反应器有很多种，图 6-10 给出了部分典型反应装置的示例。

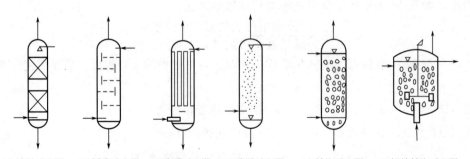

(a) 填料反应器　(b) 板式反应器　(c) 降膜反应器　(d) 喷雾反应器　(e) 鼓泡反应器　(f) 搅拌鼓泡反应器

图 6-10　部分典型气-液相反应装置

　　根据气、液相接触的状态，工业气-液相反应器大致可分为三种类型。

　　第一类，气相为分散相，液相为连续相。气体以气泡的形式分散在液相中。例如，鼓泡反应器、搅拌鼓泡反应器和板式反应器即属这一类型。它们的共同特点是持液量大，相接触面积较小。

　　第二类，液相为分散相，气相为连续相。液体以液滴的形式分散在气相中，属于这一类的反应器有喷雾反应器、喷射反应器、文丘里反应器等。其共同特点是气-液相接触面积大，持液量小。

　　第三类，液体呈膜状运动与连续相气体进行接触。例如，填料塔、降膜塔（湿壁塔）、湍动塔等。这类反应器的持液量和相接触面积介于上述两类之间。

　　不同的气-液相反应器有它们各自的优点和缺点，应当根据反应过程的特点合理选用。在选择气-液相反应器时，一般应考虑以下因素。

(1) 液相反应速率

　　当液相反应速率很快时，气膜扩散成为控制步骤，这时应考虑采用气-液相高度湍动接触和有较大气-液接触面积的反应装置。例如，喷射反应器和湍动塔等。喷雾塔也可考虑，其特点是可以提供巨大的接触面积。对于中速反应，填料塔较为适宜，它可提供较大的接触面积，同时有较长的接触时间，以便充分进行相间传质。对于液相慢速反应，由于反应在液相主体中进行，气-液相间的传质阻力变得不是很重要了。这种情况宜采用大持液量的装置，如鼓泡反应器或搅拌鼓泡反应器。

(2) 多反应体系的选择性

　　对于多反应体系，反应器类型会影响目的产物的选择性，应合理选用。例如，对于液相中进行平行反应的体系，如果副反应是缓慢反应，那么采用持液量小的反应器有利于抑制副反应，可采用填料塔或喷射塔等。如果体系中进行连串反应 $A+B \longrightarrow R \longrightarrow S$，应严格控制反应时间和减少返混程度提高目的产物 R 的有收率，为此，采用喷雾反应器或喷射反应器是有利的。

(3) 尽可能降低能耗

　　气-液相反应过程通常需要较大的接触面积。单位接触面积需要的功率在所有反应器中以喷射吸收器为最小，填料塔和搅拌釜反应器次之，文丘里管和鼓泡反应器最大。但不同的反应器主要功耗在不同的方面，例如，鼓泡反应器和文丘里管主要消耗在输送气体中，塔器和喷射反应器主要消耗在输送液体中。此外，除了尽可能采用低能耗反应装置外，还应考虑高温、高压流体能量回收的可行性。

(4) 有利于控制反应温度

　　气-液相反应多半是放热的。如何移走反应热或溶解热是一个经常遇到的实际问题。当反应热很大又需要综合利用时，降膜塔常常是首选。此外，在采用鼓泡反应器和板式塔反应器时，可以考虑安装冷却蛇管或夹套来冷却反应物料。填料塔很难进行连续热交换，只能依靠增大液气比使液体以显热形式带走反应热，因此若填料塔液体需要循环使用，只有通过换热器冷却液体再重新返回填料塔。

(5) 尽可能减小液体流量

　　气-液相反应器中，通常液相反应物是关键组分。从提高液相反应物转化率的观点来看，应尽可能减小液气比。鼓泡反应器和板式塔可较好地满足这一要求。通常填料塔、喷射塔和降膜塔这一类反应器要求较大的液气比。例如，填料塔内若喷淋密度小于 $(1.4 \sim 2.8) \times 10^{-3} \mathrm{m}^3 \cdot \mathrm{m}^{-2} \cdot \mathrm{s}^{-1}$ 时，就不可能充分润湿填料表面。对于这种情况，有时可以采用使部分或大部液体循环的方式来减少新鲜液体的量，但这样做必定要降低反应速率。

气-液相反应器的选型应考虑设备的生产强度（单位时间内单位体积反应器的生产能力）、能耗、设备投资和操作性能等多方面的因素，当存在副反应时，还应考虑选型对选择性的影响。但决定选型的核心问题是应使反应器的传递特性和反应动力学特性相适应。

常用气-液相反应器种类繁多，不像气-固相反应器那样，主要类型仅为固定床和流化床。不同气-液相反应器的特点主要反映在液相体积分率 ε（单位反应器有效体积中的液体量）的大小以及单位液相体积的传质界面 α 的大小上。不同类型气-液相反应器的 ε 和 α 可以有极大的差别。一个显而易见的原则是应根据反应的特征和要求，选用适宜的反应器类型，以充分利用反应器的有效体积及消耗的能量。

表 6-2 为各类气-液相反应器的主要传递性能指标。

表 6-2　气-液相反应器的主要传递性能指标

类　　型		单位液相体积的相界面积 /$m^2 \cdot m^{-3}$	液相体积分率 ε	单位反应器体积相界面积 $\alpha / m^2 \cdot m^{-3}$	液相传质系数 k_L /$m \cdot s^{-1}$	单位液相体积的液膜体积 $\varepsilon/(\alpha\delta)$
液膜型	填料塔	约1200	0.05~0.1	60~120	$(0.3~2)\times10^{-4}$	40~100
	湿壁塔	约330	约0.15	约50		10~50
气泡型	泡罩塔	约1000	0.15	150	$(1~4)\times10^{-4}$	40~100
	筛板塔(无降液管)	约1000	0.12	120	$(1~4)\times10^{-4}$	40~100
	鼓泡塔	约20	0.6~0.98	约20	$(1~4)\times10^{-4}$	4000~10000
	通气搅拌釜	约200	0.5~0.9	100~180	$(1~5)\times10^{-4}$	150~500
液滴型	喷洒塔	约1200	约0.05		$(0.5~1.5)\times10^{-4}$	2~10
	文丘里反应器	约1200	0.05~0.1		$(5~10)\times10^{-4}$	

注：表中的数据是水-空气体系的实测值范围，若体系的黏度、表面张力等物性和水-空气体系差别较大，使用上述数据应慎重。

【**例 6-2**】　气体中的 A 组分和液体中的 B 组分进行反应 A＋B ——→P，反应为二级反应，反应速率常数为 $0.05m^3 \cdot kmol^{-1} \cdot s^{-1}$，B 在液相中的浓度为 $c_{BL}=6mol \cdot m^{-3}$，A 在液相中的扩散系数 $D_{AL}=2\times10^{-9}m^2 \cdot s^{-1}$。请推荐一合适的反应器并说明理由。

解　分别对相界面积大、持液量小的填料塔，相界面积和持液量均较大的板式塔和相界面积小、持液量大的鼓泡塔进行分析。由表 6-2 可见，这三种反应器的液相传质系数 k_L 的取值范围分别为：

填料塔　　　　　　　　　$(0.3~2)\times10^{-4}$　m $\cdot$ s^{-1}

鼓泡塔、板式塔　　　　　$(1~4)\times10^{-4}$　m $\cdot$ s^{-1}

在这两种反应器中，$\sqrt{M}$ 的取值范围分别为：

填料塔　　$\sqrt{M}=\dfrac{\sqrt{kc_{BL}D_{AL}}}{k_L}=\dfrac{\sqrt{0.05\times6\times2\times10^{-9}}}{(0.3~2)\times10^{-4}}=0.128~0.816$

鼓泡塔、板式塔　　$\sqrt{M}=\dfrac{\sqrt{kc_{BL}D_{AL}}}{k_L}=\dfrac{\sqrt{0.05\times6\times2\times10^{-9}}}{(1~4)\times10^{-4}}=0.0613~0.245$

可见，在这三种反应器中，此反应系统均属中速反应，所以还需借助 $M\alpha$ 进行判断。

由表 6-2 可见，这三种反应器 α 的取值分别为：

> 填料塔　　　　60～120
> 板式塔　　　　120
> 鼓泡塔　　　　20

所以，在这三种反应器中 $M\alpha$ 的取值范围分别为：

> 填料塔　　　　0.983～79.9
> 板式塔　　　　0.45～7.20
> 鼓泡塔　　　　0.075～1.2

由此可见，鼓泡塔肯定是不适合的，填料塔和板式塔均可考虑，而何者更适合，需实验测定该反应体系在这两种气-液相反应器中的 k_L 和 α 后才能决定。

6.4.2　气-液相反应器的设计模型

对于气-液相反应器的设计，反应的宏观动力学是需要考虑的基本因素，其次，反应器中的流动状况也是必须考虑的重要问题。由于气-液相反应器中涉及两相物流，除了通过相间传质关联液相反应以外，还应分别考虑两相的流动与混合情况；对于非等温过程，还应考虑相间热量传递。这就需要分别进行每一相的和相间的物料、能量衡算。本章仅讨论等温过程。

在大多数工业气-液相反应过程中，气相反应物浓度一般不高。除了反应物外，气体中通常会有大量惰性气体，由于惰性气体反应前后质量基本不变，为方便起见，物料衡算和能量衡算一般以惰性气体量为计算基准，而且气-液两相逆向流动。

根据气相和液相流动状态和所采用的流动模型不同，常用的气-液相反应器模型有下列三类。

① 气相为平推流，液相为全混流。高径比不大的鼓泡塔反应器通常可采用这种模型。

② 气、液两相均为平推流。一般工业填料塔中的流动可以假定气、液两相均为平推流。高径比较大的鼓泡塔也可近似采用此模型。

③ 对于气、液两相均为全混流的模型，在实际应用中并不多见。

上述三种模型虽然各不相同，但它们有一个共同的特点，即两相都分别假定为理想流动。尽管这些假定都不同程度地偏离实际过程，但在实际应用中，这种假设可以给出较好的近似结果。

(1)　填料塔的设计计算

在如图 6-11 所示的逆流操作的填料塔（Packed Tower）内进行气-液相反应：

$$A + bB \longrightarrow P$$

在塔内取一微元体作物料衡算

$$q_{VG}\mathrm{d}Y_A = -\frac{1}{b}q_{VL}\mathrm{d}c_{BL} = r_A A\mathrm{d}z \tag{6-96}$$

式中，q_{VG} 为气相体积流量；q_{VL} 为液相体积流量；Y_A 为气相中组分 A 摩尔流量和气相惰性组分摩尔流量之比；c_{BL} 为液相中组分 B 物质的量浓度；A 为塔横截面积；z 为填料层轴向距离。

对式（6-96）进行积分便可求得填料层高度：

$$L = \frac{q_{VG}}{A}\int_{Y_{A1}}^{Y_{A2}} \frac{\mathrm{d}Y_A}{r_A} \tag{6-97}$$

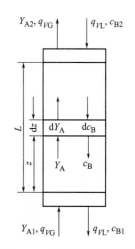

图 6-11　填料塔物料衡算

要计算上述积分，必须知道 r_A 和 Y_A 的关系。对比较复杂的情况不一定能获得解析表达式，需要通过数值积分或图解积分计算填料层的高度。但在某些简化情况下，还是有可能解析式（6-97）的。采用增强因子 β 时，气-液相反应的表观速率可用式（6-98）计算：

$$r_A = \beta k_L c_{Ai} \alpha \tag{6-98}$$

式中，α 为单位反应器体积的气-液相界面积，应说明的是 α 并非填料的几何表面积，通常需要由实验测定。

对拟一级快反应：
$$\beta = \frac{\sqrt{k c_{BL} D_{AL}}}{k_L}$$

于是有
$$r_A = \sqrt{k c_{BL} D_{AL}} c_{Ai} \alpha \tag{6-99}$$

c_{BL} 和 Y_{A1} 的关系可由式（6-96）求得：

$$c_{BL} = c_{B1} - b \frac{q_{VG}}{q_{VL}} (Y_{A1} - Y_A) \tag{6-100}$$

式中，c_{B1} 和 Y_{A1} 分别是塔底液相和气相浓度。

若气膜阻力可忽略，则有：

$$p_{Ai} = p_A = \frac{Y_A}{1 + Y_A} p_t \tag{6-101}$$

根据亨利定律 $p_i = \dfrac{c_{Ai}}{H}$，则有：

$$c_{Ai} = \frac{H Y_A}{1 + Y_A} p_t \tag{6-102}$$

式中，p_t 为气相总压。将式（6-99）、式（6-100）、式（6-102）代入式（6-97），可得：

$$L = \frac{q_{VG}}{A} \int_{Y_{A2}}^{Y_{A1}} \frac{(1 + Y_A) dY_A}{\alpha p_t Y_A \sqrt{k D_{AL} \left[c_B - \dfrac{q_{VG} b}{q_{VL}} (Y_A - Y_{A1}) \right]} H} \tag{6-103}$$

令
$$m = Y_{A1} + \frac{c_{BL} q_{VL}}{q_{VG} b}$$

$$q = \frac{1}{A H \alpha p_t} \sqrt{\frac{q_{VG} q_{VL}}{k D_{AL} b}}$$

则有
$$L = q \int_{Y_{A2}}^{Y_{A1}} \frac{(1 + Y_A)}{Y_A \sqrt{m - Y_A}} dY_A = q \left(2\sqrt{m - Y_{A2}} - \sqrt{m - Y_{A1}} \right)$$
$$+ \frac{1}{\sqrt{m}} \ln \left[\frac{\left(\sqrt{m - Y_{A1}} - \sqrt{m} \right) \left(\sqrt{m - Y_{A2}} + \sqrt{m} \right)}{\left(\sqrt{m - Y_{A1}} + \sqrt{m} \right) \left(\sqrt{m - Y_{A2}} - \sqrt{m} \right)} \right] \tag{6-104}$$

式（6-104）为气膜阻力可忽略时，拟一级快速反应的填料层高度计算式。

【例 6-3】 拟用一逆流操作的填料塔，利用反应 $A + B \longrightarrow P$ 脱除气体中的微量杂质 A，原料气中 A 的摩尔分数为 0.1%，要求脱除率为 80%。已知上述反应为快速反应。设原料气进料流量为 $10^5 \, mol \cdot h^{-1}$，吸收液进料流量为 $12.5 \, m^3 \cdot h^{-1}$，吸收液中组分 B 的浓度为 $32 \, mol \cdot m^{-3}$。设塔的操作压力 $p_t = 10^5 \, Pa$，截面积取为 $1 \, m^2$，请计算所需填料层的高度。

已知对所选用的填料 $k_{AG}\alpha = 0.32\,\mathrm{mol \cdot h^{-1} \cdot m^{-3} \cdot Pa^{-1}}$，$k_{AL}\alpha = k_{BL}\alpha = 0.1\mathrm{h^{-1}}$，该体系的亨利系数 $H = 0.08\,\mathrm{mol \cdot Pa^{-1} \cdot m^{-3}}$。

解　塔底 A 组分分压 $p_{A1} = p_t y_1 = 10^5 \times 0.1\% = 100\mathrm{Pa}$；塔顶 A 组分分压 $p_{A2} = 100 \times (1 - 0.8)\mathrm{Pa} = 20\mathrm{Pa}$。

由物料衡算可求得塔底组分 B 浓度：

$$c_{B1} = c_{B2} - \frac{q_{VG}}{q_{VL}p_t}(p_{A1} - p_{A2}) = 32 - \frac{10^5}{12.5 \times 10^5} \times (100 - 20) = 25.6\,\mathrm{mol \cdot m^{-3}}$$

计算塔底、塔顶反应速率：

塔底　　　$r_{A1} = J_{A1}\alpha = \dfrac{p_{A1}}{\dfrac{1}{k_{AG}\alpha} + \dfrac{1}{k_{AL}\alpha H}}\left(1 + \dfrac{c_{B1}}{Hp_{A1}}\right)$

$$= \frac{100}{\dfrac{1}{0.32} + \dfrac{1}{0.1 \times 0.08}} \times \left(1 + \frac{25.6}{100 \times 0.08}\right) = 3.278\,\mathrm{mol \cdot m^{-3} \cdot h^{-1}}$$

塔顶　　　$r_{A2} = J_{A2}\alpha = \dfrac{p_{A2}}{\dfrac{1}{k_{AG}\alpha} + \dfrac{1}{k_{AL}\alpha H}}\left(1 + \dfrac{c_{B2}}{Hp_{A2}}\right)$

$$= \frac{20}{\dfrac{1}{0.32} + \dfrac{1}{0.1 \times 0.08}} \times \left(1 + \frac{32}{20 \times 0.08}\right) = 3.278\,\mathrm{mol \cdot m^{-3} \cdot h^{-1}}$$

因此，按整个塔内反应速率均为 $3.278\,\mathrm{mol \cdot m^{-3} \cdot h^{-1}}$，所需填料高度为：

$$L = \frac{q_{VG}(p_{A1} - p_{A2})}{Ap_t(-r_A)} = \frac{10^5 \times (100 - 20)}{1 \times 10^5 \times 3.278} = 24.4\,\mathrm{m}$$

(2) 鼓泡塔的设计计算

当高径比较大时，鼓泡塔（Bubbling Tower）内气相流型接近平推流，液相流型接近全混流。所以，塔内液相浓度处处相等，且等于出口浓度。对反应 $A + bB \longrightarrow P$，气相流量和进、出口浓度如图 6-12 所示时，可由全塔物料衡算确定液相出口浓度：

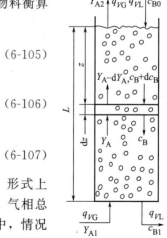

$$c_{B1} = c_{B0} - \frac{q_{VG}b}{q_{VL}}(Y_{A1} - Y_{A2}) \tag{6-105}$$

对鼓泡塔内一微元段进行物料衡算可得：

$$q_{VG}\mathrm{d}Y_A = r_A A \mathrm{d}z \tag{6-106}$$

对式（6-106）积分可求得达到要求反应程度所需的塔高：

$$L = \frac{q_{VG}}{A}\int_{Y_{A1}}^{Y_{A2}} \frac{\mathrm{d}Y_A}{r_A} \tag{6-107}$$

以上两式与填料塔设计计算中的式（6-96）和式（6-97）形式上一样，但在填料塔中计算 r_A 时液相浓度 c_B 是随塔高变化的，气相总压则因填料塔气相流动阻力很小，可视为恒定。而在鼓泡塔中，情况正好相反。液相浓度 c_B 因混合充分可认为是恒定的，气相总压则随塔高而变。

若假定气相总压随塔高呈线性变化，则有：

图 6-12　鼓泡塔物料
衡算图示

$$p_t = p_{t0}(1 + \gamma z) \tag{6-108}$$

式中，p_{t0} 为气-液混合物上界面的压力；γ 为比例系数；z 为塔高。

就一般情况而言，鼓泡塔物料衡算方程的积分不一定能求得解析表达式，可能需借助数值积分或图解积分。但有一些反应 r_A 与 c_B 和 p_A 的关系比较简单，则上述积分可能获得解析表达式。例如，当反应为拟一级快反应，且可忽略气膜传质阻力，则有：

$$r_A = \sqrt{k c_{B1} D_{AL}}\, \alpha c_{Ai} = \sqrt{k c_{B1} D_{AL}}\, \alpha \frac{H Y_A p_{t0}(1 + \gamma z)}{1 + Y_A} \tag{6-109}$$

代入积分式，移项整理后可得：

$$\int_{Y_{A1}}^{Y_{A2}} \frac{(1 + Y_A)}{Y_A} dY_A = M \int_0^L (1 + \gamma z)\, dz \tag{6-110}$$

式中，

$$M = \frac{H \sqrt{k c_{B1} D_{AL}}}{q_{VG}} p_{t0} A \alpha \tag{6-111}$$

积分式 (6-110)，可得：

$$\ln\left(\frac{Y_{A1}}{Y_{A2}}\right) + Y_{A1} - Y_{A2} = \frac{M}{2\gamma}\left[(1 + \gamma L)^2 - 1\right] \tag{6-112}$$

整理后得：

$$L = \frac{1}{\gamma}\left\{\sqrt{\frac{M}{2\gamma}\left[\ln\left(\frac{Y_{A1}}{Y_{A2}}\right) + Y_{A1} - Y_{A2}\right] + 1} - 1\right\} \tag{6-113}$$

【例 6-4】 拟设计一鼓泡塔，用空气氧化邻二甲苯来生产邻甲基苯甲酸：

$$1.5O_2\ (A)\ + C_6H_4(CH_3)_2\ (B)\ \longrightarrow C_6H_4(CH_3)COOH + H_2O$$

要求年产量为 30000t（设年生产时间为 8000h）。反应在 1.378MPa（塔顶压力）、160℃下进行，由于选择性方面的考虑，邻二甲苯的单程转化率为 16%，氧气进料流量为理论量的 1.25 倍。反应对氧气为拟一级反应，动力学方程为：$r_A = 3.6 \times 10^3 c_{AL}$ kmol·m^{-3}·h^{-1}。求当塔径为 2m 时塔内液相的高度。

基础数据：$D_{AL} = 5.2 \times 10^{-6}$ m^2·h^{-1}，$k_L = 0.781$ m·h^{-1}，$\alpha = 400$ m^2·m^{-3}，$k_{AG} = 360$ kmol·m^{-2}·MPa^{-1}·h^{-1}，$H = 0.08$ kmol·m^{-3}·MPa^{-1}，$\rho_{BL} = 750$ kg·m^{-3}，空隙率 $\varepsilon = 0.137$，液相体积和液膜体积之比 $\alpha_L = 4000$。

解 （1）总物料衡算

邻甲基苯甲酸小时产量 $\dfrac{30000 \times 1000}{8000 \times 136} = 27.5$ kmol·h^{-1}

邻二甲苯进料流量 $\dfrac{27.5}{0.16} = 172$ kmol·h^{-1}

液相体积流量 $q_{VL} = \dfrac{172 \times 106}{750} = 24.31$ m^3·h^{-1}

每小时耗氧量 $27.5 \times 1.5 = 41.25$ kmol·h^{-1}

每小时进氧量 $41.25 \times 1.25 = 51.5$ kmol·h^{-1}

每小时惰性气体（N$_2$）的流量 $q_{VG} = \dfrac{51.5 \times 0.79}{0.21} = 193.7$ kmol·h^{-1}

（2）气液反应速率

$$\sqrt{M} = \frac{\sqrt{k D_{AL}}}{k_L} = \frac{\sqrt{3.6 \times 10^3 \times 5.2 \times 10^{-6}}}{0.781} = 0.175\ \text{kmol·h}^{-1}$$

则 $\qquad \alpha_L M = 4000 \times 0.175^2 = 122.7 \gg 1$

故增强因子 $\beta = 1$，反应速率为：

$$
\begin{aligned}
r_A &= \beta k_L c_{Ai} \alpha = \beta k_L H p_{Ai} \alpha \\
&= 1 \times 0.781 \times 0.08 \times p_{Ai} \times 400 \\
&= 25 p_{Ai}\,\text{kmol} \cdot \text{m}^{-3} \cdot \text{h}^{-1}
\end{aligned} \tag{1}
$$

比较气膜阻力和液膜阻力的大小：

气膜阻力 $\qquad \dfrac{1}{k_{AG}} = \dfrac{1}{360} = 2.78 \times 10^{-3}\,\text{m}^2 \cdot \text{MPa} \cdot \text{h} \cdot \text{kmol}^{-1}$

液膜阻力 $\qquad \dfrac{1}{H k_L} = \dfrac{1}{0.08 \times 0.781} = 16.0\,\text{m}^2 \cdot \text{MPa} \cdot \text{h} \cdot \text{kmol}^{-1}$

可见气膜阻力远小于液膜阻力，故有 $p_{Ai} = p_A$。

气液混合物的密度：$\rho_m = \rho_{BL}(1-\varepsilon) = 750 \times (1-0.137) = 647\,\text{kg} \cdot \text{m}^{-3}$

比例系数：$\qquad \gamma = \dfrac{647}{10336} = 6.26 \times 10^{-2}\,\text{m}^{-1} \qquad$（工程大气压为 $10336\,\text{kg} \cdot \text{m}^{-2}$）

于是有 $\qquad p_t = p_{t0}(1+\gamma z) = 1.378(1 + 6.26 \times 10^{-2} z)\,\text{MPa}$

$$
p_{Ai} = p_t \frac{Y_A}{1+Y_A} = p_{t0}(1+\gamma z) \frac{Y_A}{1+Y_A} = 1.378(1+6.26 \times 10^{-2} z)\frac{Y_A}{1+Y_A}
$$

代入式（1）得：

$$
\begin{aligned}
r_A &= 25 p_{Ai} = 251.378(1+6.26 \times 10^{-2} z)\frac{Y_A}{1+Y_A} \\
&= 34.45(1+6.26 \times 10^{-2} z)\frac{Y_A}{1+Y_A}
\end{aligned} \tag{2}
$$

（3）计算液层高度

塔的横截面积 $\qquad A = 0.785 \times 2^2 = 3.14\,\text{m}^2$

对塔内一微元体作物料衡算：

$$
q_{VG}\,dY_A = (-r_A)A\,dz
$$

将式（2）代入上式：

$$
193.7\,dY_A = 3.14 \times 34.45(1+6.26 \times 10^{-2} z)\frac{Y_A}{1+Y_A}\,dz
$$

将上式移项积分得：

$$
1.79\left(Y_{A1} - Y_{A2} + \ln\frac{Y_{A1}}{Y_{A2}}\right) = L + 0.0313 L^2 \tag{3}
$$

反应器进、出口气相摩尔比为：

$$
Y_{A1} = \frac{51.5}{193.7} = 0.266
$$

$$
Y_{A2} = \frac{51.5 - 41.25}{193.7} = 0.053
$$

代入式（3）得：$\qquad 0.0313 L^2 + L - 3.27 = 0$

解得：$\qquad L = 3\,\text{m}$

（3）通气搅拌釜的设计计算

当高径比不太大时，通气搅拌釜内气、液相流型均可视为全混流，即反应器内气、液相组成均不随位置而变。

假设有一反应 $A+bB \longrightarrow P$，气、液相流量的进、出口浓度如图 6-13 所示。

已知气、液相进口流量和组成，计算达到规定的气相（或液相）出口组成（或转化率）所需的反应器体积。

若规定的设计要求是出口液流中组分 B 的浓度为 c_{B1}，对于反应在液膜内完成的快速反应系统，液相主体中组分 A 的浓度 c_{A1} 可视为零。因此可由化学计量关系求得出口气流中组分 A 的浓度：

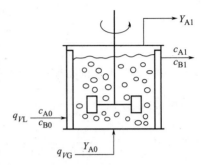

$$Y_{A1} = Y_{A0} - \frac{q_{VL}}{bq_{VG}}(c_{B0} - c_{B1}) \qquad (6\text{-}114)$$

以整个反应器为研究对象，组分 A 的物料衡算方程为：

图 6-13 通气搅拌釜物料衡算示意图

$$q_{VG}(Y_{A0} - Y_{A1}) = r_A V_r (1 - \varepsilon_G) \qquad (6\text{-}115)$$

式中，V_r 为反应器总体积；r_A 为表观反应速率；ε_G 为气含率。

根据 β 和 $\sqrt{M}$ 不同值，选用相应的计算式，如果气含率 ε_G 已知，即可由式（6-115）确定反应器总体积 V_r。如果气含率 ε_G 与反应器总体积有关，则可先假定一气含率 ε_G，从而求得 V_r 再进行校核，此时则将需要采用试差法计算。

对慢反应系统，如果需考虑出口液流中组分 A 的浓度，根据化学计量关系式，出口气流中组分 A 的浓度为：

$$Y_{A1} = Y_{A0} - \frac{q_{VL}}{q_{VG}}\left[\frac{1}{b}(c_{B0} - c_{B1}) + (c_{A1} - c_{A0})\right] \qquad (6\text{-}116)$$

对气相中的组分 A 进行物料衡算，

$$q_{VG}(Y_{A0} - Y_{A1}) = \alpha q_{VL} \beta k_L (c_{Ai} - c_{A1}) \qquad (6\text{-}117)$$

对液相中的组分 A 进行物料衡算，

$$\alpha q_{VL} \beta k_L (c_{Ai} - c_{A1}) = q_{VL}(c_{A1} - c_{A0}) + V_r(1 - \varepsilon_G)r_A \qquad (6\text{-}118)$$

c_{Ai} 为气-液界面上组分 A 的液相浓度，可根据气-液平衡关系由气-液界面上组分 A 的分压 p_{Ai} 计算得到。若气膜阻力可忽略，则有 $p_{Ai} = p_A$；若气膜阻力不能忽略，则需根据组分 A 在气-液两相中的传质系数通过 p_A 计算得到，p_A 为总压和 Y_{A1} 的函数。增强因子 β 可根据反应过程以及前面所列举的计算公式判断属于何种反应，而选用相应的公式计算。当反应温度一定时，液相反应速率 r_A 为 c_{A1} 和 c_{B1} 的函数。因此，在式（6-116）、式（6-117）和式（6-118）中有三个未知变量 Y_{A1}、c_{A1} 和 V_r，需通过联立求解这三个方程获得。

鼓泡塔按操作方式可分为连续和半间歇两种。前者气-液两相连续流动，正常情况下是稳态操作，后者气相连续流动，液相间歇操作，即液体物料一次性加入鼓泡塔，反应结束后即卸出，整个反应过程在非稳态下操作，计算稍显复杂，本章不做陈述。此外，计算时要注意鼓泡塔的设计计算一般采用气体平推流模型、液体全混流模型。

习 题

6-1　何为双膜理论模型？其基本假定有哪些？

6-2　化学吸收和物理吸收的本质区别是什么？化学吸收有何特点？

6-3 在鼓泡塔中用水吸收 CO_2 气体，经过长期接触测得水中 CO_2 的平衡浓度为 $2.857 \times 10^{-2} mol \cdot L^{-1}$，已知鼓泡塔总压为 $101.3kPa$，水温为 $25℃$，溶液密度为 $997kg \cdot m^{-3}$，求亨利系数 E。

6-4 在 $100g$ H_2O 中溶解 $1g$ NH_3。查得 $20℃$ 时溶液上方的 NH_3 平衡分压为 $789Pa$，系统总压为 $101.3kPa$，若此稀溶液的气-液相平衡关系服从亨利定律，试求亨利系数 E（kPa）、溶解度系数 H（$kmol \cdot Pa^{-1} \cdot m^{-3}$）和相平衡常数 m。

6-5 在 $20℃$ 及 $101.3kPa$ 下采用 Na_2CO_3 溶液吸收 CO_2 与空气混合物，且空气不溶于溶液中。CO_2 气体穿过厚度为 $2mm$ 的静止气层传递到 Na_2CO_3 溶液表面后被减速吸收。若忽略相界面上 CO_2 的浓度，CO_2 在气相中的摩尔分数为 0.15，扩散系数 $D_G = 1.8 \times 10^{-5} m^2 \cdot s^{-1}$，求传质速率。

6-6 在 $20℃$、$101.3kPa$ 下，用纯水吸收含氨极少的空气，已知 $k_G = 3.15 \times 10^{-5} kmol \cdot kPa^{-1} \cdot m^{-2} \cdot s^{-1}$。液膜传质系数 $k_L = 1.82 \times 10^{-4} m \cdot s^{-1}$。在吸收塔某一界面上测得氨在水中浓度为 $0.562 kmol \cdot m^{-3}$，分压为 $0.768kPa$。试求气相总传质系数 K_G 和液相总传质系数 K_L。

6-7 某生产装置出口气体中 CO_2 的分压为 $1.02kPa$，拟采用 $1.2mol \cdot L^{-1}$ 的氨水进行吸收。已知 CO_2 在氨水中扩散系数为 $3.8 \times 10^{-9} m^2 \cdot s^{-1}$，$CO_2$ 溶解系数 $H = 1.53 \times 10^{-4} mol \cdot Pa^{-1} \cdot m^{-3}$，二级反应速率常数为 $3.86 m^3 \cdot mol^{-1} \cdot s^{-1}$。$k_G = 3.2 \times 10^{-6} mol \cdot Pa^{-1} \cdot m^{-2} \cdot s^{-1}$，$k_L y = 0.0004 m \cdot s^{-1}$，求 CO_2 的吸收速率为多少？

6-8 用 $CaCO_3$ 吸收 SO_2，反应速率方程为 $r_A = kc_{SO_2}c_{CaCO_3}$，$CaCO_3$ 的扩散系数为 $D_L = 1.75 \times 10^{-9} m^2 \cdot s^{-1}$，界面上 SO_2 分压为 $1.1kPa$，$H = 0.00014 kmol \cdot kPa^{-1} \cdot m^{-3}$。若 $CaCO_3$ 的浓度积为常量，求吸收速率。

6-9 用 $(NH_4)_2SO_3$ 水溶液吸收 O_2，自身被氧化。已知 O_2 的溶解度为 $0.0013 mol \cdot L^{-1}$，$(NH_4)_2SO_3$ 水溶液浓度为 $0.039 mol \cdot L^{-1}$，原反应为二级不可逆反应，反应速率常数 $k = 1.49 \times 10^{-6} L \cdot mol^{-1} \cdot s^{-1}$，$O_2$ 在溶液中扩散系数 $D_{AL} = 2.3 \times 10^{-5} cm^2 \cdot s^{-1}$，$(NH_4)_2SO_3$ 在溶液中扩散系数 $D_{BL} = 1.72 \times 10^{-5} cm^2 \cdot s^{-1}$，已知 $k_L = 0.074 cm \cdot s^{-1}$，求吸收速率。

6-10 一级不可逆反应，已知 $k_L = 2 \times 10^{-5} m \cdot s^{-1}$，$D_L = 1.5 \times 10^{-9} m^2 \cdot s^{-1}$，试分析反应速率常数 k_1 高于多少时，将会在液膜中进行快速反应？反应速率常数 k_1 低于多少时，将会在液膜中进行慢速反应？

6-11 在 $25℃$ 下用氨水吸收 H_2S，反应为瞬时可逆反应，反应方程为：$H_2S + NH_3 \longrightarrow HS^- + NH_4^+$。氨水中总氨为 $1 kmol \cdot m^{-3}$，H_2S 为 $0.5 kmol \cdot m^{-3}$（包含溶解的 H_2S 和 HS^-）。界面上 H_2S 物理溶解度为 $0.01 kmol \cdot m^{-3}$，已知 $k_L = 10^{-4} m \cdot s^{-1}$，反应平衡常数 $K = (c_{HS^-}c_{NH_4^+})/(c_{H_2S}c_{NH_3})$ 在 $25℃$ 下为 186，若 H_2S 和 HS^- 的液相扩散系数的值相等，求 H_2S 的吸收速率。

6-12 某一级不可逆反应吸收过程，已知 $k_1 = 0.1 s^{-1}$，$D_L = 10^{-5} m^2 \cdot s^{-1}$，$k_L = 0.0001 m \cdot s^{-1}$，试问：（1）该反应是否可以在液膜内完成？（2）$a_L$ 的值为多少时，液相利用率 η 达到 90% 以上？

6-13 20℃以 pH＝9 的缓冲溶液吸收界面平衡分压为 0.101kPa 的 CO_2，已知 $k_L = 10^{-4}$ m·s^{-1}，液相总厚度与液膜厚度之比等于 10，CO_2 的溶解度系数 $H = 0.014$ kmol·m^{-3}·kPa^{-1}，CO_2 在缓冲液中的扩散系数为 1.2×10^{-9} m^2·s^{-1}。若反应为拟一级不可逆反应，反应速率常数 $k_1 = 10^4 \times c_{OH} s^{-1}$，求此反应的吸收速率。

6-14 以浓度为 0.5kmol·m^{-3} 的 NaOH 溶液吸收 CO_2，$k_L = 10^4$ m·s^{-1}，$k_2 = 10$ m^3·s·mol，$D_{AL} = 1.8 \times 10^{-9}$ m^2·s^{-1}，$D_{BL} = 3.06 \times 10^{-9}$ m^2·s^{-1}，且已知界面上 CO_2 的浓度为 $c_{Ai} = 0.04$ kmol·m^{-3}。（1）求此二级反应的吸收速率；（2）当界面 CO_2 浓度低于何值时，此吸收可拟一级反应处理。

6-15 在填料塔中用浓度为 0.25mol·L^{-1} 的甲胺水溶液来吸收气体中的 H_2S，反应式如下：$H_2S + RNH_2 \longrightarrow HS^- + RNH_3^+$。反应可按瞬时不可逆反应处理，在 20℃时，气体摩尔流率 $Q = 3 \times 10^{-3}$ mol·cm^{-2}·s^{-1}，总浓度 $c_T = 55.5$ mol·L^{-1}，总压 $p_T = 101.3$ kPa，以 Δp 为推动力的气相传质系数 $k_G = 5.92 \times 10^{-7}$ mol·cm^{-3}·kPa^{-1}·s^{-1}，以 Δc 为推动力的液相传质系数 $k_L = 0.03$ m·s^{-1}。$D_{AL} = 1.5 \times 10^{-5}$ cm^2·s^{-1}，$D_{BL} = 1 \times 10^{-5}$ cm^2·s^{-1}。为使气体中 H_2S 浓度从 1×10^{-3} 下降到 1×10^{-6}，求液气比和所需填料层高度。

第 7 章

聚合反应器

7.1　概述

聚合反应器是一个比较复杂的反应装置，需要考虑的问题有很多。聚合反应器的动态行为，可用于工艺设计及操作条件的分析和确定，也是工业装置中控制系统的设计和分析的依据。无论是通过实验研究，还是借助计算机模拟，人们都能得到系统变量随时间的变化关系，而后者则可以在更广泛的范围内研究各工艺参数对动态行为的影响。在过程开发中，一旦装置规模扩大，往往会造成反应结果上的差异（即所谓的"放大效应"）。

在聚合过程中，大量使用的是釜式反应器。物料在釜内的流动和混合全由搅拌器的动作所决定。因此搅拌器是聚合反应器中特别重要的部件，需要加以深入掌握。

流化床反应器、螺旋挤压机式的特种结构的聚合反应器近年来在聚合工业中也有应用，其他的新型聚合反应器也都是基于改进流体流动的情况来进行设计。

聚合物材料广泛应用于国防军工、航空航天等国民经济的重要领域。我国在一些关键聚合物材料领域中仍然存在很多亟待解决的"卡脖子"难题。要解决它一方面必须有坚实的理论基础，另一方面必须结合严谨的工匠精神，完成聚合反应器的设计。

7.2　聚合反应动力学

聚合反应动力学（Polymerization Kinetics）描述组分的反应速率与温度及各物料浓度等参数之间的定量关系，它反映物质化学变化的本性。而这种本性在不同的聚合反应下表现出不同的结果。

7.2.1　逐步缩合聚合

逐步缩合聚合（Stepwise Condensation Polymerization）又称逐步加成，缩聚的特点是通过官能团之间的反应，缩去一个小分子而使两个分子连接起来。它往往具有可逆的性质，而且在反应开始后，单体会很快转化完毕，而产物的分子量却增长很慢。

在进行动力学分析时，一般可假定双官能团分子的两个官能团具有相同的活性，而且不论另一官能团已被反应与否，或者该分子的大小如何，活性始终相等。

（1）缩聚平衡与平均聚合度

在缩聚反应中，反应速率及聚合度与反应平衡之间有着密切的关系。这是因为缩聚是一个可逆过程，反应能够达到的程度与系统中所含的小分子缩聚物有关。以聚酯的生成为例，反应式一般可写成：

$$\sim\!\!\sim\!COOH + HO\!\sim\!\!\sim \underset{k_2}{\overset{k_1}{\rightleftharpoons}} \sim\!\!\sim OCO \sim\!\!\sim +H_2O$$

$$(1-p)\quad (1-p)\qquad\qquad (p)\qquad\quad z_{H_2O}$$

设羧基官能团的起始数目为 N_0，反应到某一程度时，剩余的该官能团数为 N，则它的转化率或反应程度 p 与平均聚合度 $\overline{X}_n$ 之间有如下关系：

$$p = \frac{N_0 - N}{N_0} = 1 - \frac{1}{N_0/N} = 1 - \frac{1}{\overline{X}_n} \tag{7-1}$$

若两种官能团起始的数目相等，则根据反应平衡常数 K 可以表示成：

$$K = \frac{k_1}{k_2} = \frac{pz_{H_2O}}{(1-p)^2} \tag{7-2}$$

式中，z_{H_2O} 是以原料中羧基的物质的量（mol）为基准的缩聚小分子物的摩尔分数。

（2）缩聚反应动力学

在研究缩聚反应的动力学时，首先假定是"等活性官能团"的聚合反应，这一假定已经被大量的实验证明是可行的。这使得在做动力学处理时，可以像处理低分子反应那样处理逐步缩聚。

现以生成聚酯的反应为例，其机理可写成：

以上反应式中，k_3 是控制步骤。因 k_4 甚小可以忽略，而 k_1、k_2、k_5 所代表的反应均远比控制步骤快。因此实际的聚合反应速率可写成：

$$-\frac{dc_{COOH}}{dt} = k_3 c_{C(OH)_2} c_{OH} = \frac{k_1 k_3 c_{COOH} c_{OH} c_{HA}}{k_2 c_{A^-}} \tag{7-3}$$

当不用外加强酸而靠本身的二元酸进行催化时，则式（7-3）可写成：

$$-\frac{dc_{COOH}}{dt} = kc_{COOH}^2 c_{OH} \tag{7-4}$$

式（7-4）即为三级反应，k 是实验测定出的反应速率常数。

对于多数实用系统，两种官能团的用量比接近于 1。若以 c_M 代表羧基的浓度，则式（7-4）便为：

$$\frac{-dc_M}{dt} = kc_M^3 \tag{7-5}$$

若将式（7-5）积分，且在 $t = 0$ 时，$c_M = c_{M0}$，则应用

$$c_M = c_{M0}(1-p) \tag{7-6}$$

的关系，便可得：

$$2c_{M0}kt = \frac{1}{(1-p)^2} - 1 \tag{7-7}$$

可见若将 $1/(1-p)^2$ 对 t 作图，应得到一直线。

对于外加强酸催化的情况，则可认为氢离子均由强酸供给，而其浓度不变，故反应速率式为：

$$-\frac{\mathrm{d}c_{\mathrm{COOH}}}{\mathrm{d}t}=k'c_{\mathrm{COOH}}c_{\mathrm{OH}} \tag{7-8}$$

等官能团时：

$$-\frac{\mathrm{d}c_{\mathrm{M}}}{\mathrm{d}t}=k'c_{\mathrm{M}}^2 \tag{7-9}$$

式中，k' 为实验的反应速率常数。

将上式在与前述同样的条件下积分，则得：

$$c_{\mathrm{M0}}k't=\frac{1}{1-p}-1 \tag{7-10}$$

此时若将 $1/(1-p)$ 对 t 作图，则为一直线。

如两类官能团不是等当量时，令 r 表示初始时 OH 对 COOH 的摩尔比，则：

$$-\frac{\mathrm{d}c_{\mathrm{M}}}{\mathrm{d}t}=kc_{\mathrm{M}}^2(c_{\mathrm{M}}+a) \tag{7-11}$$

式中，$c_{\mathrm{M}}=c_{\mathrm{COOH}}$，$c_{\mathrm{M}}+a=c_{\mathrm{OH}}$，$a=(r-1)c_{\mathrm{M0}}$。

将式（7-11）积分，得：

$$\frac{a}{c_{\mathrm{M}}}-\ln\frac{c_{\mathrm{M}}+a}{c_{\mathrm{M}}}=a^2kt+k_{\mathrm{a}}=k_1t+k_{\mathrm{a}} \tag{7-12}$$

式中，$k_{\mathrm{a}}=\dfrac{a}{c_{\mathrm{M0}}}-\ln r$；$k_1=a^2k$。

7.2.2　均相游离基链式加成聚合

游离基聚合是典型的链式反应，它经历单体的引发、链的生长和链的终止三个阶段。根据引发手段的不同，可以有热引发、光引发、辐射引发及引发剂引发等。引发剂引发是最常用的方法。引发剂是一些对热不稳定的化合物，它们较易分解成游离基，从而使单体被其引发而成为游离基。引发剂的用量很少，其浓度一般在 $10^{-4}\sim10^{-2}\,\mathrm{mol\cdot L^{-1}}$ 之间。最常用的引发剂是一些过氧化物和偶氮化合物。

(1) 反应的拟定常态分析

大量事实证明，游离基的寿命是很短的（如 $10^{-1}\sim10\mathrm{s}$），浓度是极低的（如 $10^{-9}\sim10^{-4}\,\mathrm{mol\cdot L^{-1}}$），在反应开始后的极短时间内游离基的浓度就达到了定常态，即包含基元反应的中间化合物的生成速率与消失速率接近相等。假设反应处于拟定常态，中间物均以极低而恒定的浓度存在，依此处理包括大量中间物的游离基链式反应的动力学问题是可行的。根据这一假定，游离基的总浓度应是恒定的，故有：

$$\frac{\mathrm{d}c_{\mathrm{p}}}{\mathrm{d}t}=r_{\mathrm{i}}-r_{\mathrm{t}}=0 \tag{7-13}$$

式中，c_{p} 代表活性游离基链的总浓度；r_{i}，r_{t} 分别表示引发反应速率和终止反应速率。

(2) 链转移

链转移的情况复杂，虽不使游离基的数目减少，但却使原来增长着的游离基终止而成为死聚体分子，影响聚合物的平均聚合度分布。根据系统条件的不同，游离基不仅可以向单体或溶剂分子转移，还可能向引发剂或死聚体分子进行转移。设以 X_{A} 表示任意这类起链转移作用的物质，则链转移的一般表示式可写作：

$$P_j^{\cdot} + X_A \xrightarrow{k_{fx}} P_j c_{X_A} + X_A^{\cdot}$$

速率式为：
$$r_{fx} = k_{fx} c_{P_j^{\cdot}} c_{X_A} \tag{7-14}$$

新产生的游离基 $X_A^{\cdot}$ 又去再引发单体分子使发生聚合，即：

$$X_A^{\cdot} + M \xrightarrow{k_a} P_1^{\cdot}$$

速率式为：
$$r_a = k_a c_{X_A^{\cdot}} c_M \tag{7-15}$$

链转移速率常数（k_{fx}）与生长速率常数（k_a）之比，称为链转移常数。在链转移作用的存在下，平均聚合度都会有所降低。利用此规律，便可人为地加入某种链转移剂来达到控制聚合物分子量的目的。这种物质又称作调节剂。它们的链转移常数值都是比较大的，如硫醇类。

（3）阻聚与缓聚

物料中的少量未知物可能在聚合反应中起到阻聚的作用，难以驾驭，因此对聚合级单体的纯度要求很高。阻聚反应的一般形式可写成：

$$P_j^{\cdot} + Z \xrightarrow{k_z} P_j + Z^{\cdot}$$

生成的 $Z^{\cdot}$ 是不活性游离基。通常称 $C_z \equiv k_z / k_a$ 为阻聚常数（k_z 是阻聚速率常数），它的大小就是阻聚剂效率的标志。

7.2.3 均相游离基共聚合

共聚合的方法是加入第二或第三单体进行聚合，由于单体的结构不同，活性亦异，动力学方面的种种变化便由此而起。要得到共聚合反应的速率，了解瞬间共聚物组成及其随聚合进程的变化、平均聚合度以及聚合度分布等，都要从基元反应出发来逐步加以分析。

设有 M_1 及 M_2 两种单体进行共聚，其生长反应可以有如下四种情况：

反应	速率
$M_1^{\cdot} + M_1 \xrightarrow{k_{11}} M_1^{\cdot}$	$k_{11} c_{M_1^{\cdot}} c_{M_1}$
$M_1^{\cdot} + M_2 \xrightarrow{k_{12}} M_2^{\cdot}$	$k_{12} c_{M_1^{\cdot}} c_{M_2}$
$M_2^{\cdot} + M_1 \xrightarrow{k_{21}} M_1^{\cdot}$	$k_{21} c_{M_2^{\cdot}} c_{M_1}$
$M_2^{\cdot} + M_2 \xrightarrow{k_{22}} M_2^{\cdot}$	$k_{22} c_{M_2^{\cdot}} c_{M_2}$

式中，$M_1^{\cdot}$ 及 $M_2^{\cdot}$ 分别表示末端为 M_1 及 M_2 的活性链。单体 M_1 及 M_2 的消失速率分别为：

$$\begin{cases} -\dfrac{dc_{M_1}}{dt} = k_{11} c_{M_1^{\cdot}} c_{M_1} + k_{21} c_{M_2^{\cdot}} c_{M_1} \\[3mm] -\dfrac{dc_{M_2}}{dt} = k_{12} c_{M_1^{\cdot}} c_{M_2} + k_{22} c_{M_2^{\cdot}} c_{M_2} \end{cases} \tag{7-16}$$

两式相除得：

$$\frac{-\mathrm{d}c_{M_1}}{-\mathrm{d}c_{M_2}} = \frac{k_{11}c_{M_1^*}c_{M_1} + k_{21}c_{M_2^*}c_{M_1}}{k_{12}c_{M_1^*}c_{M_2} + k_{22}c_{M_2^*}c_{M_2}} \tag{7-17}$$

应用拟定常态假定，则 $c_{M_1^*}$ 及 $c_{M_2^*}$ 都应保持恒定，于是有：

$$k_{12}c_{M_1^*}c_{M_2} = k_{21}c_{M_2^*}c_{M_1} \tag{7-18}$$

将此关系代入式（7-17），得：

$$\frac{m_1}{m_2} = \frac{-\mathrm{d}c_{M_1}}{-\mathrm{d}c_{M_2}} = \frac{c_{M_1}}{c_{M_2}} \times \frac{r_1 c_{M_1} + c_{M_2}}{r_2 c_{M_2} + c_{M_1}} \tag{7-19}$$

式（7-19）常称 Mayo-Lewis 式，它表示在一瞬间进入聚合物中的 M_1 和 M_2 单体分子的比例 (m_1/m_2)。在本式中，

$$r_1 \equiv k_{11}/k_{12}$$
$$r_2 \equiv k_{22}/k_{21}$$

它们分别代表末端为 M_1^* 及 M_2^* 的这两类链游离基与其同类单体结合和异类单体结合的倾向的比值，故又称为竞聚率。竞聚率是表征共聚合反应速率特征最重要的参数，其值由实验确定。

7.2.4 离子型聚合

离子型聚合（Ionic Birefringence Polymerization）是用催化生成的离子引发，并以离子的形式进行链的生长。根据生长的离子是正或负，而又区分为阳离子聚合和阴离子聚合。离子型聚合具有高度的选择性，且一般都在低极性的溶剂中进行，如氯甲烷、二氯乙烯、戊烷及硝基苯等。

离子型聚合中，阴、阳两类离子以离子对或自由离子的形式存在，单体插入其间使链生长。

（1）离子型聚合的统一机理模型

在离子型聚合过程中，紧密离子对先在溶剂的作用下实现松弛化，然后单体分子再在离子对的中间络合进去，从而形成增长了一个单体结构的新的紧密离子对，如此再继续变化下去。这一过程可用符号表示如下：

$$P_j^{\vee} B^{\wedge} \xrightarrow{\text{松弛化}} P_j^{\vee} \parallel B^{\wedge} \xrightarrow{\text{络合 M}} P_j^{\vee} \mid M \mid B^{\wedge} \xrightarrow{\text{加成}} P_{j+1}^{\vee}\text{-}B^{\wedge} \tag{7-20}$$
$$\quad\text{紧离子对}\qquad\quad\text{松离子对}\qquad\quad\text{络合离子对}\qquad\quad\text{紧离子对}$$

式中，符号 $\vee$ 及 $\wedge$ 表示正、反两离子，不论何者是阴离子或阳离子。

对于自由离子，因不存在需要松弛化的过程，故单体分子可直接与离子结合而生长。

离子引发的反应，可分为以下三类。

① 催化剂的活性组分或活性络合物 C 分解成自由离子或离子对，然后进一步引发单体：

$$C \rightleftharpoons A^{\vee} + B^{\wedge} \xrightarrow{M} P_1^{\vee}$$
$$\text{自由离子}$$

或

$$C \rightleftharpoons A^{\vee} B^{\wedge} \longrightarrow A^{\vee} \parallel B^{\wedge} \xrightarrow{M} A^{\wedge} \mid M \mid B^{\vee} \longrightarrow P_1^{\vee} B^{\wedge}$$
$$\text{离子对}$$

② C 需与一个单体分子相作用而引发：

$$C + M \longrightarrow P_1^{\vee} + B^{\vee} \text{ 或 } P_1^{\vee} B^{\wedge}$$

③ C 需先后与两个单体分子作用而引发：

$$C + M \longrightarrow CM \xrightarrow{M} P_1^\vee + CM^\vee \text{ 或 } P_1^\vee CM^\wedge$$

对于终止反应，一般常认为只有单基终止，但在自由离子的情况下，也可包括双基终止。

（2）反应速率

根据拟定常态假定，可导出基本模型的反应速率式：

$$r = -\frac{dc_M}{dt} = k_p c_{P^\vee} c_M + k_{fM} c_{P^\vee} c_M + k_i c_{A^\vee} c_M \tag{7-21}$$

式中，k_p、k_{fM}、k_i 分别表示生长速率常数、向单体转移的速率常数和引发速率常数。

拟定常态下：

$$\frac{dc_{P^\vee}}{dt} = k_i c_{A^\vee} c_M - k_{t1} c_{P^\vee} = 0 \tag{7-22}$$

式中，k_{t1} 表示终止速率常数。故：

$$c_{P^\vee} = \frac{k_i c_{A^\vee} c_M}{k_{t1}} \tag{7-23}$$

又因

$$\frac{dc_{A^\vee}}{dt} = k_d c_C - k_d' c_{A^\vee} c_{B^\wedge} - k_i c_{A^\vee} c_M = 0 \tag{7-24}$$

式中，k_d、k_d' 表示催化剂的催化速率常数及其逆反应的速率常数。而对于离子型催化剂，右侧第二项与第一项相比可以忽略，故：

$$c_{A^\vee} = k_d \frac{c_C}{k_i c_M} \tag{7-25}$$

代入式（7-23），得：

$$c_{P^\vee} = \frac{k_d}{k_{t1}} c_C \tag{7-26}$$

再代入式（7-21），便得：

$$r = k_d c_C \left[\left(\frac{k_p + k_{fM}}{k_{t1}} \right) c_M + 1 \right] \tag{7-27}$$

当生成高分子量的产物时，式（7-27）右侧后两项与第一项相比可以忽略，因此得：

$$r = -\frac{dc_M}{dt} = \left(\frac{k_d k_p}{k_{t1}} \right) c_M c_C \tag{7-28}$$

即反应对单体及催化剂都是一级。

至于反应的转化率或单体浓度随时间的变迁可由各式积分求出，其中 c_C 可看作常数。

7.2.5 配位络合聚合

配位络合聚合（Coordination Polymerization）在聚合时，单体（一般是气体）先溶入液相（均为溶液聚合），然后向催化剂固相的表面扩散，并吸附上去，再与催化剂表面上的活性中心作用。活性中心的浓度 c_C 与所用的过渡金属卤化物及烷基金属化合物的种类和用量有关。

假定在拟定常态下进行动力学处理。设 c_C 为活性中心浓度，亦即生长链的浓度，则它可以写成：

$$c_{C^*} = f c_T^a c_A^b \tag{7-29}$$

聚合速率可写成：

$$r_p = k_p c_{C^*} c_{M0}^c \tag{7-30}$$

式中，c_T、c_A、c_{M0} 分别表示过渡金属化合物、金属烷基化合物及单体的浓度；f 为过渡金属化合物的利用效率；a、b、c 均是常数，其值视情况而异。

7.3 聚合体系的传递现象

物料的运动、热量的交换、物质的传递总是与化学反应同时并存的。反应动力学只能指出浓度、温度和反应时间对各个反应速率的影响。该物系在该设备和操作条件下具有怎样的浓度、温度和反应时间，则有赖于传递过程的专门知识。在设计和放大中也主要考虑传递问题。传递方面的问题，主要是在多相的流动系统与聚合反应系统方面。

7.3.1 流体的流动特性

流动特性主要是指流体在受力时，其应力与应变间的关系。其关系是流体的基本特性，它直接影响到流体运动时的一切行为。在聚合反应器中，流体的流动特性（Flow Characteristics of Fluids）决定物料的加入方式、混合状况、物料的停留时间、搅拌桨的选择等，是在聚合反应设计中所必须考虑的问题。

(1) 流体的类别

应力与应变间的关系由实验测定，并通过黏度来加以表达。譬如，不可压缩流体在 y 处受到 x 方向的剪切应力 τ_{yx} 时（图 7-1），便产生速度梯度而发生形变，其关系为：

$$\tau_{yx} = \mu \left(\frac{\partial v_x}{\partial y} \right) \tag{7-31}$$

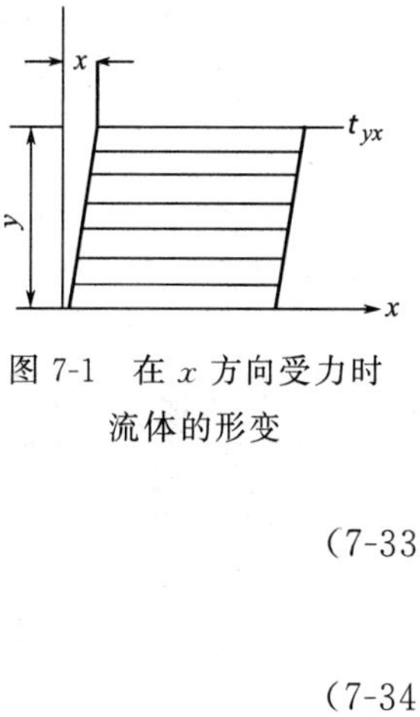

如 μ 在一定温度和压力下是一常数（称为黏度），则符合这一关系的流体便称为牛顿流体。式（7-31）亦可写成：

$$\tau_{yx} = \mu \frac{\partial}{\partial y} \left(\frac{\partial X}{\partial t} \right) = \mu \frac{\partial}{\partial t} \left(\frac{\partial X}{\partial y} \right) = \mu \frac{\partial \gamma}{\partial t} = \mu \dot{\gamma} \tag{7-32}$$

式中，$\dot{\gamma} \equiv \partial \gamma / \partial t$，称为该处的剪切速率。或更一般化地写成：

$$\tau = \mu \Delta \tag{7-33}$$

式中，Δ 为形变速率张量。用直角坐标系时，其成分为：

$$\Delta_{ij} = \left(\frac{\partial v_i}{\partial x_j} \right) + \left(\frac{\partial v_j}{\partial x_i} \right) \tag{7-34}$$

图 7-1 在 x 方向受力时流体的形变

日常所见的流体大多属于牛顿流体，包括某些黏性较高的聚合物系统在内。但是也有许多流体，τ 与 $\dot{\gamma}$ 之间不是简单的直线关系，这些流体统称为非牛顿流体。根据它们的特性，又可分为如下三类。

1) 非依时性流体

非依时性流体的 $\tau \sim \dot{\gamma}$ 关系不因受力时间或受力史而异。图 7-2 所示有六种。其中曲线 A、B、C 所代表的是不存在屈服限的流体，而曲线 D、E、F 所代表的流体则只有在承受的剪切力达到屈服限以上时才会出现形变。图中：

曲线 A——为直线，代表最常见的牛顿流体。

曲线 B——上凸，即为随着 $\dot{\gamma}$ 的增大，τ 增加的速率减慢，在极低（$\dot{\gamma} \to 0$）及极高（$\dot{\gamma} \to \infty$）剪切速率区呈直线关系。这类流体称假塑性流体，它占非牛顿流体中的多数。许多高聚物的溶液及熔体、胶黏剂、润滑脂、淀粉悬浮液、醋酸纤维、皂液、纸浆、油漆以及某些药品及生物流体等都属于这一类。

曲线 C——上凹，称为胀塑性流体。这类流体远比假塑性流体少。一些悬浮有多量细粒子的液体，如某些 TiO_2 的水悬浮液、面粉/糖溶液以及低黏度液体中悬浮有沙子、铁粉等情况均属于这一类型。

曲线 D——有一定的屈服限，但为线性关系。这种流体称 Bingham 塑性流体。例如钻井用的泥浆、矿砂、水泥或煤的浆液、牙膏、肥皂或洗涤剂的浆液以及纸浆等都属于这一类型。

曲线 E——称屈服-假塑性流体，如中等浓度的高分子悬浮液和黏土-水体系均属于这一类型。

曲线 F——称屈服-胀塑性流体，实例较少。

2）依时性流体

依时性流体的 $\tau \sim \dot{\gamma}$ 关系与力的作用时间有关，如图 7-3 所示。它们又可分为触变性流体和震凝性流体两种。

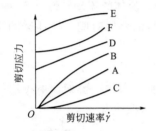

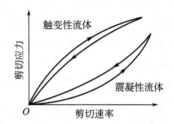

图 7-2　各种依时流体的流动曲线　　　图 7-3　依时性流体的流动曲线形状

触变性流体——曲线上凸，有滞后曲线。它表示如果先增加剪切速率，以后再减小剪切速率时，则所需的剪切应力将比以前减小。某些原油、高分子溶液或熔体、印刷油墨以及某些泥浆及食品均属于这一类型。

震凝性流体——曲线上凹，有滞后曲线，其特征正好与触变性流体相反。膨润土、V_2O_5 及石膏等的悬浮液属于这一类型。

3）黏弹性流体

黏弹性流体兼具黏性及弹性。对于纯弹性物质，在一定的应变下，其应力不因时间而变，但对黏弹性物质，则应力逐渐耗散。另外，黏弹性物质与纯黏性物质也不同，黏弹性物质在受应力而发生流动后，若除去应力，其形变能逐渐恢复。如沥青、面粉团、凝固汽油及其类似的胶质，某些聚合物及其熔体（如尼龙）以及一些聚合物的溶液等。

（2）非牛顿流体的模型

对于不可压缩的非牛顿流体（Non-Newtonian Fluid）可以仿式（7-33）的形式写出其普遍的流变方程式如下：

$$\tau = \mu_a \Delta \tag{7-35}$$

式中，μ_a 称为非牛顿流体黏度或表观黏度，对于塑性流体常用塑性黏度 η 表示。它们是剪切状况的函数，用剪切应力或剪切速率的关系来表示。

7.3.2　聚合釜中的传质与传热

聚合釜中的反应一般都是非均相的高放热反应，所以传质与传热的效果就显得尤为重要，传质与传热不好，将严重影响聚合反应速率，甚至引起事故。了解传质与传热可很好地选择搅拌桨的叶轮尺寸和反应釜壳体的设计。

（1）传质

本节主要介绍非均相系统间的传质。由于搅拌桨的种类不同、物系的性质不同以及操作条件的不同，传质情况也不同。

1）气-液系统的传质

工业所用的搅拌鼓泡釜总是在临界转速以上进行操作。被分散的气泡在液体中运动，同时向液相中传递，然后在液相中与另一组分进行反应，或者进一步传递到存在于液相中的固体反应物表面进行反应。气相阻力一般可忽略不计，此时液相阻力对速率起控制作用，在这类气-液相或气-液-固相反应中，搅拌就起到了很重要的作用。

在一般操作情况下，气泡直径 $d_B = 0.2 \sim 0.6\text{cm}$，可参考下式：

$$k_1(Sc)^{2/3} = 0.13\left(\frac{P_v u_1}{\rho_1^2}\right)^{1/4} \tag{7-36}$$

式中，$P_v = P/V$，即为对单位液相体积施加的搅拌功率；施密特数 $Sc \equiv \dfrac{\mu}{\rho_1 D_1}$，其中 D_1 为液相扩散系数；另一计算液质系数 k_1 的关联式如下：

$$\left(\frac{k_1 d_{vs}}{D_1}\right) = 0.33\left(\frac{d_{vs} N d \rho_1}{\mu_1}\right)^{0.6}\left(\frac{\mu_1}{\rho_1 D_1}\right)^{1/2} \tag{7-37}$$

式中，d_{vs} 是当量比表面直径（或称 Sauter 平均直径）；N 为桨叶转速；d 为桨叶直径。其意义是这种球形气泡的比表面（面积/体积）与所有大大小小的气泡算在一起时的比表面相同，或：

$$d_{vs} = \frac{\sum\limits_i n_i d_i^3}{\sum\limits_i n_i d_i^2} \tag{7-38}$$

此处 n_i 是直径为 d_i 的气泡数。

以容积的传质系数 $k_1 a$ 来进行关联，其关联式为：

$$k_1 a = \frac{313.5}{D^4}P_v^{0.55}Q^{0.551/D^{0.5}} \tag{7-39}$$

式中，Q 是通气量，$\text{m}^3 \cdot \text{s}^{-1}$。

2）液-液系统的传质

$K_c a$ 表示以连续相为基准的总括容积传质系数，它由分散相和连续相的膜传质系数所组成，即：

$$\frac{1}{K_c a} = \frac{1}{k_d a} + \frac{1}{m k_c a} \tag{7-40}$$

式中，m 是两液相间溶质的平衡常数。对于多数情况可近似地认为：

$$k_d = b\frac{D_d}{d_p} \tag{7-41}$$

式中，D_d 是分散相的分子扩散系数；d_p 为液滴直径；b 为常数，当液滴内无循环流动时，$b = 6.58$，而有循环流时，$b = 17.9$。由此可见在实用的湍流状态下操作时，k_d 之值总比分子扩散大，因此连续相中的传质系数 k_c 比它的影响更大，而 k_c 之值可以用式（7-36）计算。

3）液-固系统的传质

k_s 是液-固间传质膜系数，其典型关联形式为：

$$\frac{k_s D}{D_1} = a(Re)^p(Sc)^q \tag{7-42}$$

式中，D 是釜径；D_1 为液相扩散系数；a、p、q 为常数，视设备情况及操作条件而异。

（2）传热

搅拌釜的主要优点之一是传热性能好。搅拌釜一般是通过夹套传热的；釜较大时，在釜内设置内冷管。本节介绍均相搅拌釜中的传热。

1）低黏度流体

有关搅拌釜中传热系数的各个关联式，在牛顿流体方面以永田进治所提供的最为全面。他所用的实验装置及所用的叶轮分别如图 7-4 和图 7-5 所示。叶轮各部的尺寸见表 7-1。各种不同情况下的传热膜系数的关联式分别如下。

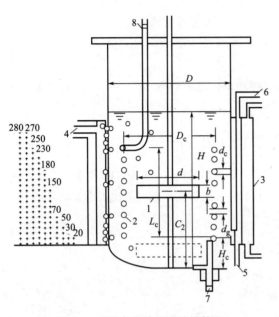

图 7-4　有冷却盘管的实验搅拌釜

1—涡轮；2—冷却蛇管；3—夹套；4—蒸汽进口
5—排水口；6—排气口；7—冷却水进口；8—冷却水出口

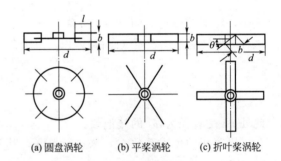

(a) 圆盘涡轮　　(b) 平桨涡轮　　(c) 折叶桨涡轮

图 7-5　使用的叶轮形式

表 7-1　使用叶轮的尺寸（釜径 $D = 30\text{cm}$）

叶轮	d/cm	b/cm	l/cm	n_p	θ
涡轮式	7.5,10,15,20	1～6	1.875～5	2,4,6,8,16	90°,60°,45°
桨式	4.2,6.8,8.2,10,10.3,11,12.2,15,18.5	1～11		2,3,4,6,16	90°,60°,45°,30°

① 夹套与湍流液体间的传热膜系数 h_j

a. 无挡板但有冷却盘管

$$Nu_j = 0.51(Re_M)^{2/3}(Pr)^{1/3}(Vis)^{0.14}\left(\frac{d}{D}\right)^{-0.25}\left(\frac{\sum b_i}{D}\right)^{0.15}(n_p)^{0.15}\left(\frac{\sum C_i}{iH}\right)^{0.15}(\sin\theta)^{0.5}\left(\frac{H}{D}\right)^{0.6}$$

$$(7\text{-}43)$$

式中，D 为釜内径；b 为叶宽；d 为搅拌桨直径；θ 为叶片倾角；努塞尔数 $Nu_j \equiv h_j D/\lambda$；雷诺数 $Re_M \equiv d^2 n\rho/\mu$；普朗特数 $Pr \equiv c_p \mu/\lambda$；黏度修正项 $Vis \equiv \mu/\mu_w$，此处 μ_w 是指在壁温下的黏度；i 是桨数；C_i 为桨间距；H 为液高；n_p 是每一桨上的桨叶数。

b. 无挡板，也无冷却盘管

$$Nu_j = 0.75(Re_M)^{2/3}(Pr)^{1/3}(Vis)^{0.14}\left(\frac{d}{D}\right)^{-0.14}\left(\frac{b}{D}\right)^{0.14}\left(\frac{c}{H}\right)^{0.15} \tag{7-44}$$

c. 釜内有挡板，有或没有冷却盘管

$$Nu_j = 1.40(Re_M)^{2/3}(Pr)^{1/3}(Vis)^{0.14}\left(\frac{d}{D}\right)^{-0.3}\left(\frac{\sum b_i}{D}\right)^{0.45}(n_p)^{0.2}\left(\frac{\sum C_i}{iH}\right)^{0.2}(\sin\theta)^{0.5}\left(\frac{H}{D}\right)^{-0.6} \tag{7-45}$$

② 冷却盘管与湍流液之间的传热系数（h_c）

a. 无挡板

当桨叶位于盘管圈内时（$Re_M > 100$，$2 < Pr < 2000$）

$$Nu_c \equiv \frac{h_c D}{\lambda}$$

$$= 0.825(Re_M)^{0.56}(Pr)^{1/3}(Vis)^{0.14}\left(\frac{d}{D}\right)^{-0.25}\left(\frac{ib}{D}\right)^{0.15}(n_p)^{0.15}\left(\frac{i\sum C_i}{iH}\right)^{0.5}(\sin\theta)^{0.5}\left(\frac{d_c}{D}\right)^{-0.3} \tag{7-46}$$

当桨叶位于盘管圈下时（$Re_M > 100$，$2 < Pr < 2000$）

$$Nu_c = 1.05(Re_M)^{0.62}(Pr)^{1/3}(Vis)^{0.14}\left(\frac{d}{D}\right)^{-0.25}\left(\frac{ib}{D}\right)^{0.15}(n_p)^{0.15}(\sin\theta)^{0.5}\left(\frac{D_c}{D}\right) \tag{7-47}$$

b. 有挡板

$$Nu_c = 2.68(Re_M)^{0.56}(Pr)^{1/3}(Vis)^{0.14}\left(\frac{d}{D}\right)^{-0.3}\left(\frac{ib}{D}\right)^{0.3}(n_p)^{0.2}\left(\frac{\sum C_i}{iH}\right)^{0.15}(\sin\theta)^{0.5}\left(\frac{id}{D}\right)^{-0.5} \tag{7-48}$$

③ 其他桨型的传热系数关联式所使用的桨型及其尺寸

a. 三叶螺旋桨

在 $d/D = 0.4 \sim 0.53$，$C/H = 1/8 \sim 1/2$ 范围内，

$$Nu_j = 0.33(Re_M)^{2/3}(Pr)^{1/3}(Vis)^{0.14}\left(\frac{d}{D}\right)^{-0.25}\left(\frac{C}{H}\right)^{0.15} \tag{7-49}$$

$$Nu_c = 1.31(Re_M)^{0.56}(Pr)^{1/3}(Vis)^{0.14}\left(\frac{d}{D}\right)^{-0.25}\left(\frac{C}{H}\right)^{0.15} \tag{7-50}$$

b. 六叶曲翼涡轮

在 $d/D = 0.3 \sim 0.5$，$b/D = 0.03 \sim 0.05$，$C/H = 1/8 \sim 1/2$ 范围内，

$$Nu_j = 0.48(Re_M)^{2/3}(Pr)^{1/3}(Vis)^{0.14}\left(\frac{d}{D}\right)^{-0.25}\left(\frac{b}{D}\right)^{0.15}\left(\frac{C}{H}\right)^{0.12} \tag{7-51}$$

$$Nu_c = 2.51(Re_M)^{0.56}(Pr)^{1/3}(Vis)^{0.14}\left(\frac{d}{D}\right)^{-0.25}\left(\frac{C}{H}\right)^{0.15} \tag{7-52}$$

c. 三叶斜翼桨

在 $d/D = 0.5$，$b/D = 1/6$，$l/D = 0.1$，$C/H = 0.5$ 时，

有挡板：
$$Nu_j = 0.42(Re_M)^{2/3}(Pr)^{1/3}(Vis)^{0.14} \tag{7-53}$$

$$Nu_c = 1.93(Re_M)^{0.56}(Pr)^{1/3}(Vis)^{0.14} \tag{7-54}$$

无挡板：
$$Nu_j = 0.37(Re_M)^{2/3}(Pr)^{1/3}(Vis)^{0.14} \tag{7-55}$$

$$Nu_c = 1.91(Re_M)^{0.56}(Pr)^{1/3}(Vis)^{0.14} \tag{7-56}$$

2）高黏度液体

① 锚式桨

$$Nu_j = 1.5(Re_M)^{1/2}(Pr)^{1/3}(Vis)^{0.14} \tag{7-57}$$

由于用锚式桨搅拌时，流体缺乏上下方向的混合，从反应和传热的角度要求物料混合均匀的观点来看，锚式桨并不是合宜的桨型。

② 螺带式搅拌器

这是常用于高黏度液体的一类搅拌器，其传热系数式如下：

$$Nu_j = 4.2(Re_M)^{1/3}(Pr)^{1/3}(Vis)^{0.2}, \quad 1 < Re_M < 1000 \tag{7-58}$$

$$Nu_j = 0.42(Re_M)^{2/3}(Pr)^{1/3}(Vis)^{0.14}, \quad Re_M > 1000 \tag{7-59}$$

如考虑到螺带与器壁的间隙变化的影响，则可以应用下式：

$$Nu_j = 1.75(Re_M)^{1/3}(Pr)^{1/3}(Vis)^{0.2}\left(\frac{D-d}{D}\right)^{-1/3} \tag{7-60}$$

由此式可见，减小间隙，有利于传热系数的提高。

如螺带上加两个橡皮刮板，则对 $d = 246\text{mm}$，$D = 300\text{mm}$ 的情况，有

$$Nu_j = 5.4(Re_M)^{1/3}(Pr)^{1/3}(Vis)^{0.2} \tag{7-61}$$

显然，刮板的作用是使壁面流体更新加强，从而提高传热膜系数。

③ 非牛顿流体

1983 年，唐福瑞等根据边界层理论，利用搅拌槽壁面扭矩与搅拌桨旋转扭矩近似相等，介绍了非牛顿流体在搅拌槽传热阻力层的实际表观黏度计算式。用平桨、锚式桨、透平桨、推进式桨、三叶片掠式桨、偏框式桨及螺带式桨，以不同转速、不同流变特性的 CMC 溶液，测定了搅拌槽壁侧传热系数，获得了一般的关联式：

$$Nu = 0.512\left(\frac{\varepsilon D^4}{\gamma_{av}^3}\right)^{0.227}\left(\frac{c_p\mu_{av}}{\lambda}\right)^{1/3}\left(\frac{d}{D}\right)^{0.52}\left(\frac{b}{D}\right)^{0.08} \tag{7-62}$$

式中，ε 为单位质量功，$\text{m}^2 \cdot \text{s}^{-1}$；$\gamma_{av}^3 = \mu_{av}/\rho$，$\text{m}^2 \cdot \text{s}^{-1}$；$\lambda$ 为热导率，$\text{W} \cdot \text{m}^{-1} \cdot \text{s}^{-1} \cdot \text{℃}^{-1}$；$c_p$ 为比热容，$\text{kJ} \cdot \text{kg}^{-1} \cdot \text{℃}^{-1}$；$\mu_{av}$ 为平均表观黏度，$\text{kg} \cdot \text{m}^{-1} \cdot \text{s}^{-1}$；$D$ 为釜内径，m；b 为桨宽，m；d 为桨径，m。

7.4 聚合反应器的设计

聚合反应器（Polymerization Reactor）是聚合反应的关键设备。物料流经装置进行聚合反应时，在物料的流量及装置的容积、温度条件都不变的情况下，若所选反应装置的类型不同，反应结果也会不一样。即使选用同一类型的反应装置，其结果仍可能有差异。如图 7-6 中的（a）与（b）均为管式，（c）与（d）均为釜式，即使它们的容积相等，但由于物料在装置内的停留时间分布不同，或混合程度不同，或均匀混合的时间不同，均会使原料的转化程度、生成聚合物的平均分子量与分子量分布也不一样。

7.4.1 聚合反应器的设计计算

对聚合物这类产品，不仅要求在产品的产量和质量上达到一定的要求，而且需要根据市场的需求，提供多品种和多牌号的产品。对其反应装置的要求就很高了。一般而言，

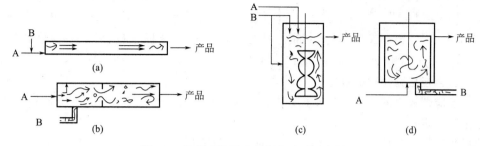

图 7-6　物料在装置内的复杂流动示意图

在聚合反应器的设计中，除需要考虑生产能力外，主要还需考虑物料在聚合过程中的温度、反应速率、原料转化率（或称聚合度）、平均聚合度、分子量分布、聚合物的组成及结构等。

(1) 衡算方程

聚合反应器有多种形式，但衡算方程基本相同，现以气相丙烯聚合的 MFR 反应器（图7-7）为例。假设：

① 气体和固体在反应器中充分混合，出料组成等于反应器中物料组成，即全混式流动；

② 催化剂连续地加入反应器，催化剂活性稳定；

③ 从反应器出去进入压缩机的气态丙烯量等于从压缩机出来进入反应器中的液态丙烯量；

④ 氢气在反应器的体积分数忽略不计；

⑤ 固体中的气相丙烯忽略不计；

⑥ 反应器绝热。

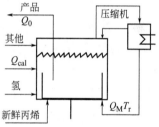

图 7-7　MFR 反应器

具体衡算方程如下：

① 物料衡算

$$q_m - Q_0(1-\varepsilon)c_m - V_r R_p = 0 \tag{7-63}$$

式中，$R_p = K_p c_{cat} c_m \eta$，$K_p = K_{p0} \exp[-E/(RT)]$。

$$Q_c - \rho_p Q_0 \varepsilon X_c = 0 \tag{7-64}$$

$$V_r R_p - \rho_p Q_0 \varepsilon(1-X_c) = 0 \tag{7-65}$$

② 热量衡算

$$(-\Delta H_r)V_r R_p - (c_{ps}-c_{pg})(T-T_d)V_r R_p - \Delta H_v(q_m+q_r) \tag{7-66}$$
$$- (q_m+q_r)c_{pg}(T-T_d) - q_m c_{pml}(T_d-T_f) - q_r c_{pml}(T_d-T_r) = 0$$

③ BWR 状态方程

$$p = RTc_m + (BRT-A-C/T^2)c_m^2 + (bRT-a)c_m^3 + a\alpha c_m^6 \tag{7-67}$$
$$+ c\rho^3/T^2[(1+\gamma c_m^2)\exp(-\gamma c_m^2)]$$

上述各式中，A、B、C、a、b、c、γ、α 为状态方程的参数；c_m 为丙烯质量浓度，$g \cdot cm^{-3}$；c_{cat} 为催化剂浓度，$mol \cdot cm^{-3}$；c_{pg} 为气体比热容，$J \cdot g^{-1} \cdot K^{-1}$；$c_{ps}$ 为固体比热容，$J \cdot g^{-1} \cdot K^{-1}$；$c_{pml}$ 为液体比热容，$J \cdot g^{-1} \cdot K^{-1}$；$E$ 为活化能，$J \cdot mol^{-1}$；ΔH_r 为反应热，$J \cdot g^{-1}$；ΔH_v 为蒸发焓，$J \cdot g^{-1}$；K_p 为反应速率常数，$cm^3 \cdot mol^{-1} \cdot s^{-1}$；$p$ 为压强，MPa；Q_c 为催化剂进料速率，$g \cdot s^{-1}$；Q_0 为出料体积速率，$cm^3 \cdot s^{-1}$；q_m 新鲜

丙烯进料速率，$g \cdot s^{-1}$；q_r 为循环丙烯速率，$g \cdot s^{-1}$；R_p 为总的反应速率，$g \cdot cm^{-3} \cdot s^{-1}$；$T$ 为反应温度，K；T_d 为参比温度，K；T_f 为进料丙烯温度，K；T_r 为循环丙烯温度，K；V_r 为反应体积，cm^3；X_c 为固体中催化剂的体积分数；ε 为固含量，%；ρ_p 为聚合物密度，$g \cdot cm^{-3}$；η 为反应常数。

（2）聚合反应器操作的稳定性

聚合反应器操作的稳定性涉及热稳定性和浓度稳定性。热稳定性前面已有阐述，这里主要介绍浓度稳定性。

浓度稳定性与热稳定性相类似，可以对聚合釜浓度的稳定性进行分析。当处于定常态时，以单位釜内物料容积为基准，单体向釜内的净供应速率 M_F 为：

$$M_F = \frac{1}{\tau}(c_{M0} - c_M) = \frac{1}{\tau}c_{M0}X \tag{7-68}$$

式中，τ 为平均停留时间；c_{M0} 为进料浓度；c_M 为出料浓度；X 为转化率。

单体的消耗速率 $-r_M$ 为： $-r_M = r_i + r_p + r_{tM} + r_{if}$ $\qquad$ (7-69)

式中，r_i、r_p、r_{tM}、r_{if} 分别为引发速率、生长速率、单体终止速率、向单体转移速率。

如果以 M_F 对 c_M 作图，其定常操作点满足下式：

$$M_F = -r_M \tag{7-70}$$

当为稳定点时，需满足：

$$\frac{dM_F}{dc_M} < \frac{d(-r_M)}{dc_M} \tag{7-71}$$

当为非稳定点时，满足：

$$\frac{dM_F}{dc_M} > \frac{d(-r_M)}{dc_M} \tag{7-72}$$

如果用 M_F 对转化率 X 作图，此时为稳定点时，需满足：

$$\frac{dM_F}{dX} > \frac{d(-r_M)}{dX} \tag{7-73}$$

当为非稳定点时，需满足：

$$\frac{dM_F}{dX} < \frac{d(-r_M)}{dX} \tag{7-74}$$

在本体聚合时出现自动加速现象的情况，理论上可能存在，但实际上出现凝胶效应，是达不到热稳定点操作的一种情况。因此浓度稳定性问题远不如热稳定性问题重要。

7.4.2 聚合釜的搅拌

聚合反应釜在工业聚合反应装置中占多数，搅拌釜中的传递特性不仅与物料本身的物性有关，还与搅拌桨的式样以及搅拌釜的几何尺寸或比例有关。在设计釜式反应器时需要选择搅拌桨的类型。搅拌桨是聚合反应器中的转动结构件，搅拌桨制造与安装质量的好坏，直接影响到整个设备能否正常运转及产品质量的好坏。为了保证搅拌桨的制造质量，采取如下措施。首先是对轮毂进行粗加工，留出粗加工余量，对叶片、轮毂进行喷砂除锈处理。为防止搅拌桨因焊接而产生变形，应在平台上找正定位施焊。叶片与轮毂的焊缝应保证全焊透，并应进行 100% 磁粉或渗透检查，磁粉或渗透探伤按 NB/T 47013—2015 进行，Ⅰ级为合格。检查合格后，进行消应力热处理，处理后进行整体精加工。对于超差较大的可在水压机上借用专用修形胎整形，确保叶片与轮毂内孔轴线垂直度偏差不大于 1mm。这里主要介绍搅拌桨的搅拌功率和物系的混合情况。

（1）液体的搅拌功率

物料在被搅拌时承受桨叶的剪切力而发生流动。流动的途径和流速分布又与所采用的桨型以及是否设有挡板有关。图 7-8 表示了三种典型的流动模式。其中图（a）是没有挡板时的旋转流动，这种情况由于液面会出现漩涡，流体间相对速度变化较小，故混合效果不好。图（b）和图（c）是设置了挡板以后发生了二次流动的情况，这样混合就改善了。图（b）中所用的是产生径向流动的桨叶，而图（c）中则为轴向流动的桨叶。不同种类的桨叶，其剪切能力不同，因此所消耗的功率以及所产生的混合效果也不相同。

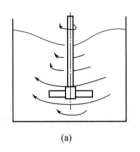 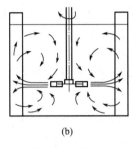 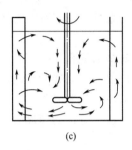

(a)　　　　　　　　(b)　　　　　　　　(c)

图 7-8　搅拌釜的典型流动情况

现以近几年设计出来的一种新型自吸式搅拌装置的搅拌功率的计算为特例，来说明在实际应用中搅拌功率的计算方法。如图 7-9 所示的搅拌装置图（此装置内的流动情况是复杂的）。这种自吸式搅拌装置能将釜底液体连续喷洒在容器内壁形成液膜以提高传热速率。搅拌管在搅拌轴的驱动下绕轴转动，其上下端部是敞开的，物料可从下端管口进入管内，并随管子转动，在离心力的作用下，沿倾斜的搅拌管上升，最后从上管口喷出。从搅拌管倾斜喷出的液体恰好喷洒在位于液位之上的夹套容器的内壁上，并沿容器的内壁流下。

自吸式搅拌装置的转动阻力矩由维持转动克服以一定流量流过搅拌管的流体的惯性所需力矩及搅拌管的绕流阻力矩这两部分构成。这两部分阻力矩可分别计算。可利用图 7-10 所示的模型计算第一部分阻力矩。由于搅拌管是对称布置的，只取 1 个搅拌管分析，并将搅拌管作为控制体（虚线以内部分）。该控制体以一定角速度绕 z 轴转动，分析时采用以相同角速度绕 z 轴转动的旋转坐标系（非惯性坐标）。

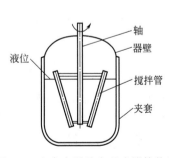 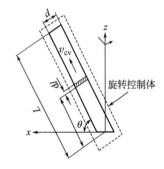

图 7-9　夹套容器及自吸式搅拌装置　　　图 7-10　用于旋转计算的旋转控制体

对于该控制体，利用非惯性坐标系下的动量矩方程，并考虑到搅拌管绕 z 轴转动的转矩与绕 x、y 轴转矩无关，即在计算该转矩时，只考虑 z 方向上的矢量，得到每个搅拌管克服第一部分阻力所需扭矩 T_Q：

$$T_Q = \int_0^L 2\omega l v_{\mathrm{cv}} \cos^2\theta \times \rho \frac{\pi d^2}{4} \mathrm{d}l = \omega L^2 \rho Q \cos^2\theta$$

在计算搅拌管的绕流阻力时，不计搅拌管倾斜的影响，并设搅拌管划过流体的线速度为 $\omega R_{1/2}$，长度为 L 的搅拌管划过流体的绕流阻力为：

$$F_f = C_D \times \frac{1}{2}\rho(\omega R_{1/2})^2 Ld$$

于是

$$T_f = C_D \times \frac{1}{2}\rho\omega^2 R_{1/2}^3 Ld$$

式中的阻力系数 C_D 可利用文献的图线求得。n 个长度为 L 的搅拌管的理论搅拌功率为：

$$P = \omega n(T_Q + T_f)$$

(2) 液体的混合

液体的混合是靠桨叶转动所产生的剪切作用使物料发生流动而实现的，它的情况相当复杂。这里只简要说明一下。

液体在搅拌釜内的速度分布是流动情况的细致描述，与之有关的两个重要的特征数是：

排除流量数
$$N_{qd} \equiv \frac{q_d}{Nd^3} \tag{7-75}$$

循环流量数
$$N_{qc} \equiv \frac{q_c}{Nd^3} \tag{7-76}$$

式中，q_d 及 q_c 分别是桨叶排除的流量和釜内的循环流量。

另一个反映混合性能的特征数是混合时间数 N_M，即：

$$N_M \equiv \theta_M N \tag{7-77}$$

式中，θ_M 是液体达到一定均匀度的混合时间。N_M 代表到混合终了时间系统所加的全部转数。

液体混合的程度可以分为宏观混合与微观混合两种范畴。宏观混合是指大尺度上的混合，如流体团块的移动、变形和分割所造成的混合；微观混合是指小尺度上的混合，如使流体质点达到分子级分散的混合。宏观上是均匀的液体混合物在微观上未必也是均匀的。当反应进行得很快时，局部质点的微观混合状况显得十分重要。宏观混合依靠循环流动和湍流扩散，而微观混合则又依靠分子扩散。

通常用示踪法测定的混合时间是宏观混合时间 θ_M。对于有挡板的搅拌釜，在 $Re_M \cong 10^4$ 范围内，θ_M 值可用下式计算：

$$\frac{1}{N_M} \equiv \frac{1}{\theta_M N} = 0.1\left[\left(\frac{d}{D}\right)^3 N_{qd} + 0.21\left(\frac{d}{D}\right)\sqrt{\frac{N_p}{N_{qd}}}\right]\left[1 - e^{-13(d/D)^2}\right] \tag{7-78}$$

式中，$N_p \equiv \dfrac{P}{d^5 N^3 \rho}$，为功率数；$N_{qd}$ 为排除流量数；N_M 是混合时间数。它反映了搅拌器轴向循环的优劣。一般黏度不高的液体在湍流搅拌的条件下，微观混合时间常可忽略不计，而对于高黏度的液体在层流域搅拌条件下，微观混合就很重要了。例如，对于用涡轮桨作湍流搅拌的水溶液 $\theta_M \cong 25s$，而微观混合只需 $0.1s$，故可忽略不计。但对于一螺带进行层流搅拌的高黏度液体，则两种都约为 $20s$。在几类搅拌桨中，以复动式的 N_M 和 N_s（$N_s \equiv Q_M\sqrt{P_v/\mu}$，为混合终了时为止系统所加的全部剪切量，其中 $P_v = P/V$ 为单位体积物料中加入的功率）值为最小。

(3) 非均相物系的搅拌

非均相物系包括气-液相，液-液相和液-固相及气-液-固相四类。悬浮聚合，乳液聚合以及配位、络合聚合的许多过程都是非均相系统的聚合，其搅拌都为非均相搅拌。

① 气-液系统。气体通常是从位于桨叶以下的环形布气管的小孔中喷入，或者从位于桨

叶以下并正对中心的单管中喷入。在搅拌桨（因黏度不高，且需强的剪切作用故均用径向流动型的涡轮桨）的旋转作用下，气体受浮升和液体循环之力被带到桨叶边缘，再被破碎成分散的气泡，逐流运动和浮升。在一定的进气量下，对于一定的桨型，其转速必须大于临界转速（N_0）才能使气体分散成均匀的小气泡。转速不够，桨叶剪切的作用不显著，形同鼓泡，这时气含率亦低。只有当转速达到临界转速时，气含率才骤然上升（见图 7-11）。这时气体被分散成许许多多的小气泡在釜内运动。仔细观察釜内的流动情况，可以看到存在着五大区域（见图 7-12），即浮升区、上旋区、喷出区、下旋区及无泡区。在喷出区，气泡被旋转的桨叶所破碎，相界面不断剧烈地更新，是传质最强的区域。上旋区和下旋区是含有大量小气泡的向上和向下回转的两股流体。在这两个区，气泡继续受到流体的剪切作用，最终成为与涡流直径相当的小气泡而随波逐流。但由于存在着气泡的浮升力，故当进入到上旋区中流速较慢的位置，就摆脱液流动力的影响，上浮而形成浮升区。在这一区中，传质作用最弱。此外，在桨叶的下部，可能有一清液层或圆锥形的无泡区，转速增高，则无泡区缩小直至消失。当转速增大到某一值后气含率增大的趋势变缓。故从图 7-11 中可以看出存在着三个区域，即完全鼓泡区、过渡区及均匀分散区。从曲线上，如图 7-11 所示，可确定出 N_0 及 N' 两个特性转速。N'可称为泛点气速，即当转速降低到这一点时，气体将不能都被分散，于是气含率迅速降低，并出现大气泡的腾涌现象。因此，在实际操作时，搅拌桨的转速应选在泛点转速之上。

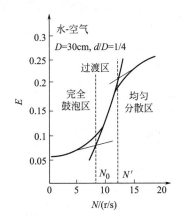

图 7-11　搅拌桨转速与含气率的关系

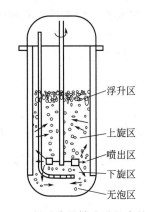

图 7-12　超过临界转速后釜内的流况

高峰等对六叶涡轮桨的情况进行研究，得出如下关系。

临界转速

$$N_0 d = 12.0\left(\frac{\sigma}{\rho}\right)^{1/4} + 2.68\left(\frac{D}{d}\right)^{1.5}\left(\frac{\rho}{\sigma}\right)^{0.193} U_{OG} \tag{7-79}$$

泛点转速

$$N' d = 10.1\left(\frac{D}{d}\right)^{0.238} D^{0.5} + 0.830\left(\frac{D}{d}\right)^{1.90} U'_{OG} \tag{7-80}$$

式中，U_{OG} 及 U'_{OG} 分别为空釜气速及泛点时的空釜气速，$cm \cdot s^{-1}$；D、d 分别为釜径及桨径，cm；ρ 为液体密度，$g \cdot cm^{-3}$；σ 为表面张力，$dyn \cdot cm^{-1}$（$1dyn = 10^{-5}N$）。

② 液-液系统。在悬浮聚合中，搅拌桨搅拌使单体分散成充分小的液滴，已分散的液滴又凝并在一起，而凝并在一起的液体又被打碎而分散，从而达到一个动态平衡，使整个体系不发生分层。

能把轻液（密度相对小的液体）分散到重液（密度相对大的液体）中去的桨叶临界转速 N_C 可按下式计算：

$$N_C = KD^{-2/3}\left(\frac{\mu_c}{\rho_c}\right)^{1/9}\left(\frac{\rho_c - \rho_d}{\rho_c}\right)^{0.26} \quad (\text{min}^{-1}) \tag{7-81}$$

式中，所用单位为 kg-m-s 制；下脚注 c 和 d 分别表示连续相及分散相。搅拌桨置于中心位置时 K 值可取 750，而对 $d/4$ 的偏心搅拌，则 K 值取 610。

相界面积 $A(\text{cm}^2)$ 的一个通用关联式为：

$$\frac{AD}{Uf_\phi} = 20.6f\left(\frac{d^3N^2\rho_e}{\sigma}\right)^{0.75}\left(\frac{dN^2}{g}\right)^{0.2}\left(\frac{\mu_c}{\mu_d}\right)^{0.13} \tag{7-82}$$

式中，U 为分散相液体的总体积，cm^3，如物料的总体积为 V，则分散相所占的体积分率 $\phi = U/V$；f_ϕ 是任意 ϕ 和 $\phi = 0.1$ 时的 (A/U) 比；有效平均密度 ρ_e 是按 $\rho_e = 0.6\rho_d + 0.4\rho_c$ 计算；而凝并频率 f 的关联式为：

$$\lg(2 - f) = 10^{-3}(5.14 - 0.073\sigma)(0.447ND^{0.35} - 5)\mu_c^{-0.4} \tag{7-83}$$

③ 液-固系统。固体物料悬浮在液相介质中的操作在工业上是常见的，沉淀聚合或淤浆聚合就是属于这种情况。对于液-固搅拌系统，最基本的要求就是要使固体粒子悬浮于液体之中。对于一个已定的物系，随着搅拌功率的增大，固体粒子将首先在器底被带动起来，之后逐渐达到使所有粒子都离开器底而悬浮的状态。功率再增大，则可以使粒子除了在液体的表面附近外，都得到均匀分散。由于聚合物粒子内部因聚合而产生的热量需要导出，而且为了避免聚合物黏结成块，都不希望聚合物粒子聚集在一起，因此首先要使之悬浮于液中，并且与粒子外的流体进行热量和质量的传递。

固体粒子在流体中的沉降速率 u_t 可通过曳力系数 C_D 与粒子雷诺数 Re_p 的经验关联式来求出。曳力系数的定义如下：

$$F_D = \frac{1}{2}C_D\rho A_p u_p^2 \tag{7-84}$$

式中，F_D 是粒子所受的曳力；A_p 为粒子的横截面积；u_p 为粒子的速度。球形粒子在重力场中自由沉降时，重力与曳力相等，故：

$$F_D = \frac{\pi}{8}C_D\rho d_p^2 u_t^2 = \frac{\pi d_p^3}{6}(\rho_p - \rho)g \tag{7-85}$$

由此，知：

$$C_D = \frac{4}{3} \times \frac{d_p(\rho_p - \rho)g}{\rho u_t^2} \tag{7-86}$$

实验测得的曳力系数与 $Re_p(\equiv d_p u_t \rho/\mu)$ 的关系如图 7-13 所示。

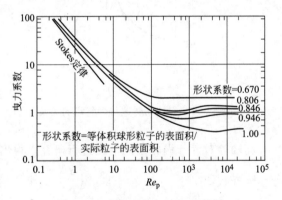

图 7-13　曳力系数与 Re_p 的关系

粒子形状系数 ϕ 的定义如下：

$$形状系数\ \phi \equiv \frac{等体积球形粒子的表面积}{实际粒子的表面积} \tag{7-87}$$

为方便计算，图 7-13 中球形粒子的曲线也可分段以方程式表示如下：

$$\begin{cases} \text{Stokes 区}(0.0001 < Re_p < 2.0C_D) & = 24/Re_p \\ \text{中间区}(2.0 < Re_p < 500C_D) & = 18.5/Re_p^{0.6} \\ \text{Newton 区}(500 < Re_p < 200000C_D) & = 0.44 \end{cases} \tag{7-88}$$

沉降速率相对较大的粒子，要使它悬浮的搅拌功率也较大，

$$P \propto u_t^a \tag{7-89}$$

使固体粒子能离底悬浮的最小桨叶速率称为临界转速 N_f（min^{-1}）。对于无挡板的搅拌釜可用下式估算：

$$N_f = KD^{-2/3} d_p^{1/3} \left(\frac{\rho_p - \rho}{\rho}\right)^{2/3} \left(\frac{\mu}{\rho}\right)^{-1/9} \left(\frac{V_p'}{V_p}\right)^{0.7} \tag{7-90}$$

式中，K 是常数，对于涡轮桨，其值列于表 7-2 中；D 的单位为 cm；d_p 单位为 cm；ρ_p 与 ρ 的单位为 $g \cdot cm^{-3}$；μ 的单位为 $mPa \cdot s$；$\left(\frac{V_p'}{V_p}\right)$ 是颗粒形状的修正项，其中 V_p' 是颗粒的堆积容积，而 V_p 则为按颗粒质量和真密度算得的真容积。

表 7-2　式（7-90）中的 K 值

容器底部形状	涡轮直径	叶片角度	涡轮叶数	K
球底	0.35D	45°	2	263
			4	233
		90°	2	234
碟底	0.40D	45°	2	242
			4	207
		90°	2	205
平底	0.45D	45°	2	219
			4	191
		90°	2	187

7.4.3　搅拌釜的放大

搅拌釜的放大是根据小釜中操作的结果放大到大型的搅拌釜中实现相同或接近的结果。要使大、小两釜的搅拌过程在几何、流动、混合、传热、传质及化学反应等方面都保持相似是很难做到的，而且使用搅拌釜的目的也不同，搅拌可以是为了更好地混合，或更好地传热，或液-液更好地分散，或固体悬浮或化学反应更易进行，等。影响搅拌釜中传递过程的因素甚多。作为放大的准则，常选择大、小两釜之间某些参数保持一致，例如搅拌的 Re、单位体积中加入的功率 $P_v (=P/V)$、单位体积的泵送能力 q/V、桨端速率（Nd）、传热系数（h）、混合时间（θ_M'）等。如何对搅拌釜进行准确的放大至今仍缺乏统一的认识。实用的放大准则都是在实验的基础上归纳总结得出，由于搅拌操作的复杂性和多样性，相关研究人员所依据的理论基础不统一，难以得出统一的标准。以固液悬浮搅拌的放大为例，Einenkel 曾做过归纳，发现相关的几何相似放大准则有 10 个，若用单位体积功率 P_v 与釜径 D 的正比关系表示，即 $P_v \propto D^X$，指数 X 存在多个取值；若根据 Zwietering 提出并沿用至今的完全悬浮临界搅拌转速的关联式可得出，对于物性相同、几何相似的搅拌系统，完全悬浮的放大基准为 $P_v \propto D^{-0.55}$；而 Buurman 等通过对釜径 $D = 4.26$m 的固液悬浮搅拌釜进行的实验研究数据归纳得出，完全悬浮的放大基准应该是 P_v 为常数。对于其他搅拌目的的搅拌操作，同样存在放大基准不统一的情况，如对气、液搅拌，相关研究人员提出的放大准则有 P_v 为常数以及 $P_v \propto D^{0.85}$ 等。目前较常用的放大基准为 P_v 恒定和桨叶尖端圆周速度 Nd 恒定等。而当混合时间是重要参数时，一般采用转速 N 为常数的放大准则。程园畅等采用

CFD 技术作为搅拌放大的理论分析基础，对 4 套几何相似的搅拌釜模型，采用相同的搅拌介质，通过计算流体力学软件对其混合过程进行模拟，以完全混合时间 θ'_M 相同作为放大基准，针对搅拌釜放大过程中 P_v、N 等参数的变化情况进行了分析，为搅拌设备的放大提供统一的分析标准。对于任何搅拌混合问题，达到规定的均匀程度所需的混合时间是衡量混合效果及混合性能的重要尺度。

习　题

7-1　某一自由基聚合反应，采用溶液聚合工艺。机理为引发剂引发、歧化终止，忽略链转移，在此情况下，知单体转化速率为：$r_m = 1.8 \times 10^3 \exp\left(-\dfrac{11329}{T}\right) c_M \, \text{kmol} \cdot \text{m}^{-3} \cdot \text{s}^{-1}$。现以单体浓度为 $2.0 \, \text{mol} \cdot \text{L}^{-1}$ 原料液装入间歇釜中进行反应。试问：（1）在 65℃下等温操作，转化率到达 98% 所需的反应时间；（2）若改为绝热操作，初始温度为 60℃，要求转化率达到 98%，其反应时间为多少？

7-2　在间歇釜式反应器中，己二酸与己二醇以等摩尔比，在 343K 时进行缩聚反应生产醇酸树脂，以 H_2SO_4 为催化剂，由实验测得反应的动力学方程式为：$r_A = kc_A^2 \, \text{kmol} \cdot \text{L}^{-1} \cdot \text{min}^{-1}$。$K = 1.97 \, \text{L} \cdot \text{kmol}^{-1} \cdot \text{min}^{-1}$，$c_{A0} = 0.004 \, \text{kmol} \cdot \text{L}^{-1}$，式中 r_A 为以己二酸作关键组分的反应速率。若每天处理 2400kg 己二酸，己二酸的转化率为 80%，每批操作的辅助时间 $t = 1h$，试计算反应器的容积。装料系数取 $\varphi = 0.75$。

7-3　在平推流反应器中，用己二酸与己二醇生产醇酸树脂，操作条件和产量与习题 7-2 相同，试计算平推流反应器所需的体积。

7-4　在理想混合流反应器中用乙二酸与己二醇生产醇酸树脂，操作条件与习题 7-2 相同，试计算理想混合流反应器的容积。

7-5　在两釜串联反应器中，用己二酸和己二醇生产醇酸树脂。在第一釜中己二酸的转化率为 60%，第二釜转化率达到 80%。反应条件与习题 7-2 相同，试计算反应器的总体积。

7-6　某聚合反应在理想混合反应器中进行，动力学方程式：$r_M = kc_M \, \text{mol} \cdot \text{L}^{-1} \cdot \text{min}^{-1}$。已知：$k = 4.7 \times 10^3 \exp\left(-\dfrac{11329}{T}\right)$，反应器体积 $V = 2000\text{L}$，单体进料浓度 $c_{M0} = 5.0 \, \text{mol} \cdot \text{L}^{-1}$，进料流量 $v_0 = 60 \, \text{L} \cdot \text{min}^{-1}$，进料温度 $T_0 = 300\text{K}$，聚合热 $\Delta H = -41868 \, \text{J} \cdot \text{mol}^{-1}$，反应物料密度 $\rho = 1.0 \, \text{kg} \cdot \text{L}^{-1}$，比热容 $c_p = 4187 \, \text{J} \cdot \text{kg}^{-1} \cdot \text{K}^{-1}$。求绝热操作时的稳定操作点。

7-7　丁二烯以 Ni-Al-B 作催化剂可聚合得顺丁橡胶。由实验得到图 7-14 和图 7-15 所示结果。试确定此聚合反应的机理。

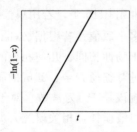

图 7-14　聚合级数图

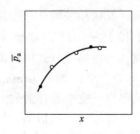

图 7-15　$\bar{p}_a \sim x$ 图

7-8　有一离子型聚合体系，已知其反应速率式如下：

引发：$C + M \longrightarrow P_1^0$，$r_i = k_t c_C c_M$，$k_i = 1.3 \times 10^{11} \exp\left(-\dfrac{10570}{T}\right) L \cdot mol^{-1} \cdot s^{-1}$

增长：$P_j^0 + M \longrightarrow P_{j+1}^0$，$r_p = k_p c_{P_j^0} c_M$，$k_p = 9.0 \times 10^9 \exp\left(-\dfrac{6640}{T}\right) L \cdot mol^{-1} \cdot s^{-1}$

向单体转移：$P_j^0 + M \longrightarrow P_1^0$，$r_{tm} = k_{tm} c_{P_j^0} c_M$，$k_{tm} = 2.3 \times 10^9 \exp\left(-\dfrac{9320}{T}\right) L \cdot mol^{-1} \cdot s^{-1}$

向溶剂转移：$P_j^0 + S \longrightarrow P_j + S^0$，$r_{ts} = k_{ts} c_{P_j^0} c_S$，$k_{ts} = 5.5 \times 10^9 \exp\left(-\dfrac{10150}{T}\right) L \cdot mol^{-1} \cdot s^{-1}$

终止：$P_j^0 \longrightarrow P_j$，$r_t = k_t c_{P_j^0}$，$k_t = 2.7 \times 10^8 \exp\left(-\dfrac{7650}{T}\right) L \cdot mol^{-1} \cdot s^{-1}$

已知 $c_M = 2.50 mol \cdot L^{-1}$，$c_S = 6.60 mol \cdot L^{-1}$，$c_C = 1.40 \times 10^{-4} mol \cdot L^{-1}$，在 333K 等温的搅拌釜中进行间歇聚合，试求：（1）单体浓度及转化率随时间而变化的情况；（2）平均聚合度随时间而变化的情况，如果得到平均聚合度为 7.5×10^2 的产品，需聚合几分钟？这时的转化率为多少？

7-9　苯乙烯在初浓度为 $c_M = 0.5 kg \cdot L^{-1}$，乳化剂浓度 $c_S = 5.75 kg \cdot L^{-1}$，引发剂浓度 $c_I = 1.25 \times 10^{-3} kg \cdot L^{-1}$ 的条件下进行间歇乳液聚合。结果见下表。试说明该聚合反应进行到单体液滴消失前的某聚合率为止为零级反应，单体液滴消失后为一级反应。并求发生转变时的转化率。

反应时间/min	5	10	20	30	60	90	120	125	190	260
聚合率 x	0.011	0.034	0.079	0.184	0.288	0.426	0.565	0.672	0.830	0.920
数均聚合度 $P_M \times 10^{-4}$			5.47	6.52	6.63			6.57		

7-10　某单位在溶剂中进行阳离子催化聚合，其反应速率式为 $r_M = -\dfrac{dc_M}{dt} = k c_C c_M$，

$k = 4.30 \times 10^4 \exp\left(-\dfrac{3000}{T}\right) L \cdot mol^{-1} \cdot min^{-1}$，聚合反应热 $\Delta H = -78.3 kJ \cdot mol^{-1}$，如果保持在 303K 的等温下操作，使转化率达 96.8%，试计算下列两种操作情况下，随着反应的进行，单位浓度、转化率、反应放热速率的变化情况以及按单位物料容积计的设备生产能力。

（1）间歇操作，单体起始浓度 $c_M = 2.4 mol \cdot L^{-1}$，催化剂起始浓度 $c_C = 0.020 mol \cdot L^{-1}$；

（2）起始单体浓度不变，催化剂分三批加入，使釜内催化剂浓度变化如下：

t/min	0~20	20~60	60
c_C/mol $\cdot$ L^{-1}	0.010	0.020	0.030

设催化剂的加入对于釜内整个物料容积的变化可以忽略。假设催化剂浓度不随时间改变。

7-11　离子型溶液聚合体系，在间歇反应器中进行。已知各聚合反应的速率式和反应速率常数如下：

引发	$r_i = k_i c_M c_C$	$k_i = 2.15 \times 10^{-3} L \cdot mol^{-1} \cdot s^{-1}$
生长	$r_p = k_p c_{p^V} c_M$	$k_p = 20.1 L \cdot mol^{-1} \cdot s^{-1}$
向单体转移	$r_{fm} = k_{fm} c_{p^V} c_M$	$k_{fm} = 1.59 \times 10^{-3} L \cdot mol^{-1} \cdot s^{-1}$
向溶剂转移	$r_{fs} = k_{fs} c_{p^V} c_S$	$k_{fs} = 3.56 \times 10^{-3} L \cdot mol^{-1} \cdot s^{-1}$
终止	$r_{t1} = k_{t1} c_{p^V}$	$k_{t1} = 2.76 \times 10^{-2} s^{-1}$

设各 k 值不变，稳态成立。$c_{M0} = 2.5 mol \cdot L^{-1}$，$c_S = 6.60 mol \cdot L^{-1}$，$c_C = 1.4 \times 10^{-4} mol \cdot L^{-1}$。试计算：当 $\overline{p}_n = 7.8 \times 10^2$ 时，所需的反应时间。

7-12 在一流动反应器中进行下述一级不可逆反应：$A \xrightarrow{k_1} B$。$k_1 = 0.0433 s^{-1}$，反应原料为纯 A，在反应器出口测得反应混合物中含有 10% 的 A 和 90% 的 B。已知停留时间分布函数 $F(t)$ 与时间 t 有如下关系：

t/s	24	30	45	54	60	66	90	180	360
$F(t)$	0.00	0.01	0.15	0.40	0.50	0.60	0.80	0.95	1.00

试求：(1) 平均停留时间；(2) 如果该反应分别在理想平推流反应器和理想全混流反应器中进行，那么要获得同样的转化率，在哪个反应器中的停留时间短一些。

7-13 将一定量的示踪剂从一管式流动反应器的进口处注入，并在反应器的出口连续监测示踪剂的浓度 $c(t)$，得到如下的结果：

t/min	0	4	8	12	16	20	24	28	32
$c(t)/kg \cdot m^{-3}$	0.0	3.0	5.0	5.0	4.0	2.0	1.0	0.0	0.0

试求：(1) 根据上述实验结果计算平均停留时间 τ；(2) 如果在该反应器中进行一级不可逆反应：$A \xrightarrow{k_1} R$　$k_1 = 0.0433 s^{-1}$。试计算反应物 A 的平均转换率；(3) 试根据理想平推流模型计算平均转换率并与 (2) 的结果进行比较；(4) 若按多级组合模型处理，求模型参数 N 和停留时间分布函数 $F(t)$。

7-14 已知在全混流反应器中进行的某一聚合反应的反应速率为

$$r_A = k(t) c_A \quad mol \cdot L^{-1} \cdot min^{-1}$$

式中，c_A 为反应物的浓度；$k(t)$ 是反应器中填加的催化剂的浓度 c_0 和它的停留时间的函数：

$$k(t) = k_0 c_0 e^{-\beta t}$$

上式中 β 为常数。在实验条件下测得 $\beta = 0.005$，$k_0 c_0 = 0.098$。反应物的平均停留时间 $\tau = 40 min$，原料液中 A 的浓度为 $1.8 mol \cdot L^{-1}$。试计算在反应器出口 A 的浓度。

7-15 有一级可逆反应，液相反应 $A \rightleftharpoons R$ 在全混式间歇反应器中进行，$c_{A0} = 0.5 mol \cdot L^{-1}$，$c_{R0} = 0$。当反应时间为 8min 时，A 的转化率为 33.3%。已知在该反应条件下 A 的平衡转化率为 66.7%。试求反应速率方程。

第 8 章

生物与制药反应器

8.1 概述

随着人口的不断增长和工业化进程的不断加快，人类所面临的资源、能源、环境和健康问题就变得越来越突出。现代生物技术为解决人类所面临的上述问题提供了一种有效的技术手段。生化反应工程为现代生物技术由实验室走向工业化生产提供了强有力的技术支撑，而制药工程是现代生物技术的一个重要的应用领域。

本章首先对生化反应工程中的生化反应动力学进行介绍，主要包括酶催化反应动力学和微生物发酵动力学两部分内容，在此基础之上，对生化与制药反应器的放大、设计、优化和过程控制等原理进行重点分析和讨论。在制药反应器的设计中，遵循低碳、节能、环保等理念，充分考虑环境因素、资源利用率、污染物处理方案和安全防范措施等，树立低碳和循环经济的设计理念，以满足新时期"绿色制药"的需求。

8.2 酶催化反应动力学

酶是生物为提高其生化反应效率而产生的生物催化剂，其化学本质为蛋白质，少数酶同时含有少量的糖和脂肪。在生物体内，所有的反应均在酶的催化作用下完成，几乎所有生物的生理现象都与酶的作用紧密相连。

酶参与生物化学反应，它能降低反应的活化能，能加快生化反应的速率，但它不改变反应的方向和平衡关系，即它不能改变反应的平衡常数，而只能加快反应达到平衡的速率。酶在反应过程中，其立体结构和离子价态可以发生某种变化，但在反应结束时，一般酶本身不消耗，并恢复到原来状态。例如，过氧化氢的分解，在无催化剂存在时，该分解反应的活化能为 $75.31kJ \cdot mol^{-1}$，在用过氧化氢酶催化反应时，该分解反应的活化能仅为 $8.37kJ \cdot mol^{-1}$。

酶催化反应动力学（Enzyme Kinetics）的研究可追溯到 1902 年。V. Henri 首先进行了转化酶、苦杏仁酶和 β-淀粉酶三种酶的催化反应实验，研究了其反应机理，并导出了动力学方程式。但他的实验不够准确。1913 年，L. Michaelis 和 M. L. Menten 应用了所谓"快速平衡"解析方法对该速率方程进行了详细的研究，发表了著名的米氏方程，即现在应用的 Michaelis-Menten 方程，常简称为 M-M 方程。1925 年，G. E. Briggs 和 J. B. S. Haldane 发表了"稳态法"解析方法，对 M-M 方程的推导方法进行了修正。下面将对 M-M 方程进行较为详细的介绍。

关于酶反应过程的机理，得到大量实验结果支持的是活性中间体复合物学说，该学说认为酶反应至少包括两步，首先是底物 S 和酶 E 相结合形成中间复合物 [ES]，然后该复合物分解成产物 P，并释放出 E。

对单一底物参与的简单酶催化反应

$$S \xrightarrow{E} P$$

其反应机理可表示为：
$$S+E \underset{k_{-1}}{\overset{k_{+1}}{\rightleftharpoons}} [ES] \xrightarrow{k_{+2}} E+P$$

式中，E 为游离酶（Free Enzyme）；[ES] 为酶底物复合物（Enzyme Substrate Complex）；S 为底物；P 为产物；k_{+1}、k_{-1}、k_{+2} 为相应各步的反应速率常数。

根据化学反应动力学，反应速率通常以单位时间、单位体积反应体系中某一组分的变化量来表示。对均相酶反应，反应的速率可表示为：

$$r_S = -\frac{1}{V} \times \frac{dn_S}{dt}, \quad r_P = \frac{1}{V} \times \frac{dn_P}{dt} \tag{8-1}$$

式中，r_S 为底物 S 的消耗速率，$mol \cdot L^{-1} \cdot s^{-1}$；$r_P$ 为产物的生成速率，$mol \cdot L^{-1} \cdot s^{-1}$；V 为反应体系的体积，L；$n_S$ 为底物 S 的物质的量，mol；n_P 为产物 P 的物质的量，mol；t 为时间，s。

对于底物 S，随着反应的进行，其量由于消耗而逐渐减少，即时间导数 $dn_S/dt < 0$，因此用 S 来计算反应速率时，需要加一个负号，以使得反应速率恒为正值。而 P 为产物，情况则相反，$dn_P/dt > 0$，故用 P 来计算反应速率时，则不需要加负号。

根据质量作用定律，P 的生成速率可表示为：

$$r_P = k_{+2} c_{[ES]} \tag{8-2}$$

式中，$c_{[ES]}$ 为中间复合物 [ES] 的浓度，它为一难测定的未知量，因而不能用它来表示最终的速率方程。

在推导动力学方程时，对上述反应机理，有下述四点假设：

① 在反应过程中，酶的浓度保持恒定，即 $c_{E0} = c_E + c_{[ES]}$；

② 与底物浓度 c_S 相比，酶的浓度是很小的，因而可以忽略由于生成中间复合物 [ES] 而消耗的底物；

③ 产物的浓度是很低的，因而产物的抑制作用可以忽略，也不必考虑 $P+E \longrightarrow [ES]$ 这个逆反应的存在，换言之，据此假设所确定的方程仅适用于反应初始状态；

④ 生成产物的速率要慢于底物与酶生成复合物的可逆反应速率，因此，生成产物的速率决定整个酶催化反应的速率，而生成复合物的可逆反应达到平衡状态，因此，又称为"平衡"假设。

根据上述假设和式(8-2)，有：

$$r_P = \frac{dc_P}{dt} = -\frac{dc_S}{dt} = k_{+2} c_{[ES]} \tag{8-3}$$

$$k_{+1} c_E c_S = k_{-1} c_{[ES]} \tag{8-4}$$

或表示
$$c_E = \frac{k_{+1}}{k_{-1}} \times \frac{c_{[ES]}}{c_S} = K_S \frac{c_{[ES]}}{c_S} \tag{8-5}$$

式中，c_E 为游离酶的浓度，$mol \cdot L^{-1}$；c_S 为底物的浓度，$mol \cdot L^{-1}$；K_S 为解离常数，$mol \cdot L^{-1}$。

反应体系中酶的总浓度 c_{E0} 为：

$$c_{E0} = c_E + c_{[ES]} \tag{8-6}$$

所以

$$c_{E0} = K_S \frac{c_{[ES]}}{c_S} + c_{[ES]} = c_{[ES]}\left(1 + \frac{K_S}{c_S}\right)$$

即：

$$c_{[ES]} = \frac{c_{E0}c_S}{c_S + K_S} \tag{8-7}$$

将式(8-7) 代入式(8-3) 得：

$$r_P = \frac{k_{+2}c_{E0}c_S}{K_S + c_S} = \frac{r_{P,max}c_S}{K_S + c_S} \tag{8-8}$$

式中，$r_{P,max}$ 为 P 的最大生成速率，$mol \cdot L^{-1} \cdot s^{-1}$；$c_{E0}$ 为酶的总浓度，亦为酶的初始浓度，$mol \cdot L^{-1}$。

式(8-8) 即为 Michaelis-Menten 方程，简称 M-M 方程或米氏方程。该式中有两个动力学参数，即 K_S 和 $r_{P,max}$。其中：

$$K_S = \frac{k_{-1}}{k_{+1}} = \frac{c_S c_E}{c_{[ES]}} \tag{8-9}$$

K_S 的单位与 c_S 的单位相同。当 $r_P = \frac{1}{2}r_{P,max}$ 时，根据式(8-8)，存在 $K_S = c_S$ 关系，K_S 表示了酶与底物相互作用的特性，因而是一个重要的动力学参数。

另一重要参数为 $r_{P,max} = k_{+2}c_{E0}$。它表示了当全部的酶都呈复合物状态时的反应速率，k_{+2} 表示单位时间内一个酶分子所能催化底物发生反应的分子数，因此它表示了酶反应能力的大小，不同酶反应其值也不同。

同时又可以看出，$r_{P,max}$ 正比于酶的初始浓度 c_{E0}。在实际应用中常将 k_{+2} 和 c_{E0} 合并为一个参数，这是由于要准确知道酶的分子量和所加入酶的纯度是很困难的，因而要用物质的量浓度准确表示酶的浓度也是很难的。

当从中间复合物生成产物的速率与其分解成酶与底物的速率相差不大时，Michaelis-Menten 的平衡假设不适用。1925 年，Briggs 和 Haldane 提出了拟稳态假设。他们认为由于反应体系中底物浓度要比酶的浓度高得多，中间复合物分解时所得到的酶又立即与底物相结合，从而体系中复合物浓度维持不变，即中间复合物的浓度不再随时间而变化，这就是"拟稳态"假设。这是从反应机理推导动力学方程又一重要假设。

根据反应机理和上述假设，有下述方程式：

$$\frac{dc_P}{dt} = k_{+2}c_{[ES]} \tag{8-10}$$

$$-\frac{dc_S}{dt} = k_{+1}c_E c_S - k_{-1}c_{[ES]} \tag{8-11}$$

$$\frac{dc_{[ES]}}{dt} = k_{+1}c_E c_S - k_{-1}c_{[ES]} - k_{+2}c_{[ES]} \approx 0 \tag{8-12}$$

根据式(8-12)，可得：

$$c_{[ES]} = \frac{c_E c_S}{\dfrac{k_{-1} + k_{+2}}{k_{+1}}} \tag{8-13}$$

又因为有

$$c_{E0} = c_E + c_{[ES]}$$

$$c_{[ES]} = \frac{c_{E0}c_S}{\dfrac{k_{-1} + k_{+2}}{k_{-1}} + c_S} \tag{8-14}$$

$$r_P = \frac{k_{+2} c_{E0} c_S}{\dfrac{k_{-1} + k_{+2}}{k_{+1}} + c_S} = \frac{r_{P,\,max} c_S}{K_m + c_S} \tag{8-15}$$

式中，K_m 为米氏常数（Michaelis Constant），$mol \cdot L^{-1}$。

K_m 与 K_S 的关系为：

$$K_m = \frac{k_{-1} + k_{+2}}{k_{+1}} = K_S + \frac{k_{+2}}{k_{+1}} \tag{8-16}$$

当 $k_{+2} \ll k_{-1}$ 时，$K_m = K_S$。这意味着生成产物的速率大大慢于酶底物复合物解离的速率。这对许多酶反应也是正确的。因为生成的复合物的结合力是很弱的，因而其解离速率很快；而复合物生成产物则包括化学键的生成和断开，其速率当然要慢得多。

式(8-16)中 k_{-1} 和 k_{+2} 表示中间复合物［ES］解离的速率常数；k_{+1} 则表示生成中间复合物［ES］的速率常数。因此当 K_m 值大时，表示复合物［ES］的结合力弱，易解离；当 K_m 值小时，［ES］不易解离。K_m 值的大小与酶、反应物系的特性以及反应条件有关。因此它是表示某一特定的酶催化反应性质的一个特征参数。表 8-1 列出了某些酶反应的 K_m 值。

表 8-1　某些酶反应的 K_m 值

酶	底物	K_m/(mmol/L)	酶	底物	K_m/(mmol/L)
葡萄糖氧化酶	D-葡萄糖	7.7	尿素酶	尿素	4.0
L-氨基酸氧化酶	L-亮氨酸	1.0	蔗糖酶	蔗糖	50
乳糖酶	乳糖	7.5	醇脱氢酶	乙醇	13
天冬酰胺酶	L-天冬酰胺	0.018	葡萄糖淀粉酶	麦芽糖	1.2

在具体应用时，人们常采用式(8-15)作为 M-M 方程的形式。为了表述方便，该式中最大反应速率今后一律采用 r_{max} 表示。

M-M 方程所表示的动力学关系为反应速率与底物浓度的关系，它表示了三个不同动力学特点的区域。

① 当 $c_S \ll K_m$，即底物浓度比 K_m 值小得很多时，反应速率与底物浓度近似成正比的关系，此时酶反应可以近似看成一级反应：

$$r_S = \frac{r_{max} c_S}{K_m} = K c_S \tag{8-17}$$

这是因为当 K_m 值很大时，大部分酶为游离态的酶，而 $c_{[ES]}$ 的量很少。要想提高反应速率，只有通过提高 c_S 值，进而提高 $c_{[ES]}$，才能使反应速率加快。因而此时反应速率主要取决于底物浓度的变化。

根据式(8-17)，可以推出：

$$r_{max} t = K_m \ln \frac{c_{S0}}{c_S} \tag{8-18}$$

或

$$c_S = c_{S0} \exp\left[-\frac{r_{max}}{K_m} t\right] \tag{8-19}$$

式中，c_{S0} 为底物的初始浓度，$mol \cdot L^{-1}$。

② 当 $c_S \gg K_m$ 时，在当底物浓度持续增加时，反应速率变化不大。此时酶反应可以看作是零级反应，反应速率不随着底物浓度的变化而变化。这是因为当 K_m 值很小时，绝大多数酶呈复合物状态，反应体系内游离的酶很少，因而即使提高底物的浓度，也不能提高其反

应速率。

根据式(8-15)，同样可以推出：

$$r_S \approx r_{max} \tag{8-20}$$

即

$$r_{max}t = c_{S0} - c_S \tag{8-21}$$

或

$$c_S = c_{S0} - r_{max}t \tag{8-22}$$

③ 当 c_S 与 K_m 的数量关系处于上述两者之间的范围时，则符合 M-M 方程所表示的关系式。

【例 8-1】 有一均相酶催化反应，K_m 值为 1.5×10^{-4} mol·L^{-1}，当底物的初始浓度 c_{S0} 为 0.3mol·L^{-1} 时，若反应进行 1h，有 20% 的底物转化为产物，试求在反应 2h 时，底物的浓度和转化率。

解　根据题意，$c_{S0} \gg K_m$，此时酶催化反应可以视为零级反应，则此时底物的反应速率与底物的浓度无关。

从上述分析可知，在反应进行 2h 时，底物的转化率为 40%，对应的底物浓度为 $c_S = c_{S0}(1 - 40\%) = 0.18$ mol·L^{-1}。

8.3　微生物发酵动力学

由于微生物发酵在工业上主要采用批式操作，因此本书仅讨论批式微生物发酵动力学 (Microbial Fermentation Kinetics)。下面将对批式发酵微生物菌体生长动力学 (Microbial Growth Kinetics)、基质消耗动力学和产物生成动力学分别进行介绍。

8.3.1　微生物菌体生长动力学

批式发酵是一种间歇的操作方式，就菌体浓度的变化而言，一般经历延迟期、指数生长期、减速期、静止期和衰亡期等阶段。下面分别介绍菌体在不同阶段的动力学。

(1) 延迟期

培养基在接种后，常在一段时间内菌体浓度的增加并不明显，这一阶段为延迟期 (Lag Phase)。延迟期是菌体在新的培养环境中表现出来的一个适应阶段，在此阶段菌体浓度基本保持不变，近似等于初始接种后的菌体浓度。

(2) 指数生长期

在这一阶段中，由于培养基中的营养物质比较充足，有害代谢物很少，所以菌体的生长不受到限制，菌体浓度随培养时间呈指数增长，称为指数生长期 (Exponential Growth Phase)，也称对数期。

培养液中的菌体浓度愈大，菌体浓度的增长速率也就愈大。因此菌体浓度的变化率与菌体浓度成正比：

$$\frac{dX}{dt} = \mu X \tag{8-23}$$

式中，X 为菌体浓度，kg（干重）·m^{-3}；t 为时间，s；μ 为比生长速率，s^{-1}。

比生长速率 μ 与菌体种类、培养温度、pH、培养基组成和限制性基质浓度等因素有关。在指数生长阶段，菌体的生长不受限制，比生长速率达到最大值 μ_m，于是：

$$\frac{dX}{dt} = \mu_m X \tag{8-24}$$

如在 t_1 时的菌体浓度为 X_1，则在 t_2 时的菌体浓度为：

$$X_2 = X_1 \exp[\mu_m(t_2 - t_1)] \tag{8-25}$$

因此在指数生长阶段，菌体浓度随时间指数增长。菌体浓度增长一倍所需时间称为倍增时间（Doubling Time）或增代时间（Generation Time），根据式(8-24)，倍增时间为：

$$t_d = \frac{\ln 2}{\mu_m} = \frac{0.693}{\mu_m} \tag{8-26}$$

微生物菌体的倍增时间较短。细菌一般为 $0.25 \sim 1h$，酵母菌为 $1.15 \sim 2h$，霉菌为 $2 \sim 6.9h$。动植物菌体的倍增时间较长，如哺乳动物菌体的 t_d 一般为 $15 \sim 100h$，植物菌体为 $24 \sim 74h$。

（3）减速期

随着菌体的大量繁殖，培养基中的营养物质迅速被消耗，加之有害代谢物质的积累，菌体生长速率逐渐下降，进入减速期（Deceleration Phase）。当培养液中不存在抑制菌体生长的物质时，菌体的比生长速率和限制性基质浓度 S 有如下关系：

$$\mu = \frac{\mu_m S}{K_S + S} \tag{8-27}$$

式中，S 为限制性基质浓度，$mol \cdot m^{-3}$；K_S 为表面平衡常数或 Monod 常数，$mol \cdot m^{-3}$。

式(8-27) 称为 Monod 方程，它的形式和米氏方程十分相似，是一个经验式。当限制性基质浓度很低时，增加该基质浓度可明显提高菌体的比生长速率，但若该基质浓度与 K_S 相比已相当高时，再增大其浓度就不能明显地增加菌体的比生长速率。这时，菌体的比生长速率接近"饱和"。除了 Monod 方程，还有许多有关菌体比生长速率与限制性基质浓度关系的方程，如：

$$\mu = \mu_m[1 - \exp(-S/K_S)] \tag{8-28}$$

$$\mu = \mu_m \frac{S^n}{K_S + S^n} \tag{8-29}$$

$$\mu = \mu_m \frac{S}{K_S X + S} \tag{8-30}$$

式中，n 和 X 分别为常数和菌体浓度。由于 Monod 方程比较简单，在多数情况下都可得到满意的结果，所以应用相当普通。

有时，高浓度的基质会对菌体的生长产生抑制，即发生基质抑制的情况。例如用醋酸作为基质培养产朊假丝酵母、用亚硝酸盐培养基培养消化杆菌等，都会发生基质抑制的现象。这时菌体的比生长速率可用式(8-31) 表示：

$$\mu = \frac{\mu_m}{1 + K_S/S + S/K_{iS}} \tag{8-31}$$

式中，K_{iS} 为抑制常数。

如果菌体的代谢产物对菌体的生长有抑制作用，随着这种代谢产物的积累，尽管这时培养液中限制性基质的浓度还相当高，但菌体的比生长速率将逐渐下降。下面是描述产物抑制的方程：

$$\mu = \mu_m \frac{S}{K_S + S}(1 - kP) \tag{8-32}$$

式中，P 为产物浓度；k 为常数。

（4）静止期

因营养物质耗尽或有害物质的大量积累，菌体浓度不再增大，这一阶段为静止期

(Resting Phase)。在静止期，菌体的浓度达到最大值。

（5）衰亡期

由于环境恶化，菌体开始死亡，活菌体浓度不断下降，这一阶段为衰亡期（Decline Phase）。因多数分批培养在衰亡期前结束，有关衰亡期的研究不多。可以认为在衰亡期中：

$$X = X_m \exp(-at) \tag{8-33}$$

式中，X_m 为静止期菌体浓度，$kg \cdot m^{-3}$；a 为菌体比死亡速率，s^{-1}；t 为进入衰亡期时间，s。

8.3.2　微生物发酵基质消耗动力学

（1）得率系数

菌体内的生物反应极其复杂，总况可以用下式表示：

$$碳源 + 氮源 + 氧 \longrightarrow 菌体 + 产物 + CO_2 + H_2O$$

或

$$\Delta S + \Delta N + \Delta O_2 \longrightarrow \Delta X + \Delta P + \Delta CO_2 + \Delta H_2O$$

如果是厌氧培养，则上式中不存在有关氧的项。

菌体对于消耗掉的基质的得率系数（Yield Coefficient）可以用式(8-34) 表示：

$$Y_{X/S} = \frac{\Delta X}{\Delta S} \tag{8-34}$$

对于氧的得率系数为：

$$Y_{X/O} = \frac{\Delta X}{\Delta c_{O_2}} \tag{8-35}$$

它的倒数表示生产单位质量菌体所需氧的质量。

在培养过程中，菌体产生除二氧化碳和水以外的产物时，产物对于消耗基质的得率系数为：

$$Y_{P/X} = \frac{P}{\Delta X} \tag{8-36}$$

（2）基质消耗速率

在分批培养时，培养液中基质的减少是由于菌体和产物的生成。根据物料衡算：

$$-\frac{dS}{dt} = \frac{\mu X}{Y_{X/S}} \tag{8-37}$$

如果限制性基质是碳源，消耗掉的碳源一部分形成菌体，另一部分产生能量供菌体生命活动之用和生成产物，即：

$$-\frac{dS}{dt} = \frac{\mu X}{Y_G} + mX + \frac{1}{Y_P} \times \frac{dP}{dt} \tag{8-38}$$

式中，Y_G 为菌体的生长得率系数，$g \cdot mol^{-1}$；m 为菌体的维持系数，$mol \cdot g^{-1}s^{-1}$；Y_P 为产物得率系数，$mol \cdot mol^{-1}$。$Y_{X/S}$ 是对碳源的总消耗而言，Y_G 与 Y_P 则分别是对用于生长和用于产物生成所消耗的基质而言。

8.3.3　微生物发酵产物生成动力学

产物的生成比较复杂。有的培养过程，产物的生成与菌体的生长相关，如乙醇发酵，产物（乙醇）的生长速率为：

$$\frac{dP}{dt} - Y_{P/X} \frac{dX}{dt} \tag{8-39}$$

式中，$Y_{P/X}$ 为产物对于菌体的得率系数。

有些培养过程，产物的生成与菌体的生长部分相关，产物的生成速率：

$$\frac{dP}{dt} = \alpha \frac{dX}{dt} + \beta X \tag{8-40}$$

式中，α 和 β 为常数。这种情况的例子有乳酸和柠檬酸发酵。

还有些培养过程，产物的生成与菌体生长不相关，当菌体处于生长阶段时，并无产物积累，但菌体的生长基本停止时，则有大量产物开始积累。属于这类情况的有抗生素等次级代谢产物的生产。对于这类过程，产物的生成速率原则上可写作：

$$\frac{dP}{dt} = q_P X - kP \tag{8-41}$$

式中，q_P 为产物的比生成速率；k 为不稳定产物的失活常数。

【例 8-2】 在黄原胶批式发酵时，假定在接种后无延迟期，直接进入指数生长期，初始菌体浓度为 $c_{X0} = 0.3 \mathrm{g} \cdot \mathrm{L}^{-1}$，在经过 10h 后，菌体浓度为 $0.6 \mathrm{g} \cdot \mathrm{L}^{-1}$，在经过 20h 后进入稳定期（静止期），试求在 25h 时，发酵液中菌体的浓度。

解 由于菌体在接种后直接进入对数生长期，则有 $dc_X/dt = \mu c_X$，积分得

$$\ln(c_X/c_{X0}) = \mu t$$

在 $t = 10h$ 时，$c_X = 0.6 \mathrm{g} \cdot \mathrm{L}^{-1}$，则有 $\mu = \ln(0.6/0.3) = 0.0693 \mathrm{h}^{-1}$。

在经过 20h，指数生长期结束，进入稳定期，此时有 $c_X = c_{X0} \mathrm{e}^{\mu t} = 1.2 \mathrm{g} \cdot \mathrm{L}^{-1}$。

进入稳定期后，菌体浓度不再发生变化，因此在 25h 时，菌体浓度仍然为 $1.2 \mathrm{g} \cdot \mathrm{L}^{-1}$。

8.4 生化与制药反应器的设计

8.4.1 生化与制药反应器的数学模型

生物反应器设计因反应目的不同可归纳为三种：一是生产细胞，二是收集细胞的代谢产物，三是直接用酶催化得到所需产物。因此，实际应用的生物反应器类型根据细胞或组织生长代谢要求、生物反应目的等的不同可以有很多变化，总括来说可归纳为以下几种。

(1) 厌气生物反应器

发酵过程不需要通入氧气或空气，有时可能通入二氧化碳或氮气等气体以保持罐内正压，防止染菌，提高厌氧控制水平。此类反应器有酒精发酵罐、啤酒发酵罐、沼气发酵罐（池）、双歧杆菌染氧反应器等。

(2) 通气生物反应器

可分为搅拌式、气升式、自吸式等。前两者需要在反应过程中通入氧气或空气，后者则可自行吸入空气满足反应要求。

(3) 光照生物反应器

反应器壳体部分或全部采用透明材料，以便光照射到反应物料，进行光合作用反应。一般配有照射光源，白天可直接利用太阳光。

(4) 膜生物反应器

反应器内安装适当的部件作为生物膜的附着体，或者用超滤膜（如中空纤维等）将细胞控制在某一区域内进行反应；另外，根据反应器的结构类型不同又可分为罐式、管式、塔

式、池式生物反应器等；根据物料混合方式可分为非循环式、内循环式和外循环式生物反应器等。

目前，对发酵罐在大型化、节能和高效方面的要求越来越高，其表现为：罐体容积越来越大；材料逐步以不锈钢代替碳钢；传热以罐壁半圆形外盘管为主，辅之罐内蛇形冷却管；减速机由皮带减速机改为齿轮减速机；搅拌机现为轴向和径向组合型叶轮。

生物反应器的设计必须以生物体为中心，这就要求设计者既要有化学工程知识，又要有生物工程基础。在考虑反应器传热、传质等性能的同时，还需要深刻了解生物体的生长特性和要求，在设计中给予充分保证。另外，生物体是活体，生长过程可能受到剪切力影响，也可能发生凝聚成为颗粒，或因自身产气或受通气影响而漂浮于液面。所以，大多数场合反应过程都要求无菌条件，所有这些无菌条件及其影响因素都是设计过程中需要特别给予考虑的。

8.4.2　发酵罐的设计计算

发酵罐是抗生素药物生产中最为重要的反应设备。在发酵罐中，微生物在适当的环境中生长、新陈代谢并形成发酵产物。

通气的发酵罐型式有标准式发酵罐、自吸式发酵罐、气升式发酵罐、喷射式叶轮发酵罐、外循环发酵罐和多孔板塔式发酵罐等。

(1) 机械搅拌式发酵罐的设计计算

机械搅拌式发酵罐在生物医药企业中得到广泛使用。据不完全统计，它占了发酵罐总数的 70%~80%，故又常称为通用式发酵罐。

图 8-1 所示为用于发酵生产的通用式机械搅拌发酵罐。它的基本结构包括罐体、搅拌装置、换热装置、通气装置、挡板、轴封、空气分布器、传动装置、消泡器、人孔、视镜等。

1) 罐体

罐体由圆柱体和椭圆形或碟形封头焊接而成，材料通常采用耐腐蚀、能湿热灭菌的不锈钢。小型发酵罐（直径小于 1m）的上封头可用设备法兰与筒身连接，并在顶部开设手孔以方便清洗和配料。大、中型发酵罐（直径大于 1m）的上封头则直接焊在筒身上，并安装快开人孔，以便进入罐内进行检修。一些先进的发酵罐还装备在线清洗系统（CIP），这对于大型发酵罐系统十分必要。高压清洗设备通过专用接口可对发酵罐进行自动清洗，用电导率测试仪来监测清洗效果。

通用式机械搅拌发酵罐的标准化尺寸（比例）如下：

$$\frac{H}{D} = 1.7 \sim 3 \tag{8-42}$$

$$\frac{d}{D} = 1/2 \sim 1/3 \tag{8-43}$$

$$\frac{W}{D} = 1/8 \sim 1/12 \tag{8-44}$$

$$\frac{B}{D} = 0.8 \sim 1.0 \tag{8-45}$$

$$\frac{s}{d} = 1.5 \sim 2.5(2\text{个搅拌器时}); \quad \frac{s}{d} = 1 \sim 2(3\text{个搅拌器时}) \tag{8-46}$$

式中，H 为罐直筒部分高度；D 为罐直径；d 为搅拌器直径；W 为挡板宽度；B 为搅拌浆离罐底距离；s 为多个搅拌浆时的浆距。

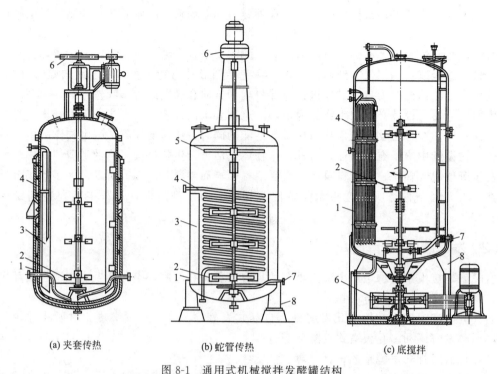

(a) 夹套传热   (b) 蛇管传热   (c) 底搅拌

图 8-1 通用式机械搅拌发酵罐结构

1—罐体；2—搅拌器；3—挡板；4—蛇管或夹套；5—消泡浆；6—传动机构；7—通气管；8—支座

H/D 称为高径比，它是通用式发酵罐的特征尺寸。在抗生素生产中，我国种子罐采用 $H/D=1.7\sim2.0$；发酵罐 $H/D=2.0\sim2.5$，多采用 $H/D=2.0$。高径比的合理取值是在保证传质效果好、空气利用率高的前提下，做到经济合理、使用方便。工程实践证明：高径比的取值与发酵菌种类有关。如：青霉素 $H/D=1.8$ 为宜；放线菌 $H/D\leqslant2$；细菌 $H/D>2$。用于培养细胞的罐体为获得较好搅拌混合和溶解氧的效果，高径比一般在 $2\sim3$；用于培养细菌的罐体为防止产生沉淀、提高溶解氧量，采用高转速，高径比一般在 $2.5\sim3$。所以，发酵罐设计 H/D 的取值十分重要。

发酵罐的公称容积 V_0 一般是指罐的圆筒部分容积 V_c 加上底封头的容积 V_b 之和，即：

$$V_0=V_c+V_b=\frac{\pi}{4}D^2H+V_b \tag{8-47}$$

椭圆形封头的容积可从《化工设备设计手册》（化学工业出版社，2005）中查到，也可用式(8-48)求得：

$$V_b=\frac{\pi}{4}D^2h_b+\frac{\pi}{6}D^2h_a=\frac{\pi}{4}D^2\left(h_b+\frac{1}{6}D\right) \tag{8-48}$$

式中，h_b 为封头直边高度；h_a 为封头凸出部分的高度，标准椭圆形封头的 $h_a=(1/4)D$。于是：

$$V_0=\frac{\pi}{4}D^2\left[(H+h_b)+\frac{1}{6}D\right] \tag{8-49}$$

在 $H/D=2$ 时，$D=(V_0/1.70)^{1/3}$ 或 $V_b/V_0=8\%$。

在实际生产过程中，罐中的培养液因通气搅拌引起液面上升和产生泡沫，因此罐中实际装料量 V 不能过大，一般装料系数 $\eta_0=V/V_0=0.7\sim0.8$。

在设计过程中，罐的公称容积 V_0 可从下列数值中求得，即设计年产量 G，吨/年；年工作日 m，天/年；罐的总台数 n，台；发酵周期（包括辅助时间）t，天；平均发酵水平 U_m，单位/毫升；装料系数 η_0，%；发酵液收率（除去逸液、污染等损失）η_m，%；成品效价 U_p，单位/毫克；提炼总收率（从放罐开始到成品出厂为止）η_p，%。

因为

$$G = V_0 \eta_0 10^6 U_m \eta_m \eta_p \frac{1}{U_p 10^9} \times \frac{nm}{t} \tag{8-50}$$

于是

$$V_0 = \frac{1000 G U_p t}{m n \eta_p \eta_m \eta_0 U_m} \tag{8-51}$$

将所求 V_0 取整（发酵罐容积一般为 $15m^3$、$20m^3$、$30m^3$、$40m^3$、$50m^3$、$60m^3$、$70m^3$、$100m^3$），再求出罐体直径 D，有了直径 D，就可求出发酵罐的其他几何尺寸。

【例 8-3】　现设计一年产量为 200 吨的链霉素车间，成品效价要求为 740 单位/毫克，平均发酵水平为 22000 单位/毫升，包括辅助时间在内的发酵周期为 8 天，若发酵液收率 95%，提炼总收率 65%，发酵罐总台数 8 台（即每天放一罐），装料系数为 75%，年工作日以 300 天计。求发酵罐的公称容积及主要尺寸。

解

$$V_0 = \frac{1000 G U_p t}{m n \eta_p \eta_m \eta_0 U_m} = 48.42 m^3，取 50 m^3$$

若发酵罐的 $H/D = 2$，则：

$$D = \sqrt[3]{\frac{50}{1.7}} = 3.09m，圆整取 3.1m$$

$$H = 2D = 6.2m$$

2）搅拌混合装置

为实现混合和传质的目的，搅拌混合装置的设计应使发酵液有足够的径向流动和适度的轴向运动，因此，通常使用结构简单、传递能量高、溶氧速率快的涡轮式搅拌器。工业规模发酵罐的搅拌轴上一般有 $2 \sim 3$ 层搅拌器。对通用式发酵罐，当公称容积小于或等于 $15m^3$ 时采用 2 层搅拌，大于 $15m^3$ 时采用 3 层搅拌为宜（个别也有 4 层搅拌）。搅拌主要使用含有六叶片的圆盘平叶、弯叶或箭叶涡轮桨，见图 8-2，配置的数量应根据罐内液位的高低、发酵液的特性和搅拌器直径等因素来决定。

其他型式有常见的推进式螺旋桨和折叶桨等。通过搅拌使通入的气体分散成气泡并与发酵液充分混合，提高溶氧速率，同时强化传热过程。为了克服涡轮式搅拌器轴向混合较差，且搅拌强度随与搅拌轴距离增大而减弱的不足，可采用涡轮式和推进式叶轮共用的搅拌装置来强化轴向混合。为了拆装方便，大型搅拌叶轮做成两半型，用螺栓联成整体装配于搅拌轴上。

挡板的作用是改变被搅拌流体的流动方向。罐体内侧周边一般设置 $4 \sim 6$ 块挡板，用于防止搅拌时液面中央产生涡流，增强其湍动和溶氧传质。挡板宽度为 $(0.1 \sim 0.12)D$，则可达到全挡板条件，一般取 $0.1D$ 较普遍。全挡板条件是指在一定转速下再增加罐内挡板而搅拌轴功率不变或达到消除液面漩涡的最低条件。挡板高度自罐底起至设计的液面高度为止。为了避免培养液中的固体成分堆积在挡板背侧，在安装挡板时，应使其与罐壁间有一定间隙，此间隙一般可取 $(1/5 \sim 1/8)D$ 或 $0.1 \sim 0.3$ 的挡板宽度。

搅拌器功率 P 等于搅拌器施加于液体的力 F 与由此引起的液体平均流速 w 之积，即 $P = Fw$。若搅拌叶面积为 Λ，则：

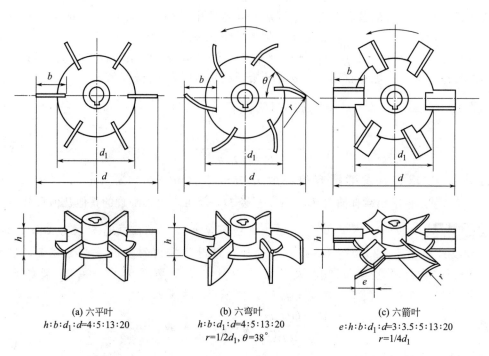

(a) 六平叶
$h:b:d_1:d=4:5:13:20$

(b) 六弯叶
$h:b:d_1:d=4:5:13:20$
$r=1/2d_1, \theta=38°$

(c) 六箭叶
$e:h:b:d_1:d=3:3.5:5:13:20$
$r=1/4d_1$

图 8-2　常用的涡轮式搅拌器

$$P = Fw = \left(\frac{F}{A}\right)(wA) \tag{8-52}$$

式中，F/A 值为施于液体的剪切应力，它相当于单位体积液体中的动能 $[w^2\gamma/(2g)]$ 或动压头 H 与液体重力密度 γ 之积；wA 则为搅拌器对液体的翻动量 Q。于是有：

$$P = H\gamma Q \propto HQ \tag{8-53}$$

因为

$$H \propto w^2 \propto n^2 d^2 \tag{8-54}$$

$$Q \propto wd^2 \propto nd^3 \tag{8-55}$$

式中，n 为搅拌器转速，于是　　　$P \propto n^3 d^5 \tag{8-56}$

若 $P=$ 常数，以不同 n 及 d 值代入上述关系，可得出不同情况下的 Q、H 及 Q/H 值，见表 8-2。

表 8-2　$P=$ 常数时不同 n、d 值下 Q、H 及 Q/H 值

$n/(\mathrm{r/s})$	d/m	P/kW	$Q/(\mathrm{m^3/s})$	$H/(\mathrm{kgf/m^2})$	Q/H
4	0.435	1	0.33	3.03	0.101
2	0.66	1	0.575	1.74	0.33
1	1	1	1	1	1
0.5	1.52	1	1.74	0.57	3.03
0.25	2.8	1	3.03	0.33	9.18

注：1kgf=9.8Pa。

由表 8-2 看出，若搅拌器功率不变，增大搅拌器直径 d，势必降低搅拌转速 n，由此引起翻动量 Q 的增加和动压头 H 的下降；相反减小 d，可以增加 n，引起的结果是 Q 值下降，H 值增大。一般说，增大 Q 值有利于相与相间的混合，增大 H 值则有利于气泡的粉碎。

在 P＝常数时，式(8-56) 可写成：

$$n \propto d^{-5/3} \text{ 或 } d \propto n^{-3/5} \tag{8-57}$$

代入式(8-54) 得
$$H \propto n^{4/5} \propto d^{-4/3} \tag{8-58}$$

代入式(8-55) 得
$$Q \propto n^{-4/5} \propto d^{4/3} \tag{8-59}$$

根据上述关系将 P、d、n、Q 及 H 间相互关系列于表 8-3。

表 8-3　P、d、n、Q 及 H 间相互关系

相互关系	P_2/P_1	d_2/d_1	n_2/n_1	Q_2/Q_1	H_2/H_1
当 $P_2＝P_1$ 时	1	$(n_1/n_2)^{3/5}$	$(d_1/d_2)^{5/3}$	$(n_1/n_2)^{4/5}$ $(d_2/d_1)^{4/3}$	$(n_2/n_1)^{4/5}$ $(d_1/d_2)^{4/3}$
当 $d_2＝d_1$ 时	$(n_1/n_2)^3$	1	$(P_2/P_1)^{1/3}$	n_2/n_1	$(n_2/n_1)^2$
当 $n_2＝n_1$ 时	$(d_2/d_1)^5$	$(P_2/P_1)^{1/5}$	1	$(d_2/d_1)^3$	$(d_2/d_1)^2$

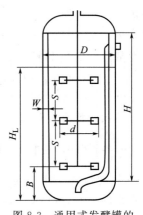

图 8-3　通用式发酵罐的
几何尺寸比例

表 8-3 所列关系不但可用于等功率场合，也可用于搅拌器直径不变，改变搅拌转速的场合或搅拌转速不变而改变搅拌器直径的场合。从表 8-3 可见，欲同时增加 Q 及 H 值，必须相应增大 P 值。

发酵罐的最适宜 d/D 值，随生产菌种、培养液性质和通气程度等不同而改变，愈是黏稠的培养液和愈是好气的菌种愈应配备较大直径的搅拌器，同时应保证较高的转速，即要维持在一个较高的功率水平上。

发酵罐的 H/D 值一般在 2 左右。在多层搅拌器装在同一搅拌轴上的情况下，搅拌器间的相互距离 S 以及最下面的一个搅拌器离罐底距离 B 可参见图 8-3。

下列关联式也可供计算参考，此式是当搅拌功率达到最大值时用实验整理出来的间距数。

$$S_m = \frac{H_L - \left\{ 0.9 + \left[\dfrac{(m-1)\lg m - \lg(m-1)!}{\lg m} \right] \right\} d}{2\left[\dfrac{(m-1)\lg m - \lg(m-1)!}{\lg m} \right]} = \frac{H_L - (0.9 + \alpha)d}{2\alpha} \tag{8-60}$$

式中，H_L 为液柱高；d 为搅拌器直径；m 为同一搅拌轴上的搅拌器个数；α 为方括号中的内容，它是 m 的函数。

若 $m＝2$，$\alpha＝1$
$$S_2 = \frac{H_L - 1.9d}{2} \tag{8-61}$$

若 $m＝3$，$\alpha＝1.37$
$$S_3 = \frac{H_L - 2.27d}{2.74} \tag{8-62}$$

若 $m＝4$，$\alpha＝1.71$
$$S_4 = \frac{H_L - 2.61d}{3.42} \tag{8-63}$$

若 $m＝5$，$\alpha＝2.03$
$$S_5 = \frac{H_L - 2.93d}{4.06} \tag{8-64}$$

搅拌器在运转时，如不在搅拌釜壁上安装挡板，很容易在液面中央部分产生下凹的漩涡。所谓"全挡板条件"是指能达到消除液面漩涡的最低条件，此条件与挡板数 n_b 及挡板宽度与罐径之比 W/D 值有关。下面介绍两个有关的计算式。

$$\left(\frac{W}{D}\right)^{1.2} n_b = 0.35 \text{ 或 } W = \left(\frac{0.35}{n_b}\right)^{\frac{1}{1.2}} D \tag{8-65}$$

若 $n_b = 4$，则 $W = 0.131D$。

$$\left(\frac{W}{D}\right) n_b = 0.4 \tag{8-66}$$

若 $n_b = 4$，则 $W = 0.1D$。

在发酵罐中除了挡板外，冷却器、通气管、排料管等装置也起一定的挡板作用，因此在采用 4 块挡板时，挡板的宽度取 $1/12 \sim 1/8$ 罐径足够满足全挡板条件，一般取 $(1/10)D$ 较普遍。

3）传热装置

一般容积 $5m^3$ 以下的小型发酵罐通过夹套冷却或加热就可达到控温目的，容积 $5m^3$ 以上的大型发酵罐则需要在罐内设置盘管，对于 $100m^3$ 以上的特大型发酵罐也有采用外部换热器进行外循环热交换的。近年来也有将半圆形的管焊接在发酵罐外壁上，这样既有较好的传热效果，又可简化内部结构，便于清洗。

发酵过程的热平衡方程式如下：

$$Q_{发酵} = Q_{生物} + Q_{搅拌} - Q_{蒸发} - Q_{显} - Q_{辐} (kJ \cdot m^{-3} \cdot h^{-1}) \tag{8-67}$$

式中，$Q_{发酵}$ 为发酵过程中释出的净热；$Q_{生物}$ 为培养基成分分解后产生的能量除用于菌体生长、维持和产物合成外，以热量形式释放出来的剩余热量；$Q_{搅拌}$ 为机械搅拌形成的热量，$Q_{搅拌} = \left(\frac{P_g}{V}\right) 3600$，其中 P_g/V 为单位体积培养液所消耗的功率（在通气情况下），$kW \cdot m^{-3}$，3600 为热功当量，$kJ \cdot kW^{-1} \cdot h^{-1}$；$Q_{蒸发}$ 为排出空气带走水分所需的潜热；$Q_{显}$ 为排出空气所带走的显热，$Q_{蒸发} + Q_{显} = Q_{空气} = (L/V)(I_2 - I_1)$，其中 $Q_{空气}$ 为空气带走的热量，L/V 为单位体积培养液所导入的干空气重，$kg \cdot m^{-3} \cdot h^{-1}$，$I_2$ 及 I_1 为空气进入及离开发酵罐时的热焓量，$kJ \cdot kg$ 干空气；$Q_{辐}$ 为因罐外壁和大气间的温度差使罐壁向大气辐射的热量，$Q_{辐} = 0.08F_{外壁}(t_{壁} - t_{空})$，其中 $F_{外壁}$ 为外壁传热面积。

由于 $Q_{生物}$ 不能简单地求得，因此 $Q_{发酵}$ 不能直接由式(8-68)计算获得，而要靠实测求得。在实测过程中维持培养液的温度不变，定期测定冷却水进口及出口的温度 t_2 及 t_1 以及冷却水的流量 $G(m^3 \cdot h^{-1})$，于是：

$$Q_{发酵} = G(t_2 - t_1) \times 4200/V \, kJ \cdot m^{-3} \cdot h^{-1} \tag{8-68}$$

式中，V 为培养液的体积，m^3。注意 $Q_{发酵}$ 随发酵时间而改变，在发酵愈为旺盛时，发酵热就愈大。一般在设计过程中 $Q_{发酵}$ 可取 $52920 \sim 88200 \, kJ \cdot m^{-3} \cdot h^{-1}$。

在测定发酵热过程中可同时测出发酵罐传热面的传热系数 K。

$$K = \frac{Q_{发酵}}{A_h \Delta t_m} V \, kJ \cdot m^{-2} \cdot h^{-1} \cdot ℃^{-1} \tag{8-69}$$

式中，A_h 为传热面积，m^2；Δt_m 为发酵液与冷却水间的平均温差，℃。

（2）自吸式发酵罐

自吸式发酵罐（Self-Priming Fermenter）是一种不需要空气压缩机提供加压空气，而依靠罐内特设的机械搅拌吸气装置或液体喷射吸气装置吸入无菌空气并同时实现混合搅拌与溶氧传质的发酵罐。由于其吸入压头和空气流量有一定限制，因而适用于对通气量要求不高的发酵品种。

与传统的通用式机械搅拌发酵罐相比，自吸式发酵罐具有如下优点：①利用机械搅拌的抽吸作用达到既通气又搅拌的目的，可节约空气净化系统中的空气压缩机（空压机）、冷却器、油水分离器、空气储罐等一整套设备，节约设备投资，减少厂房占地面积。②可减少工厂发酵设备投资的 30% 左右。③为了保证发酵罐能有足够的吸气量，搅拌转速较通用式发酵罐高，功率消耗维持在 $3.5kW\cdot m^{-3}$ 左右，但节约了空压机动力消耗，使发酵总动力消耗为通用式的 2/3 左右。④溶氧速率快，溶氧效率高、能耗较低，尤其是溢流自吸式发酵罐的溶氧比能耗可降至 $0.5kWh\cdot kg^{-1}$ 以下。⑤用于酵母生产和醋酸发酵等具有生产效率高、经济效益好的优点。

自吸式发酵罐最大的缺点是负压吸入空气，故发酵系统不能保持一定的正压，较易产生杂菌污染。而且吸程一般不高。当吸风量很小时，其最高吸程只有 $900mmH_2O$（$1mmH_2O=9.80665Pa$）左右，当吸风量为总吸风量的 3/5 时，吸程降至 320mm H_2O 左右。因此，要在进风口设置空气过滤器很困难，必须采用高效率、低阻力的空气除菌装置。其次，罐的搅拌转速太高，转子周围形成强烈的剪切区域，有可能使菌丝被搅拌器切断。同时，必须配备低阻力损失、过滤面积大、压力降小的高效空气过滤系统。为克服上述缺点，通常采用自吸气与鼓风相合的鼓风自吸式发酵系统，即在过滤器前加装一台鼓风机，适当维持无菌空气的正压，这不仅可减小染菌机会，而且可增大通风量，提高溶氧系数。一般取 $H/D=1.6$ 左右，罐体不宜太大。

1）机械搅拌自吸式发酵罐

① 结构与吸气原理。机械搅拌自吸式发酵罐的结构如图 8-4 所示。主要构件是吸气搅拌叶轮及导轮，也被简称作转子及定子。当转子转动时，其框内液体被甩出从而形成局部真空吸入空气。转子有三叶轮、四叶轮和六叶轮等多种形式。

② 特点与性能。发酵罐的高径比：由于自吸式发酵罐是靠转子转动形成负压而吸气通风的，吸气装置是沉浸于液相的，所以为保证较高的吸风量，发酵罐的高径比 H/D_T 不宜取大，且罐容增大时，H/D_T 应适当减小，以保证搅拌吸气转子与液面的距离为 $2\sim3m$。对于黏度较高的发酵液，为了保证吸风量，应适当降低发酵罐高度。

转子与定子的确定：三棱叶转子的特点是转子直径较大，在较低转速时可获得较大的吸气量，当罐压在一定范围内变化时，其吸气量也比较稳定，吸程（即液面与吸气转子距离）也较大，但所需的搅拌功率也较高。三棱叶叶轮直径 D 一般为发酵罐直径

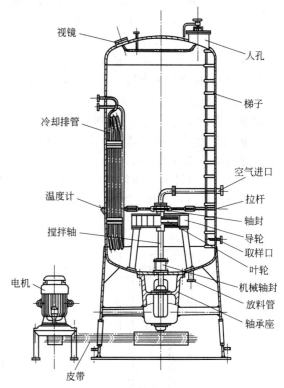

图 8-4　机械搅拌自吸式发酵罐的结构

的 0.35 倍。而四弯叶转子特点是剪切作用较小，功率消耗较小，直径小而转速高，吸气量较大，溶氧系数高，叶轮外径与罐径比为 $1/15\sim1/8$。

机械搅拌自吸式发酵罐吸气量计算：根据实验研究，自吸式发酵罐的吸气量可用特征数法进行计算和比拟放大设计。在满足单位体积功率消耗相等的前提下，三棱叶自吸式搅拌器的吸气量可由下式确定：

$$f(N_a, Fr) = 0 \tag{8-70}$$

式中，N_a 为吸气数，且 $N_a = V_g/(nd^3)$，其中 V_g 为吸气量，$m^3 \cdot s^{-1}$；Fr 为弗劳德数，$Fr = n^2 d \cdot g^{-1}$，其中 d 为叶轮直径，m，n 为叶轮转速，$r \cdot s^{-1}$，g 为重力加速度常数，$9.81 m \cdot s^{-2}$。

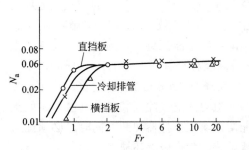

图 8-5　吸气准数 N_a 与弗劳德数 Fr 的关系

利用三棱叶自吸气叶轮装置进行实验研究可得到如图 8-5 所示的结果。由图 8-5 可见，当弗劳德数 Fr 增至一定值时，吸气量 V_g 趋于恒定。即吸气数 $N_a = V_g/(nd^3) = 0.0628 \sim 0.0634$。这是因为液体受搅拌器推动，克服重力影响而达到一定程度后，吸气数就不受 Fr 的影响。在空化点上，吸气量与搅拌器的泵送能力成正比。对实际发酵系统，由于发酵液有一定的气含率，因而使发酵液密度下降，且不同发酵液的黏度等物化性质也不同，故自吸式发酵罐的实际吸气量应比上述计算的值要小，其修正系数为 $0.5 \sim 0.8$。

对四弯叶转子自吸式罐的吸气量可按下式计算确定：

$$V_g = 12.56n\, CLB(d - L)K \quad (m^3 \cdot min^{-1}) \tag{8-71}$$

式中，n 为叶轮转速，$r \cdot min^{-1}$；d 为叶轮直径，m；L 为叶轮开口长度，m；B 为叶轮厚度，m；C 为流率比，$C = K/(1+K)$；K 为充气系数。

2）喷射自吸式发酵罐

喷射自吸式发酵罐是应用文氏管喷射吸气装置或溢流喷射吸气装置进行混合通气的，既不用空压机，又不用机械搅拌吸气转子。

① 文氏管自吸式发酵罐。文氏管自吸式发酵罐结构示意图见图 8-6。经验表明，当收缩段液体流动雷诺数 $Re > 6 \times 10^4$ 时，气体吸收率最高、溶氧速率较高。如果液体流速再增高，虽然吸入气体量有所增加，但压力损失也增加，动力消耗也增加，总吸收效率反而降低。典型文氏管的结构见图 8-7。

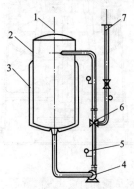

图 8-6　文氏管自吸式发酵罐结构示意图

1—排气管；2—罐体；3—换热夹套；4—循环泵；
5—压力表；6—文氏管；7—吸气管

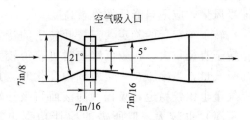

图 8-7　典型文氏管的结构

（1in=0.0254m）

② 液体喷射自吸式发酵罐。液体喷射吸气装置是液体喷射自吸式发酵罐的关键装置，其结构如图 8-8 所示。

在应用范围内，喷射自吸式发酵罐的液相体积传质系数的数学表达式为：

$$k_L a = 1.0 \left(\frac{P_L}{V_L}\right)^{0.23} u_s^{0.91} \left(\frac{D_e}{D_T}\right)^{-0.46} \left(\frac{1}{h}\right) \tag{8-72}$$

式中，D_T 和 D_e 为发酵罐和导流尾管内径，m；P_L 为液体喷射功率，kW；V_L 为发酵罐溶液体积，m^3；u_s 为空截面气速，$m \cdot s^{-1}$。

③ 溢流喷射自吸式发酵罐。溢流喷射自吸式发酵罐的通气依靠溢流喷射器，其吸气原理是液体溢流时形成抛射流，液体的表面层与其相邻的气体的动量传递，使边界层的气体有一定的速率，从而带动气体的流动形成自吸气作用。要使液体处于抛射非淹没溢流状态，溢流尾管略高于液面，尾管高 1~2m 时，吸气速率较大。此类型发酵罐结构如图 8-9 所示。

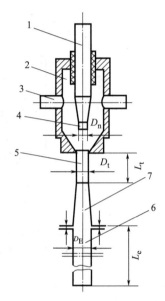

图 8-8　液体喷射吸气装置简图

1—进风管；2—吸气室；3—进风管；

4—喷嘴；5—收缩段；

6—导流尾管；7—扩散段

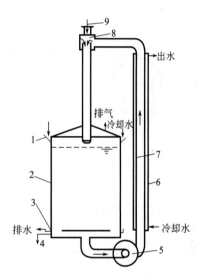

图 8-9　Vobu-JZ 单层溢流喷射自吸式发酵罐

1—冷却水分配槽；2—罐体；3—排水槽；

4—放料口；5—循环泵；6—冷却夹套；

7—循环管；8—溢流喷射器；9—进风口

(3) 鼓泡塔式发酵罐

鼓泡塔式发酵罐是以气体为分散相、液体为连续相，涉及气-液界面的发酵设备。鼓泡塔式发酵罐结构简单，易于操作，操作成本低，混合、传质和传热性能较好，由于省去了机械搅拌装置，造价仅为通用式发酵罐的 1/3 以下，而且不会因轴封引起杂菌污染。由于该类发酵罐的高径比较大，通常大于 6，因此习惯称其为塔。

最原始的鼓泡通气发酵罐为单一的圆筒状的塔型构造，空气从塔的底部送入，构造非常简单。在连续或循环操作时，液体与气体以并流方式进入发酵罐，气泡上升速度大于周围的液体上升速度，形成液体循环，促使气-液表面更新，达到混合的效果。

为了进一步强化气-液传质性能，以适应不同的要求，多种不同结构的发酵装置随之发展起来，如塔内设置多级塔板或填充物以及改进空气分布器类型达到改善传质效果的目的。空气分布器有两种类型：一种是静态式（仅有气相从喷嘴喷出）和动态式（气-液两相均从喷嘴喷出）。

当罐内装有若干块筛板，其高度与直径比为 7 左右。压缩空气由罐底导入，经过筛板逐渐上升，由此带动发酵液同时上升，上升后的发酵液又通过筛板上带有液封作用的降液管下降，从而形成循环。如培养液的浓度适宜、操作得当，则在不增加空气流量的情况下，其基本可达到通用式发酵罐的发酵水平。

（4）气升式发酵罐

气升式发酵罐是 20 世纪 70 年代发展起来应用最为广泛的生物发酵设备。它是在鼓泡塔式发酵罐基础上发展起来的。它用空气喷嘴喷出 $250 \sim 300 \mathrm{m \cdot s^{-1}}$ 高速空气，空气以气泡形式分散于液体中，使平均密度下降。而不通气一侧，液体密度较大，通过导流装置的引导，形成气-液混合物的总体有序循环。气升式发酵罐分为内循环式和外循环式两类，其环流管高度一般高于 4m，罐内液面不高于环流管出口 1.5m，且不低于环流管出口。其结构见图 8-10～图 8-12。

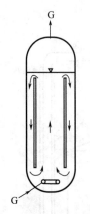

图 8-10　气升环流式发酵罐

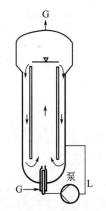

图 8-11　气-液双喷射气升环流发酵罐

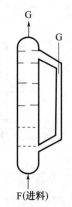

图 8-12　多层空气分布板的气升环流式发酵罐

（5）其他类型发酵罐简介

除上述机械搅拌式发酵罐、自吸式发酵罐、鼓泡塔式发酵罐和气升式发酵罐外，还有多种通风发酵罐设备在生产上被应用。如：固定床生物反应器、卧式转盘发酵反应器、中空纤维生物反应器、机械搅拌光照发酵罐、光照通气生物反应器、植物毛状根培养反应器、反应偶联产物分离生物反应器、内部沉降动物细胞培养反应器、悬浮床生物反应器和浅层植物细胞培养反应器等，如图 8-13～图 8-22 所示。

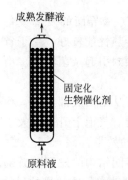

图 8-13　固定床生物反应器

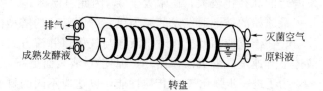

图 8-14　卧式转盘发酵反应器

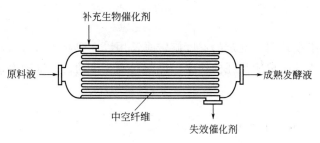

图 8-15　中空纤维生物反应器

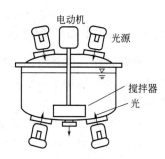

图 8-16　机械搅拌光照发酵罐

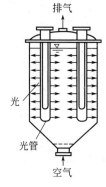

图 8-17　光照通气生物反应器

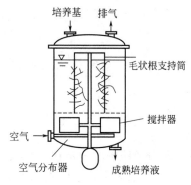

图 8-18　植物毛状根培养反应器

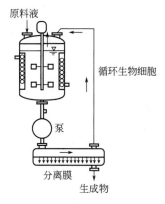

图 8-19　反应偶联产物分离生物反应器

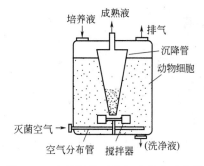

图 8-20　内部沉降动物细胞培养反应器

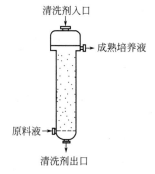

图 8-21　悬浮床生物反应器

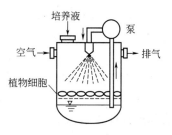

图 8-22　浅层植物细胞培养反应器

8.4.3 搅拌功率的计算

搅拌器输入搅拌液体的功率，是指搅拌器以既定的速度旋转时，用以克服介质阻力所需的功率，简称轴功率。它不包括机械传动摩擦所消耗的功率，因此它不是电动机的轴功率或耗用功率。

(1) 搅拌功率计算的基本方程式

在搅拌罐中，搅拌器的轴功率 P（kW）与下列因素有关：搅拌罐直径 D（m）、液柱高度 H_L（m）、搅拌器类型、搅拌器转速 n（r·s^{-1}）、液体密度 ρ（kg·m^{-3}）、液体黏度 μ（kg·s·m^{-2}）、重力加速度 g（m·s^{-2}）以及有无挡板等。因为搅拌罐直径 D、液位高度 H_L 与搅拌器直径 d 之间有一定比例关系，可以不作为独立变数，于是：

$$P = \phi(n, d, \rho, \mu, g) \tag{8-73}$$

$$气含率 \left[\frac{FL}{T}\right] = \left[\frac{1}{T}\right]^a \ [L]^b \left[\frac{FT^2}{L^4}\right]^c \left[\frac{FT}{L^2}\right]^d \left[\frac{L}{T^2}\right]^e \tag{8-74}$$

量纲 [F]：$1 = c + d$

量纲 [L]：$1 = b - 4c - 2d + e$

量纲 [T]：$-1 = -a + 2c + d - 2e$

根据量纲分析法中的 π 定律，现共有变量数 $n=6$，基本量纲数 $m=3$，故式(8-73)可以 $n-m=3$ 特征数表示。这样式(8-74)右方五个变数，即五个物理量值的指数可以消去三个。现将 a、b、c 以 d 和 e 的形式表示。从上列三个联立方程式求 a、b、c，得 $a=3-d-2e$，$b=5-2d-e$，$c=1-d$，代入式(8-73)得：

$$P = A n^{3-d-2c} d^{5-2d-e} \rho^{1-d} \mu^d g^n$$

整理后得：

$$P = A n^3 d^5 \rho \left(\frac{\mu}{nd^2\rho}\right)^d \left(\frac{g}{n^2 d}\right)^e$$

或

$$\frac{P}{n^3 d^5 \rho} = K \left(\frac{nd^2\rho}{\mu}\right)^x \frac{n^2 d}{g}^y \tag{8-75}$$

式中，$\dfrac{P}{n^3 d^5 \rho} = N_p$ 称功率数；$\dfrac{nd^2\rho}{\mu} = Re_M$ 称搅拌情况下的雷诺数（Reynolds Number）；

$\dfrac{n^2 d}{g} = Fr_M$ 称搅拌情况下的弗劳德数（Froude Number）。

因此，式(8-75)可写为： $N_p = K(Re_M)^x (Fr_M)^y$

式中，K 值为与搅拌器形式、搅拌罐比例尺寸有关的常数。在有挡板情况下，液面不产生中心下降的漩涡，此时指数 $y=0$。

图 8-23 表示三种涡轮搅拌器 N_p 与 Re_M 的关系。$Re_M < 10$，$x=-1$，称层流状态；$Re_M > 10^4$，$x=0$，称湍流状态。

不同搅拌器 K 值见表 8-4。

以上 K 值均为在 $H_L/d=3$，$D/d=3$，$W/D=0.1$ 的情况下测定。一般在发酵罐小，搅拌器总是在湍流情况下操作，于是：

$$P = K n^3 d^5 \rho \tag{8-76}$$

若实际搅拌设备 $D/d \neq 3$，$H_L/d \neq 3$，则可用下式校正：

$$P^* = fP$$

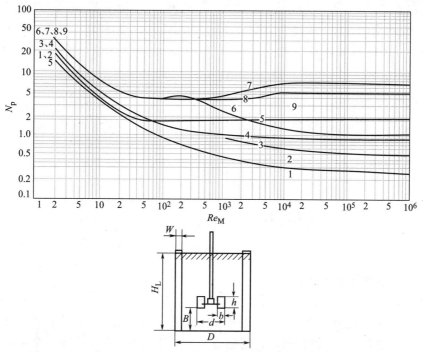

图 8-23　各种搅拌器的雷诺数 Re 对应于功率准数的曲线

曲线编号	搅拌器类型	比例尺寸			挡板	
		D/d	H_L/d	B/d	n_b	W/D
1	螺旋桨,螺距$=d$	3	3	1	无	
2	螺旋桨,螺距$=d$	2.5~6	2~4	1	4	0.1
3	螺旋桨,螺距$=2d$	3	3	1	无	
4	螺旋桨,螺距$=2d$	2.5~6	2~4	1	4	0.1
5	平桨,$d/b=5$	3	3	1	4	0.1
6	六平叶涡轮式	2~7	2~4	0.7~1.6	无	
7	六平叶涡轮式	2~7	2~4	0.7~1.6	4	0.1
8	六弯叶涡轮式	2~7	2~4	0.7~1.6	4	0.1
9	六箭叶涡轮式	2~7	2~4	0.7~1.6	4	0.1

表 8-4　不同搅拌器的 K 值

搅拌器类型	K 值		搅拌器类型	K 值	
	层流	湍流		层流	湍流
六平叶涡轮搅拌器	71	6.3	六弯叶封闭式涡轮搅拌器	97.5	1.08
六弯叶涡轮搅拌器	71	4.8	三叶螺旋桨,螺距$=2d$	43.5	1.0
六箭叶涡轮搅拌器	70	4.0			

$$f = \sqrt{\frac{\left(\dfrac{D}{d}\right)^* \left(\dfrac{H_L}{d}\right)^*}{3 \times 3}} = \frac{1}{3}\sqrt{\left(\frac{D}{d}\right)^* \left(\frac{H_L}{d}\right)^*} \tag{8-77}$$

式中，带 * 号的代表实际搅拌设备的情况；f 为校正系数；P 为按式(8-76)算出的功率数。

【**例 8-4**】 今有一发酵罐，内径为 2m，装液高度为 3m，安装一个六弯叶涡轮搅拌器，搅拌器直径为 0.7m，转速为 150r·min^{-1}，设发酵液重力密度为 1050kgf·m^{-3}，黏度为 1P，试求搅拌器所需功率。

解 $d=0.7m$，$D=2m$，$H_L=3m$，$n=150/60=2.5r·s^{-1}$，$\rho=1050/9.81=107kg·s^2·m^{-4}$，$\mu=1/98.1=0.0102kg·s·m^{-2}$。

$$Re_M=\frac{nd^2\rho}{\mu}=\frac{2.5\times0.7^2\times107}{0.0102}=1.29\times10^4>10^4 \text{（属于湍流状态）}$$

$$P=Kn^3d^5\rho=4.8\times2.5^3\times0.7^5\times107=1349kg·m·s^{-1}=13.2kW$$

因本题发酵罐比例尺寸与表 8-4 不符，故按式(8-77)校正。

$$f=\frac{1}{3}\sqrt{\left(\frac{D}{d}\right)^*\left(\frac{H_L}{d}\right)^*}=\frac{1}{3}\times\sqrt{\frac{2}{0.7}\times\frac{3}{0.7}}=1.17$$

实际轴功率为：$\qquad P^*=fP=1.17\times13.2=15.4kW$

(2) 多层搅拌器的功率计算

由于发酵罐的 H/D 较大，往往在同一搅拌轴上装有多层搅拌器，多层搅拌器功率的计算方法通常是在单层搅拌器的功率计算基础上，乘上一个系数。工程实践表明在 $H/D=2$，$D/d=3$ 的设备中装上两个搅拌器，其间距 $S/d=3$ 时，两个搅拌器所需搅拌功率 P_2 是单个搅拌器功率 P 的 2 倍。而在实际情况下，$S/d=1.5\sim2$，这时 $P_2/P=1.4\sim1.5$，三个搅拌器时 $P_3/P=2$ 左右。

多层搅拌器的功率也可用下式估算：

$$P_m=P[1+0.6(m-1)]=P(0.4+0.6m) \tag{8-78}$$

式中，m 为搅拌器层数。

上节中式(8-60)～式(8-64)介绍了多层搅拌器最大功率值时的 S 值，在这种情况下，多层搅拌器最大功率值可由下式求得：

$$P_m=m^\beta P \tag{8-79}$$

其中

$$\beta=0.86\left[\left(1+\frac{S_m}{d}\right)\left(1-\frac{\alpha S_m}{H_L-0.9d}\right)\right]^{0.3}$$

$$\alpha=\frac{(m-1)\lg m-\lg(m-1)!}{\lg m}$$

若 $m=2$，

$$\beta=0.86\left[\left(1+\frac{S_2}{d}\right)\left(1-\frac{S_2}{H_L-0.9d}\right)\right]^{0.3}，\quad S_2=\frac{H_L-1.9d}{2}$$

若 $m=3$，

$$\beta=0.86\left[\left(1+\frac{S_3}{d}\right)\left(1-\frac{1.37S_3}{H_L-0.9d}\right)\right]^{0.3}，\quad S_3=\frac{H_L-2.27d}{2.74}$$

若 $m=4$，

$$\beta=0.86\left[\left(1+\frac{S_4}{d}\right)\left(1-\frac{1.71S_4}{H_L-0.9d}\right)\right]^{0.3}，\quad S_4=\frac{H_L-2.61d}{3.42}$$

若 $m=5$，

$$\beta = 0.86\left[\left(1+\frac{S_5}{d}\right)\left(1-\frac{2.03S_5}{H_L-0.9d}\right)\right]^{0.3}, \quad S_5=\frac{H_L-2.93d}{4.06}$$

现假定搅拌器直径 d 为 1m，用不同 H_L 及 m 值分别代入式(8-60)及式(8-79)，计算结果列于表 8-5。

表 8-5　在不同 H_L 及 m 值下的 S_m、β 及 P_m 值

d/m	H_L/m	m	S_m/m	β	P_m/kW	d/m	H_L/m	m	S_m/m	β	P_m/kW
1	4	2	1.05	0.943	1.923P	1	5	4	0.7	0.909	3.53P
1	4.5	2	1.3	0.97	1.96P	1	6.5	4	0.845	0.922	3.59P
1	4.5	3	0.81	0.92	2.75P	1	5.5	5	0.633	0.903	4.28P
1	5	3	1	0.94	2.81P	1	6	5	0.756	0.915	4.36P

以式(8-79)计算多层搅拌器功率时，所用的 S_m 不一定按照式(8-60)计算，可代以其他认为适宜的 S_m 值，但最后所算出的 P_m 值较小。如表 8-5 中的第二种情况，即在 $d=1$m，$H_L=4.5$m，$m=2$ 的情况下，若 $S_2=1.6$m 及 $S_2=1.1$m，则由式(8-79)算得 P_2 值分别为 1.95P 及 1.952P。

还可用图 8-24 查出三层六平叶涡轮搅拌器的 K 值，进而计算搅拌功率 P（$P=Kn^3d^5\rho$）。

(3) 通气情况下的搅拌功率计算

当发酵罐中通入空气后，搅拌器所耗功率显著下降，这可能是搅拌器周围的液体由于空气导入密度明显减小的原因，功率下降的程度与通气量 Q_g（$m^3 \cdot min^{-1}$）及液体翻动量 Q（$m^3 \cdot min^{-1}$）（$Q \propto nd^3$）等因素有关。

也有用通气数（吸气数）N_a $[N_a=Q_g/(nd^3)]$ 来关联功率的下降程度，例如

$$N_a < 0.035; \quad P_g/P=1\sim12.6N_a \tag{8-80}$$

$$N_a > 0.035; \quad P_g/P=0.62\sim1.85N_a \tag{8-81}$$

还有将 N_a 数与 P_g/P 值标绘成如图 8-25 所示，从图中可见，不同型式搅拌器所呈现的曲线形状不一，但大致都有同样的趋势，即在小通气量时 N_a 对 P_g/P 的影响较明显，而在大通气量时 N_a 对 P_g/P 的影响较小甚至无影响；同时发现即使在通气量很大时，P_g/P 一般总在 30%～50% 的范围内。

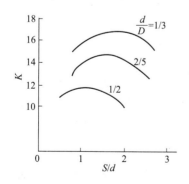

图 8-24　在 $H_L/D=2\sim2.5$ 及三层
六平叶涡轮搅拌器的 K 值

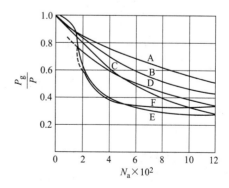

图 8-25　P_g/P 与 N_a 数的关系

曲线：A—八平叶涡轮搅拌器；B—翼蝶式搅拌器，
叶片数=8；C—同 B，叶片数=6；
D—同 B，叶片数=16；E—同 B，叶片数=4；
F—平浆式搅拌器

图 8-25 适用于 $D/d=3$，$H_L/D=1$，$W/D=0.1$ 的情况。也可用式(8-82) 来计算通气情况下涡轮搅拌器的搅拌功率：

$$P_g = 0.157 \left(\frac{P^2 nd^3}{Q_g^{0.56}} \right)^{0.45} \tag{8-82}$$

式(8-82) 是用密度为 $800 \sim 1650 \text{kg} \cdot \text{m}^{-3}$，黏度为 $0.9 \sim 100 \text{mPa} \cdot \text{s}$，表面张力为 $0.75 \sim 74.4 \text{mN} \cdot \text{m}^{-1}$ 的液体作为实验对象得出的结果。式中 P_g 及 P 分别为通气和不通气情况下的搅拌功率，kW；n 为搅拌转速，$\text{r} \cdot \text{min}^{-1}$；$d$ 为搅拌器直径，m；Q_g 为通气量（工作状况），$\text{m}^3 \cdot \text{min}^{-1}$。式(8-82) 适用于 $d/D=1/3$ 的情况。当 $d/D=2/5$ 时，系数应为 0.113；$d/D=1/2$ 时，系数为 0.101。式(8-82) 也适用于多层搅拌器以及非牛顿型流体搅拌场合。

式(8-83) 为一特征数方程式，对不同范围的通气量、液体黏度及搅拌器大小均适用。

$$\lg \frac{P_g}{P} = -192 \left(\frac{d}{D} \right)^{4.38} \left(\frac{d^2 n\rho}{\mu} \right)^{0.115} \left(\frac{dn^2}{g} \right)^{1.96(d/D)} \left(\frac{Q_g}{nd^3} \right) \tag{8-83}$$

【例 8-5】 若在例 8-4 的发酵罐中导入气体通气量（工作状况）为 $6 \text{m}^3 \cdot \text{min}^{-1}$，求通气时的搅拌功率。

解 $d=0.7\text{m}$，$n=150\text{r} \cdot \text{min}^{-1}$，$P=15.4\text{kW}$，$Q_g=6\text{m}^3 \cdot \text{min}^{-1}$

$$N_a = \frac{Q_g}{nd^3} = \frac{6}{150 \times 0.7^3} = 0.117$$

按式(8-81) 计算：

$$P_g = (0.62 - 1.85 N_a)P = (0.62 - 1.85 \times 0.117) \times 15.4 = 6.21\text{kW}$$

若以图 8-25 所示关系计算，因图中没有六弯叶涡轮搅拌器的曲线，故借用曲线 A 进行计算。从曲线 A 中，可见 $N_a=0.117$ 时 $P_g/P=0.51$，于是：

$$P_g = 0.51P = 0.51 \times 15.4 = 7.85\text{kW}$$

若按式(8-82) 计算：

$$P_g = 0.157 \left(\frac{P^2 nd^3}{Q_g^{0.56}} \right)^{0.45} = 0.157 \times \left(\frac{15.4^2 \times 150 \times 0.7^3}{6^{0.56}} \right)^{0.45} = 6.89\text{kW}$$

若按式(8-83) 计算：

$$\lg \frac{P_g}{P} = -192 \times \left(\frac{0.7}{2} \right)^{4.38} \times \left(\frac{0.7^2 \times 2.5 \times 107}{0.0102} \right)^{0.115} \times \left(\frac{0.7 \times 2.5^2}{9.81} \right)^{0.68} \times 0.117 = -0.3836$$

$$P_g = 10^{-0.3836} \times 15.4 = 0.4134 \times 15.4 = 6.37\text{kW}$$

上述四种计算中，除第二种外，均很接近，第二种方法可能是由搅拌器形状与图 8-25 规定不符所致。

(4) 非牛顿型流体搅拌功率的计算

非牛顿型流体（Non-Newtonian Fluid）搅拌轴功率的计算与牛顿型流体搅拌轴功率的计算方法一样，但这类液体黏度是随搅拌速度而变化的，因而须先知晓黏度与搅拌速度的关系，然后才能计算不同搅拌速度下的 Re_M，再根据实验绘出其 $N_p \sim Re_M$ 曲线。

人们对流体，特别是非牛顿型流体，进行了大量的搅拌试验，找出了搅拌罐中搅拌速度与液体平均剪切速率之间的关系式，解决了非牛顿型流体搅拌轴功率计算的难题。

不少具有高浓度菌丝体的发酵液呈现非牛顿型流体的特性，其中尤以拟塑性流体及塑性流体为多。在搅拌情况下，拟塑性流体及塑性流体流动时的速度梯度 $\dot{\gamma}$（即 $\dfrac{dw}{dn}$）与搅拌转速 n 有关，即：

$$\dot{\gamma} = Bn \tag{8-84}$$

对平叶涡轮搅拌器而言，$B = 11.5 \pm 1.4$。

在搅拌下拟塑性或塑性流体的表观黏度 μ_a 即可方便地被求出。

对拟塑性流体而言：

$$\mu_a = \frac{\tau}{\dot{\gamma}} = \frac{K\dot{\gamma}^m}{\dot{\gamma}} = \frac{k}{\dot{\gamma}^{1-m}} \tag{8-85}$$

或

$$\mu_a = \frac{K}{(11n)^{1-m}} \times \frac{3m+1}{4m} \tag{8-86}$$

式中，n 为搅拌转速。对塑性流体而言：

$$\mu_a = \eta + \frac{\tau_y}{\dot{\gamma}} \tag{8-87}$$

式中，μ_a 为表观黏度，$kg \cdot s \cdot m^{-2}$；τ 为剪应力，$kg \cdot m^{-2}$；K 为稠度，$kg \cdot s^m \cdot m^{-2}$，其中 m 为流动状态指数（拟塑性流体 $m < 1$；塑性流体 $m > 1$）；$\dot{\gamma}$ 为流动时的速度梯度，s^{-1}；η 为刚度，$kg \cdot s \cdot m^{-2}$；τ_y 为屈服应力，$kg \cdot m^{-2}$。

在计算拟塑性或塑性流体搅拌功率时，仍可用图 8-23 有关 N_p 及 Re_M 的关系或式(8-67)求取，因为用拟塑性或塑性流体在搅拌时的 Re_M（$d^2 n\rho/\mu_a$）值对 N_p 作标绘时，得出曲线与牛顿型流体基本吻合，仅是过渡性区域较短（Re_M 为 30～300，而牛顿型流体的过渡性区域为 10～10^4），湍流区在 $Re_M \geqslant 300$ 时即出现。这样就可将前述计算牛顿型流体搅拌功率的方法用于计算非牛顿型流体。

(5) 发酵罐搅拌功率的确定

发酵罐搅拌功率的计算应按照不通气时所需搅拌功率来确定，因为灭菌及发酵前期通气或通气量很小，若按照通气情况的功率消耗配备搅拌器的驱动电机，势必使电机长期处在超负载情况，甚至根本无法启动电机或使电机损坏。当搅拌器刚启动时，往往需要比运转功率大得多的启动功率，但因发酵罐所选用的电机一般属于三相异步电动机（JO 型或 JO_2 型），此种电动机允许在短时期有较大的超负荷，加上采用合理的启动装置，故不必考虑启动时的功率消耗。考虑到电动机系列中额定功率的规格间隔很大，如比 40kW 大一些的规格就是 55kW、75kW 或 100kW，因此在实际选用电动机时也可考虑采用介于通气与不通气之间的功率。电动机有四极、六极、八极及十极等规格，相应的同步转速（即定子的旋转磁场转速，异步电动机实际转速略低于同步转速，且随负载而变）为 1500r·min^{-1}、1000r·min^{-1}、750r·min^{-1} 及 500r·min^{-1}，从类型上分也有立式与卧式两种，应根据需要选用。

过去发酵罐所配备电机功率为 1～1.5kW·m^{-3} 培养液，而目前发酵罐所配备的电动机容量，特别是如青霉素等由霉菌发酵的发酵罐，其电机功率可大至 3～4kW·m^{-3} 培养液，同时将通气量压缩在较低水平上（如 0.4～0.5m^3·m^{-3}·min^{-1}），即采取高功率消耗、低通气量的方法来加强搅拌过程中的剪应力和翻动量，以提高氧的传递速度和液-固相的混合程度，这对高黏度发酵液是十分必要的。同时也可避免高通气量引起的搅拌功率下降过多、泡沫严重、装料量小、液体蒸发量大等缺点。

现在国内外普遍采用可变转速电动机，如附有可控硅调压装置的直流电机，使发酵罐能适应发酵过程中不同生长期对搅拌转速的不同要求，这样既可节约电能，又能使发酵罐适用于多种产品的生产。

8.4.4 发酵罐的放大

发酵罐的放大是抗生素生产以及其他发酵工业的一个重大课题，发酵罐的放大除了涉及反应动力学、传质和传热、流体流动机理、相似原理和最佳化理论等方面外，还涉及微生物的生化反应机制、生理特性等因素。

生化反应器的放大方法主要有：①经验放大法；②量纲分析法；③时间常数法；④数学模拟法。目前，发酵罐的放大技术还停留在经验或半经验状态。

通常发酵罐的放大方法是在中试罐（模型罐）的试验基础上，以生产罐与中试罐几何相似为前提，以某些关键性的参数（如单位体积的功率、气-液间的传质系数等）相等为原则进行的。放大所采用的关键性参数不同，放大结果也有所不同，放大虽有成功的实例，但一般缺乏普遍性，只能作为放大设计时的参考。在实际操作中，生产罐常需在操作条件或某些影响较大的设备部件上作必要的调整、改造才能达到预期的结果。在发酵罐放大中，着重要解决的是放大后生产罐的搅拌功率消耗量、搅拌转速及空气流量等三个问题。

(1) 几何尺寸放大

在发酵罐放大中，放大倍数实际上是发酵罐的体积增加倍数，即放大倍数 $m = V_2/V_1$（下标 1 为中试罐；下标 2 为生产罐），因为几何相似，因而 $H_1/D_1 = H_2/D_2 = H'$。

$$\frac{V_2}{V_1} = \frac{\frac{\pi}{4}D_2^2 H_2}{\frac{\pi}{4}D_1^2 H_1} = \frac{\frac{\pi}{4}D_2^3 H'}{\frac{\pi}{4}D_1^3 H'} = \left(\frac{D_2}{D_1}\right)^3$$

于是
$$D_2 = D_1\left(\frac{V_2}{V_1}\right)^{\frac{1}{3}} \tag{8-88}$$

$$H_2 = H'D_2 \tag{8-89}$$

因为
$$\frac{d_1}{D_1} = \frac{d_2}{D_2} = d'$$

故
$$d_2 = d'D_2 \tag{8-90}$$

(2) 空气流量放大

发酵过程中的空气流量一般有两种表示方法。一是以单位培养液体积在单位时间内通入的空气量（以标准状态计），即 $Q_g/V = \text{VVM}\ [\text{m}^3 \cdot \text{m}^{-3} \cdot \text{min}^{-1}]$ 表示，另一是以单位罐体截面积在单位时间内通入的空气量（以操作状态计），即空气的直线速度 $W_s\ [\text{m}^3 \cdot \text{m}^{-2} \cdot \text{h}^{-1}]$ 表示。前者用于发酵生产，其用标准状态表示空气量是因为一般孔板流量计的读数已换算为标准状态，后者则对工程计算较为方便。两者间的换算关系为：

$$W_s = \frac{Q_g \times 60 \times (273 + t)}{\frac{\pi}{4}D^2 \times 273 \times p} = \frac{0.28 Q_g (273 + t)}{pD^2}$$

$$= \frac{0.28(\text{VVM})V(273 + t)}{pD^2}(\text{m} \cdot \text{h}^{-1}) \tag{8-91}$$

$$Q_g = \frac{3.57 W_s p D^2}{273 + t}(\text{m}^2 \cdot \text{min}^{-1}) \tag{8-92}$$

$$VVM = \frac{3.57 W_s p D^2}{V(273 + t)} (m^3 \cdot m^{-3} \cdot min^{-1})$$ (8-93)

式中，D 为罐径，m；t 为罐温，℃；p 为液柱平均压强（绝压），$p = p_t + 1 + 0.5 H_t \gamma \times 10^{-4}$，此处，$p_t$ 为液面上承受的空气压强，即罐顶压力表上所指示的压强，Pa，H_t 为通气口以上的液柱高度，m，γ 为液体重力密度，kgf·m^{-3}。

下面介绍三种空气量放大的方法。

① 以单位培养液体积中的空气流量相同的原则放大。采用此法时，$(VVM)_2 = (VVM)_1$，根据式(8-91)及式(8-88)

$$W_s \propto \frac{(VVM)V}{p D^2} \propto \frac{(VVM)D}{p}$$

故

$$\frac{(W_s)_2}{(W_s)_1} = \frac{D_2}{D_1} \times \frac{p_1}{p_2}$$ (8-94)

② 以空气直线流速相同的原则放大。此时，$(W_s)_2 = (W_s)_1$，根据式(8-93)得

$$\frac{(VVM)_2}{(VVM)_1} = \left(\frac{p_2}{p_1}\right)\left(\frac{D_2}{D_1}\right)^2\left(\frac{V_1}{V_2}\right) = \frac{p_2}{p_1} \times \frac{D_1}{D_2}$$ (8-95)

③ 以 K_{La} 值相同的原则放大。

$$K_{La} \propto \frac{D^{0.5} Q_g H_L}{d_B^{1.5} w_B V}$$ (8-96)

式中，d_B 为空气流管道直径；w_B 为流速。注意此式中 Q_g 为工作状态下的空气流量，若假定 $(d_B)_2 = (d_B)_1$ 及 $(w_B)_2 = (w_B)_1$，则：

$$\frac{(K_{La})_2}{(K_{La})_1} = \frac{\left(\frac{Q_g}{V}\right)_2 (H_L)_2}{\left(\frac{Q_g}{V}\right)_1 (H_L)_1} = 1 \quad 或 \quad \frac{\left(\frac{Q_g}{V}\right)_2}{\left(\frac{Q_g}{V}\right)_1} = \frac{(H_L)_1}{(H_L)_2} = 1$$ (8-97)

考虑到小罐的单位体积液体所具有的液面大于大罐，因此在鼓泡时，小罐从液面所获得的氧传递量大于大罐，由于小罐中气泡在鼓泡器出口处产生的暂留现象不能被忽视，所以将式(8-97)右侧的 $(H_L)_1/(H_L)_2$ 修正为 $[(H_L)_1/(H_L)_2]^{2/3}$，即：

$$\frac{\left(\frac{Q_g}{V}\right)_2}{\left(\frac{Q_g}{V}\right)_1} = \left[\frac{(H_L)_1}{(H_L)_2}\right]^{\frac{2}{3}} = \left(\frac{D_1}{D_2}\right)^{\frac{2}{3}}$$ (8-98)

因 $Q_g \propto W_s D^2$，$V \propto D^3$，故：

$$\frac{(W_s)_2}{(W_s)_1} = \left(\frac{D_2}{D_1}\right)^{\frac{1}{3}}$$ (8-99)

又因 $W_s \propto (VVM) V/(p D^2) \propto (VVM) D/p$，故：

$$\frac{(VVM)_2}{(VVM)_1} = \left(\frac{D_1}{D_2}\right)^{\frac{2}{3}}\left(\frac{p_2}{p_1}\right)$$ (8-100)

若 $V_2 = 125 V_1$，$D_2 = 5 D_1$，$p_2 = 1.5 p_1$，用上述三种不同放大方法计算的空气量结果见表 8-6。

从表 8-6 看，若以 VVM=常数的方法计算，在放大 125 倍后，W_s 增加了 3.33 倍，此值似乎过大，而使搅拌器处于被空气流所包围的状态，无法发挥其加强气-液接触和搅拌液

体的作用。若以 W_s ＝常数的方法来计算，VVM 值在放大后仅为放大前的 30%，似乎过小。因此以 K_{La} ＝常数的方法进行放大为宜。

表 8-6 在 $V_2 = 125V_1$，$D_2 = 5D_1$，$p_2 = 1.5p_1$ 情况下不同放大方法计算出来的 **VVM 值及 W_s 值**

放大方法	VVM		W_s	
	放大前	放大后	放大前	放大后
VVM 相同	1	1	1	3.33
W_s 相同	1	0.3	1	1
K_{La} 相同	1	0.513	1	1.71

(3) 搅拌器的放大

从上述对混合效果的度量和混合机理的定性讨论可见，搅拌问题是非常复杂的，很难建立搅拌效果与搅拌器几何尺寸及转速之间的定量关系，以供设计之用。因此只能通过模型试验来解决放大问题。

搅拌器的设计主要包括：

① 确定搅拌器的类型以及搅拌釜的几何形状，以满足发酵工艺过程的混合要求；

② 确定搅拌器的尺寸、转速和功率。

搅拌器类型及搅拌釜的几何形状是通过实验确定的。其方法是在若干不同类型的小型搅拌装置中，加入与实际生产相同的物料并改变搅拌器的转速进行实验，从中确定能够满足混合效果的搅拌器类型。对不同的搅拌过程，度量其混合效果的标志不同。如对于化学反应过程可用反应速率来度量，对于固体悬浮过程则可用平均调匀度来度量。

搅拌器的类型一旦确定，下一步工作就是将选定的小型搅拌装置按一定准则放大为几何相似的生产装置，即确定其尺寸、转速和功率。所用放大准则应能保证在放大时混合效果保持不变。对于不同的搅拌过程和搅拌目的，有以下一些放大准则供选择。

① 保持搅拌雷诺数 $\dfrac{\rho n d^2}{\mu}$ 不变。因物料相同，由准则可导出小型搅拌器和大型搅拌器之间应满足：

$$n_1 d_1^2 = n_2 d_2^2 \tag{8-101}$$

下标 1、2 分别表示小型、大型搅拌器。

② 保持单位体积能耗 $\dfrac{P}{V_0}$ 不变。这里的 V_0 系指釜内所装液体量，$V_0 \propto d^3$。由

$$\frac{P_1}{V_1} = \frac{P_2}{V_2} \quad 可得 \quad \frac{P_1}{P_2} = \left(\frac{d_1}{d_2}\right)^3$$

这里 1，2 分别代表模型搅拌器和放大后的搅拌器。式子表达使单位体积消耗的功率相等，即尤拉数（Euler Number，$E\mu$）相等（搅拌功率的特征）。

在一般情况下：$E\mu = f(Re) = \dfrac{P}{\rho n^3 d^5}$ 或 $N_p = f(Re) = \dfrac{A}{Re^m}$

所以 $E\mu = N_p$，即

$$\frac{P}{\rho n^3 d^5} = A\left(\frac{\mu}{n d^2 \rho}\right)^m$$

两边乘以 $\dfrac{n d^2 \rho}{\mu}$，得

$$\frac{P}{\mu n^2 d^3} = A\left(\frac{n d^2 \rho}{\mu}\right)^{1-m}$$

$$\left(\frac{d_2}{d_1}\right)^3 = \frac{P_2}{P_1} = \frac{\mu_2 n_2^2 d_2^3 A\left(\dfrac{n_2 d_2^2 \rho_2}{\mu_2}\right)^{1-m}}{\mu_1 n_1^2 d_1^3 A\left(\dfrac{n_1 d_1^2 \rho_1}{\mu_1}\right)^{1-m}}$$

令 $\mu_1 = \mu_2$，$\rho_1 = \rho_2$，且 A、m 均为常数，化简可得：

$$\frac{n_2}{n_1} = \left(\frac{d_1}{d_2}\right)^{\frac{2(1-m)}{3-m}} \tag{8-102}$$

式中，m 为常数，由实验测定。则可导出充分湍流区小型和大型搅拌器之间应满足：

$$n_1^3 d_1^2 = n_2^3 d_2^2 \tag{8-103}$$

③ 保持叶片端部切向速度 πnd 不变。可导出小型和大型搅拌器之间应满足：

$$n_1 d_1 = n_2 d_2 \tag{8-104}$$

此时保持 nd 恒定，即近于流体力学相似，但在传热、传质上不能获相同结果。可见，此放大是粗糙的。

④ 保持搅拌器的流量和压头之比值，即 $\dfrac{q_V}{H}$ 不变。据此准则，可导出小型和大型搅拌器之间应满足下述关系：

$$\frac{d_1}{n_1} = \frac{d_2}{n_2} \tag{8-105}$$

⑤ 保持传热相似——使放大前后的传热膜系数相等，即 $\alpha_1 = \alpha_2$。

因为 $Nu = BRe^x Pr^p$，即 $\dfrac{\alpha d}{\lambda}\left(\dfrac{C\mu}{\lambda}\right)^{-p} = B\left(\dfrac{n^2 \rho}{\mu}\right)^x$。如放大前后物理量 C、μ、λ 保持不变，则可推得：

$$\frac{n_2}{n_1} = \left(\frac{d_1}{d_2}\right)^{\frac{2x-1}{x}}$$

推得结论：

$$\frac{P_2}{P_1} = \left(\frac{d_2}{d_1}\right)^{\frac{3-m-x}{x}} \tag{8-106}$$

⑥ 保持传质相似——使放大前后的传质膜系数相等，即 $k_1 = k_2$。

因为 $N\mu' = CRe^y Pr^k$，即 $\dfrac{kd}{D} = C\left(\dfrac{nd^2 \rho}{\mu}\right)^y \left(\dfrac{\mu}{\rho D}\right)^k$。如放大前后物理量 D、ρ、μ 保持不变，则可推得：

$$\frac{n_2}{n_1} = \left(\frac{d_1}{d_2}\right)^{\frac{2y-1}{y}}$$

推得结论：

$$\frac{P_2}{P_1} = \left(\frac{d_2}{d_1}\right)^{\frac{3-m-y}{y}} \tag{8-107}$$

上述各式中指数 m、x、y 均由实验测定，它们的一般范围为：

一般情况下，$m = 0.15 \sim 0.2$，当 $Re < 30$ 时，$m = 1 \sim 1.7$；

带夹套的搅拌釜 x 为 0.67，带蛇管的搅拌釜 x 为 $0.5 \sim 0.67$；

溶解固体的搅拌釜，当 $Re > 6.7 \times 10^4$ 时 y 为 0.62，当 $Re < 6.7 \times 10^4$ 时 y 为 1.4；

$k = 0.5$；

$p = 1/3$。

对于具体的搅拌过程究竟哪一个放大准则比较适用，需通过逐级放大试验来确定。

逐级放大试验步骤为：在几个（一般为三个）几何相似、大小不同的小型或中型试验装置中，改变搅拌器转速进行实验，以获得同样满意的混合效果。然后根据以上六种公式［即式(8-101)、式(8-103)~式(8-107)］判定哪一个放大准则较为适用，并据此放大准则外推求大型搅拌器的尺寸和转速。

必须指出，有时会出现以上四个放大方法（即：①经验放大法；②量纲分析法；③时间常数法；④数学模拟法）皆不适用的情况，此时必须进一步探索放大规则，再进行放大。如液滴大小分布可用平均直径和离散度来表征。实验表明，在满足几何相似的条件下，按平均直径相同与按离散度相同原则选择的转速并不一致，即在几何相似放大时，不可能获得相同的液滴大小分布，为了获得相同的液滴大小分布应该放弃几何相似的原则。

大型搅拌器的功率可根据小型试验装置的功率曲线来确定。

习　题

8-1　某均相酶催化反应，K_m 为 $5 \times 10^{-3} \, \text{mol} \cdot \text{L}^{-1}$，当底物的初始浓度 c_{S0} 为 $10^{-5} \, \text{mol} \cdot \text{L}^{-1}$ 时，若反应进行 2min，有 5% 的底物转化为产物，试求当反应进行 5min，底物的转化率和浓度各为多少？要使底物的转化率达到 98%，需多长时间？

8-2　蔗糖在室温采用蔗糖酶催化水解得到产物。蔗糖的初始浓度为 $1.0 \, \text{mmol} \cdot \text{L}^{-1}$，在一间歇操作的反应器中实验测定不同时间蔗糖浓度如表 8-7 所示，试确定其反应速率方程能否用 M-M 方程进行描述？若能，试求 M-M 方程中的模型参数。

表 8-7　蔗糖浓度与时间的关系

时间/h	0	1	2	3	4	5	8	10
浓度/mmol·L^{-1}	1.00	0.84	0.68	0.53	0.38	0.27	0.04	0.06

8-3　实验测得黄原胶批式发酵的动力学数据如表 8-8 所示，试根据有关生化反应工程的知识，建立黄原胶发酵的菌体生长、蔗糖消耗和黄原胶产物形成的动力学方程，并求取相关动力学参数。

表 8-8　黄原胶发酵的动力学数据

时间/h	0	10	20	30	40	50	60	70	80
菌体浓度/g·L^{-1}	0.24	0.81	1.63	2.25	2.40	2.41	2.37	2.35	2.25
蔗糖浓度/g·L^{-1}	48.0	44.0	38.8	32.5	25.0	17.5	11.3	6.3	1.6
黄原胶浓度/g·L^{-1}	1.2	1.6	3.7	7.5	12.0	17.8	21.6	25.0	28.8

8-4　今有一发酵罐，内径为 2m，装液高度为 3m，安装一六弯叶涡轮搅拌器，搅拌器直径为 0.7m，转速为 $150 \, \text{r} \cdot \text{min}^{-1}$，设发酵液密度为 $1050 \, \text{kg} \cdot \text{m}^{-3}$，黏度为 $1 \, \text{N} \cdot \text{s} \cdot \text{m}^{-2}$，试求搅拌器所需功率大小。

8-5　与上题相同条件下，若在发酵罐中通入的空气量为 $6 \, \text{m}^3 \cdot \text{min}^{-1}$（操作状态下），试求通气时所需搅拌功率。

8-6　若将一机械搅拌发酵罐放大 10 倍，以下列参数之一相等作为放大判据时，其余参数将如何变化？（1）单位体积发酵液的搅拌功率（P/V_L），（2）搅拌器转数 n。

8-7　某均相酶催化反应，K_m 值为 $2 \times 10^{-4} \mathrm{mol} \cdot \mathrm{L}^{-1}$，当底物的初始浓度 c_{S0} 为 $0.5 \mathrm{mol} \cdot \mathrm{L}^{-1}$ 时，若反应进行 1h，有 7.5% 的底物转化为产物，试求在反应 4h 时，底物的浓度和转化率？

8-8　在某抗生素批式发酵时，假定在接种后迟缓期 1h，然后进入对数生长期，初始菌体浓度为 $c_{X0} = 0.5 \mathrm{g} \cdot \mathrm{L}^{-1}$，在经过 9h 后，菌体浓度为 $2.5 \mathrm{g} \cdot \mathrm{L}^{-1}$，在经过 17h 后进入稳定期，试求在 25h 时，发酵液中菌体的浓度？

8-9　在上述发酵过程中，如果抗生素的合成与菌体生长无关，菌体在进入稳定期后开始合成抗生素，发酵时间 50h，抗生素发酵终浓度为 $33 \mathrm{g} \cdot \mathrm{L}^{-1}$，试建立抗生素合成的动力学方程。

8-10　同样在上述发酵过程中，如果采用淀粉为培养基碳源，浓度为 $50 \mathrm{g} \cdot \mathrm{L}^{-1}$，已知淀粉 25% 用于菌体生长，75% 用于产物合成，试建立淀粉消耗的动力学方程。

8-11　现设计一年产量为 250t 的新霉素车间，成品效价要求为 $650 \mathrm{u} \cdot \mathrm{mg}^{-1}$，平均发酵水平为 $17300 \mathrm{u} \cdot \mathrm{mL}^{-1}$，包括辅助时间在内的发酵周期为 12d，若发酵液收率为 95%，提炼总收率为 65%，发酵罐总数 12 台（即每天放一罐），装料系数为 75%，年工作日以 300d 计。求发酵罐的公称容积及主要尺寸。

8-12　四弯叶转子自吸式发酵罐的叶轮外径为 43cm，叶轮的开口长度为 10.8cm，叶轮的转速为 $1475 \mathrm{r} \cdot \mathrm{min}^{-1}$，叶轮的厚度为 8.6cm，试计算四弯叶转子自吸式发酵罐的吸气量。

8-13　若发酵罐的周期为 220h，种子罐的周期为 40h，发酵罐总数为 15 台，则对应应配制多少台种子罐？

8-14　某细菌发酵罐，直径 1.8m，搅拌桨为六弯叶涡轮，其直径为 0.6m，罐内装四块标准挡板，搅拌桨转速为 $168 \mathrm{r} \cdot \mathrm{min}^{-1}$，通气量（操作状态）为 $1.42 \mathrm{m}^3 \cdot \mathrm{min}^{-1}$，罐压（绝对压力）为 0.152MPa，发酵液黏度为 $1.96 \times 10^{-8} \mathrm{N} \cdot \mathrm{s} \cdot \mathrm{m}^{-2}$，密度为 $1020 \mathrm{kg} \cdot \mathrm{m}^{-3}$，试求其轴功率。

8-15　设有一长筒形发酵罐，筒径为 1m，内有筛板若干块，筛板上开有 5mm 的小孔 1000 个，液高为 4m，盛液 $3 \mathrm{m}^3$，当通气量（工作状态）为 $2 \mathrm{m}^3 \cdot \mathrm{min}^{-1}$ 时，空气截留量为 15%，空气平均密度为 $3.0 \mathrm{kg} \cdot \mathrm{m}^{-3}$，若扩散系数 $D = 6.5 \times 10^{-6} \mathrm{m}^2 \cdot \mathrm{h}^{-1}$，液体黏度为 $3.06 \times 10^{-3} \mathrm{kg} \cdot \mathrm{s} \cdot \mathrm{m}^{-2}$，试求气液接触中的容量传质系数。

第 9 章
新型反应器

9.1 概述

随着化学工业向绿色环保、低能耗和可持续发展方向的发展，有关化工产品生产过程中的核心设备——化学反应器的研究也在不断深入，新型反应器不断得到应用。目前，新型化学反应器研究的前沿课题是将反应器与传质、分离、热量传递有机结合起来，其归纳起来主要有以下几个方面：①根据新的工艺要求，对传统反应器进行改造；②将几种传统的单元过程耦合在同一设备中，使反应器具有多种功能；③采用新的辅助手段，强化反应器的性能；④根据特殊的工艺要求，研究开发特殊形式的化学反应器。在开发新型反应器时，不仅需要考查它的技术指标，还要考查它的制造成本和操作性能。只有高效、节能、结构简单、操作方便、易于检修的反应器型式才容易工业化。

9.2 撞击流反应器

撞击流反应器（Impinging Streams Reactor，ISR）是由苏联学者 Elperin 于 1961 年首先提出的。此后 Elperin 和 Tamir 等进行了一系列基础和应用研究，证实撞击流能大大强化过程的热、质传递，促进化学反应，提高装置的生产能力。武汉工程大学的伍沅教授团队较早开展了国内撞击流的研究，他们从撞击流多相流体力学入手，详细开展了流体力学、微观混合、颗粒行为、颗粒停留时间分布、撞击流的流体阻力和压力波动等一系列的基础研究，并结合工程实际，研发了撞击流结晶器、撞击流纳米材料制备装置等一系列撞击流工业装备。在总结团队的基础研究和工程应用成果的基础上，综合国外学者在本领域的研究，在国家自然科学基金的资助下，出版了国内第一本系统介绍撞击流装置的科学研究、工程开发方面的专业书籍——《撞击流——原理·性质·应用》。该书的出版可供有关研究工作者研究学习和工业界技术开发参考，为撞击流技术的推广作出了重要贡献。

9.2.1 撞击流反应器的原理、特性与分类

（1）撞击流反应器的基本原理

撞击流的基本构思是两股或多股均相或非均相流体相向流动撞击，由于惯性作用一侧流体粒子穿过撞击面渗入相向流体，并来回做减幅振荡运动，产生一个高度湍流区，从而强化传热、传质。以气-固两相体系为例，撞击流反应器的基本原理如图 9-1 所示。两股等量气体充分加速固体颗粒后形成的气-固两相流同轴高速相向流动，并在两加速管的中间即撞击面上相互撞击。加速管出口处气速可高达 $20m \cdot s^{-1}$ 以上，理论上颗粒可被加速到接近气体

速度。气流在撞击面上轴向速度趋于零并转为径向流动。颗粒可借惯性渗入，从一股流体渗入另一股反向流体，并在开始渗入反向流的瞬间，相间相对速度达到最大值。渗入反向流后，颗粒又因反向气流的摩擦阻力而减速，直到轴向速度衰减为零，随后又被该气流反向加速而向撞击面运动，并可能再次渗入原来气流。轴线附近的颗粒在两股相向

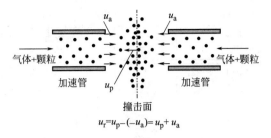

图 9-1　撞击流反应器的基本结构和原理

流体间往复渗透可多达 6 次，最后颗粒的轴向速度逐渐消失，被撞击后转化为径向流动的气流带出撞击区。撞击流反应器中的往复渗透现象甚至在分子量差异较大的气体均相体系中也可能发生。如 He 气流与另一股 He 与 SF_9 混合气流沿同轴相向流动撞击时，SF_9 分子很深地渗入纯 He 气流。但两股液-固悬浮体相向流动撞击时，理论上固体颗粒往复渗透振荡运动的现象也可能发生。不过，由于流体操作速度小、反向流的摩擦阻力很大，难以察觉颗粒的渗入。

　　撞击流反应器中由于两股高速两相流撞击，产生了一个高速湍动、颗粒浓度最高的撞击区，大大地强化了传递过程。已经证明，撞击流是强化相间传递尤其是外扩散控制的传递过程最有效的方法之一，传递系数可比一般方法提高数倍到十几倍，这一特性受到普遍关注。相间传递得以强化的主要因素表现在以下几方面。

　　① 颗粒与反向气流间的相对速度大幅度增大。撞击面附近该相对速度可按下式计算：

$$u_r = u_p - (-u_a) = u_p + u_a$$

式中，气流速度 u_a 可以近似被认为恒定；颗粒速度 u_p 则在往复渗透运动中随时变化。颗粒刚渗入反向流体时，相对速度达到最大值；在极端情况下，若颗粒在加速管中被加速到等于气流速度，则该最大值可达到气体速度的 2 倍。在其他任何时刻，颗粒与反向气流的相对速度都大于气流速度。对于气-固体系的撞击流，加速管中的气流操作速度一般在 $10 \mathrm{m \cdot s^{-1}}$ 以上，有时甚至可高达 $20 \mathrm{m \cdot s^{-1}}$ 以上。传统塔设备操作的相间相对速度显然不能与之相比。

　　② 颗粒在相向气流间往复渗透延长了它们在传递活性区中的平均停留时间，使强化传递的条件在一定程度上得以延续。Elperin 在实验研究中观察到颗粒往复振荡运动可多达 5～8 次。对于瞬间进行的过程，如煤粉或油滴燃烧，平均停留时间延长的幅度具有非常重要的意义。往复振荡运动延长颗粒平均停留时间的宏观表现是撞击区颗粒（液滴）浓度显著高于该区以外的区域。这意味着撞击区单位容积拥有大得多的相界面积。

　　③ 对于液相为分散相的体系，高的相间相对速度和颗粒碰撞产生的剪切力导致滴粒破碎，增大颗粒表面积，促进液相表面更新，减小液膜阻力，从而增大总传质系数。

　　④ 两股流体的连续相相向撞击，或减小压力脉冲，或产生强烈的径向和轴向湍流速率分量，从而导致撞击区强烈混合。混合作用还因颗粒在浓度最高的撞击区中多次往返渗透而得到加强。良好混合的结果使连续相发生浓度和温度的均化，又进一步强化了传递过程，显著地改善了反应器的混合性质，特别是撞击区混合强烈，有力地促进了微观混合。

（2）撞击流反应器的主要特性

　　了解撞击流的基本性质，对开发应用型撞击流反应器具有指导意义。从撞击流工作原理及其可能的应用途径来看，下述性质显然是重要的。

1）停留时间及其分布

　　在气体连续相撞击流（Gas-Continuous Impinging Streams，GIS）装置操作中，人们最

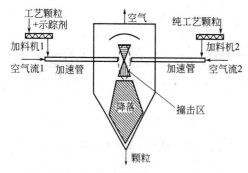

图 9-2　研究停留时间分布的撞击流反应器

关心分散相的停留时间和分布。在图 9-2 所示的撞击流装置中，颗粒从撞击流接触器进口到出口，经历四个流动和运动性质不同的区域，域中颗粒停留时间分布的性质也各不相同。

在系统中的总停留时间分布密度函数可写作：

$$E(t) = E_{ac}(t) * E_{im}(t) * E_{fal}(t) * E_{cs}(t) \tag{9-1}$$

式中，$E_{ac}(t)$ 为加速管内停留时间分布密度函数；$E_{im}(t)$ 为撞击区停留时间分布密度函数；$E_{fal}(t)$ 为降落区停留时间分布密度函数；$E_{cs}(t)$ 为底部碰撞下滑区停留时间分布密度函数。

符号"$*$"表示卷积，定义为：

$$E_i(t) * E_j(t) = \int_0^t E_i(a) E_j(t-a) \mathrm{d}a = \int_0^t E_j(a) E_i(t-a) \mathrm{d}a \tag{9-2}$$

停留时间分布函数与分布密度函数之间的关系是：

$$F(t) = \int_0^t E(t) \mathrm{d}t \tag{9-3}$$

式（9-1）可重排为：

$$E(t) = E_{im}(t) * E_{cs}(t) * E_{ac}(t) * E_{fal}(t) \tag{9-4}$$

其中

$$E_{ac}(t) * E_{fal}(t) = \delta(t - \bar{t}_{ac}) * \delta(t - \bar{t}_{fal}) = \delta(t - \bar{t}_{ac} - \bar{t}_{fal}) \tag{9-5}$$

应当注意到，对装置的动态响应而言，$\bar{t}_{ac}$ 和 $\bar{t}_{fal}$ 的性质都属于传递滞后时间。为方便起见，定义总滞后时间为：

$$t_{lag} = \bar{t}_{ac} + \bar{t}_{fal} \tag{9-6}$$

式（9-5）可简化为：

$$E_{ac}(t) * E_{fal}(t) = \delta(t - t_{lag}) \tag{9-7}$$

根据停留时间分布的性质，应有：

$$E(t) = 0, \ F(t) = 0 \ (t \leqslant t_{lag}) \tag{9-8}$$

另一方面，式（9-4）中的第一个卷积可通过 Laplace 变换和反演求得：

$$
\begin{aligned}
E_{im}(t) * E_{cs}(t) &= \frac{1}{\bar{t}_{cs} - \bar{t}_{im}} \left[\exp\left(\frac{-t}{\bar{t}_{cs}}\right) - \exp\left(\frac{-t}{\bar{t}_{im}}\right) \right] \\
&= \frac{1}{\bar{t}_{im} - \bar{t}_{cs}} \left[\exp\left(\frac{-t}{\bar{t}_{im}}\right) - \exp\left(\frac{-t}{\bar{t}_{cs}}\right) \right] (t \geqslant t_{lag})
\end{aligned} \tag{9-9}
$$

将等式（9-7）和式（9-9）代入式（9-1），用积分或 Laplace 变换解出最终结果，得到：

$$
\begin{aligned}
E(t) &= \frac{1}{\bar{t}_{cs} - \bar{t}_{im}} \left\{ \exp\left[\frac{-(t - t_{lag})}{\bar{t}_{cs}}\right] - \exp\left[\frac{-(t - t_{lag})}{\bar{t}_{im}}\right] \right\} \\
&= \frac{1}{\bar{t}_{im} - \bar{t}_{cs}} \left\{ \exp\left[\frac{-(t - t_{lag})}{\bar{t}_{im}}\right] - \exp\left[\frac{-(t - t_{lag})}{\bar{t}_{cs}}\right] \right\} (t \geqslant t_{lag})
\end{aligned} \tag{9-10}
$$

这就是颗粒在所考虑的撞击流装置中的停留时间分布模型。该模型包含几个与装置和操作条件有关的参数，即颗粒在四个子空间中的平均停留时间 $\bar{t}_{ac}$、$\bar{t}_{im}$、$\bar{t}_{fal}$ 和 $\bar{t}_{cs}$，其中撞击区平均停留时间 $\bar{t}_{im}$ 和碰撞下滑区平均停留时间 $\bar{t}_{cs}$ 是对称参数，即它们对总停留时间分布具有相同的影响。由式(9-9) 或式(9-10) 可以看出，该模型要求 $\bar{t}_{im} \neq \bar{t}_{cs}$，否则 $E(t)$ 将没有定义，但这不会成为问题。根据实验观察，总有 $\bar{t}_{cs} > \bar{t}_{im}$。

通过以上分析可以看到：颗粒在撞击流装置中的流动具有全混流-平推流串联的特征；最重要的热、质传递活性区即撞击区中返混严重，这对某些过程可能有利，但在另一些场合可能有害，因为返混通常导致平均推动力降低；已有的某些分析计算结果表明，颗粒在主要和次要活性区即撞击区和加速管中的平均停留时间都很短，总计 1s 左右。

2）流体阻力

气体连续相撞击流装置的流体阻力主要是由下列几个因素引起的：流经加速管过程中气体与管壁间的摩擦阻力；气流与分散相间的摩擦力；两股流体相向撞击；接触器的结构因素，例如出口处截面积突然缩小以及其他结构部件等。气体连续相撞击流装置最重要的操作参数是加速管中的气体速度 u_0，也称撞击速度。显然，较方便的处理方法是使各种阻力都与 u_0 相关联。

① 通过加速管的流动。在通过加速管的流动中，有若干因素可导致沿程压降。这些因素包括气流与管内壁面摩擦，颗粒与壁和颗粒间的碰撞等。为方便起见，加速管压降 Δp_{ac} 可以认为由气流引起的和颗粒引起的两个分量－$\Delta p_{ac,a}$ 和－$\Delta p_{ac,p}$ 构成。

a. 气体流动阻力。与一般管道阻力的计算相似，因气体在加速管中流动摩擦阻力引起的压降－$\Delta p_{ac,a}$ 可表示为：

$$-\Delta p_{ac,a} = \lambda_a \frac{L_{ac}}{d} \times \frac{\rho_a u_0^2}{2} \tag{9-11}$$

式中，摩擦系数 λ_a 是管壁表面相对粗糙度 ε/d 和 Re_a 的函数。以 ε/d 为参变量的 $\lambda_a \sim Re_a$ 列线图可以在文献中找到。在等温条件下，式(9-11) 中的气流速度 u_0 理论上将受局部压力和颗粒存在的影响。但在实际问题中，气体流经加速管引起的压降与操作压力相比极小；且处理的两相流为稀薄悬浮体，$m_p/m_a = 0.5 \sim 2.0$，颗粒所占体积分数极小（≤0.5%）。因此，可以认为 u_0 是常数。

b. 颗粒运动引起的压降。颗粒运动引起的压降可通过能量衡算求得。关于加速管中的总能量衡算方程可写为：

$$0 + \underbrace{\frac{1}{2} m_a u_0^2 + p_1 \frac{m_a}{\rho_a}}_{}\underset{\text{输入}}{\underbrace{\begin{matrix} \text{颗粒} \qquad\quad \text{空气流} \end{matrix}}} = \underbrace{\frac{1}{2} m_{p0} u_{p0}^2 + \frac{1}{2} m_a u_0^2 + p_2 \frac{m_a}{\rho_a}}_{}\underset{\text{输出}}{\underbrace{\begin{matrix} \text{颗粒} \qquad\qquad \text{空气流} \end{matrix}}} \tag{9-12}$$

整理后得到：

$$-\Delta p_{ac,p1} = p_1 - p_2 = \frac{1}{2} \rho_a \frac{p_a}{m_a} u_{p0}^2 \tag{9-13}$$

式(9-13) 定义了颗粒流经加速管引起的最小压降。实质上就是气体与颗粒间动量传递即气流加速颗粒引起的压降。其中 u_{p0} 是加速管出口处颗粒的平均速度，取决于空气流撞击速度 u_0、加速管长度 L_{ac}、密度比 ρ_p/ρ_a 和颗粒平均直径 d_p，可由下列运动方程确定：

$$\frac{du_p}{dt} = 0.75 C_D \left(\frac{\rho_a}{\rho_p d_p} \right) (u_a - u_p)^2 \tag{9-14}$$

$$u_p \frac{du_p}{dl} - 0.75 C_D \left(\frac{\rho_a}{\rho_p d_p} \right) (u_a - u_p)^2 \tag{9-15}$$

$$初始条件：t=0 \text{ 时，} u_p=0, l=0 \tag{9-16}$$

其中曳力系数 C_D 取决于流型区。熟知的 Stokes 区、过渡区和湍流区中 C_D 和 Re_p 的关系可由一般手册和文献查取。这里，Re_p 定义为：

$$Re_p = \frac{d_p \rho_a}{u_a} | u_0 - u_p | \tag{9-17}$$

另一方面，颗粒与管内壁和颗粒之间的碰撞也会产生一定的压降，以 $-\Delta p_{ac,p2}$ 表示。某些作者把该压降取为纯空气流引起压降的某一分率；然而，使之与气体加速颗粒引起的压降 $-\Delta p_{ac,p1}$ 相关联更方便、合理，因为这两类碰撞所受的影响因素与 $-\Delta p_{ac,p1}$ 相同。以此方式关联，有：

$$-\Delta p_{ac,p2} = a(-\Delta p_{ac,p1}) = a \frac{1}{2}\rho_a \frac{m_p}{m_a} u_{p0}^2 \tag{9-18}$$

式中，a 为比例系数。定义综合局部阻力系数为：

$$\zeta_{ac,p} = 1 + a \tag{9-19}$$

则颗粒加速和碰撞引起的综合压降可表示为：

$$-\Delta p_{ac,p} = -(\Delta p_{ac,p1} + \Delta p_{ac,p2}) = \zeta_{ac,p} \frac{1}{2}\rho_a \frac{m_p}{m_a} u_{p0}^2 \tag{9-20}$$

于是，气-固悬浮体通过加速管的总压降可表示为：

$$-\Delta p_{ac} = -(\Delta p_{ac,a} + \Delta p_{ac,p}) \tag{9-21}$$

② 两流体撞击。实验测定发现，两流体撞击引起的压降与是否有颗粒存在无关。要通过能量衡算确定该压降是困难的，因为撞击区没有明确的边界，以致气体离开撞击区时的径向速度难以确定。根据观察分析，可以认为，在对流动产生阻力的意义上，撞击面起到一个 90° 弯管的作用。因此，撞击区压降可以用局部阻力系数 ζ_{im} 表示为：

$$-\Delta p_{im} = \zeta_{im} \frac{1}{2}\rho_a u_0^2 \tag{9-22}$$

该局部阻力系数的数值需要通过实验确定。

③ 撞击流装置的结构阻力。装置的某些结构因素，例如流道截面积变化、流动方向改变等，也会引起压力损失。显然，这些因素因具体装置结构不同而异。为了方便起见和更一般化，用一个与加速管中空气速度即撞击速度 u_0 相关联的综合局部阻力系数 ζ_{ds} 来表示所有结构因素引起的阻力，即：

$$-\Delta p_{ds} = \zeta_{ds} \frac{1}{2}\rho_a u_0^2 \tag{9-23}$$

该阻力系数可根据撞击流装置的具体结构，采用一般的方法确定。对于笔者研究的撞击流接触器，可能引起压降的结构因素有两个：上方挡板引起的 180° 折流；出口处空气流动截面积突然缩小。前一因素可以忽略不计，因为该处空气速度非常低（$\leqslant 0.05 \text{m} \cdot \text{s}^{-1}$）；后者则可以与因撞击引起的压降相比拟。一般可表示为：

$$-\Delta p_{a0} = \zeta_{a0} \frac{1}{2}\rho_a u_0^2 \tag{9-24}$$

式中，u_{a0} 为装置出口管处的气流速度，即：

$$u_{a0} = \left(\frac{d}{d_0}\right)^2 u_0 \tag{9-25}$$

式中，d_0 为装置喷嘴出口内径。ζ_{a0} 由文献查得为 1.0。于是，对于所研究的撞击流接触器，式(9-23) 可以改写为：

$$-\Delta p_{ds} = \frac{1}{2}\left(\frac{d}{d_0}\right)^4 \rho_a u_0^2 \tag{9-26}$$

④ 撞击流装置的总阻力。综合上述结果，可求得撞击流接触器对流体的总阻力为：

$$-\Delta p_T = -(\Delta p_{ac,a} + \Delta p_{ac,p} + \Delta p_{im} + \Delta p_{ds}) \tag{9-27}$$

式中，$-\Delta p_{ac,a}$、$-\Delta p_{ac,p}$、$-\Delta p_{im}$ 和 $-\Delta p_{ds}$ 分别由式(9-11)、式(9-20)、式(9-22) 和式(9-23) 确定。涉及的 λ_a 和 ζ_{ds} 可根据所采用撞击流装置的结构，利用一般的方法预测；$\zeta_{ac,p}$ 和 ζ_{im} 则需要通过实验确定。

3) 破碎、分散和雾化

撞击流装置中气流携带被加速的颗粒相向撞击可导致颗粒间或（和）颗粒与壁间剧烈的碰撞，产生粉碎、分散和雾化。在以液体为分散相的气体连续相撞击流装置中，伍沅等研究了气-液两相流相互撞击对液体分散度的影响。

① 雾滴群粒径分布。测定的雾滴群粒径分布以滴粒数频率函数 ϕ_N 表示，定义为：

$$\phi_N = \frac{N(D)}{\int_0^\infty N(D)\mathrm{d}D} = \frac{N(D_i)}{\sum\limits_i N(D_i)\Delta D_i} \tag{9-28}$$

对粒径分布测定数据进行回归分析的结果表明，撞击前后分布都可表示为：

$$\phi_N = \exp\left[-C_1 - C_2\left(\ln\frac{D}{D_{AM}}\right)^3 - C_3\left(\ln\frac{D}{D_{AM}}\right)^3 - C_4\left(\ln\frac{D}{D_{AM}}\right)^{1.5}\right] \tag{9-29}$$

式中，C_i（$i=1, 2, \cdots, 4$）为可调参数；D_{AM} 为算术平均直径，定义为：

$$D_{AM} = \int_0^\infty D\phi_N(D)\mathrm{d}D = \frac{\sum D_i N(D_i)\Delta D_i}{\sum N(D_i)\Delta D_i} \tag{9-30}$$

两组典型实验测定数据在图 9-3(a)、图 9-3(b) 中给出；图中曲线是利用式（9-29）和适当的回归参数 C_i 计算的结果。其中 u_a 表示两流体喷嘴出口处的空气速度。应当注意，这里的 u_a 雾化空气速度，在性质和数量级上完全不同于撞击速度。

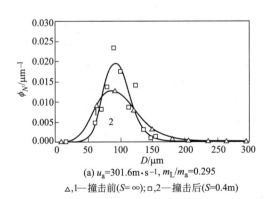

(a) $u_a=301.6\,\mathrm{m\cdot s^{-1}}$, $m_L/m_a=0.295$
△,1—撞击前($S=\infty$);□,2—撞击后($S=0.4\mathrm{m}$)

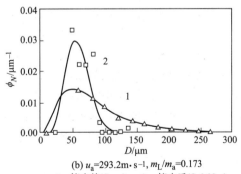

(b) $u_a=293.2\,\mathrm{m\cdot s^{-1}}$, $m_L/m_a=0.173$
△,1—撞击前($S=\infty$);□,2—撞击后($S=0.09\mathrm{m}$)

图 9-3　悬浮体撞击前后液滴粒径分布的变化

由图 9-3 可以看出，与撞击前相比，撞击后液滴粒径分布变窄，即粒径变得更均匀。大多数实验测定的结果都反映了同样的变化趋势；例外的情况很少，约占 20%。液滴直径的均匀性可以用参数"标准偏差"σ 来表述。σ 定义为：

$$\sigma = \sqrt{\frac{\sum N_i (D_i - D_{AM})^2}{\sum N_i}} \qquad (9\text{-}31)$$

σ 是分布的离散度，σ 数值越大，表示粒径越分散、均匀性越差。在不同的空气/液体质量流量比（m_a/m_L）下，标准偏差的部分测定结果见表 9-1。可以看出，一般情况下撞击使 σ 变小，即粒径分布均化；只有在 $m_a/m_L = 1.340$ 下获得的数据（表中第 3 列）显示例外的趋势。

表 9-1　撞击前后粒径分布的标准偏差

m_a/m_L	0.269	1.340	3.410	5.680	7.848
情况	$\sigma/\mu m$				
撞击前	53.05	59.14	42.10	40.20	27.57
撞击后	49.14	59.69	26.77	14.74	16.93

两流体撞击的强度在一定程度上与撞击距离 S 有关。S 越小，撞击越强烈。因此，了解撞击距离对粒径分布的影响是有意义的。相关数据见表 9-2。由表可知，标准偏差 σ 一般随撞击距离 S 减小而减小；尽管也有些数据显示例外的规律（表中第 4 行）。考虑到在所用的直接采样法中试样代表性不足的情况难以完全避免，上述例外可以忽略。因此可以认为两股雾滴相向撞击起到均化滴粒直径的作用；较强的撞击更有利于均化。

表 9-2　撞击距离对粒径分布标准偏差的影响

S/m_L	0.25	0.15	0.09
m_a/m_L	$\sigma/\mu m$		
约 1.0	59.01	32.94	27.77
约 2.0	20.65	30.13	26.77
7.34	37.37	16.90	

粒径均化意味着撞击过程中大液滴碎裂倾向较大，即倾向于发生二次雾化；而微小液滴倾向于并聚，这在理论上是合理的。在离开喷嘴到撞击面这个距离较短的范围内，可以认为所有从喷嘴喷出的液滴以相同的速度运动。液滴越大，其动能也越大，倾向于发生碎裂碰撞，细小微滴则倾向于发生黏结碰撞。在碎裂碰撞中，许多细小微滴从碰撞滴粒外围径向分裂出来，使原来的液滴缩小。另一方面，作用于单位质量大的液滴的表面张力较小，从而在撞击面较大的相对速度下，大滴粒也比细小滴粒更容易雾化。

② 平均粒径。为便于应用，所有实验数据都以 Sauter 平均直径，即体积-面积平均直径 D_{32} 关联。D_{32} 定义为：

$$D_{32} = \frac{\sum N_i D_i^3 \Delta D_i}{\sum N_i D_i^2 \Delta D_i} \qquad (9\text{-}32)$$

对水-空气和水-CO_2 两个体系，在 $u = 110 \sim 310\,\mathrm{m \cdot s^{-1}}$（$Re_0 = 15000 \sim 70000$）、$m_L/m_a = 0.2 \sim 15.0$、$S = 0.09 \sim 0.4\,\mathrm{m}$ 的范围内总共 37 组条件下，实验测定了撞击前后的 Sauter 平均直径和相应的粒径分布。曾尝试用多种不同的方程关联数据，并通过回归分析确定参数。最终确定拟合数据最好且可较好地描述各种因素影响的表达式为：

$$D_{32}(\mu m) = K \left(\frac{m_L}{m_a} \right)^a Re_0^b \tag{9-33}$$

式中，K、a 和 b 为可调参数；Re_0 为喷嘴出口处空气的 Reynolds 数：

$$Re_0 = \frac{d_0 u_a \rho_a}{\mu_a} \tag{9-34}$$

假定空气通过喷嘴为绝热流动，且假定进口空气速度与喷出速度相比可以忽略，则式 (9-34) 中的空气速度 u_a 可由下式计算：

$$u_a = \sqrt{2 g_c R T_{a1} \frac{1000}{M_A} \times \frac{k}{k-1} \left[1 - \left(\frac{p_2}{p_1} \right)^{\frac{k}{k-1}} \right]} \tag{9-35}$$

式中，g_c 为换算因子，$g_c = 1 kg \cdot m \cdot N^{-1} \cdot s^{-2}$；下标 1 和 2 分别表示喷嘴进口和出口。对 u_a 可应用的数值取决于出、进口压力比 p_2/p_1 和临界压力比 p_2^*/p_1，后者可表示为：

$$\frac{p_2^*}{p_1} = \left(\frac{2}{k+1} \right)^{\frac{k}{k-1}} \tag{9-36}$$

可能有两种情况，若 $p_2/p_1 > p_2^*/p_1$，u_a 可利用式(9-35) 计算；若 $p_2/p_1 \leqslant p_2^*/p_1$，则 u_a 应取为局部声速 u_c，后者可写为：

$$u_c = \sqrt{\frac{1000 k g_c R T_{a2}}{M_A}} \tag{9-37}$$

式中，M_A 为气体的分子量。

用式(9-33) 对实验数据进行拟线性回归，得到：

$$K = 3200, \quad a = 0.09, \quad b = -0.32 \tag{9-38}$$

回归的复相关系数为 $r = 0.7275$，大于置信度 1% 对应的最小值 0.418。

利用式(9-33) 及其回归参数值计算结果与实验测定数据的比较在图 9-4 中给出；计算的标准误差为 $SD = 21.06 \mu m$。若考虑到雾粒群粒径实验测定方面本征地存在的困难，那么图 9-4 的结果说明式(9-33) 对实验数据的拟合程度是可以接受的。

由回归方程式(9-33) 及其拟合数据的结果可以看出以下几点。

a. 式(9-33) 中没有包含撞击距离 S。实际上，在关联数据时曾尝试过多个包含 S 的参数，例如 d_0/S、$(1 + d_0/S)$ 以及 S 本身等，试图分别把它们引入回归方程。然而，发现这些参数对 D_{32} 没有影响，或者影响极其微弱。最终从回归方程中删去了 S 这一参数。如前所述，参数 S 一定程度地反映撞击强度；而 $S = \infty$ 就意味着没有撞击。因此，S

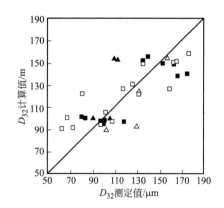

图 9-4　平均直径测定和计算结果比较
△无撞击；▲撞击后；□水-空气体系；
■水-二氧化碳体系

不出现在回归方程中这一事实，表明滴粒-气体悬浮体流相向撞击不影响雾化滴粒的 Sauter 平均直径。

b. 回归方程中气流 Re_0 的指数为 -0.32，对平均粒径显示中等程度的影响。

c. 研究中观察到液气质量流量比 m_L/m_a 对平均粒径的影响很小，其指数仅为 0.09。

4）微观混合

根据现有比较通行的理论模型，微观混合主要取决于单位质量的能量耗散速率 ε。浸没循环撞击流反应器（Submerged Circulative Impinging Stream Reactor，SCISR）中微观混合的能量由相向撞击的流体动能提供。SCISR 中两股流体操作速度相等，能量耗散速率可写为：

$$P = 2 \times \frac{1}{2} m u^2 = m u^2 \tag{9-39}$$

式中，m 为每股流体的质量，可表示为：

$$m = A_d \rho_f u_0 \tag{9-40}$$

结合式(9-39)和式(9-40)，得到：

$$P = A_d \rho_f u_0^3 \tag{9-41}$$

微观混合主要在撞击区中发生。撞击区体积分率以 f_m 表示，则有：

$$V_m = f_m V_R \tag{9-42}$$

于是，单位质量能量耗散速率 ε 可由下式确定：

$$\varepsilon = \frac{P}{V_m \rho_f} = \frac{A_d u_0^3}{f_m V_R} \tag{9-43}$$

将式(9-43)代入 $\lambda = \left(\dfrac{\nu^3}{\varepsilon}\right)^{\frac{1}{4}}$ 并整理结果，得到 Kolmogoroff 长度 λ 为：

$$\lambda = \left[\frac{\left(\frac{\mu_f}{\rho_f}\right)^3}{\varepsilon} \right]^{\frac{1}{4}} = \left[\frac{f_m V_R}{A_d} \left(\frac{\mu_f}{\rho_f u_0} \right)^3 \right]^{\frac{1}{4}} \tag{9-44}$$

式(9-44)与式 $t_M = \dfrac{(0.5\lambda)^2}{D}$（其中，$t_M$ 为微观混合特征时间；D 为扩散系数）合并，得到：

$$t_M = \frac{0.25}{D} \left[\frac{f_m V_R}{A_d} \left(\frac{\mu_f}{\rho_f u_0} \right)^3 \right]^{\frac{1}{2}} = \frac{0.25}{D} \left[\frac{f_m V_R}{A_d} \left(\frac{\mu_f}{\rho_f} \right)^3 \right]^{\frac{1}{2}} u_0^{-1.5} \tag{9-45}$$

其中，撞击区体积分率已确定为 $f_m = 0.186$；其他结构参数和性质数据均为已知。

伍沅等在 SCISR 中，通过 α-萘酚（A）与对氨基苯磺酸重氮盐（B）偶合反应生成单偶氮（R）和双偶氮（S）这一平行-连串反应研究了撞击流反应器的微观混合，并将理论预测值与实验结果进行了比较，结果见表 9-3。

表 9-3 计算和实验测定的微观混合时间

实验标号	T/K	$u_0/\text{m} \cdot \text{s}^{-1}$	$t_{M,cal}/\text{ms}$	$t_{M,ex}/\text{ms}$	$t_{M,cal}/t_{M,ex}$
1	298	0.184	594	192	3.09
2	303	0.245	285	136	2.10
3	308	0.255	205	95	2.16
4	308	0.326	142	87	1.63

由表 9-3 的数据可以看到，按现有理论模型计算的微观混合时间 $t_{M,cal}$ 比实验测定值 $t_{M,ex}$ 高 2~3 倍。这表明 SCISR 的微观混合性质远优于现有的理论预测结果。这样的偏差不可能通过实验误差之类的原因解释，只能说明现有理论模型普适性不足，不适用于包括撞击流在内的某些过程。SCISR 中的流动结构完全不同于传统装置，其中有许多可能有利于

微观混合的现象，例如两股相向流体间的相互作用如碰撞、剪切、挤压等，还存在压力波动。这些都有可能促进微观混合，而现有的微观混合理论模型基本上是以搅拌槽中的实验室数据为依据，没有包含对这些现象的考虑。

尽管采用实验方法研究撞击流流体的特性已取得了一些成果，但由于撞击流流场的复杂性，现有的实验方法不能完全解释撞击流反应器内流体流动特性，因此，不同数值模拟方法也被不断引入撞击流，用于深入研究和分析撞击流反应器的工质流动特性，如不可压缩格子Boltzmann 模型数值法、流体动力学法、直接模拟方法、旁路伽马分布模型、蒙特卡洛方法、大涡模拟方法、平面激光诱导荧光方法等。

（3）撞击流反应器的分类

撞击流反应器的分类方式有很多，目前较常用的是按流动结构的扩展和连续流动相的相态扩展分类。

1）流动结构的扩展

撞击流反应器一般包括两种主要部件：加速管，它也是流体进口管；分别设有连续相和分散相出口的撞击流装置本体。Tamir 对各种不同结构的撞击流反应装置提出如下分类方法。

① 根据连续相的流动分为：平流型，流体流线平行于流动轴，如图 9-5(a)～(c) 所示；旋流型，流体流线相对于总体流动轴线为螺旋线，如图 9-5(d)～(f) 所示。

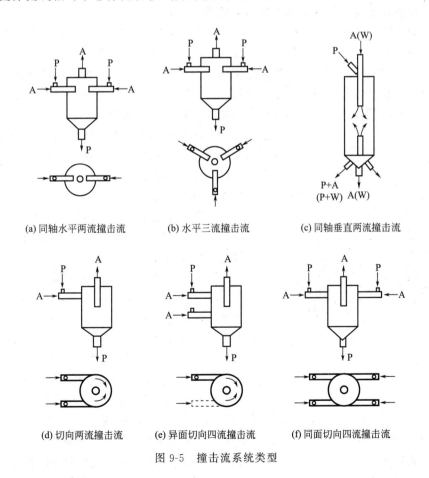

(a) 同轴水平两流撞击流　　(b) 水平三流撞击流　　(c) 同轴垂直两流撞击流

(d) 切向两流撞击流　　(e) 异面切向四流撞击流　　(f) 同面切向四流撞击流

图 9-5　撞击流系统类型

② 根据流体在撞击流接触器本体中的流动分为：同轴逆流，两股流体沿同轴反向进入装置，撞击前均为自由射流，如图 9-5(a) 所示；偏心逆流，不同流体不同轴流动，其他特征同上，如图 9-5(b) 所示；共面旋流，两流体在同一平面上切向进入装置相向流动，撞击前各自流线为沿壁共面半圆形，如图 9-5(d) 和 (f) 所示；不共面旋流，两流体在不同平面上切向进入装置相向流动，撞击前各自流线为沿壁共面半圆形，如图 9-5(e) 所示。

③ 根据撞击流装置的操作方式分为：双侧进料连续式，两相均为稳态流动，颗粒对称地加入两股流体；单边进料连续式，两相均为稳态流动，但颗粒仅加入一股流体，可以简化操作；半间歇式，只有连续相为稳态流动，颗粒在装置内循环。

2）连续流动相的相态扩展

实施撞击流的必要条件之一，是相向撞击的两股流体都必须至少有一个连续相。图 9-2 所示的撞击流是以气体为连续相；当然，也可以以液体为连续相。

与气体相比，液体的密度要大 3 个数量级，黏度大 2 个数量级；从分子运动论的观点看，液体分子的自由程非常小，因此必然影响分别以它们为连续相的撞击流的性能。根据连续相的不同，撞击流反应器可分为气体连续相撞击流（Gas-Continuous Impinging Streams，GIS）和液体连续相撞击流（Liquid-Continuous Impinging Streams，LIS）。

9.2.2 撞击流反应器的应用

(1) 撞击流反应器在超细粉体制备中的应用

化学反应-沉淀法制取超细粉体的关键过程是从溶液中结晶，它要求析出固体即结晶必须在极高的过饱和度下进行，以便瞬间生成大量晶核，从而保证生成的晶核不可能大幅度长大。液相连续撞击流反应器具有强烈促进微观混合的特征，一方面可以促进制备超细粉体的液相化学反应更快速进行，瞬间产生高过饱和度；另一方面，强烈的微观混合可以保证高过饱和度达到极高的均匀状态，从而可以制备更细、粒径分布更窄的产品。

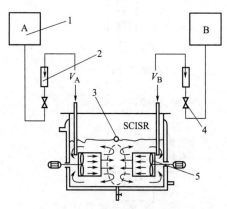

在如图 9-6 所示的浸没循环撞击流反应器中，以 KBH_4 为还原剂、氯化铜为原料、氨水作为络合剂和表面活性剂 PVP 为分散剂，采用还原-沉淀法制备了纳米铜粉。

先将预先配制好的 KBH_4 溶液加入浸没循环撞击流反应器，随后启动螺旋桨驱动电机，螺旋桨推动液体在浸没循环撞击流反应器内循环流动、撞击；控制一定的螺旋桨转速以达到所需的撞击速度。浸没循环撞击流反应器的换热夹套中通入一定温度的水，用以保持反应器中料液温度恒定。当流动状态和温度达到稳定后，根据选定的加入方式，将反应液加入反应器中。加入完毕后开始计时，反应一定时间后卸料，用离心机分离；沉淀先用水洗去残留 Cu^{2+}，用六氰合铁酸钾检测验证洗涤液已

图 9-6　浸没循环撞击流反应器
1—试液槽；2—转子流量计；3—出口；
4—调节阀；5—螺旋桨

不含 Cu^{2+}，然后再用丙酮洗涤；滤饼在 30℃下真空干燥，得到纳米铜粉体。研究结果表明，当反应条件为 $CuCl_2$ 与 KBH_4 的摩尔比 1∶2，$CuCl_2$ 浓度 0.2kmol·m^{-3}，反应温度 20℃，螺旋桨转速 1200r·min^{-1}，2% PVP 加入量 40mL，反应混合物 pH 值 14 时，所得产品经检测为黑色固体颗粒，分散性好，平均粒径 5.1nm，分布很窄。

　　研究还发现，加料方式的改变影响纳米铜粉体的结构：当采用将 $CuCl_2$ 溶液快速（加入时间 1min）加入 KBH_4 溶液时，得到产品为颗粒团；当采用将 $CuCl_2$ 溶液缓慢（加入时间 10min）加入 KBH_4 溶液时，得到产品为颗粒团和少量针状结构；当采用将 KBH_4 溶液缓慢（加入时间 8min）加入 $CuCl_2$ 溶液时，得到产品为针状结晶和少量颗粒团。

　　由于纳米铜粉体的比表面积大，表面能高，如平均直径 10nm 的纳米铜粉体的比表面积为 $66m^2 \cdot g^{-1}$，表面能为 $5900J \cdot mol^{-1}$，极易被氧化，因此需通过改性来满足其常温抗氧化性能。有效的改性方法是通过置换法制备铜银双金属粉体。

　　将一定量上述制备好的纳米铜粉体、$0.5\sim1.0g$ 明胶加入去离子水中，室温搅拌分散成悬浮体；根据要求包覆银的比例，称取相应量的 $AgNO_3$ 配成溶液，加入适量的氨水制成银氨溶液，然后通过梨形漏斗将银氨溶液缓慢加入铜悬浮液中，反应 30min，得到的沉淀分别用去离子水和丙酮洗涤，干燥得铜银双金属粉体，TEM（透射电子显微镜）显示所得产品的粒径在 $5\sim30nm$ 之间。

（2）撞击流反应器在燃烧中的应用

　　粉煤和液体燃料的燃烧是撞击流反应器成功应用的一个重要领域。撞击流通过下述机制强化雾化液体燃料和粉煤燃烧过程：

　　① 强化传递。液滴或颗粒燃烧是在高温下进行的多相化学反应，气相撞击流反应器强化相间传递的特性可以促进该过程加速进行。

　　② 破碎液滴和颗粒。单个滴粒完全燃烧和扩散控制条件下颗粒燃烧的时间与其半径的平方成正比。在撞击流反应器中，两相流的激烈碰撞促进了液滴的雾化、颗粒的破碎和粒径的减小，尤其是在固体燃烧时，它可破坏灰层、消除内扩散阻力，因此能极大地促进燃烧的进行。

　　③ 改变流轨。在撞击面附近，滴粒/颗粒因惯性在两股相向流体间做往复渗透振荡运动，在转入反向气流的瞬间达到极高的相对速度，大幅度提高传递系数；同时延长了在活性区中的停留时间，促进在很小的空间内完成燃烧。

　　④ 加强滴粒内部环流。撞击流中气流的剪切作用可以增强滴粒内部环流，缩短新进入滴粒的加热时间并提高加热期间的蒸发速度，改善燃烧效率。

　　Koppers-Totzk 粉煤气化炉是最早应用撞击流的实例，1952 年就已用于工业生产，其结构示意图如图 9-7 所示。粒径约 $100\mu m$ 的煤粉加入氧气和蒸汽流中，两股相向流体同轴进入接近常压的燃烧室。气化反应在约 2000℃下的撞击面附近进行。反应时间非常短，仅约 1s，碳几乎完全燃尽。由于温度极高，灰分变成熔体，大部分从炉底流出并在水池中固化。粗煤气在进入热回收系统前先冷激以固化飞灰颗粒，随后用一组旋风分离器回收 95% 的飞灰，最后用文丘洗涤器湿法除尘。由于燃烧温度极高，产物 CO 含量高，CO_2 和烃含量低。

　　Koppers-Totzk 粉煤气化炉具有下述优点：对不同煤种适应性强；气体产品中没有焦油；气化炉结构简单、易维修；可副产大量蒸汽；减轻了壁面上的烧渣沉积；可以通过增加撞击流对数提高锅炉出力，方便设计。

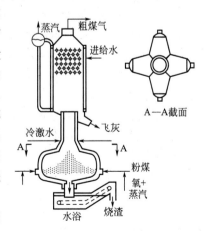

图 9-7　Koppers-Totzk 粉煤气化炉

（3）撞击流反应器在干燥中的应用

　　撞击流干燥是迄今撞击流技术应用研究涉及最多的一种单元过程。硫酸铝撞击流喷雾干燥系统如图 9-8 所示。喷雾干燥实际上在具有多孔壁的两个相向布置的一次干燥室中进行。热空气高速通过多孔壁进入一次干燥室以防止物料粘壁。热空气与雾粒接触，使之部分干燥后携带颗粒经导管加速流动进入二次干燥室，与对面来的悬浮体流撞击，进一步完成干燥。实验研究了雾化压力、气流速度和硫酸铝溶液初始浓度对产品湿含量的影响，比较了有无撞击两种情况下的干燥效果，表明撞击流可使产品湿含量由无撞击时的 18% 左右降低到 12%以下。

　　一种用于热敏性物料溶液或悬浮体干燥的旋转撞击流喷雾干燥系统如图 9-9 所示。干燥室为卧式圆筒形，直径 1.2m，长 4m。150℃的主热空气流从两端轴向与雾化料浆并流进入干燥室；进口处装有旋气片使两股气流相互反向旋转运动。为防止物料粘壁过热，通过切向喷嘴补充部分空气，沿干燥室壁形成一层适当方向的薄膜状气流。由于强烈蒸发，出干燥室的气体温度可降低至 70℃。干燥室蒸发强度可达 $0.0078kg \cdot m^{-3} \cdot s^{-1}$。

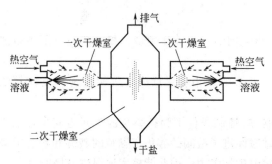

图 9-8　硫酸铝撞击流喷雾干燥系统

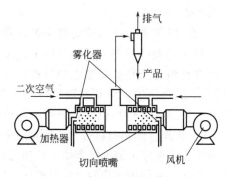

图 9-9　微生物撞击流喷雾干燥系统

9.2.3　撞击流反应器的发展趋势

　　经过近 60 年的研究与发展，撞击流反应器的基础研究得到不断深入，各种新型撞击流反应器也不断涌现，具体呈现两种发展趋势：

　　一是由传统的对称撞击流反应器向非对称撞击流反应器和动态非对称撞击流反应器的发展。其中对称撞击流反应器的两侧流体采用入口速度恒定且相等形式进入撞击流系统；非对称撞击流反应器的两侧流体采用入口速度恒定且不相等形式进入撞击流系统；动态非对称撞击流反应器两侧流体入口速度均采用脉冲速度变化（如正弦型、锯齿型、抛物线型和三角型等），进入撞击流系统。

　　二是撞击流反应技术与其他技术的耦合发展。如撞击流技术与超重力技术耦合的超重力撞击流反应器，撞击流技术与超临界流体技术耦合的超临界撞击流反应器，撞击流技术与超高压流体技术耦合的超高压撞击流反应器，撞击流技术与磁场作用耦合的磁撞击流反应器，撞击流反应技术和微通道反应技术耦合的毛细撞击流反应器，等。

　　上述技术的发展不仅强化了传热、传质效率，而且更有利于高效低耗生产工业产品。

9.3　旋转填充床反应器

9.3.1　旋转填充床反应器的结构与原理

　　随着现代化学工业生产规模的不断扩大，气-液传质设备的体积越来越大，设备投资费用、操作费用及设备的维修费用不断攀升，已大大限制了经济效益的提高。长期以来，人们从以下三个方面不断地研究气-液两相传质的强化：一是通过改进设备结构，以改善两相流动和接触；二是引入质量分离剂，提出各种耦合或复合型传质分离技术；三是引入能量分离剂（如磁场、电场、超声波），实现目标组分分离。强化气-液两相传质过程的目的是最大限度地提高单位体积设备的传质通量、缩小设备尺寸、简化工艺流程、降低投资成本和操作费用，实现低耗高效的工业生产，以提高化学工业及相关产业的经济效益，但未获得突破性进展。

1979 年，英国帝国化学公司（ICI）的 Colin Rmshaw 教授受美国［国家］航天局（NASA）在太空失重（即零重力）时气-液不能分离、气-液间传质不可能发生这一实验结果的启发最先提出了"HIGEE"（超重力工程技术）这一概念，开发出了一种新型强化气-液传质设备——超重力机，又称为旋转填充床反应器（Rotating Packed Bed Reactor，下面简称为 RPB）。它利用转子高速旋转产生的超重力场（离心力场）代替传统气-液传质设备所处的重力场，使重力场中的重力加速度"g"转变为离心力场中的离心加速度"g'"（$g' = r\omega^2$，式中 r 为填料层内某一点到转轴的距离，m；ω 为旋转角速度，r·s^{-1}），其大小随转速 ω 和床层结构的不同而改变，突破了重力场中"g"的限制，使液体在填料层中高分散、高湍动、强混合、气-液流速及填料的有效比表面积大大提高而不产生液泛，操作范围增大，最终使液相体积传质系数 $k_L a$ 增大，从而使传质的过程得到极大的强化。RPB 工程技术被称为"化学工业的晶体管"和"跨世纪的技术"。

国内于 1988 年正式开始 RPB 的基础研究和工程应用研究，并在这两方面作出了在国际上具有影响力的开创性研究成果，其中北京化工大学的陈建峰院士提出了微观混合反应工程理论，建立了超重力应用技术体系，开发出了成套超重力工业装备，在国际上首先实现了RPB 的商业化应用，使我国超重力技术由合作跟踪转变为国际工业引领。

（1）RPB 的床体结构

RPB 的结构一般有立式和卧式两种，按流体在床层内的流动状态一般又可分为逆流型和错流型两类，如图 9-10 所示。RPB 主要由箱体、转子、填料、液体分布器，以及气、液相进出口管等组成，机器的核心部分为转子，主要作用是固定和带动填料旋转，实现良好的气-液接触和微观混合。

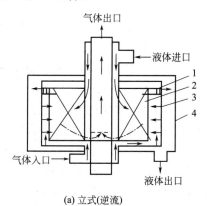

(a) 立式(逆流)

1—U形通道; 2—填料层; 3—转子; 4—箱体

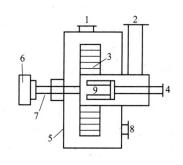

(b) 卧式(错流)

1—气体进口; 2—气体出口; 3—转子; 4—液体进口;
5—旋转床外壳; 6—联轴节; 7—轴承;
8—液体出口; 9—液体喷头

图 9-10　RPB 结构示意图

逆流型 RPB 的特征是强制气流由填料床的外圆周边进入旋转的填料，自外向内作强制性的流动，最后由中间流出。液体自液体进口管引入，由位于中央的一个静止分布器射出，喷入转子。进入转子的液体受到转子内填料的作用，周向速度增加，在离心力作用下自内向外通过填料流出。在此过程中，液体被填料分散、破碎形成极大的、不断更新的液滴，曲折的流道又加剧了液体表面的更新，在转子内形成了极好的传质与反应条件，使气-液之间发生高效的逆流接触。根据不同的需要，逆流型 RPB 有气、液两相并流接触或液相为连续相两种。

错流型 RPB 的主要特征在于液相由中央静止的喷水管喷出，喷洒在高速旋转的转子填料上，在离心力的作用下，通过填料层后，在 RPB 的内壁上汇集，从排液口排出。气相轴向运动通过转子填料层，在填料层两者错流接触，在填料表面上完成气-液两相间的传质过程。

（2）RPB 的转子结构研究

① 填料式转子。填料式转子采用高空隙率、高比表面积的散装填料或规整填料，如金属丝网填料、颗粒状填料、RS 波纹填料。与重力场中的传质相比，RPB 表面液膜厚度大大减少，在离心力的作用下，气-液传质有效相界面积明显增加，体积传质系数提高。竺洁松认为传质还发生在填料间空隙和机壳空隙中液滴表面。

② 碟片式转子。碟片式转子填料有平面碟片填料、径向辐射状波纹板填料和同心环波纹碟片填料。它是一种能较好扩张气-液传质界面的填料，其有效相界传质面积远大于填料表面积，可大幅度地提高气-液传质强度，同时也降低了反应器的填料耗材，对设备轻量化及体积紧凑化都有良好的效果。

③ 旋转式转子。旋转式转子是一空腔，但因气-液接触的路程为转鼓内径向距离的 5.5 倍，则相界面积与其他填料转子相界面积相当，其是通过减小液膜厚度和增加气液接触时间来提高传质的，具有结构简单、加工方便、不易堵塞等优点。

④ 折流式转子。与其他转子相比，折流式转子有以下特点：动静结合，气-液接触更剧烈；气-液在折流式转子中作"S"形流动，接触时间更长；折流式转子中液体分布更均匀。因此其传质效率要比其他转子的传质效率都高。折流式转子还有一个特点是结构简单，便于维修。

（3）RPB 的操作原理

理论分析表明，在微重力条件下，由于 $g' \to 0$，两相接触过程的动力因素即浮力因子 $\Delta(\rho g') \to 0$（式中 ρ 为密度，$kg \cdot m^{-3}$），两相不会因密度差而产生相间流动。而分子间力（如表面张力）将会起主导作用，流体团聚，不得伸展，相间传递失去两相充分接触的前提条件，从而导致相间质量传递效果差，分离难以进行。反之，g' 越大，$\Delta(\rho g')$ 越大，流体相对滑动速度也越大。增大的剪切力克服了表面张力，可使液体伸展出巨大的相际接触面，从而极大地强化传质过程。RPB 就是利用转子旋转产生的强大离心力——超重力，使气-液的流速及填料的有效比表面积大大提高而不液泛。液体在高分散、高湍动、强混合以及界面急速更新的情况下与气体以大的相对速度在弯曲孔道中逆流接触（同时伴有错流），极大地强化了传质过程。这样，在超重力场下，依靠离心加速度 $g' = r\omega^2$ 产生的离心力，使液泛上限提高和传质过程得到强化，单位设备体积的生产强度能提高 1～2 个数量级。

（4）RPB 的特点

由于 RPB 是在强大的离心力作用下进行气-液传质的，作为一种强化气-液传质的新型传质设备，相比于重力作用下的传统填料塔、板式塔有其独特的优点。

① RPB 利用转子高速旋转产生强大的离心力场取代重力场，使传质阻力减小，液泛上限显著提高，极大地提高了设备的传质速率和处理能力。与传统的填充塔或板式塔相比，在相同的生产速率和操作条件下，RPB 的传质单元高度可降低 1～2 个数量级，体积传质系数可提高 1～3 个数量级，体积要小 1～2 个数量级。

② RPB 的持液量小，液体在转子内的停留时间短且可以控制、液泛速度大，适合处理一些高黏度流体，热敏性的、昂贵的物料等。

③ RPB 的填料空隙率一般在 90％以上，远大于传统的填充塔或板式塔。在高通量下，RPB 的气相压降一般比相同传质单元数的传统填充塔或板式塔还低，所以 RPB 的能耗较小。

④ RPB 开停车容易，能快速而均匀地微观混合，几分钟内就可达到稳定。

⑤ RPB 体积小、质量轻，占地面积和空间小，安装不受场合的限制，因而可节省大量的基建投资，且维修方便、检修工期短，有利于降低产品的成本。

⑥ RPB 的不足之处是由传统的静止设备变为高速旋转的运动装置，要有良好的密封性和较高的动平衡技术，因而对设备的加工工艺要求较高。

9.3.2 旋转填充床反应器的应用

RPB 技术是一种突破性的过程强化新技术，在化工、能源、环保、材料、生物化工等工业领域中有广阔的商业化应用前景。

（1）国外的 RPB 应用研究

国外研究超重力 RPB 的公司和研究机构主要有英国 ICI 公司、美国 Glitsch 公司、美国 Texas 州立大学、美国 Washington 大学、英国 Newcastle 大学等。英国 ICI 公司最早提出 HIGEE 的概念，采用 RPB 对许多气-液体系进行了研究，并成功地进行了工业应用。

1987 年，美国 EIPaso 天然气公司又将它用于选择性吸收 H_2S。Glitsch 公司进行了在不含 H_2S 的气体中用二乙醇胺脱除 CO_2 和三甘醇以及进行天然气干燥实验，均取得了成功。

郝靖国进行了利用 RPB 脱除聚苯乙烯中残余单体的研究。在 260℃和大约 10mmHg 绝压下，将黏度高达 4000Pa·s 的聚苯乙烯中的单体和其他小分子脱除到乙烯小于 16μg/g，其他小分子小于 65μg/g，脱除率大于 95％。

Trevour Kelleher 用环己烷-正庚烷体系进行了 RPB 的精馏实验，建立了速率和压降的模型，并成功地应用于小规模的生产。

（2）国内的 RPB 应用研究

国内汪家鼎院士最早于 1984 年在第二届高校化学工程会议上作了关于 HIGEE 主题的报告，将超重力技术引入国内化工领域学术界。1988 年，北京化工大学与 Case western Reserve 大学合作，由美国 Glitsch 公司提供一套实验主机，开始进行 RPB 的研究。此后，武汉工程大学、华南理工大学、中北大学、湘潭大学等高校也开展了这方面的研究工作。

① 废气、废水的处理。武汉工程大学以 RPB 为吸收器，水为吸收剂，$MnSO_4$ 为催化剂，研究了烟气化学吸收 SO_2 脱硫过程，并建立了 RPB 中 SO_2 与 O_2 同时吸收的扩散-反应模型。

北京化工大学采用 RPB-O_3 和 RPB-O_3/H_2O_2 体系研究了含有对苯二酚的废水中对苯二酚的降解以及 COD 的去除。在 RPB 转速为 800r·min^{-1}，气量和液量分别为 60L·h^{-1} 和 30L·h^{-1}，pH=10.0，臭氧浓度达 75mg·L^{-1}，$r(H_2O_2/O_3)=0.25$ 的常温条件下，

用 RPB-O_3/H_2O_2 体系处理后，对苯二酚的降解率可以达到 90%，COD 去除率为 43%，臭氧的吸收率约 90%；在相同条件下，采用 RPB-O_3 体系处理后对苯二酚的降解率为 83%，COD 去除率为 33%，臭氧的吸收率约 80%；RPB-O_3/H_2O_2 体系的处理效果优于 RPB-O_3 体系；O_3 和 O_3/H_2O_2 处理对苯二酚后的中间产物主要是对苯醌，中间产物继续氧化为小分子有机酸和醛等。

② 纳米材料的制备。纳米材料具有低密度、高膨胀系数、高扩散系数、高断裂强度、高比热容和低熔点等特性。而 RPB 技术在制备分布较窄的纳米材料时，具有独特的优势。

北京化工大学采用超重力反应结晶法合成纳米 $CaCO_3$，可制备出立方形、链锁状、纺锤形、片状等不同形态，平均粒度为 15~40nm 的纳米 $CaCO_3$ 颗粒；在添加晶型控制的条件下，制备出轴径比大于 10、单个颗粒平均粒度小于 10nm、分布均匀的链锁状 $CaCO_3$。此外，他们还开发了纳米碳酸钡、纳米碳酸锶、纳米氢氧化铝、纳米氢氧化镁、纳米二氧化钛、纳米硫化锌、纳米白炭黑、环保型高性能纳米阻燃剂等纳米材料。目前，北京化工大学已建立了两条年产量 3000t 和一条年产量 10000t 的纳米 $CaCO_3$ 工业生产线（"863"计划项目），一条年产量 2000t 高纯纳米碳酸钡生产线，一条年产量 2000t 纯米氢氧化镁生产线。

③ 反应过程强化。蒽醌法生产双氧水中，受氢气、氧气在液相中溶解度低等因素的影响，蒽醌加氢和氢蒽醌氧化的宏观反应速率主要受气-液传质过程限制。将超重力反应器的过程强化优势应用于蒽醌法双氧水的合成。在超重力反应器转速 1800r·min^{-1}，工作液初始浓度 100g·L^{-1}，氢气压力 0.1MPa，反应温度 40℃，溶剂体积比（V_{TMB}：V_{TOP}）3:3 的反应条件下，超重力反应器蒽醌加氢时空收率为 369.8g$_{H_2O_2}$·g$_{Pd}^{-1}$·h^{-1}，是搅拌釜反应器 14.5g$_{H_2O_2}$·g$_{Pd}^{-1}$·h^{-1} 的 25 倍。

超重力环境下 α-异佛尔酮的催化氧化，在 RPB 转速 800r·min^{-1}、反应温度 60℃、气量 20L·h^{-1}、液量 20L·h^{-1}、催化剂 NHPI 5%（摩尔分数）的条件下，反应 1h 后，转化率可以达到 24.28%，选择性为 73.81%。

④ 锅炉水脱氧。出口含氧量小于 7μg·L^{-1} 的 l0t/h 锅炉水脱氧的超重力脱氧机，已经通过部级鉴定。该机利用 0.3MPa 以下的低品位蒸汽对锅炉给水进行脱氧，使脱氧指标完全达到国家标准并节省了大量高品位的蒸汽，产生了很大的经济效益。

⑤ 生物氧化反应过程的强化。传统的生化反应是在发酵罐中进行的，由于反应的速率受氧的传递控制，而物料黏度随反应的进行不断增加，生化表观速率很低。为达到一定的生产能力，发酵罐的体积较大。应用超重力技术可加速氧的传递，这是因为拟塑性流体在高速旋转的填料中表观黏度下降，提高了传质系数。

9.4 超临界反应器

9.4.1 超临界流体的性质

(1) 超临界流体特性

当把处于气-液平衡状态的物质升温、升压时，热膨胀引起液体密度减小，而压力升高使得气相密度变大，当温度和压力达到某一点时，气、液两相界面消失，成为一个均相体系，这一点就是临界点。临界点是指气、液两相共存线的终结点，此时气、液两相的相对密度一致，差别消失。当温度和压力均高于临界温度和临界压力时就处于超临界状态。

超临界流体（Supercritical Fluid，简称 SCF）也就是处于超临界状态下的流体。处于超临界状态下的物质可实现气态到液态的连续过渡，两相界面消失，汽化热为零。超过临界点的物质不论压力多大都不会使其液化，压力的变化只能引起流体密度的变化，所以 SCF 有别于液体和气体。表 9-4 列出 SCF 的密度、扩散系数和黏度与一般气体、液体的对比。

表 9-4　气体、液体和超临界流体的性质

性　　质	气　　体	超临界流体		液　　体
	101.325kPa，15～30℃	T_c,p_c	$T_c,4p_c$	15～30℃
密度/(g/mL)	$(0.6\sim2)\times10^{-3}$	0.2～0.5	0.4～0.9	0.6～1.6
黏度/[g/(cm·s)]	$(1\sim3)\times10^{-4}$	$(1\sim3)\times10^{-4}$	$(3\sim9)\times10^{-4}$	$(0.2\sim3)\times10^{-2}$
扩散系数/(cm²/s)	0.1～0.4	0.7×10^{-3}	0.2×10^{-3}	$(0.2\sim3)\times10^{-5}$

从表 9-4 中的数据可以看出，超临界流体的密度比气体大数百倍，具体数值与液体相当；其黏度仍接近气体，但比起液体来要小两个数量级；扩散系数介于气体和液体之间，大约是气体的 1/100，比液体要大数百倍，因此超临界流体既具有液体对溶质有比较大溶解度的特点，又具有气体易于扩散和运动的特性，其传质速率大大高于液相过程，也就是说超临界流体兼具气体和液体的性质。更重要的是在临界点附近，压力和温度微小的变化都可以引起流体密度很大的变化，并相应地表现为溶解度的变化。

（2）常用的超临界流体

常用的 SCF 及其临界压力、温度和密度如表 9-5 所示。由表 9-5 可知，多数烃类的临界压力在 4MPa 左右，同系物的临界温度随摩尔质量增大而升高。表中 CO_2 最受关注，因为超临界 CO_2 具有密度大，溶解能力强，传质速率高；临界压力适中，临界温度 31℃，分离可在接近室温下进行；易得、无毒、惰性等一系列优点。超临界 CO_2 是超临界流体技术中最常用的溶剂。

表 9-5　常用超临界流体溶剂的临界数据

物　　质	沸点/℃	临界点数据		
		临界温度 T_c/℃	临界压力 p_c/MPa	临界密度 ρ_c/(g/cm³)
二氧化碳	−78.5	31.06	7.39	0.448
氨	−33.4	132.3	11.28	0.24
甲烷	−164.0	−83.0	4.6	0.16
乙烷	−88.0	32.4	4.89	0.203
丙烷	−44.5	97	4.26	0.220
n-丁烷	−0.5	152.0	3.80	0.228
n-己烷	69.0	234.2	2.97	0.234
2,3-二甲基丁烷	58.0	226.0	3.14	0.241
乙烯	−103.7	9.5	5.07	0.20
丙烯	−47.7	92	4.67	0.23
二氯氟甲烷	8.9	178.5	5.17	0.552

物　　质	沸点/℃	临界点数据		
		临界温度 T_c/℃	临界压力 p_c/MPa	临界密度 ρ_c/(g/cm³)
甲醇	64.7	240.5	7.99	0.272
乙醇	78.2	243.4	6.38	0.276
异丙醇	82.5	235.3	4.76	0.27
一氧化二氮	−89.0	36.5	7.23	0.457
甲乙醚	7.6	164.7	4.40	0.272
乙醚	34.6	193.6	3.68	0.267
苯	80.1	288.9	4.89	0.302
水	100	374.2	22.00	0.344

SCF 是一种区别于气体和液体两种状态而存在的第三流体，它兼具液体和气体的性质，即具有液体的密度，气体的黏度，通过压力调节，其溶解度可以在较大范围内变化。因此多应用 SCF 的溶解性将非均相反应转化为均相反应，以提高反应速率，简化产物分离。

9.4.2　超临界反应器的应用

(1) 超临界耦合微通道反应器

以双环戊二烯、乙烯为原料通过 Diels-Alder 反应合成降冰片烯是目前比较成熟的合成路线。但反应中乙烯、双环戊二烯、双环戊二烯的解聚产物环戊二烯以及产物降冰片烯都处于相同的相，除乙烯与环戊二烯可发生 Diels-Alder 反应外，环戊二烯也能与双环戊二烯/降冰片烯进行 Diels-Alder 反应，从而造成反应选择性低。

如果使乙烯和环戊二烯保持在轻相，双环戊二烯和降冰片烯保持在重相，两相的分开可实现强化主反应的同时抑制副反应。但如果轻相仅是通常的气相，则仍无法避免低转化率的缺点。由于超临界流体具有接近液体的密度和类似于气体的传质效率的特征，因此引入了超临界相作为轻相以强化反应的进行。在超临界条件下，乙烯与环戊二烯的反应由于强烈的热释放和体积膨胀等因素，该过程具有相当大的安全隐患，而微通道反应器被认为是处理强放热快速反应系统安全隐患的理想技术。因此，调节反应温度和反应压力，使反应在超临界的微通道反应器中进行，当乙烯与环戊二烯的摩尔比为 14、25MPa、300℃时，双环戊二烯的转化率达到 99.39%，降冰片烯的选择性达到 99.34%，即当环戊二烯及乙烯处于超临界相态下合成液态降冰片烯的产率最高。

(2) 超临界条件下酶催化反应

酶是一种高效生物催化剂，能在十分温和的条件下进行高效率催化反应，并具有高度的区域选择性和立体专一性。传统的酶催化反应是在水环境中进行的，至 20 世纪 70 年代末，以含微量水的有机溶剂作为反应介质使酶促反应取得突破性进展。国外已对十多种酶及其在超临界 CO_2 中的反应进行研究，主要包括脂肪酶催化的酯化、酯交换、酯水解反应及氧化反应等。近年来的研究发现，超临界条件下的酶催化反应可用于手性化合物的合成和拆分，且有非常好的效果。

超临界流体中的酶促反应的研究内容除上面介绍的外，还包括酶在超临界流体中的稳定性和活性。由于超临界 CO_2 中酶的活性不高以及极性底物的溶解度较低，超临界 CO_2 对某些反应并不是理想的溶剂，因此选择适当的助溶剂或开发新的超临界流体将是今后研究的重点之一。

（3）超临界在固体催化反应中的应用

固体催化剂失活的主要原因是催化剂表面积碳、结焦、活性中心中毒、活性组分或载体的烧结等。利用 SCF 特别优异的溶解能力，可抽提出催化剂表面上的积碳、结焦和毒物，从而使催化剂恢复活性。但 Baptist 和 Subramaniam 观察到，在超临界条件下，固体催化剂上存在某一温度和压力下的最大活性区，当压力低于最大活性区值时，由于催化剂上结焦的前期化合物不能除去，会因结焦而失活；但当压力较高时，会因流体密度高变成液体样流体使催化剂在孔道中的扩散速率下降，导致宏观催化活性下降。在高分子合成中，用 SCF 作介质时，可根据溶解能力来划分并控制生成的聚合物的分子量。

（4）超临界加氢反应

① 超临界 CO_2 的加氢反应。魏伟等在研究以钌配合物为催化剂的超临界 CO_2 的加氢反应时发现，超临界 CO_2 非常高效地被加氢而生成甲酸，催化剂活性比相同反应条件下的溶液中高得多。在与甲醇共存下进行超临界 CO_2 的加氢反应，可合成甲酸甲酯，催化剂活性比液相反应时提高一个数量级。在二甲胺存在下进行超临界 CO_2 的加氢时，可高效合成二甲基甲酰胺，催化剂效率比液相反应时高两个数量级，每摩尔催化剂的二甲基甲酰胺的收率达到了 370kmol。

② 超临界 CO 的加氢反应。钟炳等探索性地研究了在超临界状态下 CO 合成甲醇的过程，发现在超临界状态下能够同时解决甲醇合成过程中的传热、传质限制，使 CO 的单程转化率大幅度提高，甲醇的选择性在 99% 以上，而且催化剂的稳定性也非常好，目前已完成 500h 中试稳定性试验。

姜涛等以正 $C_{11} \sim C_{13}$ 烷的混合物为超临界介质，研究了固定床反应器中 Zn-Cr、Cu-Zn-Cr 催化剂在超临界相和气相条件下合成甲醇、异丁醇等低碳醇的性能。结果表明，临界条件下反应，醇类选择性随温度升高下降较慢，而在气相反应中醇类选择性随温度升高下降较快；超临界相反应产物中甲醇含量减少，乙醇、正丙醇和异丁醇都有不同程度增加，而气相反应产物以甲醇、异丁醇为主，含少量乙醇和正丙醇。

（5）超临界水氧化技术及超临界水热燃烧

在通常条件下，水状态有蒸汽、液态水和冰，属极性溶剂，可以溶解包括盐类在内的大多数电解质，对气体和大多数有机物则微溶或不溶，水的密度几乎不随压力而改变。但是，水处于超临界态下时，氢键几乎不存在，具有极低的介电常数，良好的扩散、传递性能，良好的溶剂化特征。超临界水可溶解有机物，可与空气、氮气和二氧化碳等气体完全互溶，不溶解无机物。因此，在超临界水中，有机废物和空气中的氧气可以均相混合，并迅速发生氧化反应，生成 CO_2、H_2O、N_2 和无机盐等无毒物质，且生成的盐类在超临界水中的溶解度极低，容易分离，可以显著促使反应正向进行，因此是一种高效、无污染排放、具有前景的新型燃烧方式。

国内学者在超临界水氧化（Supercritical Water Oxidation，SCWO）的研究中做了大量工作，主要针对含酚废水、含硫废水、造纸废水、农药废水及其他难降解废水，进行了超临界水氧化的影响因素、废物去除动力学、反应条件优化、氧化剂选择等的深入研究。

美国、日本在该领域的工业化研究处于领先地位。日本研究人员利用该技术对焚烧的飞灰中的二噁英进行处理，分解率几乎达到 100%。美国的 Eco Waste 公司于 1994 年建成处理

量为 $100kg \cdot h^{-1}$、TOC 去除率为 99.9% 的成套装置；并用 SWCO 技术处理化学武器、火箭推进剂、炸药等高能废物；目前，美国有 3 大公司已经建立了处理 $130 \sim 230L \cdot h^{-1}$ 污泥的 SWCO 实验装置。

9.5 微波反应器

微波是频率在 $300MHz \sim 300GHz$，即波长在 $100cm \sim 1mm$ 范围内的电磁波，它位于电磁波谱的红外辐射（光波）和无线电波之间。微波可被一些介质材料，如水、碳、橡胶、食品、木材和湿纸等吸收而产生热。微波加热作用的最大特点是可以在被加热物体的不同深度同时产生热，也正是这种"体加热作用"，使得加热速度快且加热均匀，缩短了处理材料所需要的时间，节省了能源。也正是微波的这种加热特性，使其可以直接与化学体系发生作用从而促进各类化学反应的进行，进而出现了微波化学这一崭新的领域。

9.5.1 微波化学反应器的基本原理

一般来说，微波反应器是由微波功率源经微波传输系统传输而来的微波功率，以最佳的匹配或最小的反射耦合至该装置，并在其中形成特定的电场分布，使之能与被加工物质产生最佳的互作用效果，包括最佳的互作用效率和互作用均匀性。因此，微波反应器的主要功能归结起来有两条：一是最佳的功率传输和耦合；二是最佳的互作用效果。微波反应器的主要作用是充分利用有限的微波功率，实现多种物质的最佳化学反应，获得希望的实验反应或加工结果。因此，微波反应器是整个微波凝聚态化学反应系统的最核心部分。

(1) 微波的加热机制与特点

对于凝聚态物质，微波主要通过两种机制起到加热作用：一种是极化机制，另一种是离子传导机制。通常极化有电子极化、原子极化、偶极极化和界面极化四种类型。物质总的极化程度是这四种极化作用之和，其中偶极极化和界面极化对微波介电加热起了主要作用。离子传导机制则是介质内所存在的自由移动的离子，在电磁场中产生离子迁移电流，进而产生电流损失（即产生热）。在微波场中，这两种机制通常是共存的，而贡献大小则由介质自身的性质来决定。一般说来，离子化合物是离子传导机制占主导，共价化合物则是极化机制占主导，金属则没有明确的加热机制。

由于微波介电加热具有以上所述的特殊机制，它表现出比常规方式优越得多的加热性能。常规方式加热需要在温度梯度的推动下，经历热源的传导，媒介的对流传热，容器壁的热传导，样品内部的热传导等过程；而微波介电加热则不同，玻璃容器壁对微波是透明的，微波将能量直接辐射到样品分子上，迅速提高反应物温度，并不依赖于温度梯度的推动。

(2) 微波辐射条件下化学反应的特点

① 强活化，温转化。在微波场作用下，介质的温升速率为：

$$\frac{\partial T}{\partial t} = 2\pi f \varepsilon_0 E_i^2 \times \frac{\varepsilon \tan\delta}{c\rho} \tag{9-46}$$

式中，T 为温度，K；t 为时间，s；f 为频率，Hz；ε 为介电常数；δ 为趋肤深度，m；ρ 为物质的密度，$kg \cdot m^{-3}$；E_i 为微波场强，$V \cdot m^{-1}$；c 为介质的比热容，$kJ \cdot kg^{-1} \cdot K^{-1}$。

对于不同的介质，$\varepsilon \tan\delta/(c\rho)$ 值不同，在电磁场中的温升速率也不同，因而，在微波电磁场中非均相反应体系呈现出热力学非平衡态。特别是固相催化剂的表面活性微区，由于界面极化的作用，会出现很陡峻的温度梯度。反应分子在高温微区很容易被活化而发生反应，并在微波协同作用下，迅速扩散至低温微区，从而实现了"强活化，温转化"。而传统的由表及里的加热方式，是产生不了这种"强活化，温转化"的条件的。

② 反应速度快。在多相体系中，除了这种"强活化，温转化"的条件外，分子在催化剂表面的吸附、解吸、扩散的速度在微波电磁场作用下也有所增加，这就使得微波辐射下的反应速度比常规反应方式快了 10～1000 倍。这也是最初吸引化学家进入这个研究领域的原因之一。

③ 转化率高。微波辐射条件下的化学反应，尤其是固相反应，其转化率普遍高于溶剂存在时的转化率。根据热力学分析，自由能将沿 RP 直线下降，不存在一个平衡点，因此固相反应要么不发生反应，若反应，则一定能进行到底；而气相或液相体系的自由能，由于体系化学平衡的存在，反应在 N 点达到平衡（图 9-11），因而反应不容易达到完全。

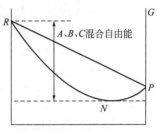

图 9-11　固相体系自由能在反应过程中的变化

④ 选择性高。在微波辐射条件下的化学反应中，还可以实现对反应的选择性控制。如萘的磺化产物有两种异构体：α-萘磺酸和 β-萘磺酸。在 600 W 微波的辐射下，在 130℃生成 β-萘磺酸的选择性达到 93%；而常规方式下 130℃时的选择性只有 56%。

9.5.2　微波反应器的应用

微波有机合成反应是使反应物在微波的辐射作用下进行反应，它需要特殊的反应技术。微波反应技术大致可以分为 3 种：微波密闭合成技术、微波常压合成技术和微波连续合成技术。

(1) 微波密闭反应器的应用

微波密闭合成反应技术是指将装有反应物的密封反应器置于微波源中，启动微波，反应结束后，将反应器冷却至室温再进行产物纯化的过程。

1986 年，Richard Gedye 等首次将微波引入有机合成反应的研究就是采用了微波密闭反应器。密闭体系进行微波有机反应的特点是反应体系瞬时获得高温高压，大大提高反应速率，但缺点是反应容器容易变形或爆裂。为了解决对反应进行控制和监测的问题，Mingos 等于 1991 年设计了可以调节反应釜内压力的密封罐式反应器，如图 9-12 所示。反应时，将反应物装入 5 内，当反应体系的压力增大时，通过由橡胶做成的减压盘 2 使压力得以减小，从而使体系内部的温度也得以控制。6 起到支撑反应容器的作用，同时由于是由质地较软的物质制成，其对体系压力可起到缓冲作用。该装置中容器的上半部分内部有一探针与反应器相连，当反应体系压力增大时，压力迫使探针带动断裂盘上移，同时传导至外面的压力控制器，从而起到调节内部反应所产生压力的作用。

(2) 微波常压反应器的应用

为使微波技术能应用于常压有机合成反应，1990 年，化学家们对家用微波炉进行改造，在炉壁上开一小孔，通过小孔使微波炉内反应器与炉外的冷凝回流系统相接，微波加热时，溶液在这种反应装置中能够安全回流。利用该装置成功地合成了 $RuCl_2(PPh_3)_3$ 等一系列金属有机化合物。但是该实验装置（如图 9-13）体系无搅拌、滴加和分水装置，给反应带来极大的麻烦，并限制了装置的应用范围。

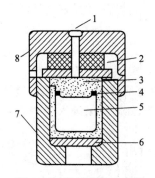

图 9-12 密封罐式反应器

1—聚四氟乙烯螺帽；2—减压盘；3—聚四氟乙烯帽；
4—聚四氟乙烯环形垫圈；5—聚四氟乙烯反应容器；
6—底盘；7—反应器外套；8—环形螺帽

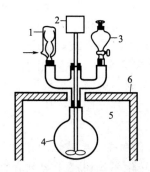

图 9-13 微波常压反应装置

1—冷凝器；2—搅拌器；3—滴液漏斗；
4—反应瓶；5—微波炉腔；6—微波炉壁

(3) 微波连续反应器

化学家们认为，如果能够把反应液体以一定的流速经过微波炉进行反应，反应一定时间后再进入后处理工序，那么微波有机合成的工业前景就会更大。1994 年，Cablewski 等研制出一套新的微波连续技术（CMR）的反应装置，见图 9-14。该装置中样品在容器 1 中，经流量计 2 压入微波炉内，再经环形管微波腔 4（在微波炉内接收辐射）后进入环形管热交换器 7 得以迅速冷却，通过 8 减压，然后流到产物接收瓶 10 中。环形管由可透过微波的惰性材料制成，管的进口处连着压力泵和温控装置，系统末端连着调温器和调压阀门。当溶液出辐射区后可迅速冷却并同时得以减压。调温器可以调节反应物进入炉前和出炉以及冷却后的温度。用此装置进行了丙酮制备丙三醇、PhCOOMe 的水解等反应，均得到较高的产率。制备丙三醇的反应速率提高了 1000～1800 倍。但对于含固体或高黏度的液体的反应、需要在低温条件下进行的反应及原料或反应物与微波能量不相容的反应（含金属或反应物主要为非极性有机物），此套微波连续反应装置就无法进行。

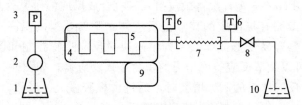

图 9-14 带有控制装置的微波化学反应器

1—待压入的反应物的容器；2—泵流量计；3—压力转换器；4—微波腔；5—反应器；6—温度检测器；
7—热交换器；8—压力调节器；9—微波程序控制器；10—产物接收瓶

9.6 磁流化床反应器

磁（场）流化床（Magnetically Fluidized Bed，简称 MFB）是将磁场引入普通的流化床，采用磁敏性颗粒作为床层介质的流固处理系统，是流态化技术与电磁技术相结合的产物，是一种新型、高效的流态化技术，系统借助磁敏性颗粒对外部磁场的响应性，提供了一种改善流化床操作性能的手段。磁场流化床与普通流化床相似，区别在于磁场流化床的床层介质采用磁敏性介质，且流化床中除流场和重力场外还有外加磁场。与普通的流化床相比，MFB 利用磁场调节颗粒和流体的运动，使流化床具有操作范围宽、适应性广、传热传质效率高、稳定性好等特点。我国在磁（场）流化床方面的研究尽管起步较晚，但其基础研究和工程应用一直位居世界前列，其中由闵恩泽院士团队研发的己内酰胺催化加氢精制工艺使磁（场）流化床在国际上首次实现了工业应用。该技术不仅大幅度提高了我国的加氢技术水平，使我国在加氢技术领域实现了跨越式技术进步，取得了重大经济和社会效益，而且在国际学术和技术前沿占有一席之地。

9.6.1　磁流化床的结构和特点

（1）结构

流动相的流速和磁场强度对磁流化床的内部结构有着重要影响。在最小流化速度以下，床层不发生膨胀，其结构近似固定床；随流速增加，床层开始膨胀，磁流化床进入稳定流化区，在稳定流化区内磁场强度不足以使磁性粒子聚集，床内磁性粒子间排列有序，没有明显的空穴，磁性粒子与流动相的接触面积大，有利于质量传递；当流速进一步增加时，磁流化床进入滚动区，磁性粒子在床内出现翻滚现象；当流速继续增加时，磁性粒子在床内出现自由运动，进入自由运动区。由于在滚动区和自由运动区的磁性粒子会产生明显的返混，不利于分离操作，因此磁流化床通常在稳定流化区操作，即磁稳定流化床（Magnetically Stabilized Fluidized Bed，简称 MSFB）。当磁场强度较高时，磁性粒子聚集呈串状，出现大量明显的空隙，降低粒子与流动相的接触面积，不利于质量传递，此时称磁流化床处于冻结区。

对磁场流化床的外加磁场研究最多的是空间分布均匀、不随时间变化的稳恒磁场，即所谓的永磁场和电磁场，通常由永磁体或 Helmholtz（霍尔姆斯）线圈产生。磁稳定流化床的外加磁场从磁场方向可划分为：磁场的方向与流动相流动方向平行的称轴向磁场，如图 9-15；磁场的方向与流动相流动方向垂直的称径向磁场，如图 9-16。

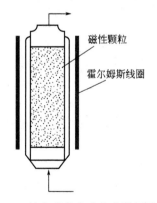

图 9-15　轴向磁稳定流化床装置示意图

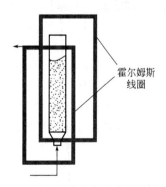

图 9-16　径向磁稳定流化床装置示意图

（2）特点

目前研究较多的是外加轴向磁场的流化床。磁稳定流化床兼有固定床和流化床的优点：限制粒子的随机运动，减小固体颗粒返混程度；具有固定床的固-液接触特性，流动相流动近似平推流，相间接触充分，适于不耐受高压、易破碎的物料；床层空隙率高、床层介质的密度均匀稳定，对微小填床介质不存在固定床易出现的床层堵塞现象，床层压降小，在稳定流化后，压降只与床的质量有关，与流化速度无关，即在较低的磁场强度下可以得到较高的流化速度，从而可以获得较宽的流速操作范围；床层既具有与固定床类似的稳定结构，又可通过调节磁场方向或大小实现在床层外部移动床层介质，使床层介质具有一定的流动性，从而实现固体粒子与流体的逆向接触，提高了传质效率，同时能够连续地从反应器引进和引出填充介质来实现连续操作；在多相接触中，被磁场固定化的磁性介质可有效地抑制和破坏气泡的产生，更好地调节相间传质。

由此可见，磁稳定床较好地克服了流化床反应器因返混严重而使转化率偏低，同时粒子又容易被带出的缺点；弥补了固定床反应器使用过细的粒子导致压降过大，对于放热反应容易出现局部热点，床层容易发生沟流和短路的不足。

9.6.2 磁流化床反应器的应用

近年来磁流化床反应器在众多领域都得到了应用，有了不少专利，以下主要介绍该反应器在石油化工和生化领域的应用现状。

(1) 石油化工中的应用

己内酰胺是合成聚酰胺-6 纤维、树脂和塑料薄膜等的重要原料，在纺织品、塑料和人造革等方面都有着广泛的应用。催化加氢是己内酰胺精制的重要方法，传统加氢工艺为釜式加氢工艺，存在催化剂的单耗高、生产成本高、产品不能用于高速纺丝等问题。闵恩泽等以其研发的高活性非晶态合金为催化剂，于 2003 年在石家庄化纤有限责任公司建成了 30% 己内酰胺处理能力 24 万吨/年的 MSFB 己内酰胺加氢精制工业装置，首次实现了 MSFB 的工业化应用。该装置的反应器直径为 900mm、高 5m，外围有 6 个电磁线圈围绕，线圈内径 1.1m，单个线圈高度 680mm。使用时，先将 30% 己内酰胺水溶液预热，然后与氢气一起进入搅拌釜使氢气溶解在己内酰胺水溶液中，同时实现气-液分离，含有溶解氢的己内酰胺水溶液再进入磁稳定流化床，在非晶态合金催化剂的作用下进行加氢精制反应，加氢后的产品能用于高速纺丝。与传统的釜式加氢工艺相比，MSFB 工艺的反应温度降低了 10℃、催化剂单耗降低了 70%、反应器体积减小了 85%、产品质量明显提高。

(2) 生化工程中的应用

传统的固定化酶反应器多采用固定床，存在轴向压降大，对于细小、表面非刚性的载体在操作中易破碎；对于高黏度底物和粉末状底物易堵塞床层，温度、pH 值不易控制等缺点。应用 MFB 作固定化生物反应器可有效避免上述问题，酶或其他生物活性物质固定于磁敏性载体上，在磁场作用下可扩大操作范围，减少颗粒间摩擦，提高传质效率。故 MFB 在酶的固定化、细胞固定化反应中应用越来越广泛。另外还可以利用外部磁场控制磁性材料固定化酶的运动方式和方向，替代传统的机械搅拌方式，提高固定化酶的催化效率。

① MFB 用于酶的固定化。酶催化反应在 MFB 中的应用需要解决的基本问题是酶在 MFB 中是否还保存活性及固定化酶颗粒的磁响应性。很多研究者对 MFB 中固定化酶催化反应的影响因素进行了研究。如用含烷氧基的硅烷化 Fe_3O_4 颗粒为载体，以聚乙二醇为间隔臂，经溴化氰活化，共价固定纤维素酶获得高活性；研究磁场对固定化 α-淀粉酶活性的影响，发现磁场对固定化 α-淀粉酶有显著影响，但磁场效应与磁场强度并不存在线性关系；以羧甲基纤维素钠（CMC）为底物，研究了不同条件下静磁场对纤维素酶的活性及构象的影响，发现单独磁化酶液时，酶活性随时间波动，活性稍有降低，但单独磁化底物时，酶活性随磁场强度和磁化时间而变化，但是上升或下降程度不大；用聚乙烯包埋磁铁矿固定化葡萄糖淀粉酶，在 MSFB 中水解麦芽糖糊精获得了满意的结果。

② MSFB 用于细胞的固定化。磁场流化床也被应用于酵母细胞的固定化及植物细胞的

固定化。如用海藻酸钠-Mn-Zn 铁氧体磁粉包埋酵母，在三层径向磁场流化床中实现了由糖蜜为原料连续发酵生产乙醇的工艺；采用海藻酸钙凝胶将酵母与 Mn-Zn 铁氧体磁体共包埋生产转化糖，并通过周期性通断电实现颗粒周期性团聚下降和分散上浮，有效避免了颗粒的挤压破碎和床层堵塞，且同期产率比普通固定化酶反应器提高了 30%；用含磁粉的聚甲基丙烯酸甲酯固定热带假丝酵母，在恒定磁场中用于含酚废水的处理，提高了单位体积的处理量。

9.7　微反应器

微反应器（Microreactor），又称微结构或微通道（Microchannel）反应器，是指用微加工技术制造的用于化学反应的三维结构元件或包括换热、混合、分离、分析和控制等各种功能的高度集成的微反应系统，通常包含结构奇特的多种反应器和其他微加工器件，其流动通道的当量直径一般介于微米和毫米之间。微反应器不仅仅是尺寸上的微型化，更重要的是它在几何特性、传递特性和宏观流动特性等方面具有常规反应器无法比拟的优越性，如清华大学的微化工技术团队以微流动技术为基础，发明的微槽式、微滤膜式、多重孔径微筛孔式、微筛孔阵列式、微元件组合式等多种微化工设备，在国际上率先实现微化工技术在万吨级湿法磷酸净化、酸团萃取、橡胶促进剂合成等方面的工业应用。

9.7.1　微反应器的几何特性

(1) 比表面积

在微反应器中，通道的直径小，比表面积大，可以极大地强化传热，避免化学反应的热点，使化学反应可以在几乎等温的条件下操作，这对涉及中间物和热不稳定产物的部分反应具有重大意义。虽然微反应器具有很高的比表面积，但当用于催化反应时，为达到足够高的产物收率，仍需要增加催化活性面积。

(2) 微小规整的通道尺寸

微反应器的小通道尺寸（一般通道的宽度为 $10\sim500\mu m$），可以缩短传热和传质过程的传递距离，增强传递效果。如微混合器通常在毫秒级范围即可达到反应物的完全混合，在这个时间范围，混合距离为微米级范畴，因此那些受传质控制的反应以及强放热反应尤其适用微反应器。微反应器的小通道尺寸也是一个重要的安全因子，因为火焰的扩展在微构造反应器中受到抑制，反应可以在爆炸范围内操作，而不需附加任何特殊的安全措施。

微反应器结构的规整性便于对不同的反应体系进行模拟，协调好反应动力学、传质和传热及流体力学之间的平衡，使反应器的分析简化，易于制造和放大。

9.7.2　微反应器内流体的传递特性和宏观流动特性

微反应器的微型化并不仅仅是尺寸上的变化，更重要的是其几何特性决定了微反应器内流体的传递特性和宏观流动特性，导致它具有温度易控制、反应器体积小、转化率和收率高及安全性能好等一系列超越传统反应器的独特的优越性。

(1) 动量传递特性

由于微反应器微通道当量直径的数量级为微米（10^{-6} m），而在工业生产中管道内流体边界层厚度的数量级通常为 10^{-3} m。当流体分别流经当量直径为 $50\mu m$ 的微通道和直径为 50mm 的管道时，在流速相同的情况下，微通道内的流体流动雷诺数非常小，通常为几百到几十之间，甚至更小，黏滞力相对于惯性力而言较大，因此微通道内的流体流型为层流，反应物的混合只能通过扩散完成。

（2）传热特性

微反应器狭窄的通道增加了温度梯度，再加上微反应器的比表面积非常大，大大强化了微反应器的传热能力。在微换热器中，传热系数可达 $25000W \cdot m^{-2} \cdot K^{-1}$，比传统换热器的传热系数值至少大一个数量级。其研究方法主要有理论模拟与实验研究。前者从微观出发，运用 Boltzmann 方程、分子动力学、直接 Monte-Carlo 模拟以及量子分子动力学等方法来分析微尺度的传热机制。后者主要进行实验研究，根据建立在宏观经验上的模型对实验数据进行关联。

（3）传质特性

对于微混合反应器来说，传递时间和传递距离的关系可以用下式描述：

$$t_{min} \propto \frac{l^2}{D} \tag{9-47}$$

式中，t_{min} 是达到完全混合所需的时间；l 是传递距离；D 是扩散系数。由于混合时间与传递距离的二次方成正比，微反应器的小通道尺寸将大大缩短混合时间，反应物在毫秒级范围内即可达到径向完全混合。

微通道中，流体流型主要为层流，因此扩散成为传质过程的主要控制因素。扩散混合效率通常由 Fourier 数 F_0 表示。$F_0 > 0.1$ 表明体系达到良好的混合效果，$F_0 > 1.0$ 为完全混合。以液体工作介质为例，一般液体介质的扩散系数为 $10^{-9} \sim 10^{-8} m \cdot s^{-1}$，扩散特征长度可取通道的水力直径，若欲在 $1 \sim 10s$ 的时间范围内达到良好的混合，则通道的水力直径必须在 $30 \sim 300 \mu m$ 之间。

$$F_0 = \frac{D_{AB}t}{l^2} \tag{9-48}$$

式中，t 为接触时间；D_{AB} 为扩散系数；l 为扩散特征尺度。

（4）宏观流动特性

微通道内的流体流型为层流，必然导致流体速度在径向上分布不均匀。从微观角度看，流体微元在微通道内轴向存在着返混现象，但由于微反应器的微通道非常狭窄，就单个微通道而言其轴径比一般远大于 100，从宏观上仍可视作平推流流动模型，流体流动的返混现象可以忽略。实验已经证实微管内流体流动和传热行为与宏观尺度下的规律有所偏离，如由层流到湍流过渡的临界 Reynolds 数减小，Reynolds 类比对这种粗糙通道也不适用。

9.7.3　微反应器的优点

（1）温度可控

由于微通道反应器传热性质非常好（传热系数可达 $25kW \cdot m^{-2} \cdot K^{-1}$）、热容量小及反应时间非常短，对温度分布变化可以作瞬时的响应，非常有利于温度控制。因此即使反应速率非常快，放热效应非常强的化学反应，在微反应器中也能在近乎等温的条件下进行，从而避免了热点现象，并能控制强放热反应的点火和熄灭。

（2）反应器体积

对于非零级反应（自催化除外），当物料处理量一样，起始及最终转化率都相同时，全混流反应器所需的体积大于平推流反应器，而微反应器中的微通道几乎完全符合平推流模型；微反应器的传质特性使得反应物在微反应器中能在毫秒级范围内完全混合，从而大大加速了传质控制化学反应的速率。所以对于传质控制等类型的化学反应，在维持产量不变的情况下，使用微反应器可以使反应器总体积大大减小。

（3）转化率和收率

对大部分化学反应而言，提高收率的因素是多方面的，如：对于部分氧化反应微反应器能大大缩短反应物的停留时间，从而大幅度减少了深度氧化的副产物；对于有最佳停留时间的化学反应，由微反应器的活塞流特性能精确地计算出最佳停留时间；而对于强放热反应，微反应器的传热特性使得反应能够及时转移热量，从而减少副反应，提高反应物的选择性。

（4）安全性能

由于微反应器的反应体积小，传质、传热速率快，能及时移走强放热化学反应产生的大量热量，从而避免宏观反应器中常见的"飞温"现象。对于易发生爆炸的化学反应，由于微反应器的通道尺寸数量级通常在微米级范围内，能有效地阻断链式反应，使这一类反应能在爆炸极限内稳定地进行。对于反应物、反应中间产品或反应产物有毒有害的化学反应，由于微反应器数量众多，即使发生泄漏也只是少部分微反应器，而单个微反应器的体积非常小，泄漏量非常小，不会对周围环境和人体健康造成危害，并且能在其他微反应器继续生产时予以更换。由微反应器等微型设备组成的微化学工厂能按时、按地、按需进行生产，从而克服运输和贮存大批有害物质的安全难题。

（5）放大问题

① 快速放大。从本质来说反应器的微型化和放大属同一范畴，两者都是尺度比例的变化。反应器的微型化使得传统反应器的放大难题迎刃而解。微通道的规整性使得对微反应器的分析和模拟较传统的反应器简单易行，在扩大生产时不再需要对反应器进行尺度放大，只需并行增加微反应器的数量，即所谓的"数增放大"（Numbering Up）。在对整个反应系统进行优化时，只需对单个微反应器进行模拟和分析。这使得在反应器的开发过程中，不需要制造昂贵的中试设备，而且节省了中试时间，缩短了开发周期。"数增放大"还能显著改善企业的经营模式。在传统的经营模式下，企业通过放大原有生产设备，以获得更低的生产成本或满足市场增加的需求。而采用微反应器等微型设备后，能通过"数增放大"去增加或减少产量，并可以做到按时、按地、按需生产。

② 柔性生产。可根据市场情况增减部分单元来调节生产，微反应器具有很高的操作弹性，理论上可通过改变反应器前后连接的管路系统用于其他反应过程。

③ 高通量筛选。与传统分析系统相比，微化工系统中，微分析系统的试剂用量少（纳升）、快速、高效，在应用于药物、催化剂、新材料开发等组合化学的高新技术领域时，不仅可减小昂贵试剂的使用量，而且可显著降低实验成本和缩短实验周期。

（6）优良的并行系统

① 高度集成。利用成熟的微电子工艺可将微型反应器、传感器、执行器集成到一块芯片上，从而达到对反应器的实时监测和控制，实现反应系统的快响应。

② 过程连续。许多化工过程采用间歇操作，对于受传递控制的反应过程，采用微反应器可实现连续操作。由于反应速率的提高，停留时间短，响应快，可有效地抑制副反应，提高了转化率和目的产物的选择性，因而具有较高的时空收率。

9.7.4　微反应器的应用

（1）用于汽车的微通道反应器

图 9-17 描绘了微通道反应器在汽车燃料电池方面的应用。

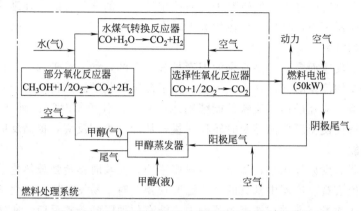

图 9-17 用于汽车的燃料处理系统和燃料电池系统

在这种燃料处理系统/燃料电池配置中,液态甲醇被转化成氢,然后转化成电能供给汽车。微构造的燃料处理系统含有甲醇蒸发器,该蒸发器由来自燃料电池阳极排放气的少量氢的催化燃烧加热;气态甲醇在一个放热的部分氧化反应器中被转化成 H_2 和 CO_2。然后,在水煤气转换反应器和选择性氧化反应器中使气流中的 CO 浓度减少到小于 10ppm,以避免 CO 对燃料电池的损坏。

(2) 多孔纳米尺度微反应器直接制备纳米纤维

受醋酸杆菌属细菌生物法合成高结晶纤维素纤维的启发,日本东京大学的 Aida 等开发了一种采用多孔纳米尺度微反应器在形成结晶纳米纤维的过程中直接制备超高分子量的聚乙烯的方法。所用微反应器由平行排列的均匀尺寸为 2.7nm 的六角形孔道束构成(见图 9-18),催化剂 Cp_2Ti($Cp=$环戊二烯基)被负载在每个孔道的壁上。催化剂经活化后,用乙烯气体对微反应器加压。狭窄的孔道使在活化催化剂部位形成的聚合物链没有空间交叠,它们被强制由微反应器构架中挤出,从而制成了具有超高分子量(6200000)和直径为 30~50nm 的线性聚乙烯晶态纳米纤维。

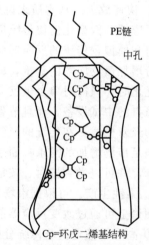

图 9-18 在中孔氧化硅挤出聚合纤维反应器中合成聚乙烯晶态纤维

(3) 微反应器用于反-2-己烯醛的合成

反-2-己烯醛亦称"青叶醛",是一种香料和药物中间体。其传统的合成方法是在间歇釜中,以三氟化硼乙醚络合物催化正丁醛和乙烯基乙醚合成中间体,再经酸催化水解合成反-2-己烯醛。由于三氟化硼乙醚络合物为高活性催化剂,反应中常伴有大量的三聚丁醛、乙烯基乙醚的低聚物等副产物的生产,反应效率低,后续分离过程繁杂。

王凯等以三氟化硼为催化剂,通过多级微反应器的串联,实现乙烯基乙醚的分批加入,以及反应中间体的连续生产;同时借助于微反应器的传质和传热特性,提高反应中间体的产率。反应中第一级微反应器内将正丁醛和乙烯基乙醚的混合物与催化剂溶液混合引发反应,乙烯基乙醚的加入量为总投入量的 30%,形成含有中间体的反应液;出第一级反应器的液体经冷却到 50℃ 以下后,进入二级反应器,同时加入第二份占总投入量 30% 的乙烯基乙醚继续反应;重复进第二级反应器的冷却和补加第三份占总投入量 40% 的乙烯基乙醚(整个反应过程要求正丁醛和乙烯基乙醚的质量比为2∶1），在第三级反应器继续反应；反应完后直接流入反应釜，在70℃下用5％的硫酸溶液水解，生成产物反-2-己烯醛，得到其收率为86％。合成工艺流程简图见图9-19。

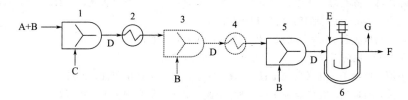

图 9-19 反-2-己烯醛的合成工艺流程简图

1—第一级微反应器；2—第一级换热器；3—第二级微反应器；4—第二级换热器；5—第三级微反应器；6—反应釜；
A—正丁醛；B—乙烯基乙醚；C—催化剂；D—反应产物；E—酸性水溶液；F—水解产物；G—乙醇等低沸点产物

9.7.5 展望

从化学工程学中的基础问题研究到过程工业中的实际产品开发，微反应技术的潜在应用前景已得到学术和企业界的广泛认同。尽管微反应技术和微化学单元目前还不太可能取代所有的传统生产工艺和单元设备，然而微反应技术提供了一种新的研究开发概念和技术选择。最近几年来，国内外学术界对微反应器进行深入的研究，对微反应器的原理和应用有了比较透彻的认识，在微反应器的设计、制造、集成和放大等关键问题上已经取得了突破性进展。尤其是在微反应器的设计和制造上，达到了相当高的水平，已经用适当的工艺和材料制造出了微反应泵、微混合器、微反应室、微换热器、微分离器和具有控制单元的完全耦合微反应系统。但微反应器要取代传统反应器应用于实际生产，还需要解决一系列难题，如微通道易堵塞、催化剂设计、传感器和控制器的集成及微反应器的放大等。

参考文献

［1］陈甘棠，陈建峰，陈纪忠．化学反应工程．4 版．北京：化学工业出版社，2021.

［2］李绍芬．反应工程．3 版．北京：化学工业出版社，2013.

［3］朱炳辰．化学反应工程．5 版．北京：化学工业出版社，2011.

［4］许志美，等．化学反应工程．北京：化学工业出版社，2019.

［5］郭锴，唐小恒，周绪美．化学反应工程．3 版．北京：化学工业出版社，2017.

［6］张濂，许志美，袁向前．化学反应工程原理．2 版．上海：华东理工大学出版社，2007.

［7］李绍芬．化学与催化反应工程．北京：化学工业出版社，1986.

［8］伍沅．化学反应工程．大连：大连海运学院出版社，1992.

［9］陈敏恒，翁元恒．化学反应工程基本原理．北京：化学工业出版社，1986.

［10］许志美，张濂，袁向前．化学反应工程原理例题与习题．2 版．上海：华东理工大学出版社，2007.

［11］廖晖，辛峰，王富民．化学反应工程习题精解．北京：科学出版社，2003.

［12］H. 斯科特·福格勒．化学反应工程原理．4 版（英文影印版）．北京：化学工业出版社，2011.

［13］袁乃驹，丁富新．化学反应工程基础．北京：清华大学出版社，1988.

［14］朱炳辰，翁惠新，朱子彬．催化反应工程．北京：中国石化出版社，2001.

［15］朱开宏，袁渭康．化学反应工程分析．北京：高等教育出版社，2002.

［16］Levenspiel O. 化学反应工程．3 版（影印版）．北京：化学工业出版社，2002.

［17］Levenspiel O. 化学反应器．郑远杨，赵永丰，等译．北京：烃加工出版社，1988.

［18］丁富新，袁乃驹．化学反应工程例题与习题．北京：清华大学出版社，1991.

［19］Levenspiel O. Chemical Reaction Engineering. 3rd ed. New York：John Wiley & Sons Inc，1999.

［20］Hill C G，Root T W. Chemical Engineering Kinetics and Reactor Design. 2nd ed. New York：John Wiley 2014.

［21］Smith J M. Chemical Engineering Kinetics. 2nd ed. New York：McGraw-Hill，1970.

［22］Wu Y. Impinging Streams Fundamentals，Properties and Applications. New York：Chemical Engineering Press，2007.

［23］Rase H F. Chemical Reactor Design for Process Plants. New York：John Wiley & Sons Inc，1977.

［24］Weterterp K R，Van Swaaij W P M，Beenackers A A C M. Chemical Reactor Design and Operation. New York：John Wiley & Sons Inc，1984.

［25］Martin G B. Chemical Engineering Kinetics. Salt Lake City：Academic Press，2007.

［26］Carberry J J. Chemical Reaction and Reactor Engineering. Florida：CRC Press，2020.

［27］Conesa J A. Chemical Reactor Design Mathematical Modeling and Applications. New York：John Wiley，2019.

［28］Theodore L. Chemical Reactor Analysis and Applications for the Practicing Engineer. New York：John Wiley，2012.

［29］Walas S M，Brenner H. Reaction Kinetics for Chemical Engineers. New York：McGraw-Hill，1989.

［30］Denbigh K G，Turner J C R. Chemical Reactor Theory. 3rd ed. Cambridge：Cambridge University Press，1985.

［31］Smith J M. 化工动力学．王建华，许学书，等译．3 版．北京：化学工业出版社，1988.

［32］Fromnt G F，Bischoff K B，Wilde J D. Chemical Reactor Analysis and Design. 3rd ed. New York：John Wiley & Sons，2010.

［33］Nauman E B. Chemical Reactor Design，Optimization，and Scaleup. New York：John Wiley & Sons，2008.

［34］R. 休斯．催化剂的失活．北京：科学出版社，1990.

［35］ Scott Fogler H. Elements of Chemical Reaction Engineering. 6th ed. State of New Jersey：International Series in the Physical and Chemical Engineering Sciences，2020.

［36］ 倪进方. 化工过程设计. 北京：化学工业出版社，1999.

［37］ 王静康. 化工设计. 北京：化学工业出版社，1998.

［38］ Brandrup. Polymer Handbook. New York：Wiley，1977.

［39］ Danckwerts P V. Gas-Liquid Reaction. New York：McGraw Hill Book Co，1970.

［40］ 张成芳. 气液反应和反应器. 北京：化学工业出版社，1985.

［41］ 时钧，汪家鼎，佘国琮，等. 化学工程手册. 2 版. 北京：化学工业出版社，1996.

［42］ 陈甘棠. 化学工程. 1997，6：45；1978，1：86.

［43］ Chen G T（陈甘棠）. J Polymer Sci：Polym Chen Ed，1982，20：2915.

［44］ Calderbank P H，Moo-Young M B. Chem Eng Sci，1961，16：39.

［45］ Yoshida，Miura. Ind Eng Chem P D，1963，2：263.

［46］ Rase H F. Chemical Reactor Design for Procces Plants. New York：John Wiley&Sons，1977：384.

［47］ Uhl V W，Gray J B. Mixing Theory and Practice. New York：Academic Press，1967.

［48］ 永田进治. 混合原理与应用. 马继舜，等，译. 北京：化学工业出版社，1984.

［49］ 岩佐芳典，李秀逸，井本立也. 化学工学，1967，31：373.

［50］ 刘占卫，雷志刚，李建伟，等. 气相丙烯聚合反应器定态模拟. 塑料工业，2008，36（4）：6-8.

［51］ 罗鹏，陈富新，张俊芳. 一种新型自吸式搅拌装置及其设计计算方法. 化学工程，2006，34（6）：33-36.

［52］ 戴干策，陈敏恒. 化工流体力学. 北京：化学工业出版社，1988：324-332.

［53］ 高峰，张年英，费黎明，等. 浙江大学学报，1979，1：101.

［54］ 王凯，虞军. 搅拌设备. 北京：化学工业出版社，2003.

［55］ Zwietering T H N. Suspending of Solid Particles in Liquid by Agitators. Chemical Engineering Science，1958，8（2）：244-253.

［56］ Buurman C，Resoort G，Plaschkes A. Scaling-up Rules for Solid Suspension in Stirred Vessels. Chemical Engineering Science，1986，41（11）：2865-2871.

［57］ 张和照. 液体搅拌的放大. 化学工程，2004，32（6）：38-43.

［58］ 程园畅，叶旭初. 三桨叶搅拌釜相同混合时间条件下的 CFD 模拟及放大研究. 南京工业大学学报，2007，29（4）：54-58.

［59］ 戚以政，夏杰. 生物反应工程. 北京：化学工业出版社，2004.

［60］ 岑沛霖，关怡新，林建平. 生物反应工程. 北京：高等教育出版社，2005.

［61］ 戚以政，汪叔雄. 生化反应动力学与反应器. 2 版. 化学工业出版社，1999.

［62］ 俞俊堂，唐孝宣. 生物工艺学. 上海：华东理工大学出版社，1999.

［63］ 梁世中. 生物工程设备. 北京：中国轻工业出版社，2005.

［64］ 俞俊棠. 抗生素生产设备. 北京：化学工业出版社，1982.

［65］ 华南理工大学，大连轻工业学院，等. 发酵工程与设备. 北京：轻工业出版社，1981.

［66］ 李津，俞永霆，董德祥. 生物制药设备和分离纯化技术. 北京：化学工业出版社，2003.

［67］ 朱宏吉，张明贤. 制药设备与工程设计. 北京：化学工业出版社，2004.

［68］ 山根恒夫. 生物反应工程. 上海：上海科学技术出版社，1989.

［69］ Elperin I T. Transport Processes in Opposing Jet（Gas Suspension）. Minsk：Science and Technol Press，1972.

［70］ Ramshaw C. Higee Distillation-an Example of Process Intensification. Chem Eng，1983，2：13-14.

［71］ Wu G A，Wu Y. RTD of Particles in An Impinging Stream Contactor of Two Horizontal Jets-（Ⅰ）A Theoretical Analysis. Proc 2nd Joint China/USA Chem Eng Conf. Beijing，1997.

［72］ Wu G A，Zou H S，Wu Y. RTD of Particles in An Impinging Stream Contactor of Two Horizontal Jets-

(Ⅱ) Experimental Study. Proc 2nd Joint China/USA Chem Eng Conf. Beijing，1997.

[73] Perry R H，Green D. Chemical Engineers' Handbook. 6th ed，New York：McGraw-Hill，1984.

[74] 伍沅. 撞击流——原理、性质、应用. 北京：化学工业出版社，2006.

[75] Wu Y，Xiao Y，Chen Y. Submerged Circulative Impinging Stream Reactor. Chem J on Internet.，2002，4（9）：44-46.

[76] Tamir A. 撞击流反应器——原理和应用. 伍沅，译. 北京：化学工业出版社，1996.

[77] 刘雪晴. 动态非对称撞击流反应器流动特性研究. 武汉：华中科技大学，2019.

[78] Kuts P S，Elperin I T，Tutova E G，et al. Apparatus for Drying of Thermolabile Solutions or Suspensions. RU 373496，1973.

[79] Sherwood T K，Pigford R L，Wilk C R. Mass Transfer. NewYork：McGraw-Hill，1975：125-130.

[80] King C J. Separation Process. 2nd ed. New york：McGraw-Hill，1980：1-65.

[81] Ramshaw C，Mallinson R H. Mass Transfer Process. U S P，4383255，1981.

[82] 竺洁松，郭错，冯元鼎，等. 旋转床填料中的传质及模型化. 高校化学工程学报，1998，12（3）：219-225.

[83] 简弃非，邓先和，张亚君，等. 超重力旋转床片状填料间距对气相阻力的影响. 化工学报，2000，51（6）：429-433.

[84] 鲍铁虎. 超重力旋转床流体力学和传质性能的研究. 浙江：浙江工业大学，2002.

[85] Mohr R J. The Role of HIGEE Technology in Gas Processing. GPA（Gas Processing Association）Meeting，Dallas USA，1985.

[86] Buchn R W，Won K W. HIGH Contactors for Selective H_2S Removal and Superdehydration. 37th Laurance Reid Gas Conditioning Conference. USA，1987，3：2-4.

[87] Haw J. Mass Transfer of Centrifugally Enhanced Polymer Devolatilization by Using Foam Metal Bed. Ohio：Case Western Reserve University，1995.

[88] Kelleher T，James R. Distillation Studies in A High-gravity Contactor. Ind Eng Chem Res，1996，35：4646-4655.

[89] 陈文炳，金光海，刘传富. 新型离心传质设备的研究. 化工学报，1989，5：635-639.

[90] 王丹. 超重力臭氧高级氧化技术处理化工有机废水的研究. 北京：北京化工大学，2020.

[91] 陈建峰，贾志谦，王玉红，等. 超重力场中合成立方形纳米 $CaCO_3$ 粒度与表征. 化学物理学报，1997，10（5）：457-460.

[92] 王玉红，陈建峰，郑冲，等. 旋转填料床新型反应器中合成纳米 $CaCO_3$ 过程特性研究. 化学反应工程与工艺，1997，13（2）：141-146.

[93] 王迪. 超重力反应器蒽醌法制备双氧水研究. 北京：北京化工大学，2020.

[94] 王悦岩. 超重力反应器强化 α-异佛尔酮氧化研究. 北京：北京化工大学，2020.

[95] 王玉红，郭楷，郑冲，等. 超重力技术及其应用. 金属矿山，1999，74：25-29.

[96] 张健. 旋转床超重力场分离气溶胶的研究. 北京：北京化工大学，1994.

[97] 王刚. 旋转床中拟塑性非牛顿流体性质的研究. 北京：北京化工大学，1995.

[98] 张镜澄. 超临界流体萃取. 北京：化学工业出版社，2000.

[99] Berends E M，Bruinsma O S，Graauw J，et al. Crystallization of Phenanthrene From Toluene with Carbon Dioxide by The Gas Process. AIChE J，1996，42（2）：431-439.

[100] 陈维枢. 超临界流体萃取的原理和应用. 北京：化学工业出版社，1998.

[101] 徐鑫. 微通道反应器中超临界态制备降冰片烯和乙烯基降冰片烯. 杭州：浙江大学，2020.

[102] Macnaughton S J，Foster N R. Supercritical Adscrption and Desorption Behavior of DDT on Activated Carbon Using Carbon Dioride. Ind Eng Chem Res，1995，34：275-282.

[103] 魏伟，姜涛，孙予罕，等. 超临界状态下的多相催化反应. 石油炼制与化工，1999，30（3）：33-38.

［104］林春绵，周红艺，潘志彦，等．超临界水氧化法降解苯酚的研究．环境科学研究，2000，13（2）：3-6.

［105］金钦汉．微波化学．北京：科学出版社，1999.

［106］刘岐山．微波能应用．北京：电子工业出版社，1990.

［107］张兆膛，钟若青．微波技术基础．北京：电子工业出版社，1988.

［108］钱鸿森．微波加热技术及应用．哈尔滨：黑龙江科技出版社，1985.

［109］Strauss C，Trainor R. Developments in Microwave Assisted Organic Chemistry. Aust J Chem，1995，1676-1692.

［110］Gedye R，Smith F，Estaway K W. The Use of Microwave Ovens for Rapid Orgarlic Synthesis. Tetrahedron Lett，1986，27（3）：279-282.

［111］Mingos D M P，Baghurst D R. Applications of Microwave Dielectric Heating Effects to Synthetic Problems in Chemistry. Chem Soc Rev，1991，20：1-47.

［112］Cablewski T，Faux A F，Strauss C R. Development and Application of Continuous Microwave Reactor for Organic Synthesis. Org Chem，1994，59：3408-3412.

［113］Liu Y A，Hamby R K，Colberg R D. Fundamental and Practical Developments of Magneto-fluidized Beds：A Review. Powder Technol，1991，64：3-41.

［114］宗保宁，慕旭宏，孟祥堃，等．非晶态合金催化剂和磁稳定床反应工艺的创新与集成．石油学报（石油加工），2006，22（2）：1-6.

［115］Garcia A，Sangha O，Cady R E. Cellulase Immobilization on Fe_3O_4 and Characterization. Biotechnol Bioeng，1989，35：614-626.

［116］颜流水，朱元保，何双娥，等．恒磁场影响固定化 α-淀粉酶催化活性的研究．科学通报，1996，41（20）：1852-1854.

［117］刘建平，刘莉，何平笙．微反应器和微聚合反应器．高分子通报，2002，47（11）：758-761.

［118］刘刚，田扬超，张新夷．LIGA 技术制作微反应器的研究．微细加工技术，2002，20（2）：68-71.

［119］王乐夫，张美英，李雪辉，等．微化学工程中的微反应技术．化学反应工程与工艺，2001，17（2）：174-180.

［120］郑亚锋，赵阳，辛峰．微反应器研究及展望．化工进展，2004，23（5）：461-468.

［121］陈光文，袁权．微化工技术．化工学报，2003，154（4）：472-490.

［122］W. 埃尔费尔德．微反应器——现代化学中的新技术．北京：化学工业出版社，2004.

［123］张菊香，史鹏飞，张新荣，等．燃料电池甲醇重整制氢研究进展．电池，2004，34（5）：359-361.

［124］Cussler E L. Diffusion，Mass Transfer in Fluid Systems. Cambridge：Cambridge University Press，1997.

［125］王凯，骆广生，邓建．一种合成反-2-己烯醛的微反应系统：CN 111359560 A，2020-07-03.

符号说明

英文字母

A　阿伦尼乌斯方程的指前因子

A_b　床层截面积

A_r　反应器的横截面积；阿基米德数

A_h　传热面积

A_p　粒子的横截面积

A_z　单位床层高度的传热面积

ATU　传质单元面积

a_e　有效比表面积

a_p　固体颗粒的外表面积；RPB 气-液接触总的比表面积

B　叶轮厚度

c　浓度

c_{Ai}　A 组分在相界面浓度

c_D　曳力系数

c_M　催化剂浓度

c_p　恒压比热容

c_S　底物浓度

c_b　反应物在气泡相中的浓度

c_c　反应物在气泡晕相中的浓度

c_e　反应物在乳化相中的浓度

D　塔直径

D_A　复合扩散系数

D_{AB}　分子扩散系数

D_a　轴向扩散系数；Damköhler 数

D_e　有效扩散系数；导流尾管内径

D_K　努森扩散系数

D_r　径向扩散系数

D_T　发酵罐内径

d　搅拌器直径；液滴直径

d_b　气泡的直径

d_c　气泡晕的直径

d_m　液滴当量直径

d_p　颗粒平均直径

d_s　颗粒直径

d_t　管子直径

E　反应活化能；停留时间分布密度函数；亨利系数，单位与分压单位一致；增强因子

$\vec{E}$　正反应活化能

$\overleftarrow{E}$　逆反应活化能

F　摩尔流量；停留时间分布函数；法拉第常数

F_g　惰性气体的摩尔流量

F_ω　液滴所受的离心力

F_σ　液滴所受的表面张力

Fr　Froude 数

f　摩擦系数；装填系数

f_δ　调节因子

G　单位横截面积质量流量

Ga　伽利略数

Gr_{avg}　格拉晓夫数

g　重力加速度常数

g'　离心加速度

H　焓；亨利系数，也称溶解度系数；填料层高度

ΔH_a　吸收热或组分的溶解热

H_i　组分 i 的溶解度系数

HTU　传质单元高度

h　热量通量的传递系数

h_S　流体与颗粒外表面间的传热系数

h_t　床层对壁的传热系数

j_D　传质通量

j_H　传热通量

K　关键组分数；总传质系数；反应的化学平衡常数；结构特征系数

K_A　吸附平衡常数

K_i　组分 i 的吸附平衡常数

K_G　基于气相的总传质系数

K_L　基于液相的总传质系数

K_m　米氏常数

K_{mI}　竞争性抑制时米氏常数

K'_{mI}　反竞争性抑制时米氏常数

K_r　表面反应的平衡常数

K_S　表面平衡常数，或 Monod 常数

k　反应速率常数

$\vec{k}$　正反应速率常数

$\overleftarrow{k}$　逆反应速率常数

k_f　质量通量的传递系数

k_g　以浓度差为推动力的气膜传质系数；气相传质系数

k_G 以压力差为推动力的分传质系数

k_L 以浓度差为推动力的液膜传质系数；液相传质系数

$k_L a$ 液相体积传质系数

k_{obs} 表观反应速率常数

k_p 生长速率常数

k_S 表面反应速率常数；液固相传质系数

k_w 按催化剂质量计算的反应速率常数

L 特征尺寸；催化剂颗粒厚度的一半；叶轮开口长度

L_r 反应区高度或长度

M 分子量；膜内转化系数

$\overline{M}$ 任一位置物料平均分子量

M_W Wheeler-Weisz 模量

M_G 气体质量流速

M_L 液相质量流率

m 亨利系数，也称为相平衡常数，无量纲；流动状态指数

$m_{固体}$ 固体的质量

N_0 临界转速

N_A 气体 A 的扩散通量；吸收质 A 在液相中的传质速率

N_B 气体 B 的扩散通量

N_T 总活性位

n 以摩尔计的物料质量；搅拌转速；旋转圆盘片数

P 功率；聚合度

p 压力

p_A^* 与液相主体 A 组分浓度 c_{AL} 对应的平衡分压

p_i 组分 i 的分压

P_L 液体喷射功率

Δp 气体通过床层的总压降；压力梯度

Q 物料的体积流量

Q_g 通气量

q 传热速率

R 气体常数

Re 雷诺数

R_c 催化剂颗粒半径

r_{Aobs} 宏观反应速率

r_{Aint} 微观反应速率

r_a 孔半径

r_i 按反应体积计算的组分 i 的反应速率

r_p 按催化剂颗粒体积计算的反应速率

r_w 按催化剂质量计算的反应速率

S 选择性；表面更新因子

S' 瞬时选择性

S_{bc} 气泡与气泡晕之间的传质面积

Sc 施密特数

S_g 催化剂颗粒的比表面积

S_R 总选择性

T 温度

T_b 正常沸点

T_w 壁温

t 反应时间；停留时间

Δt_m 发酵液与冷却水间的平均温差

t_r 反应时间

t_D 扩散时间

t_m 混合时间

t_{mt} 传质时间

t_h 传热时间

U 总传热系数

u_b 气泡上升速度

u_{mf} 临界（或称最小）流化速度

u_0 流体的空塔速度

u_s 空截面气速

u_t 最大流化速度

V 流体的体积

V_b 气泡的体积

V_g 孔容，气泡体积；吸气量

V_L 发酵罐体积

$V_{L,20}$ 20℃时的液体摩尔体积

V_r 反应体积

V_p 固体颗粒的体积

V_W 尾涡体积

$V_{固体}$ 颗粒的固体体积

$V_{颗粒}$ 颗粒骨架的体积

$V_{堆积}$ 颗粒的堆体积

W 质量；功

w_i 组分 i 的质量分数

X_i 组分 i 的转化率

x_i 组分 i 在液中的摩尔分数

Y_i 组分 i 的收率

y_i 组分 i 在气相中的摩尔分数

Z 轴向距离；膜中的正常坐标

Z_c 临界压缩因子

希腊字母

α_L 液相体积与液膜体积之比

β 化学吸收的增大因子；增强因子

γ_b 气泡相中的固体颗粒体积与气泡体积之比

γ_c 气泡晕相中的固体颗粒体积与气泡体积之比

γ_e 乳化相中的固体颗粒体积与气泡体积之比

δ 扩散层厚度；Lennard-Jones 尺寸参数

δ_A 膨胀因子

δ_b 气泡所占床层的体积分率

δ_L 液膜厚度；液相中扩散距离

δ_G 气相中扩散距离

δ_p 器底封头厚度

ε 颗粒床层的孔隙率；Lennard-Jones 能量参数；单位质量功

ε_G 气含率

ε_{mf} 临界流化态时床层空隙率

ε_p 孔隙率

ζ 无量纲距离

η 内扩散有效因子；液相反应利用率；刚度

η' 对比体积

$\eta_{i,deac}$ 失活催化剂的内扩散有效因子

η_{JT} Joule-Thomson 系数

θ 无量纲时间

θ 覆盖率

θ_V 裸露活性点所占的分率

θ_i 吸附分子 i 的表面覆盖率

λ 绝热温升指数；分子运动的平均自由行程

λ_f 液体的热导率

μ 流体的黏度

μ_a 表观黏度

ν 化学计量数

ν_i 组分 i 的化学计量系数

ξ 反应进度

σ 表（界）面张力

σ_t^2 方差

σ_θ^2 无量纲方差

ρ 密度

ρ_b 堆密度

ρ_g 气体密度

ρ_p 催化剂的颗粒密度

ρ_s 真密度

τ 空时；屈服应力；单位面积上的切变应力

τ_m 曲折因子

φ 逸度系数；焊缝系数

ψ 循环比

ω 流速

ϕ 蒂勒模数

下标

0   起始状态

c   临界性质

E   酶

e   平衡

G   气体

i、j 含单体数

L   液体

p   颗粒

S   固体